U0378861

高等职业教育食品智能加工技术专业教材

"十二五"江苏省高等学校重点教材（编号：2015 - 2 - 067）

糖果与巧克力加工技术

编　著　田其英　王　静

主　审　翟玮玮

中国轻工业出版社

图书在版编目（CIP）数据

糖果与巧克力加工技术/田其英，王静编著 . —北京：
中国轻工业出版社，2024.7
高等职业教育"十三五"规划教材 "十二五"江苏
省高等学校重点教材
ISBN 978 - 7 - 5184 - 1092 - 7

Ⅰ.①糖… Ⅱ.①田…②王… Ⅲ.①巧克力糖—食
品加工—高等职业教育—教材 ②糖果—食品加工—高等职
业教育—教材 Ⅳ.①TS246

中国版本图书馆 CIP 数据核字（2016）第 209893 号

责任编辑：贾 磊
策划编辑：贾 磊 张 靓 责任终审：熊慧珊 封面设计：锋尚设计
版式设计：王超男 责任校对：燕 杰 责任监印：张 可

出版发行：中国轻工业出版社（北京鲁谷东街 5 号，邮编：100040）
印 刷：北京君升印刷有限公司
经 销：各地新华书店
版 次：2024 年 7 月第 1 版第 3 次印刷
开 本：720×1000 1/16 印张：20.75
字 数：410 千字
书 号：ISBN 978 - 7 - 5184 - 1092 - 7 定价：42.00 元
邮购电话：010 - 85119873
发行电话：010 - 85119832 010 - 85119912
网 址：http://www.chlip.com.cn
Email：club@ chlip.com.cn
版权所有 侵权必究
如发现图书残缺请与我社邮购联系调换
241194J2C103ZBW

前　言

　　糖果和巧克力是我国休闲食品的重要组成部分之一，是婚庆喜宴和节日不可缺少的食品，其具有广泛而持续的社会需求，市场潜力巨大。随着人们生活水平的不断提高以及新功能、新口味的糖果巧克力产品涌现，糖果巧克力市场的需求正在进一步扩大。近几年，中国糖果巧克力市场保持了 8% ~ 12% 的年增长率，高于全球糖果巧克力年均增长速度近 6 个百分点，已成为中国食品工业中快速发展的行业。

　　为了适应糖果巧克力的发展，满足人们多样化的需要，编者根据收集到的相关资料，编写了本书。本书分为绪论、模块一糖果加工技术、模块二巧克力加工技术三个部分，每个模块分为项目和实训两部分。项目部分针对糖果和巧克力加工的共性内容进行阐述，其中包括原辅料、加工要点及设备、工艺流程及配方设计、包装、产品质量控制等；实训部分针对不同种类产品加工操作进行说明，同时简要介绍了产品常见质量问题及控制措施。

　　本书以职业能力培养为主线，力求理论与生产实践相结合，将理论知识融入职业标准和岗位要求，侧重于技术性、应用性和实践性，积极吸收行业发展的新知识、新技术、新工艺、新方法和新标准，突出对高素质技术技能型人才的教学和培养。本书内容深入浅出、通俗易懂，主要作为高职高专院校食品加工技术相关专业的教材，同时可为中职学校、技校等相关专业的师生使用，也可作为糖果与巧克力食品企业技术人员的技术参考书和行业技术培训的教材。

　　本书在编写过程中得到了许多人的关心和帮助。例如，王传荣教授、王章存教授在编写过程中给予了指导，糖果行业的王洁、李瑞杰工程师提供了资料等，在此对他们的支持深表感谢。本书在编写过程中参考了许多食品加工方面的图书资料及相关文献，并对相关的内容进行了整理，在此对所有参考资料的作者和研究人员表示衷心的感谢。

　　由于时间仓促，加之编者水平有限，书中定有疏漏之处，希望各位专家、学者和技术人员批评指正。

编者

目　录

绪　论

一、糖果的文化发展史

（一）糖果的起源与文化内涵

1. 糖果的起源及发展

史前时期，人类就已知道从鲜果、蜂蜜、植物中摄取甜味食物。古代中国，人们就以谷物、薯类淀粉为原料制造出了甜食，称为"饴"。《诗经·大雅》中有"周原膴膴，堇荼如饴"的诗句，说明早在西周时就已有饴糖。饴糖被认为是世界上最早制造出来的"糖果"。在国外，相传公元前1000多年前埃及人就用蜂蜜、无花果、椰枣等制造简单的糖果。在罗马周围的地区最先出现的是糖衣杏仁糖果。制造者用蜂蜜将一个杏仁裹起来，放在太阳底下晒干就可得糖衣杏仁。1600年，法国人在杏仁表面成功地涂上了多层坚实的糖衣。1650年，法国弗拉维尼（Flavigny）修道院的茴香糖负有盛名。由于当时蔗糖价格昂贵，只有在药店里出售并用于治疗一些疾病，也只有贵族才能享用由其为原料制备的糖果。18世纪中叶，德国人从甜菜中成功提取出了砂糖，此后，随着殖民地贸易的兴起，蔗糖开始普及，众多的糖果制造商开始大规模地生产糖果，从而使糖果进入平常百姓家。

甘蔗制糖最早见于记载的是公元前300年印度的《吠陀经》和中国的《楚辞》。印度和中国是世界上最早的植蔗国，也是两大甘蔗制糖发源地。我国自战国时代开始从甘蔗中取得蔗浆以后，种植甘蔗日益兴盛，甘蔗制糖技术逐步提高，经近千年的发展，至唐宋年间，已形成了颇具规模的作坊式制糖业。在长期的制糖实践中，很多制糖方法逐步被总结出来。北宋时期的王灼于1130年间撰写出中国第一部制糖专著——《糖霜谱》。该书共分7篇，内容丰富，分别记述了中国制糖发展的历史、甘蔗的种植方法、制糖的设备（包括压榨及煮炼设备）、工艺过程、糖霜性味、用途、糖业经济等。8 世纪中叶，中国制糖技术传到日本。13 世纪左右传入爪哇，成为该岛糖业的起源。十五六世纪，中国的侨民也在菲律宾、夏威夷等地传播制糖法。当中国的甘蔗制糖技术向外传播的时候，世界上的另一个甘蔗制糖发源地印度，也不断向各国传播甘蔗制糖技术。7 世纪，阿拉伯人把印度的甘蔗种植技术传入西班牙、意大利。自此，地中海沿岸开始有甘蔗种植，随后甘蔗的种植技术又传入北美洲的一些国家。15 世纪末，哥伦布将甘蔗制糖技术传至西印度群岛，很快又传至古巴、波多黎各。15 世纪二三十年代，甘蔗制糖技术先后传到墨西哥、巴西、秘鲁等，从此，甘蔗制糖业在南北美洲都发展起来。

从 17 世纪到 19 世纪末，糖果生产工艺经历了一个漫长的时代，不同类型的糖果就是在这个时期内演变、发展并形成的。作为充气糖果代表的牛轧糖在法国出现，当时是以砂糖、蜂蜜、鸡蛋、水果和果仁为主要原料制作的。同一时期，密度更小的充气糖果马希马洛糖也出现了。直到 1858 年发明了糖衣锅，才使原来的糖衣杏仁糖果发展为一个新的类别——抛光糖果。利用凝胶性制作糖果很早就在亚洲中部出现了，但其工艺发展、成熟于 19 世纪中后期，并用来制作各种凝胶糖果。18 世纪末，德国人建成了生产马奇浜糖的工厂。19 世纪后期，作为焦香糖果代表的卡拉蜜尔糖、太妃糖、福奇糖相继在英国和美国出现，这类风味独特的糖果是葡萄糖浆、炼乳和硬脂相继出现后的产物。

现代糖果工业是从 20 世纪中叶开始的，近代糖果工艺学家、化学家和工程师把现代科学技术成果引入到古老的糖果生产中，不断提供各种不同的加热、熬煮、混合、充气、结晶、粉碎、涂层、浇模、挤压、切割、包装等性能卓越的机械、设备、仪表和技术，从而使不同类型的生产线进入了连续化、自动化和计算机化时代。

20 世纪 70 年代，美国应用木糖醇、山梨糖醇等非蔗糖原料最早生产出了胶基糖。此后，取代蔗糖的糖果品种越来越多，形成了糖果生产新的增长点。进入新世纪以来，非糖甜味料的研究和开发又有了很大的发展，其中有些材料除了替代甜味功能和其他理化功能外，还具有调节和提高人体生理活动等功能。这些新型功能糖果包括润喉糖、除口臭糖、戒烟糖、保肝糖、提神糖、养颜糖和低热糖等。此外，无糖巧克力，低脂、脱脂巧克力等也一一面世。随着人们生活水平的提高以及科学技术的发展，将会有更多种类、更多风味的糖果与巧克力出现。

2. 糖果的文化内涵

中国人喜欢选择用五彩缤纷的糖果，在传统节日或者喜庆日子中来表达自己对家人和朋友的祝福。这些糖果拥有精美的包装和甜蜜的口味，让人们在欢乐的时候更加兴奋。糖果有着悠久的历史，深远的文化。甜味不仅是人之大欲，同样也是"鬼神"的大欲。甘蔗汁曾被用于祭祀，古人认为鬼神也喜欢甜味。在中国许多地方小年送灶神的一种供品就是灶糖，即麻糖，人们认为糖可以糊住灶神的嘴，免得他到玉帝面前说世人的坏话。中国诗人杨万里这样描述麻糖："亦非崖蜜亦非饧，青女吹霜冻作冰，透骨清寒轻著齿，嚼成人迹板桥声。"

糖果是甜蜜的，甜蜜事业需要用糖果来衬托。在民俗中"生子之喜、嫁娶之喜、百岁之喜"三喜中，特别是在婚庆中发喜糖必不可少。喜糖中的"喜"代表着与大家同喜同乐，"糖"则代表甜甜蜜蜜，寓意小两口今后的甜美生活。古时就有歌谣这样传唱："新新娘，发喜糖；甜蜜蜜，齐欢喜"。喜糖，是传递结婚信息的"甜蜜吉祥物"，在婚礼中起着重要的作用。喜糖的制作形式、包装款式和设计将中国喜庆元素融入其中，让每个人都能深深感受到中国五千年的传统喜庆文化精粹和内涵。而这种传统的喜庆文化在喜糖包装中得到了充分的体现。如方方正正的款式取自中国民俗的"天圆地方，四平八稳"之意，喜庆吉祥的大红喜糖更衬出结婚当天的喜气洋洋。百年好合喜糖寓意新人"百年好合，白头偕老"。圆圆喜糖代表的含义是"团团圆圆，合家美满！"

（二）糖果的概念与分类

1. 糖果的概念

国家有关标准中规定，糖果是以白砂糖、淀粉糖浆（或其他食糖）、糖醇或允许使用的甜味剂为主要原料，经相关工艺制成的固态、半固态或液态的甜味食品。从组成结构来讲，糖果是以一种或多种甜味剂为主体，添加蛋白质、脂肪及功能性添加剂等辅料而制成的、耐保藏的甜味食品。

随着糖果行业的发展，糖果的内涵和外延在原有的基础上得到了扩充，糖果的新概念涉及三个层面的内容。

（1）糖果的核心含义 糖果能满足消费者吃的需要（提供给消费者的基本利益），糖果能赋予消费者甜的感觉（提供给消费者的基本味觉），糖果可以拥有其他的基本味道。

（2）糖果的形式含义 它是指糖果的五大要素，即质量、款式、特色、品牌和包装。

（3）糖果的延伸含义 它是指与糖果相关的服务，即货款、交货安排、仓储服务等，这关系到糖果的通路建设。一个产品的成功并非意味着市场的成功，消费者对该产品的认可程度往往起到了决定性的作用。

2. 糖果的分类

糖果花色品种繁多，目前我国有以下三种分类方法。

第一种按照糖果的软硬程度分为：硬糖，含水量在2%以下；半软糖，含水量在 2%～10%；软糖，含水量在 10% 以上。

第二种按照糖果的组成分为硬糖、乳脂糖、蛋白糖、软糖、奶糖和夹心糖等。

第三种按照加工工艺的特点分为熬煮糖果（简称硬糖）、焦香糖果、充气糖果、凝胶糖果、巧克力制品、其他类别等。

在 2009 年实施的 GB/T 23823—2009《糖果分类》国家标准中，将糖果作如下分类：

（1）硬质糖果类（硬糖类）　砂糖、淀粉糖浆型，砂糖型，夹心型，包衣、包衣抛光型，无糖型，其他型。

（2）酥质糖果类（酥糖类）　裹皮型，无皮型，无糖型，其他型。

（3）焦香糖果类（太妃糖类）　胶质型，砂质型，夹心型，包衣、包衣抛光型，无糖型，其他型。

（4）凝胶糖果类　植物胶型，动物胶型，淀粉型，混合胶型，夹心型，包衣、包衣抛光型，无糖型，其他型。

（5）奶糖糖果类（奶糖类）　硬质型，胶质型，砂质型，包衣、包衣抛光型，夹心型，无糖型，其他型。

（6）胶基糖果类

①咀嚼型胶基糖果（口香糖）：固态型，半固态型，夹心型，包衣、包衣抛光型。

②吹泡性胶基糖果（泡泡糖）：固态型，半固态型，夹心型，包衣、包衣抛光型。

③无糖型胶基糖果。

④其他型胶基糖果。

（7）充气糖果类

①高度充气型糖果（棉花糖）：胶质型，砂质型，夹心型，包衣、包衣抛光型，其他型。

②中度充气型糖果（牛轧糖）：胶质型，砂质型，混合型，夹心型，包衣、包衣抛光型，其他型。

③低度充气型糖果（求斯糖）：胶质型，砂质型，混合型，夹心型，包衣、包衣抛光型，其他型。

④无糖型充气型糖果。

（8）压片糖果类　坚实型（无心型），夹心型，包衣、包衣抛光型，无糖型，其他型。

（9）流质糖果类　糖果糖液型，泡沫糖液型，起泡糖液型，吹泡糖液型，其他型。

（10）膜片糖果类　无糖型，砂糖型，球珠型。

（11）花式糖果类　脆性型，酥松型，砂质型，弹性型，无糖型，其他型。

（12）其他糖果类。

（三）糖果的发展趋势

糖果被列为五大享受食品之一，在日常消费品中具有不可替代的作用。目前，中国糖果市场保持了 8%～12% 的年增长率，已成为中国食品工业中快速发展的行业。从糖果消费的数量上看，中国是仅次于美国的第二大市场，但在人均消费量上还很低。随着人民生活水平的不断提高和人们对糖果的科学认识，以及新功能、新口味、复合型等糖果新产品的涌现，我国糖果的市场需求将进一步扩大。

至今，中国糖果行业发展经历了三个阶段。第一阶段是 20 世纪 80 年代中后期到 90 年代中期，这是糖果市场的起步时期，国有糖果企业占据主导地位、散装糖果为市场主流，大白兔、喔喔等国产品牌迅速成长；第二阶段是从 1996 年到 2002 年，国内糖果市场从产品种类、销售手段、市场投入等发生了巨大变革，国外品牌大量进入中国市场。阿尔卑斯、金丝猴、德芙、箭牌、荷氏等成为市场领先品牌；第三阶段是 2003 年以后，国内糖果进入繁荣期，糖果企业开始重视品牌建设，雅客、金冠、悠哈等品牌带动新品类或新概念糖果异军突起。

近十多年来，随着糖果加工技术的发展，新材料、新设备、新包装的应用，由于人们追求高品质生活及消费观念的转变，对糖果的要求也越来越高，糖果行业发展经历的重大变化，并呈现如下发展趋势。

1. 产品种类的多样化、功能化

近年来，各糖果企业十分注重产品的创新，如奶糖从传统口味发展为原味、酸奶味、红豆味、清凉味、巧克力味和玉米味等多种口味。但是消费者对糖果产品需求呈现出明显的品质化——不仅关注糖果能够带来的口味满足，还讲求有个性的包装、独特的风味、全新的概念等。在市场机制调节下，糖果行业企业产品结构调整进程加快，新产品独特性和创新性有了很大提高，呈现多形式、多品种、多档次并存的局面。

同时，功能性糖果异军突起，并迅速占领市场。如雅客主推的 V9 维生素糖果、老布特主打清咽润喉功效、何氏强调劲凉清爽口感的薄荷糖，以及像新鲜水果般美味健康的维果 C……除此之外，新型功能性糖果也层出不穷，比如添加茶多酚、益生元的糖果，低脂肪、低热量、具有营养保健功能的糖果品类茶糖、止咳糖、无糖糖果等。这些给消费者带来别样感受，满足了消费者追求健康与时尚的需求，已经成为糖果行业新的增长点。

2. 营销手段的丰富化、体系化

我国糖果市场已经形成国际、国内品牌同台竞争的格局。但是，由于行业门槛较低，在现有的糖果企业中，年销售额 500 万元以上的企业只有 230 家；而在糖果市场"十强"排名中，前七位均为外资或合资品牌。业内人士指出，虽然中国糖果企业占有全国近一半的市场，但与外资大型糖果企业相比还有一定差距。未来国内糖果行业将迎来"品牌升级战"，糖果营销模式发展趋势如下。

（1）传统的产品销售与现代品牌营销并举　因为"产品力＋渠道力＋推广力＝品牌力"，"市场占有率＋终端表现力＋行销推广力＝营销竞争力"，巨大的变局，让众多糖果企业不得不选择优势，扬己长避己短，更多的企业会在营销过程中精准营销，集中优势，增强企业核心竞争力。

（2）蜻蜓点水式渠道与终端精细化深耕策略并用　在中国这个特定的市场内，市场是没有共性的。在北方市场有效的市场操作手法，在南方就不一定有效。所以糖果企业应该精耕一个，成功一个。通过逐步树立标杆市场，一步步扩大到全国市场。例如，徐福记在广东一年就能销售 3.5 亿元，雅客在浙江也有一亿元的年销售额。这正是与其蜻蜓点水、广撒网，不如挖深一口井、精耕细作特定区域市场的例子。

（3）粗放式的销售管理与利润营销精准管理并轨　在品牌竞争时代，大部分糖果企业已开始从价格营销向品牌营销转变。因为品牌力（产品力＋渠道力＋推广力）决定利润力。企业要进一步提高竞争力和品牌力，销售管理职能的升级及调整就势在必行。

（4）区域市场独家经营与多客户分渠道经营并存　随着糖果市场的竞争日趋白热化，各糖果企业都在想方设法提高本企业在市场上的销售份额、品牌美誉度、渠道话语权等。像以往那种区域市场独家代理的制度已明显不能满足企业对区域市场销量最大化的要求。所以说，对销售渠道的裂变与细分势在必行。

3. 细分市场的精细化、完善化

国内糖果市场已经发展成为多个品类的细分市场，尤其以巧克力、功能性糖果的发展最为迅速，传统糖果虽然销售量仍然占据主导，但销售额比例却逐年下降，一些糖果甚至逐渐被市场边缘化。目前各糖果品牌依靠其主打品类优势占位市场，如以酥糖为代表的徐福记、马大姐，以奶糖为代表的大白兔，以硬糖为代表的阿尔卑斯，以功能糖果为代表的雅客 V9，以太妃糖为代表的怡口莲……品类不断细分和延伸的竞争趋势，使糖果行业由传统的硬糖、软糖、奶糖、酥糖，逐步转化、拓展到更细分的品类，以主打产品拉动其他品类糖果的发展。

此外，糖果产品的细分将更关注消费者的需求，主要包括人群特征和消费情境——针对儿童、学生、青年人、中老年人等不同的消费人群，进行产品创新和细分；而年节糖、礼品糖、喜宴糖等则通过异化的产品，满足消费者各种消费场景需求，这也促使了糖果在包装上的品类细分。

4. 消费者的日益理性化

从糖果业发展的过程来看，从前大白兔的消费群体已经有了更多的选择机会，同时也步入了中年，对糖果的消费欲望已经不如年轻时强烈；而现在的年轻人早已淹没在众多的品牌中，对各种各样大同小异的宣传推广已经麻木，现在的糖果企业需要给自己的品牌注入新的个性与内涵才有可能刺激到这些消费者的欲望，抓住新的消费群体的注意力。

随着消费者购买力的提高和健康意识的增强，大部分消费者也不再被大肆宣传而产生购买欲望，在琳琅满目的糖果面前，会根据自己的需求、购买用途、经济水平等选择产品。同时也对糖果的营养性、功能性、安全性、糖果的包装和消费的便利性及糖果的高附加值提出了更高的要求。

二、巧克力的文化发展史

（一）巧克力的起源与文化内涵

1. 巧克力的起源及发展

巧克力（英语：chocolate，也译为"朱古力"）来自中南美洲，巧克力的鼻祖是"xocolatl"，意为苦水，是以可可作为主料的一种混合型食品。主要原料可可豆，产于赤道南北纬线 18°以内的狭长地带。

公元前 10 世纪，阿兹特克人就在墨西哥南部到危地马拉的广大区域种植可可树，由于产量小，可可豆在当时作为货币在阿兹特克王国流通。根据一份 16 世纪的阿兹特克文件记载，用一颗可可豆可以换来一个墨西哥玉米粉蒸肉卷，而用一百颗可可豆可以买到一只上好的母火鸡。在玛雅文化时代，巧克力是一种近乎神圣的饮料，被当作祭神而不可缺少的供品。在阿兹特克人时代，巧克力在宗教仪式中被视为人类血液的象征，是贵族的饮品并在贸易交往中被当作货币使用。玛雅人在以可可粉为主要原料的巧克力中加入了香子兰和辣椒面，阿兹特克人则在巧克力中添加了苦巴杏仁、胡椒粉和蜂蜜，当时的巧克力酸、甜、苦、辣各味俱全，与今天的美味巧克力有着天壤之别。

虽然可可豆原产于墨西哥，但真正将其发扬光大的则是欧洲和美洲。自从"地理大发现"后，可可豆被西班牙人运回国。他们在可可粉中加入蔗糖等配料制成巧克力，1519 年，巧克力的雏形"巧克力特尔"成为西班牙最尊贵的饮品，并逐渐成为欧洲达官贵人最喜爱的饮品。为了维持市场的垄断性，西班牙人对可可饮品的配方一直秘而不宣。十六七世纪时，欧洲海权兴起，不断地拓展各自的经济版图。随着欧洲各国间的贸易、宗教的影响，以及联姻外交等，巧克力饮品逐渐地在整个欧洲散布开来。后来，欧洲的殖民者又将巧克力饮品带回到大西洋的另一边，让它成为北美洲很受欢迎的饮品之一。

1660 年，西班牙公主玛丽·泰蕾莎（Mary Teletha）与法兰西国王路易十四（Louis XIV）缔结婚约，将一盒装帧精美的巧克力作为定情礼物。从此，巧克力成为高贵、显赫的代名词，巧克力成了风靡整个欧洲的时髦食品。人们认为它有营养，能入药，甚至还能催情。但它仍旧是有钱人才能享用的奢侈品，直到 19 世纪初，瑞士人将牛乳加入巧克力，并采取了机械化生产，使巧克力制作发生了一场革命，巧克力价格逐步降低到平民百姓可以接受的水平，从而变成了千家万户餐桌上的工业产品。

1585 年，第一批可可豆从维拉克鲁斯（今墨西哥港）远洋运输到塞维利亚（西班牙港口），拉开了欧洲巧克力贸易的序幕。

1765 年，约翰·韩农（John Hannon）、詹姆斯·贝克博士（Df. JaBak – ermes）在马萨诸塞州的杜尔切斯特（Dorchester）创立美国第一家巧克力工厂。

使巧克力得到最大发展的是瑞士人，他们不仅学会了如何制作巧克力，而且大胆创新，一次又一次地完善了巧克力的制作方法，使得巧克力制造水平和口味有了很大的提高，并使巧克力实现了从昂贵的奢侈品到大众消费品的转变。1819 年让·路易斯·凯勒（Jean – Louis Cailler）在意大利学成巧克力制作工艺返回瑞士，建立了巧克力工厂，并于 1830 年推出 pure caracas 和 medium sweet 巧克力品种。他通过半自动化生产流程，极大地提高了巧克力的质量和产量，使巧克力第一次成为大众消费得起的食品。1828 年，荷兰科学家范·侯登（Van Houten），从巧克力饮品中去除了近一半的天然脂肪（即可可脂），然后把剩下的成分研磨成粉，并在其中添加碱盐以减轻苦涩味道。他的产品被称为"荷兰可可粉"。1847 年，英国弗赖伊（Frye）兄弟将可可脂、糖和可可粉混合，调成膏状。此时，可以"咬食的巧克力"之雏形便成形了。1876 年，丹尼尔·彼德（Daniel Peter）创造性地把巧克力与牛乳混合在一起，他把亨利·雀巢（Henri Nestle）刚刚发明的超浓缩牛乳，与同期美国发明的炼乳结合，诞生了被称为"华贵的彼德"的牛乳巧克力块。1879 年，鲁道夫·林特（Rudolf Linter）发明了"精炼"生产工艺，使巧克力拥有了现在的细腻、醇厚、爽滑、精美的味道和口感。

1912 年，比利时人简·努哈斯（Jane Neuharth）发明了带有多种软心（杏仁、牛轧糖和水果味奶油）的巧克力。1925 年，皮雷斯特·玛氏（Forrest Mars）用不同的方法在美国发明了夹心巧克力条，这两种发明产生了我们现在所知道的庞大的巧克力糖果点心系列。

西班牙人拉思科（Lascaus）采用浓缩、烘干等办法制作的固体状可可饮料被称作"巧克力特"，是巧克力的第一代产品。

1763 年，一位英国商人——吉佰利（Cadbury），成功地获得了可可饮料的配方，将巧克力特引进到英国。英国生产商根据本国人的口味，在原料里增加了牛乳和奶酪，于是，"奶油巧克力"诞生了，它是巧克力的第二代产品，也是今天吉佰利牛奶巧克力的雏形。

当时，巧克力的味道虽说不错，但因为可可粉中含有油脂，无法与水、牛乳等融为一体，因此巧克力的口感很不爽滑。直到 1828 年，荷兰科学家范·侯登（Van Houten）发明了可可豆脱脂技术，才使巧克力的色香味臻于完美，这就是巧克力的第三代产品，它的出现标志着巧克力制造工业新时代的来临。

1847 年，"固体巧克力"和 1867 年"牛奶巧克力"的诞生，是 19 世纪巧克力生产工业的两个历史性改革，而最终使得巧克力在 20 世纪成为了真正全世界范围所有人都可享用的可口食品。

我国关于巧克力的最早记载是在清朝康熙年间，1706 年，罗马教皇十一世使节多罗受到康熙接见时，献上 150 块巧克力，康熙品尝后点头赞许。我国的巧克力工业生产最初产生于 20 世纪二三十年代的上海，新中国成立后，巧克力生产才在全国各地逐步推广和发展。现在许多地区都有规模不同的巧克力生产企业，随着我国经济不断发展，今后我国巧克力生产必然会有更大的发展空间。

2. 巧克力的文化内涵

巧克力自问世以来，一直是世界上最上乘的甜点，在欧美尤其受欢迎。无论男女老少，喜食者不知其数。巧克力不仅具有美妙的味道，更因其本身代表的一种特殊的文化而受人青睐。在西方食品文化中，巧克力可谓角色丰富，过情人节或复活节，它总是最佳的礼物，特制成心形，更象征爱情、亲情和友情。情人节的首选礼物是巧克力和鲜花。除了不同的鲜花有不同的含义外，不同的巧克力也有不同的含义。喜庆日、节假日为亲朋好友送上一份精美的巧克力，就是送上一份深入肺腑的丝丝暖意。这份"浓浓之情"，体现了人的品位和真情真意。

有巧克力的日子就是幸福甜美的日子，巧克力给热爱生活的人们带来快乐、健康和幸福！

为什么吃巧克力会让我们有一种愉快的感觉呢？这是因为赋予巧克力独特性质的成分来源于可可豆。可可豆香醇甜美的独特味道使人们在食用巧克力时口感香甜，滑润细腻，余香缥缈，回味无穷。

（二）巧克力的概念与分类

1. 巧克力的概念

巧克方的概念是从不同种类产品的共性中获得的。巧克力属于甜的糖果，是以可可制品（可可液块、可可脂或可可粉）、白砂糖（或甜味剂）为主要原料，添加或不添加乳制品、食品添加剂，经过精磨、精炼、调温、成形等加工工艺而制成的，具有独特的色泽、香气、滋味，具备细腻质感的、精美的、耐保藏的、含有很高热值的、甜的固体食品。在巧克力中，可可脂含量不低于最终产品的18%（白巧克力中可可脂含量不低于20%），非可可脂植物油脂的添加量不超过最终产品的5%。

巧克力含有丰富的镁、钾和维生素A以及可可碱，因而具有高能值。巧克力对多种动物有毒性。但对人类来说，可可碱是一种健康的反镇静成分。所以食用巧克力有提神等功效。可可含有苯乙胺，坊间流传能使人有恋爱感觉的流言。巧克力由可可豆加工而成，主要有效成分是高脂肪的可可脂与低脂肪的可可块。可可碱主要存在于可可块中。

随着巧克力工业的迅猛发展，天然可可脂的产量远远满足不了产品生产的需求。为了满足日益增长的巧克力及巧克力制品生产和消费的需要，世界油脂专家经过多年探索和研制逐步开发出了各种可可脂的替代品，以此解决天然可可脂短缺的问题。各种可可脂替代品的运用，的确为巧克力及巧克力制品的发展奠定了基础。然而代脂产品与天然脂产品毕竟在品质上存在明显的差别，因此，国际巧克力标准中同样也对用可可脂替代品制造的巧克力或巧克力制品作了严格的规定，凡是用可可脂替代品生产的巧克力被称为类似巧克力或代可可脂巧克力。

代可可脂巧克力是以白砂糖或甜味料、代可可脂为主要原料，添加或不添加可可制品（可可液块、可可脂或可可粉）、乳制品及食品添加剂，经过特定工艺制成的在常温下保持固体或半固体状态，并具有巧克力风味及性状的食品。简而言之，即用全部或大部分可可脂的替代品来代替天然可可脂而制成的巧克力即为代可可脂巧克力。

2. 巧克力的分类

巧克力的种类繁多，按照巧克力的原料组成、加工工艺特点和组织结构特征可分为纯巧克力和巧克力制品。

（1）纯巧克力的分类　纯巧克力由于油脂原料性质和来源不同，又分为天然可可脂纯巧克力和代可可脂纯巧克力。无论天然可可脂还是代可可脂纯巧克力，按其不同原料组成和生产工艺，它们又都可分成三种不同的品种类型，即香草型纯巧克力、牛奶型纯巧克力和白纯巧克力。

①香草型纯巧克力是一种有明显苦味的棕黑色的巧克力，根据其加糖多少又有甜、半甜和苦巧克力之别，国外称为黑巧克力或清巧克力。

②牛奶型纯巧克力是一种在巧克力中加入大量乳和乳制品，呈浅棕色，具有可可和牛奶风味的优美巧克力。

③白纯巧克力是不含非脂可可固形物的，即不添加可可液块或可可粉的浅乳黄色白巧克力，以可可脂或代可可脂为基础，具有丰富的牛奶风味巧克力。

（2）巧克力制品的分类　利用各种相宜的糖果、果仁或膨松米面类制品等作为芯子，在表面以不同的工艺方法覆盖上不同类型的纯巧克力，或在不同类型的纯巧克力中间注入不同芯料，或在各种不同类型的纯巧克力混合各种不同类型的果仁而制成不同形状，不同织构和不同风味的花色品种等，称为巧克力制品。

根据巧克力制品的组成和生产工艺技术的不同，基本分为以下几个种类。

①夹心巧克力：各种焙烤制品或相宜的糖果制品，在外面覆盖一层纯巧克力，形成芯料夹在巧克力中间的产品，例如巧克力威化、各种巧克力夹心糖果、巧克力酒心糖等；不同的奶油芯料、果仁浆、清凉方登或水果浆浇注在巧克力中间，例如，果味奶油巧克力、草莓果浆巧克力、各种果仁浆巧克力等。

国际上对夹心巧克力的名称做了规定：凡外层纯巧克力用量低于60%的，称为巧克力糖果，如巧克力酒心糖、巧克力牛轧糖等；凡外层纯巧克力用量超过60%的，称为巧克力，如牛奶杏仁浆巧克力、苹果果浆巧克力等。

②果仁巧克力：以各种整粒、半粒或碎粒的果仁，按一定比例与纯巧克力相混合，用浇注成形的生产工艺，制成各种规格和形状的排、块、粒的产品。例如杏仁、榛子或花生等牛奶巧克力，或各种不同形状的什锦果仁巧克力等。

③抛光巧克力：抛光巧克力有两种类型：一是以各种相宜糖果、果仁、膨松米面类制品作为芯子，在外面用滚动挂衣成形和抛光工艺，覆盖一定厚度的纯巧克力，然后抛光，制成表面十分光亮，呈圆球形、扁圆形、椭圆形等不同形状的制品。例如，膨松米粒抛光巧克力、麦丽素抛光巧克力、软糖抛光巧克力，以及整粒杏仁、花生或夏威夷果等抛光巧克力；二是以纯巧克力制成不同形状的芯子，在巧克力芯子的表面，反复挂上砂糖糖浆，表面覆盖一层薄薄的糖衣，然后抛光制成不同形状的糖衣巧克力。例如，圆豆形糖衣巧克力和蛋形糖衣巧克力等。

我国 GB/T 19343—2016《巧克力及巧克力制品、代可可脂巧克力及代可可脂巧克力制品》将巧克力及其制品具体分类如下。

①巧克力：黑巧克力、牛奶巧克力、白巧克力及其他巧克力。

②巧克力制品：混合型巧克力制品、涂层型巧克力制品、糖衣型巧克力制品及其他型巧克力制品。

SB/T 10402—2006《代可可脂巧克力及代可可脂巧克力制品》将巧克力及其制品分类如下。

①代可可脂巧克力或巧克力（代可可脂）：代可可脂黑巧克力或黑巧克力（代可可脂）、代可可脂牛奶巧克力或牛奶巧克力（代可可脂）、代可可脂白（风味）巧克力或白（风味）巧克力（代可可脂）。

②代可可脂巧克力或巧克力（代可可脂）制品：混合型代可可脂巧克力或巧克力（代可可脂）制品、涂层代可可脂巧克力或巧克力（代可可脂）制品。糖衣型代可可脂巧克力或巧克力（代可可脂）制品。其他型代可可脂巧克力或巧克力（代可可脂）制品。

（三）巧克力的发展趋势

巧克力生产技术经历了漫长的发展和演变，现在风行全球，已成为现代食品工业领域中的一个独特门类。巧克力的生产技术，也由开始的小型手工业作坊，逐步发展到大规模的机械化连续化生产，有的已经采用电子计算机控制的更为先进的生产方式。

巧克力的生产发展，在发达国家中已经趋向饱和状态，如西欧、北美、澳大利亚、新西兰和日本生产增长缓慢，而发展中国家处于新兴状态，如东欧、拉美、亚洲、非洲和中东的生产增长幅度较快。世界糖果巧克力的总销售量：20 世纪末约为 1200 万吨，其中巧克力占 43%，约为 516 万吨，2010 年总销售量将超过 1700 万吨，其中巧克力将超过 700 万吨以上。目前我国糖果巧克力产量约在 140 多万吨，而其中巧克力仅占 10% 左右，产量在 14 万吨左右，可见我国巧克力市场有很大的发展空间。

世界发达地区对巧克力的品种追求向新技术、新物料和新包装应用相结合，造就高价值而精美的品质方向发展，而发展中国家新兴市场随着购买力的不断提高及人口增长和中间消费的增加，巧克力生产将继续不断上升。但随着人们健康意识的不断提高，要求低糖、低热量、营养更加丰富的巧克力日益增多，从传统的嗜好性需求到对功能性的需求，形成了巧克力生产的两个主流。

近几年来许多医学研究证实，可可豆中富含的类黄酮多酚类化合物具有抗氧化作用，能保护体内抵抗氧自由基物质，具有防止心血管疾病，提高免疫功能等功效。牛奶巧克力含有 7% ~15% 的可可液块，而黑巧克力含有 30% ~70% 的可可液块，都富含可可液质，可见巧克力是一种健康的功能性食品，这已引起生产者和消费者的关注。日本生产厂家生产了一种多酚巧克力，声称多酚含量比一般巧克力高 2.5 倍，比一杯红酒多 20 倍，以此来强化宣传，增强市场活力，也有在巧克力中添加法国红酒提取物，使巧克力拥有两种不同的多酚类化合物，在酸奶巧克力中添加活性乳酸菌使巧克力既有抗氧化作用又有整肠作用。总之，功能性巧克力正如初升的太阳充满活力，不断向前推进。

三、糖果与巧克力的市场调查

（一）市场调查

1. 市场调查的定义与意义

（1）市场调查的定义 市场调查就是指运用科学的方法，有目的地、系统地搜集、记录、整理有关市场营销信息和资料，分析市场情况，了解市场的现状及其发展趋势，为市场预测和营销决策提供客观的、正确的资料。市场调查是企业获得市场信息、掌握市场变化情况的重要渠道，也是评估商机价值和制定、优化产品策略以及营销策略的重要手段，其根本目的是为决策管理部门提供参考依据。

（2）新产品开发市场调查的意义 新产品开发工作是企业生存发展的法宝，成功的新产品是公司利润的重要来源之一，更是促进公司不断发展、保持优先、确立行业地位的重要因素。但是，只要没有上市，新产品的市场前景就是未知数。因此，市场调查是新产品开发必不可少的重要环节。调查结果的准确与否将直接关系到新产品上市的成败。围绕新产品开发进行的市场调查专指为制定新产品策略而进行的收集、整理、分析、报告有关信息的过程。要就目标市场情况、竞争对手情况、消费者的需求情况、开拓新产品市场的投入费用规模、培育市场周期等方面进行科学、理性的分析。具体到研发工作，市场调查的结果对研制何种类型的产品、形成什么样的风味、采用什么样的外在表现形式、选择什么样的包装等，都有极高的参考价值和指导作用。

2. 新产品开发市场调查的内容

市场调查的内容很多，不同的调查目的和要求所选择的调查内容有不同的侧重。围绕新产品开发进行的市场调查，主要应该包括目标市场环境调查、市场需求调查、市场供给调查和市场竞争情况调查等几项内容，并具体细化出几十个细分项目。

（1）目标市场环境调查 市场环境调查主要包括经济环境、政治环境、社会文化环境、科学环境、市场营销因素调查和自然地理环境等。具体的调查内容可以是市场的购买力水平、经济结构、国家的方针、政策和法律法规、风俗习惯、科学发展动态、气候等各种影响市场营销的因素。

（2）市场需求调查 市场需求调查主要包括消费者需求量调查、消费者收入调查、消费结构调查、消费者行为调查，包括消费者为什么购买、购买什么、购买数量、购买频率、购买时间、购买方式、购买习惯、购买偏好和购买后的评价等。

（3）市场供给调查　市场供给调查主要包括产品生产能力调查、产品实体调查等。具体为某一产品市场可以提供的产品数量、质量、功能、型号、品牌等，生产供应企业的情况等。

（4）市场营销因素调查　市场营销因素调查主要包括产品、价格、渠道和促销的调查。产品的调查主要有了解市场上新产品开发的情况、设计的情况、消费者使用的情况、消费者的评价、产品生命周期阶段、产品的组合情况等。产品的价格调查主要有了解消费者对价格的接受情况，对价格策略的反应等。渠道调查主要包括了解渠道的结构、中间商的情况、消费者对中间商的满意情况等。促销活动调查主要包括各种促销活动的效果，如广告实施的效果、人员推销的效果、营业推广的效果和对外宣传的市场反应等。

（5）市场竞争情况调查　市场竞争情况调查主要包括对竞争企业的调查和分析，了解同类企业的产品、价格等方面的情况，他们采取了什么竞争手段和策略，做到知己知彼，通过调查帮助企业确定企业的竞争策略。

3. 市场调查方法

市场调查的方法是多样的，在具体方法的选择与应用上应根据不同的调查目的和调查内容进行调整。技术人员在针对竞争对手和市场上同类产品的质量、技术等内容开展的调查工作中的作用是不可低估的，因此应该能够掌握以下简便的调查方法。

（1）观察法　是社会调查和市场调查研究的最基本的方法。它是由调查人员根据调查研究的对象，利用眼睛、耳朵等感官以直接观察的方式对其进行考察并搜集资料。

观察法的优点是直观、可靠，应用简便、经济，易于实施，基本可由观察者独立完成。

观察法的缺点也很明显，包括容易带进观察者的主观意志而影响结果，容易因观察者分散注意力或记忆力不深刻而影响结果的记录。因此，要注意掌握以下原则：坚持实事求是，注意保持观察的客观性；确定主题，订好计划，充分做好观察前的准备工作；观察全面、严谨，努力减少误差；及时记录观察结果，如实描述、报告客观对象。

观察法常见形式有展会观察、卖场观察和实地观察等，其中实地观察较为难得。

（2）访问法　访问法也称访谈法，是将所要调查的事项以当面、书面或电话的方式，向被调查者提出询问，以获得所需要的资料，它是市场调查中最常见的一种方法，可分为对话调查、电话调查、邮寄调查、留置询问表调查等。它们有各自的优缺点，面谈调查能直接听取对方意见，富有灵活性，但成本较高，结果容易受调查人员技术水平的影响。邮寄调查速度快，成本低，但回收率低。电话调查速度快，成本最低，但只限于在有电话的用户中调查，整体性不高。留置询问表可以弥补以上缺点，由调查人员当面交给被调查人员问卷，说明方法，由之自行填写，再由调查人员定期收回。

（3）实验法　由调查人员根据调查的要求，用实验的方式，对调查的对象控制在特定的环境条件下，对其进行观察以获得相应的信息。控制对象可以是产品的价格、品质、包装等，在可控制的条件下观察市场现象，揭示在自然条件下不易发生的市场规律，这种方法主要用于市场销售实验和消费者使用实验。

（4）问卷法　是通过设计调查问卷，让被调查者填写调查表的方式获得所调查对象的信息。在调查中将调查的资料设计成问卷后，让接受调查的对象将自己的意见或答案，填入问卷中。在一般进行的实地调查中，以问卷采用最广；同时问卷调查法在网络市场调查中运用得较为普遍。

4. **市场调查的基本过程**

市场调研工作的基本过程包括明确调查目标、设计调查方案、制订调查工作计划、组织实地调查、调查资料的整理和分析、撰写调查报告。

（1）明确调查目标　进行市场调查；首先要明确市场调查的目标，按照企业的不同需要，市场调查的目标有所不同，企业实施经营战略时，必须调查宏观市场环境的发展变化趋势，尤其要调查所处行业未来的发展状况；企业制订市场营销策略时，要调查市场需求状况、市场竞争状况、消费者购买行为和营销要素情况；当企业在经营中遇到了问题，这时应针对存在的问题和产生的原因进行市场调查。

（2）设计调查方案　一个完善的市场调查方案一般包括以下几方面内容。

①调查目的要求：根据市场调查目标，在调查方案中列出本次市场调查的具体目的要求。例如，本次市场调查的目的是了解某产品的消费者的购买行为和消费偏好情况等。

②调查对象：市场调查的对象一般为消费者、零售商、批发商，零售商和批发商为经销调查产品的商家，消费者一般为使用该产品的消费群体。在以消费者为调查对象时，要注意到有时某一产品的购买者和使用者不一致，如对婴儿食品的调查，其调查对象应为孩子的母亲。此外还应注意到一些产品的消费对象主要针对某一特定消费群体或侧重于某一消费群体，这时调查对象应注意选择产品的主要消费群体，如对于酒类产品，其调查对象主要为男性。

③调查内容：调查内容是收集资料的依据，是为实现调查目标服务的，可根据市场调查的目的确定具体的调查内容。如调查消费者行为时，可按消费者购买、使用、使用后评价三个方面列出调查的具体内容项目。调查内容的确定要全面、具体，条理清晰、简练，避免面面俱到、内容过多、过于烦琐，避免

把与调查目的无关的内容列入其中。

④调查表：调查表是市场调查的基本工具，调查表的设计质量直接影响到市场调查的质量。设计调查表要注意以下几点：

调查表的设计要与调查主题密切相关，重点突出，避免可有可无的问题；调查表中的问题要容易让被调查者接受，避免出现被调查者不愿回答、或令被调查者难堪的问题；调查表中的问题次序要条理清楚，顺理成章，符合逻辑顺序，一般可遵循容易回答的问题放在前面，较难回答的问题放在中间，敏感性问题放在最后；封闭式问题在前，开放式问题在后；调查表的内容要简明、尽量使用简单、直接、无偏见的词汇，保证被调查者能在较短的时间内完成调查表。

⑤调查地区范围：调查地区范围应与企业产品销售范围相一致，当在某一城市做市场调查时，调查范围应为整个城市；但由于调查样本数量有限，调查范围不可能遍及城市的每一个地方，一般可根据城市的人口分布情况，主要考虑人口特征中收入、文化程度等因素，在城市中划定若干个小范围调查区域，划分原则是使各区域内的综合情况与城市的总体情况分布一致，将总样本按比例分配到各个区域，在各个区域内实施访问调查。这样可相对缩小调查范围，减少实地访问工作量，提高调查工作效率，减少费用。

⑥样本的抽取：调查样本要在调查对象中抽取，由于调查对象分布范围较广，应制定一个抽样方案，以保证抽取的样本能反映总体情况。样本的抽取数量可根据市场调查的准确程度的要求确定，市场调查结果准确度要求越高，抽取样本数量应越多，但调查费用也越高，一般可根据市场调查结果的用途情况确定适宜的样本数量。实际市场调查中，在一个中等以上规模城市进行市场调查的样本数量，按调查项目的要求不同，可选择 200～1000 个样本，样本的抽取可采用统计学中的抽样方法。具体抽样时，要注意对抽取样本的人口特征因素的控制，以保证抽取样本的人口特征分布与调查对象总体的人口特征分布相一致。

⑦资料的收集和整理方法：市场调查中，常用的资料收集方法有调查法、观察法和实验法，一般来说，前一种方法适宜于描述性研究，后两种方法适宜于探测性研究。企业做市场调查时，采用调查法较为普遍，调查法又可分为面谈法、电话调查法、邮寄法、留置法等。这几种调查方法各有其优缺点，适用于不同的调查场合，企业可根据实际调研项目的要求来选择。资料的整理方法一般可采用统计学中的方法，利用 Excel 工作表格，可以很方便地对调查表进行统计处理，获得大量的统计数据。

（3）制订调查工作计划

①组织领导及人员配备：建立市场调查项目的组织领导机构，可由企业的

市场部、或企划部来负责调查项目的组织领导工作，针对调查项目成立市场调查小组，负责项目的具体组织实施工作。

②访问员的招聘及培训：访问人员可从高校的经济管理类专业大学生中招聘，根据调查项目中完成全部问卷实地访问的时间来确定每个访问员 1 天可完成的问卷数量，核定招聘访问员的人数。对访问员需进行必要的培训，培训内容包括：访问调查的基本方法和技巧；调查产品的基本情况；实地调查的工作计划；调查的要求及要注意的事项。

③工作进度：将市场调查项目整个进行过程安排一个时间表，确定各阶段的工作内容及所需时间。市场调查包括以下几个阶段：

第一，调查工作的准备阶段，包括调查表的设计、抽取样本、访问员的招聘及培训等；

第二，实地调查阶段；

第三，问卷的统计处理、分析阶段；

第四，撰写调查报告阶段。

④ 费用预算：市场调查的费用预算主要有调查表设计印刷费、访问员培训费、访问员劳务费礼品费、调查表统计处理费用等。企业应核定市场调查过程中将发生的各项费用支出，合理确定市场调查中的费用预算。

（4）组织实地调查　市场调查的各项准备工作完成后，开始进行问卷的实地调查工作，组织实地调查要做好两方面工作。

①做好实地调查的组织领导工作：实地调查是一项较为复杂烦琐的工作。要按照事先划定的调查区域确定每个区域调查样本的数量，访问员的人数，每位访问员应访问样本的数量及访问路线，每个调查区域配备一名督导人员；明确调查人员及访问人员的工作任务和工作职责，做到工作任务落实到位，工作目标、责任明确。

②做好实地调查的协调、控制工作：调查组织人员要及时掌握实地调查的工作进度完成情况，协调好各个访问员之间的工作进度；要及时了解访问员在访问中遇到的问题，并帮助其解决，对于调查中遇到的共性问题，提出统一的解决办法。要做到每天访问调查结束后，访问员首先对填写的问卷进行自查，然后由督导员对问卷进行检查，找出存在的问题，以便在后面的调查中及时改进。

（5）调查资料的整理和分析　实地调查结束后，即进入调查资料的整理和分析阶段，收集好已填写的调查表后，由调查人员对调查表进行逐份检查，剔除不合格的调查表，然后将合格调查表统一编号，以便于调查数据的统计。调查数据的统计可利用 Excel 软件完成；将调查数据输入计算机后，经 Excel 软件运行后，即可获得已列成表格的大量的统计数据，利用上述统计结果就可以按照调查目的的要求，针对调查内容进行全面的分析工作。

（6）撰写调查报告　撰写调查报告是市场调查的最后一项工作内容，市场调查工作的成果将体现在最后的调查报告中，调查报告将提交企业决策者，作为企业制定市场营销策略的依据。市场调查报告要按规范的格式撰写，一个完整的市场调查报告应由题目、目录、概要、正文、结论和建议、附件等组成。

（二）市场调查报告

1. 市场调查报告及其撰写目的

一次完整的市场调查往往是以出具市场调查报告为标志的。因此，市场调查报告是在市场调查结束后，将收集到的材料进行系统整理、分析、研究、综合后，并以书面形式表达的一种文书。撰写市场调查报告不仅是描述市场调查的过程，更应起到了解、剖析事物的本质及其发展趋向的作用，应具有真实性、准确性、全面性、系统性、前瞻性和时效性，要对解决实际问题有积极的作用。

2. 市场调查报告的特点

（1）写实性　调查报告是在具有大量现实和历史资料的基础上，用叙述性的语言实事求是地反映某一客观事物。充分了解实情和全面掌握真实可靠的素材是写好调查报告的基础。

（2）针对性　调查报告一般有比较明确的意向，相关的调查取证都是针对和围绕某一综合性或是专题性问题展开的。所以，调查报告反映的问题集中且有深度。

（3）逻辑性　调查报告离不开确凿的事实，但又不是材料的机械堆砌，而是对核实无误的数据和事实进行严密的逻辑论证，探明事物发展变化的原因，预测事物发展变化的趋势，提示本质性和规律性的东西，得出科学的结论。

3. 市场调查报告的类型

市场调查报告的种类主要有以下几种。

（1）情况调查报告　是比较系统地反映某地区产品或某一产品基本情况的一种调查报告。这种调查报告的目的是弄清情况，供决策者使用。

（2）经验调查报告　是通过分析典型事例，总结工作中出现的新经验，从而指导和推动某方面工作的一种调查报告。

（3）问题调查报告　是针对某一方面的问题，进行专项调查，澄清事实真相，判明问题的原因和性质，确定造成的危害，并提出解决问题的途径和建议，为问题的最后处理提供依据，也为其他有关方面提供参考和借鉴的一种调查报告。

（4）新产品开发调查报告　内容涉及范围较为复杂，应包括新产品调查的所有元素，重点应在于叙述调查中掌握的重要情况和对新产品上市后市场状况发展变化的分析与预测。

4. 市场调查报告的内容

市场调查报告的主要内容如下。

（1）说明调查的目的及所要解决的问题。

（2）介绍市场背景资料。

（3）分析方法。如样本的抽取，资料的收集、整理、分析技术等。

（4）调研数据及其分析。

（5）提出论点，即阐明自己的观点和看法。

（6）论证所提观点的基本理由。

（7）提出解决问题可供选择的建议、方案和步骤。

（8）预测可能遇到的风险和对策。

5. 市场调查报告的撰写格式

市场调研报告的格式一般由标题、目录、概述、正文、结论与建议、附件组成。

（1）标题　标题和报告日期、委托方、调查方，一般应打印在扉页上。有的标题把被调查单位、调查内容明确而具体地表示出来，如《关于××市糖果市场的调查报告》。有的采用提问式的，如《如何提高苏式糖果的市场占有率》。有的调查报告还采用正、副标题形式，一般正标题表达调查的主题，副标题则具体标明调查的单位和问题。

（2）目录　如果调查报告的内容、页数较多，为了方便读者阅读，应当使用目录或索引形式列出报告所分的主要章节和附录，并注明标题、有关章节号码及页码。一般来说，目录的篇幅不宜超过一页。

（3）概述　概述主要阐述课题的基本情况，它是按照市场调查课题的顺序将问题展开，并阐述对调查的原始资料进行选择、评价、做出结论、提出建议的原则等。主要包括三方面内容：

①简要说明调查目的：即简要地说明调查的由来和委托调查的原因。

②简要介绍调查对象和调查内容：包括调查时间、地点、对象、范围、调查要点及所要解答的问题。

③简要介绍调查研究的方法：介绍调查研究的方法，有助于使阅读者确信调查结果的可靠性，因此宜对所用方法要进行简短叙述，并说明选用方法的原因。

（4）正文　正文是市场调查分析报告的主体部分。这部分必须准确阐明全部有关论据，包括问题的提出到引出的结论、论证的全部过程、分析研究问题的方法，还应当有可供市场活动的决策者进行独立思考的全部调查结果和必要的市场信息，以及对这些情况和内容的分析评论。

（5）结论与建议　结论与建议是撰写综合分析报告的主要目的。这部分包括对引言和正文部分所提出的主要内容的总结，提出如何利用已证明为有效的措施以及解决某一具体问题可供选择的方案与建议。结论和建议与正文部分的论述要紧密对应，不可以提出无证据的结论，也不要出现没有结论性意见的论证。

（6）附件　附件是指调查报告正文包含不了或没有提及，但与正文有关而必须附加说明的部分。它是对正文报告的补充或更详尽的说明。包括数据汇总表及原始资料背景材料和必要的工作技术报告等，例如为调查选定样本的有关细节资料及调查期间所使用的文件副本等。

思考题

1. 简述糖果的种类。
2. 简述巧克力的种类。
3. 结合生活实际，简述巧克力的文化价值。
4. 简述糖果巧克力市场调查的意义。
5. 围绕个人生活区域或消费群体进行糖果巧克力市场调查，并撰写一份调查报告。

模块一　糖果加工技术

1. 掌握糖果的安全生产知识。
2. 熟悉糖果加工原料的基础知识。
3. 熟知糖果的生产加工原理。
4. 熟知糖果的工艺流程及参数。
5. 熟知糖果系列产品的检验指标。
6. 熟知糖果产品的包装知识。
7. 熟知糖果产品的常见质量问题。
8. 熟知典型糖果产品的加工工艺、配方及设计。

1. 具有典型糖果产品原辅料、半成品及成品的检验能力。
2. 熟练掌握糖果典型产品生产加工流程和生产操作。
3. 能够调节和控制糖果产品生产过程的工艺参数，对生产状况进行分析判断。
4. 能够进行糖果产品的生产技术分析并进行常见故障处理。
5. 能够进行糖果生产设备的维护及常见故障分析。
6. 能够参与糖果新产品、新工艺的开发。

项目一　糖果加工原料

糖果种类很多，所用的原辅料范围很广，常用的有糖类原料、油脂原料、乳品原料、胶体原料、果料原料及其他食品添加剂。

一、糖果加工基础原料

糖果的常用原料主要有糖类原料、油脂原料和乳品原料。了解各种原料的理化性能和规格要求,准确地选择与使用各种糖果原料,是糖果专业技术人员的基本技能。

(一)甜味料

糖果的主要成分为甜味物质,称为甜味料。常见的甜味料有各种糖类、糖浆等,属于天然调味料,也称营养调味料。人工甜味料不常用,只在特殊用途的糖果中应用,如无糖糖果中。甜味料除赋予糖果甜味外,还对糖果的色泽、香气、滋味、形态、质构和货架期有重要影响。因此,对糖果生产者来说,必须考虑甜味料的甜度、吸湿性、结晶性、溶解度等理化性质。

1. 砂糖

砂糖是制取糖果的重要甜味料,是从甘蔗或甜菜中提取、精制而成的产品。砂糖主要成分是蔗糖,所以糖是蔗糖的俗称。在糖果工业中,应用最广泛的砂糖是白砂糖。白砂糖的理化性质如表1-1所示。

表1-1 白砂糖的理化指标

项目		指标			
		精制	优级	一级	二级
蔗糖/%	≥	99.8	99.7	99.6	99.5
还原糖/%	≤	0.03	0.04	0.10	0.15
电导灰分/%	≤	0.02	0.04	0.10	0.13
干燥失重率/%	≤	0.05	0.06	0.07	0.10
色值/IU☆	≤	25	60	150	240
混浊度/MAU★	≤	30	80	160	220
不溶于水杂质/(mg/kg)	≤	10	20	40	60

☆ IU 是白砂糖色值单位国际糖色值(ICUMSA)的简称,其色值是在420nm的波长处测定的。

★ MAU 是指毫衰减单位,为白砂糖样品混浊度单位,计算公式:白砂糖混浊度 $= X_1 - X_2$,其中 X_1 为过滤前溶液衰减指数(MAU),X_2 为微孔膜过滤后糖液色值指数(MAU),计算结果取整数。

(1)蔗糖的理化性质

①结构和水解:蔗糖是由一分子葡萄糖和一分子果糖缩合失去一分子水而成,分子式为 $C_{12}H_{22}O_{11}$,其结构式如图1-1所示。当合成蔗糖时,葡萄糖分

子中的醛基和果糖分子中的酮基都被破坏，因此失去了还原性，属非还原性二糖。但是，蔗糖在酸或蔗糖酶的作用下，会水解生成等量的葡萄糖和果糖的混合物，称为转化糖。在此过程中出现了化学增重的现象，其变化关系如下：

$$蔗糖 + 水 \rightarrow 转化糖（葡萄糖 + 果糖）$$
$$C_{12}H_{22}O_{11} + H_2O \rightarrow C_6H_{12}O_6 + C_6H_{12}O_6$$
$$相对分子质量：342 + 18 \rightarrow 360（180 + 180）$$

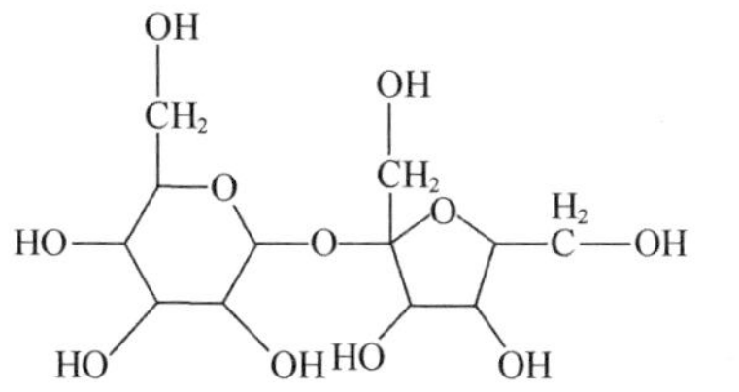

图 1-1　蔗糖的分子结构式

蔗糖的转化作用在糖果加工中除了增重之外，所生成的转化糖对糖果的风味、质构和保存性具有重要影响。因为蔗糖本身没有还原性，不参与美拉德褐变反应。但其分解产生的转化糖具有还原性，若存在氨基酸就会发生褐变。

②甜度：蔗糖较甜，甜味愉快爽口，是各种糖果的主要甜味来源。糖果内所含的其他糖分，有的比蔗糖甜，有的不如蔗糖甜。如果把蔗糖的甜度作为标准，定为100，则部分其他糖分与蔗糖的甜度对比如表1-2所示。

表1-2　部分糖分与蔗糖的甜度对比表

糖名	蔗糖	乳糖	麦芽糖	葡萄糖	转化糖	果糖
甜度	100	15	32	70	130	170

③溶解和结晶：蔗糖易溶于水，随着温度的升高溶解度增大。在不同温度下，纯蔗糖在纯水中的溶解度、以及饱和蔗糖溶液的质量分数如表1-3所示。蔗糖溶于水形成糖液，其沸点高于水的沸点。并且浓度越高，沸点越高，升高的数值就称为沸点上升。沸点上升的数值除与浓度有关外，还与糖液的纯度有关。

表1-3　蔗糖在水中的溶解度和质量分数

温度/℃	2	4	6	8	10	12	14	16	18	20
溶解度/（g糖/g水）	1.849	1.862	1.877	1.893	1.911	1.930	1.951	1.973	1.997	2.023
质量分数/%	64.90	65.06	65.24	65.43	65.64	65.87	66.11	66.37	66.63	66.92

续表

温度/℃	22	24	26	28	30	32	34	36	38	40
溶解度/ (g糖/g水)	2.050	2.079	2.109	2.141	2.175	2.210	2.248	2.286	2.327	2.370
质量分数/%	67.21	67.52	67.84	68.16	68.50	68.85	69.21	69.57	69.95	70.33
温度/℃	42	44	46	48	50	52	54	56	58	60
溶解度/ (g糖/g水)	2.415	2.461	2.510	2.560	2.613	2.668	2.725	2.785	2.846	2.910
质量分数/%	70.71	71.11	71.51	71.91	72.32	72.74	73.16	73.58	74.00	74.43
温度/℃	62	64	66	68	70	72	74	76	78	80
溶解度/ (g糖/g水)	2.977	3.046	3.118	3.193	3.270	3.350	3.434	3.520	3.609	3.702
质量分数/%	74.86	75.29	75.72	76.15	76.58	77.01	77.44	77.88	78.30	78.83
温度/℃	82	84	86	88	90	92	94	96	98	100
溶解度/ (g糖/g水)	3.798	3.898	4.001	4.108	4.219	4.333	4.452	4.575	4.703	4.835
质量分数/%	79.16	79.58	80.00	80.42	80.84	81.25	81.66	82.06	82.46	82.86

蔗糖产品绝大部分是结晶体，是将糖液浓缩、使溶解的蔗糖呈过饱和状态结晶析出而形成。不同的砂糖结晶度不同。按照结晶颗粒大小，砂糖可以分为：粗晶粒砂糖，粒度在0.80~2.50mm，熬煮后比细晶粒砂糖白；中等晶粒砂糖，粒度在0.45~1.25mm，用于透明硬糖、方登糖、夹心糖糖衣及用来起砂；细晶粒砂糖，粒度在0.14~0.45mm，用于透明奶油薄荷糖；糖粉，粒度小于0.14mm，用于棉花糖或撒在糖果表面。

蔗糖的结晶性对糖果加工具有重要意义。例如，砂质糖果就是利用蔗糖的结晶性来制成的。但是，蔗糖结晶易引起硬糖返砂，严重影响产品质量，需要添加淀粉糖浆等物质加以抑制。

④吸湿性：纯粹的蔗糖结晶吸湿性很小，当有不纯物质存在时，吸湿性增加。砂糖在贮藏过程中，容易发生结块，这主要是由于吸湿的砂糖在脱水时相互粘连在一起。砂糖的吸湿性与温度和相对湿度有关。白砂糖在25℃时吸湿点的相对湿度为85%~86%，在30℃时吸湿点的相对湿度为75%。因此，在正常水分含量下，保存白砂糖的相对湿度不应超过其吸湿点的相对湿度。另外，蔗糖高温长时间加热，其吸湿性会增加。因此，糖果生产过程中应控制蔗糖的受热温度和受热时间。蔗糖吸湿容易引起硬糖发烊，导致黏度增加。

⑤熔点：蔗糖的熔点为185~186℃。在熔点以下，蔗糖分解很慢；在熔点

以上，分解很快。当熔化的蔗糖达到 200℃时，就会变成棕黑色的焦糖，这时它的甜味就会消失，有苦味；如果再继续加热，最后完全失去水分成为纯碳。

（2）蔗糖的作用及选择　砂糖是糖果中的主要甜味料，在糖果生产加工中具有不可替代性。这与砂糖的如下特性密不可分：砂糖具有纯正的甜味和合适的甜度，使产品具有甜味以增强食欲；溶解度高，溶解速度快，并随着温度的升高而增加；加热能形成香味物质和呈色物质；白色透明晶体，纯净无色，能达到化学纯的品质，具有良好的储藏稳定性；产生基体作用，可作为填充剂、稀释剂和载体等；是一种天然的抗氧化剂，同时能产生高渗透压，从而使糖果具有良好的保存性；另外，砂糖来源充足，价格低廉，具有明显的经济性。

砂糖作为糖果主要原料，对糖果的质量具有直接影响。糖果对砂糖的要求主要包括以下几个方面：色泽洁白明亮，才能保证制成的糖果透明度高、风味纯、品质好；纯度高、甜味正、无异味，蔗糖杂质少、熔点高，在糖果加工中能经得起高温熬煮，不易焦化变色；颗粒均匀、干燥流散，利于连续化生产，便于输送和数控计算；糖液清澈透明，生产出来的糖果透明度高、品质好。

2. 淀粉糖浆

淀粉糖浆是制造糖果的另一重要原料，是淀粉经酸法、酶法或酸酶法水解和不完全糖化所制成的无色或微黄色、透明、无晶粒的黏稠液体，其主要成分是葡萄糖、麦芽糖、高糖和糊精。

（1）淀粉糖浆的性质　用于糖浆制造的淀粉来源主要有玉米、小麦、马铃薯、木薯等。淀粉的水解过程为：淀粉→糊精→高糖→麦芽糖→葡萄糖。制取淀粉糖浆时要求淀粉完全水解，但又不能完全分解为葡萄糖与麦芽糖。因此，淀粉糖浆是淀粉水解产物的混合物，其主要成分是葡萄糖、麦芽糖、高糖和糊精（表1-4）。

表1-4　淀粉糖浆的产品组成　　　　　　　　单位:%

种类	组成成分						
	固形物	葡萄糖	麦芽糖	高糖	糊精	灰分	水分
样品1	80.3	17.6	16.6	16.2	29.2	0.7	19.7
样品2	86.0	24.4	27.6	—	32.0	—	14.0
样品3	77.4	27.7	7.58	—	36.1	—	22.6

葡萄糖的分子式为 $C_6H_{12}O_6$，它含有一个半缩醛羟基，具有还原性。结晶的葡萄糖易溶于水，但吸湿性不强。加热能增加其吸湿性，温度高于135℃时，吸湿性迅速增加。糖浆中的葡萄糖为无定形物质，吸湿性很强，在糖果中具有抗结晶性。葡萄糖溶于水时吸热反应，口感清凉，可用于制作清凉糖。另外，

葡萄糖和蔗糖具有增甜作用。

麦芽糖是由两分子葡萄糖以糖苷键连接而成的双糖，俗称饴糖。分子式为 $C_{12}H_{22}O_{11}$，与蔗糖相同，但甜度远低于蔗糖。它含有一个半缩醛羟基，具有还原作用。无水不定形麦芽糖的吸湿性很强，含水麦芽糖的吸湿性较弱。麦芽糖的熔点为 $102 \sim 103℃$，对热很不稳定，加热到 $102℃$ 就会变色，加热后色泽转深。

高糖是淀粉水解后产生的一组糖类的总称。介于糊精和麦芽糖之间，如麦芽二糖、麦芽三糖、麦芽四糖等，也称麦芽低聚糖。这一组糖的吸湿性小，溶解度和透明度高。

糊精也是淀粉水解后产生的一组糖类的总称。分子式为 $(C_6H_{10}O_5)_n$，它是由多个葡萄糖单位组成的高分子多糖。所以糊精相对分子质量较大，能产生很高的黏度。但没有甜味，吸湿性和溶解度都很小。

淀粉的水解在工业上称为转化，转化程度以葡萄糖值（简称 DE）表示。葡萄糖值（DE）表示糖浆内的还原糖（以葡萄糖计）占干物质的百分率，即：
DE =（还原糖/固形物）×100% 。

不同葡萄糖值的淀粉糖浆，特性不同（表 1 – 5）。葡萄糖值高的淀粉糖浆甜度高，葡萄糖值低的淀粉糖浆甜度低。由于原料和水解条件的差异，生产出来的淀粉糖浆也不相同。按转化程度，淀粉糖浆分为低转化糖浆，葡萄糖值在 20% 以下；中转化糖浆，葡萄糖值为 38% ~ 42%；高转化糖浆，葡萄糖值为 60% ~ 70% 。

表 1 – 5　淀粉糖浆的性质

性质	种类		
	低葡萄糖值糖浆	中葡萄糖值糖浆	高葡萄糖值糖浆
甜度	微弱	50	80
溶解性	易溶	易溶	易溶
结晶性	不结晶	不结晶	结晶
吸湿性	低	低	略高
渗透压	低	中	高
黏度	高	中	低
冰点降低	少	中	多
热稳定性	好	好	差
发酵性	低	中	高
抗氧化性	好	好	好

（2）淀粉糖浆的作用及选择　淀粉糖浆是糖果加工的另一主要甜味料。淀粉糖浆具有温和的甜味、黏度和吸湿性，且价格便宜。它在糖果中作用很大：既可作为糖果填充剂，以较低成本赋予糖果固形物，冲淡糖果的甜味，改善糖果的形态及风味；也可作为抗结晶剂，很好地控制糖的结晶；还可保持水分，增加糖果体积；同时，适量的淀粉糖浆还可阻止或延缓糖果的发砂、发烊，改进糖果质地，延长糖果储藏期。

淀粉糖浆具有不同的吸湿性：葡萄糖值越高，吸湿性就越强，制出的糖果容易出现发烊、发黏现象；葡萄糖值越低，吸湿性就越弱，制出的糖果就容易出现发砂现象。所以一般糖果制造中常用转化糖浆，葡萄糖值一般在38%～42%。另外，淀粉糖浆用量过多容易使糖果发烊、发黏，一般来说，方登糖和糖芯含10%～40%的淀粉糖浆；硬糖含20%～50%的淀粉糖浆；砂质软糖含30%～40%的淀粉糖浆；凝胶软糖含35%～100%的淀粉糖浆；棉花糖含大量的淀粉糖浆，有的棉花糖仅含有淀粉糖浆，而不含蔗糖。

3. 饴糖

在出现砂糖之前，我国最早的甜味料可能就是饴糖，以其来制成传统的糖食制品。制造砂糖以后，饴糖和砂糖并用在糖果生产中。现在大部分糖果采用砂糖和淀粉糖浆作为甜味料，但在缺乏淀粉糖浆的地区或为了降低成本，仍采用饴糖作为部分甜味料。

饴糖是利用大麦发芽后产生的麦芽酶（β-淀粉酶和微量α-淀粉酶），将蒸熟的米类淀粉糖化分解得到的一种淡黄色、半透明、甜味温和的黏稠液体，其主要成分是麦芽糖和糊精。

（1）饴糖的性质　由于产生原料不同，加工制得的饴糖组成也有差异（表1-6）。但主要成分不变，且麦芽糖占50%以上，所以饴糖不耐高温，易焦化变色。

表1-6　饴糖的组成成分　　　　单位：%

种类	组成成分						
	麦芽糖	糊精	水分	灰分	淀粉	蛋白质	酸度（以葡萄糖酸计）
糯米饴糖	53.6	22.5	21.8	0.28	微量	1.2	0.13
粳米饴糖	62.4	13.3	16.8	0.53	3.8	2.4	0.45

（2）饴糖的作用及选择　糖果加工中饴糖可部分代替淀粉糖浆，较适合制造半软性糖果。其采用饴糖的主要作用：因麦芽糖甜度低，糊精没有甜味，可降低糖果甜度；因糊精能产生黏度，可抑制糖果发烊、返砂，延长保质期；饴糖价格低，可降低生产成本。

饴糖质量要求：色淡、味正、无明显杂质，酸度低。淀粉、蛋白质、灰分等杂质少，因为这些杂质会影响饴糖的熬煮温度，并且蛋白质还会在加热过程中产生气泡，阻碍热传递，造成物料局部过热焦化。干固物范围在 75% ~ 80%，防止使用时微生物生长引起的变质。

4. 高麦芽糖浆

以麦芽糖或麦芽糖多聚物为主要组成的糖浆都可称为麦芽糖浆。按制法和麦芽糖含量不同可分为饴糖、高麦芽糖浆、超高麦芽糖浆。其中高麦芽糖浆应用最为广泛；饴糖仅用于熬煮温度要求不高的中式糖果；超高麦芽糖浆因生产成本较高，主要应用于医药、试剂行业。

高麦芽糖浆是淀粉经酸-酶或酶-酶双重转化法水解，并经过脱色、离子交换等精制工序制成的糖浆。高麦芽糖浆的主要组成是麦芽糖和麦芽糖多聚体。高麦芽糖浆在糖果加工中的优良特性：甜味纯正、温和、爽口，甜度仅为蔗糖的 40%，可代替蔗糖、淀粉糖浆，降低甜度；抗结晶性，可有效防止糖果返砂现象；抗吸湿能力比淀粉糖浆强，可防止糖果吸湿发烊；热稳定性好，160℃高温长时间加热，不发生分解变色，特别适用于浇注糖果。麦芽糖易与水形成络合物，增强保水性，提高保香性，降低水分活度，延长保质期。

因此，与饴糖相比，高麦芽糖浆中麦芽糖含量较高，杂质极少，外观澄清透明，熬煮温度远高于饴糖。与淀粉糖浆、转化糖浆相比，高麦芽糖浆甜味适口。制成的糖果透明度高、吸湿性低、黏度合适、流动性好、热稳定性高。在糖果加工中，高麦芽糖浆可与砂糖并用，以降低糖果甜度，改善糖果品质，如提高透明度、降低吸湿性等。

5. 果葡糖浆

果葡糖浆是无色黏稠状液体，常温下流动性好，属于新型淀粉糖，也是淀粉糖中甜度最高的。果葡糖浆是淀粉先经酶法水解为葡萄糖浆（葡萄糖值≥95%），再经葡萄糖异构酶转化得到的一种果糖和葡萄糖的混合糖浆。

果葡糖浆按果糖含量主要分为三类：一为果葡糖浆，简称 F42，含果糖 42%（质量分数）；二为高果糖浆，简称 F55，含果糖 55%（质量分数）；三为纯果糖浆，简称 F90，含果糖 90%（质量分数）。其化学分析如表 1 - 7 所示。纯果糖浆是用分离法将果葡糖浆中的葡萄糖分离出去而制得的；高果糖浆是用纯果糖浆和果葡糖浆兑制而成。果葡糖浆的甜度与果糖含量成正相关，第三代果葡糖浆在食品中使用少量即可达到一定的甜度。

果葡糖浆，除可以部分代替蔗糖，还具备许多优良特性。甜味纯正，低温时甜度更高。与味蕾接触时，产生甜味的速度比蔗糖快，达到最高值后消失速度也快。果糖不易结晶，糖浆浓度高，价格低。果葡糖浆的成分为单糖，渗透压高，能很好的抑制微生物的生长，延长商品货架期。

表1-7 果葡糖浆的化学分析

种 类	F42 果葡糖浆	F55 高果糖浆	F90 纯果糖浆
浓度/（干物质含量,%）	71	77	80
灰分/（干基计,%）	0.05	0.03	0.03
糖分组成/（干基计,%）			
果糖	42	55	90
葡萄糖	53	41	7
低聚糖	5	4	3

但是果糖的吸湿性好，易发生焦化反应产生有色物质，所以果葡糖浆用于糖果生产也有不利的方面，尤其不宜用于清亮、表面干硬的硬糖果生产，因为会使硬糖果颜色深，存放一段时间，表面吸潮造成发黏。高粱饴类淀粉软糖、琼脂软糖等，成品要求还原糖含量高，水分含量也较高，过去生产中采用蔗糖需添加有机酸将其部分转化成果糖和葡萄糖，所以用果葡糖浆生产软糖应是理想的事，减少加酸转化，产品质量也理想。但代替砂糖的比例不可过大，否则成品中会因还原糖含量过高而超过产品质量标准。

6. 麦芽糊精

麦芽糊精，又称水溶性糊精，是淀粉或淀粉质原料经酸法、酶法或酸酶法低度水解（葡萄糖值一般在20%以下，不含游离淀粉），再经脱色、浓缩、干燥而成的白色无定形粉末，是一种介于淀粉和淀粉糖之间的产品，商品英文名简称是 MD。

麦芽糊精的糖分组成与葡萄糖值有关。麦芽糊精的性质也与葡萄糖值有关。葡萄糖值越大，产品的溶解度、甜度、吸湿性、渗透性、发酵性、褐变反应及冰点下降越大，而组织性、黏度、色素稳定性、抗结晶性越差。

麦芽糊精能降低糖果甜度，增加糖果韧性，改善口感和结构。其溶解度低于砂糖和葡萄糖，但水化力较强；吸收水分后，保持水分能力强，所以能抑制蔗糖结晶，防止糖果烊化，延长糖果的货架寿命。其在糖果中的应用如下表1-8所示。

表1-8 麦芽糊精在糖果中的应用

名称	用量	作 用
夹心糖	20%～30%	抗砂、抗烊、减少牙病等疾病
软 糖	20%～40%	抗砂、抗烊、减少牙病等疾病
牛皮糖	20%～40%	增强弹性和韧性、改善风味

续表

名称	用量	作　用
孝感麻糖	20%～30%	预防潮解，降低或消除粘牙现象
苏式糖果	15%～20%	预防潮解，降低甜度，改善风味
巧克力糖	10%～15%	节约奶脂，改善口感，提高质量

7. 糖醇

糖醇是一种多元醇，可由相应的糖还原生成，即将糖分子上的醛基或酮基还原成羟基而成糖醇，含有两个以上的羟基。如用葡萄糖还原生成山梨醇，木糖还原生成木糖醇，麦芽糖还原生成麦芽糖醇，果糖还原生成甘露醇，淀粉水解物氢化还原成含有山梨醇、麦芽糖醇、低聚糖醇等多种糖醇的混合物。

糖醇虽然不是糖但具有某些糖的属性。目前开发的有山梨糖醇、甘露糖醇、赤藓糖醇、麦芽糖醇、乳糖醇、木糖醇等，这些糖醇对酸、热有较高的稳定性，不容易发生美拉德反应，成为低热值食品甜味剂，广泛应用于低热值食品。国外已把糖醇作为食糖替代品，广泛应用于食品工业中。

用糖醇制取的甜味食品称无糖食品，糖醇因不被口腔中微生物利用，又不使口腔 pH 降低，反而会上升，所以不腐蚀牙齿，是防龋齿的好材料。糖醇对人体血糖值上升无影响，且能为糖尿病人提供一定热量，所以可作为糖尿病人提供热量的营养性甜味剂。糖醇现在已成为国际食品和卫生组织批准的无须限量使用的安全性食品之一。

糖醇的主要特性如下。

(1) 甜度　除了木糖醇甜度和蔗糖的相近，其他糖醇的甜度均比蔗糖低，故可降低糖果甜度。

(2) 溶解度　糖醇在水中有较好的溶解性。按 20℃/100g 水中能溶解的克数计，蔗糖为 195g，糖醇则因品种不同而有很大差别。溶解度大于蔗糖的为山梨醇 220g；溶解度低于蔗糖的有甘露醇 17g、赤藓糖醇 50g、异麦芽酮糖醇 25g。和蔗糖相近的有麦芽糖醇 150g 和乳糖醇 170g、木糖醇 170g。一般来说，在工业生产上，溶解度大的糖醇，难结晶，溶解度小的容易结晶。

(3) 黏度和吸湿性　纯的糖醇类比蔗糖相对黏度要低，而混合糖醇浆黏度高和难结晶，适于各种软糖的加工。但糖醇（除甘露醇，异麦芽酮糖醇）吸湿性强，易使糖果发烊。

(4) 热稳定性　糖醇不含有醛基，无还原作用，不能像葡萄糖作还原剂使用；比蔗糖有较好的耐热性，高温不会产生美拉德反应，不会产生褐变。

(5) 溶解热　糖醇在水中溶解，和蔗糖一样要吸收热量，称作溶解热。因糖醇的溶解热高于蔗糖 17.9 倍，所以糖醇入口有清凉感，特别是木糖醇适于制取清凉感的薄荷糖等食品。

（6）生理特性　糖醇不被龋齿的链球菌利用，是一种非致龋齿的甜味料。糖醇不会引起血糖值上升，是糖尿病人的理想甜味料。糖醇热量低，适于肥胖病人食用。糖醇不被胃酶分解，在肠中滞留时间比葡萄糖长，所以每人每天摄入适量糖醇时具有通便作用；但摄入过量会引起生理性腹泻或轻度腹胀现象。

8. 蜂蜜

蜂蜜是蜜蜂从不同的花源中采集的花蜜，经蒸发浓缩、离心分离或过滤后得到的纯净制品，是天然甜味料。蜂蜜的组成由于其来源不同而有差异，平均组成如表 1-9 所示，主要成分是果糖和葡萄糖。

表 1-9　蜂蜜的组成　　　　　　　　　单位：%

组成与性质	含量	组成与性质	含量
水分	17	糊精	2
总固体	83	高糖	2
果糖	38	酸度（以葡萄糖酸计）	1.2
葡萄糖	34	灰分	0.2
麦芽糖	7	氮	0.1
蔗糖	6	还原性糖（以葡萄糖计）	77
树脂等	5	旋光度	-5°~10°
未检出物质	3		

蜂蜜营养丰富、风味独特，在糖果加工中有着重要应用，如在蛋白糖中添加蜂蜜，风味独特；在乳脂糖中添加蜂蜜，风味别致，价格便宜；但是糖果中的蜂蜜用量不宜超过 20%。因为蜂蜜中含有较高比例的果糖，而果糖吸湿性强，容易使糖果结构变软，影响后期保藏性，并且糖果中添加 10% 的蜂蜜已足以产生必需的风味。另外，添加蜂蜜的同时应调整糖果配方中蔗糖与淀粉糖浆的比例，以避免过量使用蜂蜜可能带来的品质影响。

9. 甘油

甘油的化学名为丙三醇，是通过水解脂肪或糖类发酵制取粗制品，再经真空蒸馏制得的精制产品。甘油相对分子质量为 92.10，结构式如下：

$$\begin{array}{l} CH_2—OH \\ | \\ CH—OH \\ | \\ CH_2—OH \end{array}$$

甘油是透明的水白色或微黄色黏稠液体，甜度低于蔗糖。具有吸湿性，可在糖果中作为保湿剂。如在椰子糖果中添加 3% 的甘油可减少水分损失，使产品保持新鲜感；在棉花糖、凝胶糖果中添加 2% 的甘油可使制品柔软；在糖渍水果的外层糖衣中添加 2.5% 的甘油，可延迟保藏期间的蔗糖结晶、出现白色斑点。

（二）油脂

油脂是一个甘油分子与三个脂肪酸分子缩合而成的酯类化合物，也称为甘油三酯。在常温下成液态的为"油"，呈固态的为"脂"。相当多的糖果和巧克力制品是以油脂作为其重要组成部分，提高营养价值，改善产品色泽、风味、质构、形态、保存性。但是，并非所有的油脂都可以作为糖果的原料，只有经过加工、混配、改性、精炼之后的油脂才能应用于糖果制品。

油脂应用于糖果主要有两种形式，一种是直接构成糖果的基体或糖果的芯体，称为芯体脂肪；另一种是作为一种介质可以制成糖果涂衣，其中也包括巧克力涂衣，称为涂衣脂肪。由于油脂存在而引发的物理、化学和生物的变化将时而剧烈或时而缓慢地影响着最终产品的品质变异，为此，糖果中选用正确的油脂显得尤为重要。所以选用油脂要从以下几个方面考虑：①具有一定的硬度、稠度、可塑性、口溶性和稳定性；②具有浅明的色泽，细腻的组织，愉快的香气和纯净的滋味；③具有相容性、调温性、结晶性、光泽保持性、斑白稳定性、脂肪转移性、香味释放性和香味传递性等品质特性；④价格低廉，来源广泛。

应用在糖果中的油脂主要有猪脂、奶油、氢化油、椰子油、棕榈油等。

1. 猪脂

猪脂是一种动物脂肪，取自猪的机体，炼制而成。精炼纯正的猪脂，多采用猪板油，这样的猪脂熔点高、具有可塑性，并且还有轻快的脂香和纯正的滋味，是糖果加工中油脂良好来源。

猪脂成白色或微黄色，在常温下成固态或半固态，遇热即熔化，冷却后仍凝结成固态，具有较强的可塑性。猪脂可使软糖组织细腻、润滑，便于压切，避免糖坯脆裂或粘刀。并且猪脂在常温下是半固态，在软糖组织中仍保持半固态，即使在炎热夏天，也不至于有油、脂渗润现象。另外，猪脂的熔点平均为 30℃ 左右，比人体温度稍低，因此当咀嚼时，半固体猪脂会逐渐熔化，产生柔软润滑的口感。

2. 奶油

奶油又名乳脂、白脱油、黄油等，是从哺乳动物的乳中分离得到的。通常所指的奶油，指的是牛乳的乳脂，是从牛乳中分离得到的。牛乳经离心分离得到脂肪含量为 40% 的稀奶油，稀奶油再经中和、杀菌、冷却、物理成熟、搅拌、压炼等工序，制成脂肪含量 80% 以上的奶油，其组织稠密均匀，断面有光泽，并带有针尖般小水点。奶油的标准分析组成如表 1 – 10 所示。

表 1 – 10　奶油的标准分析组成　　　　　单位:%

奶油组成	含量	奶油组成	含量
乳脂肪	82.0	酪素	0.5
水分	15.5	其他蛋白质	0.3
食盐	1.5	磷酸钙	0.1

在奶油的脂肪酸组成中，10% 为挥发性脂肪酸，90% 为不挥发性脂肪酸，其中主要的脂肪酸有丁酸 3% ~ 3.5% 、豆蔻酸 9% ~ 10% 、棕榈酸 24% ~ 26% 、硬脂酸 10% ~ 11% 、油酸 31% ~ 34% 、亚油酸 3% ~ 4% 。奶油特有的乳脂香味来源于丁酸及其他水溶性挥发性脂肪酸所构成的脂肪。因此，奶油作为糖果的主要成分，可使糖果获得需要的奶香味。

奶油中含有较多的饱和脂肪酸甘油酯。奶油的熔点为 28 ~ 30℃，凝固态为 15 ~ 25℃。因此常温下为固态，其硬度给糖果带来一定的应力，可使糖果形态好，不易变形。奶油中含有丰富的蛋白质和卵磷脂，因此奶油的亲水性、乳化性较强，用奶油制造的糖果组织结构细腻、均匀。

但是，奶油中还含有一定量的不饱和脂肪酸，极易发生氧化酸败变哈，带来令人不愉快的气味。另外，奶油中含有较高的水分（12% 以上）和部分非脂质物质，易被细菌作用腐败。因此奶油贮存温度应低于 – 15℃。另外，奶油物理性质较软，不够爽利，因此糖果中使用奶油时可添加植物氢化油。

人造奶油是用动植物油脂及其氢化油等精制食用油为主要成分，加入乳品、食盐、乳化剂、着色剂、抗氧化剂、香料、防腐剂等制成，可作为奶油的替代品。一般人造奶油的原料配比如表 1 – 11 所示。

表 1 – 11　人造奶油的原料配比（每吨含量）

奶油组成	含量	奶油组成	含量
油脂	810kg	防腐剂	100 ~ 500g
水、脱脂乳粉、发酵乳	160 ~ 180kg	抗氧化剂	100 ~ 200g
食盐	20kg	香料	10 ~ 20g
单甘酯	2 ~ 5kg	着色剂	20 ~ 100g
卵磷脂	1 ~ 3kg	维生素 A	200g

人造奶油作为奶油的仿制品，其组织结构、稠度及色香味基本与奶油相近，且货架寿命比奶油长，价格低于奶油。但芳香和口感不及奶油，所以糖果

生产中仍用奶油为佳。

3. 椰子油

椰子油是从新鲜并经干燥的椰子仁中提取精炼而得。椰子油属于月桂酸类油脂的特殊植物油类，其中90%以上的脂肪酸是饱和脂肪酸，所以碘值比较低（为 7 ~ 12g I/100g）。毛椰子油大约有 0.5% 的不皂化物，主要包括生育酚、甾醇、角鲨烯、色素和碳水化合物。脂肪酸组成中 15% ~ 20% 为挥发性脂肪酸，2% 为水溶性挥发性脂肪酸，水溶性挥发性脂肪酸构成的脂肪是椰子香气的来源。椰子油的风味主要归因于微量存在的 δ - 内酯和 γ - 内酯。

椰子油的熔点为 20 ~ 28℃，凝固点为 14 ~ 25℃。因此，椰子油一般在常温下为固体，有一定的硬度和脆性，如增温至一定温度则由脆性固体骤然变为液体，可给人一种清凉愉快的感觉。但是，椰子油的熔点不高，熔距较宽，在应用上尚有其局限性。因此，作为糖果专用油脂，椰子油需要氢化。

商品氢化椰子油的熔点分别为 32.2℃、37.8℃ 和 43.3℃。椰子油经氢化后，其熔点、硬度和稳定性有所提高。氢化椰子油还具有一般植物油所缺少的优点，在硬度、脆性、黏度、稠度、流散性、稳定性、色泽、气味等方面具有广泛的选择性和营养灵活性，可作为焦香糖果的组成成分，使其更加松脆可口，并具有较好的定形性，也可作为糖果和巧克力涂层或外衣的介质。

4. 棕榈油

棕榈油属于可食用油脂，它是从棕榈果的果肉中提取出来的，未经精炼的棕榈油是红棕色，常温下呈半固体状态。棕榈油中饱和脂肪酸和不饱和脂肪酸约各占50%，这种平分状态决定了棕榈油的碘值约 53g I/100g，并且赋予棕榈油较其他植物油脂具有更好的氧化稳定性。棕榈油中所含的短链脂肪酸较椰子油少，因此挥发产生的气味不如椰子油明显，并且熔点较高。但作为糖果专用油脂，棕榈油需要氢化处理。

氢化棕榈油熔点在 32℃ 左右，可应用在太妃糖、卡拉密尔糖、牛轧糖、求斯糖中，也可应用于各种糖果的芯子，或应用于糖果和巧克力的涂层或外衣。棕榈油经分提可得丰富的产品，其中分提的中间组分硬脂精，其性质与可可脂类似，可作为替代品。

5. 氢化油

氢化油又称硬化油、氢化硬脂、氢化植物油等，是植物油经脱胶、脱酸、脱色等加工精炼后再氢化而制的固体油脂，如氢化椰子油、氢化棕榈油等。

氢化油产品繁多，主要是因为其原料选择和氢化的程度自由度比较高，不同的原料氢化可得到不同的产品，即使同一种原料也可根据需要氢化到不同的程度而得到相应的产品。由于经过氢化后的油脂饱和度提高，熔点和固脂得到了改变，所以其具有良好的可塑性和硬度、化学稳定性、乳化性。可塑性和硬度主要和油脂的固脂曲线及晶体的型态和大小有密切关系，一般固脂越高，晶体越小的硬度越大，而油脂的主要晶体是 α、β'、β 晶型，其熔点的顺序为 $\alpha < \beta' < \beta$，β 晶型体是最稳定、熔点最高的晶型。如果熔化的油脂迅速冷却时会产生大量细小的晶体，油脂的均匀度和硬度则增加。

油脂熔点 $38 \sim 46℃$，具有良好的硬度和可塑性，对于糖果的品质起着很重要的作用。氢化油具有较高的熔点，能使制成的糖果在炎热的夏天不致产生油脂渗漏，良好的可塑性可以帮助糖果具有一定的外形而不坍塌、变形和破裂；适当的硬度可使糖果不致太软而带来油腻感；良好的化学稳定性，能使糖果的货架寿命延长，不易氧化变哈；氢化油来源广泛，价格低廉，可降低糖果的生产成本。

（三）乳品

乳和乳制品是糖果、巧克力生产中的一种重要原料。奶糖、焦香糖、巧克力等中含有丰富的乳和乳制品，硬糖中的奶油糖、椰子糖、花生脆糖等也含有一定量的乳制品。

乳和乳制品赋予糖果诱人的乳香味，提高糖果的营养价值。而且乳品的乳化作用，能使糖果组织细腻；能使黏稠的糖浆乳化、趋于疏松；能使溶化的糖浆成为一种浓厚的乳化体，咀嚼时使口舌上有滑腻感。

乳和乳制品的种类很多，在糖果中应用的有牛乳、奶油、乳粉、炼乳等。不同的糖果应根据生产需要，选择不同的乳和乳制品。

1. 鲜乳

鲜乳是哺乳动物分泌的乳汁，有牛乳、羊乳、母乳等，其中最重要的是牛乳。因此，一般所说的鲜乳就是牛乳。牛乳色泽呈白色或略带浅黄色，不透明、味稍甜，具有独特的乳香味。牛乳的基本组成如表 1-12 所示，是由水、脂肪、非脂乳固体三部分组成。牛乳中所含的脂肪即乳脂，在乳中形成乳浊液。乳脂之外的干固物称为非脂乳固体，包括蛋白质、乳糖和无机盐等。牛乳的新鲜度可用酸度表示，一般为 $0.13\% \sim 0.18\%$（以乳酸计），酸度过高表示牛乳不新鲜，热稳定性差。

表 1-12 牛乳的基本组成 单位:%

组成	含量	组成	含量
水分	87.4	酪素	3.0
脂肪	3.7	其他蛋白质	0.5
非脂乳固体	8.9	酸度（以乳酸计）	0.14
乳糖	4.9		

牛乳含有大量的水分，在糖果制造中必须延长加热时间以去除多余的水分，但最容易导致蔗糖过度转化的危险。因此，大多数糖果生产中需要干固物和浓度高的乳制品，如炼乳、乳粉等，只有在一些焦香型糖果中添加部分鲜乳获得特殊的色、香、味。

2. 炼乳

炼乳是牛乳加热浓缩至原来体积的40%之后所制得的产品。根据是否加糖，炼乳可分为甜炼乳、淡炼乳两种类型，每种类型又可细分为全脂炼乳和脱脂炼乳两种类型。

（1）甜炼乳　又称加糖炼乳，是鲜牛乳加蔗糖经消毒浓缩均质而成。其蔗糖含量应在40%左右，其浓缩倍数为2.6倍左右，即1份甜炼乳相当于2.6份鲜牛乳的固形物含量。牛乳未经脱脂制成的产品为全脂甜炼乳，脂肪含量9%左右。牛乳脱脂之后制成的产品为脱脂甜炼乳，脂肪含量低于1%。

甜炼乳呈淡黄的乳脂色，具有浓郁的香气和滋味，且黏稠，具有良好的流动性，易于从刮铲上流下，味纯甜，不应有舌感可察觉的粗糙的糖粒结晶。甜炼乳的特点在于其含有较高浓度的蔗糖，可利用蔗糖的渗透压抑制微生物的生长繁殖，较易长时间保存，在糖果生产中使用方便。但是，用甜炼乳作为糖果配料时，用量比淡炼乳多，因其含糖量较高，含乳量相对较低。另外，用全脂甜炼乳作为糖果原料时，要防止结块，可用热水和适当的稳定剂事先进行均质处理，也可与淀粉糖浆、油脂、淡乳粉或复原乳粉一起混合使用。

（2）淡炼乳　即不加糖炼乳，是牛乳预热、杀菌、均质、浓缩、灭菌制成的产品。其浓缩倍数为2.2倍左右，也就是2.2倍牛乳可制1份淡炼乳。淡炼乳根据生产过程中有无脱脂，可分为全脂淡炼乳和脱脂淡炼乳两种，在糖果生产中一般采用全脂淡炼乳。

淡炼乳呈淡黄的乳白色，具有牛乳特有的香气和味道。淡炼乳中水分含量高，不易保存，贮藏期间容易发生脂肪分离、蛋白质凝块等现象。因此，淡炼乳除生产中采用灭菌、均质、添加磷酸氢钠等稳定剂外，储藏温度应在10℃以下，且时间不宜过长。

在糖果生产中，淡炼乳是最理想的乳制品，因为它没有鲜乳那么高的含水分量，而且性质与鲜乳完全相同，且乳味浓厚。与乳粉相比，如作液乳使用，则乳粉必须经过调整，没有淡炼乳方便。另外，淡炼乳是用原乳浓缩的，且乳脂含量一般经过调整，所以，用淡炼乳作为糖果原料时容易掌握产品质量。

3. 乳粉

乳粉是牛乳经浓缩、干燥后制成的乳制品，有甜乳粉、淡乳粉两种，每种又包含全脂、半脱脂和脱脂三种类型。在糖果生产中，不宜用甜乳粉，因其含有20%左右的砂糖，易使糖果组织粗糙，甚至产生糖果发砂的现象。在糖果中使用的淡乳粉有全脂淡乳粉，半脱脂淡乳粉和脱脂淡乳粉。另外，还有巧克力专用乳粉，具有理想的起泡性、乳化性和较高的游离脂肪酸含量。乳粉一般呈淡乳油色，如果乳粉中富含胡萝卜素或受高温影响，颜色会加深而成为暗黄色。

全脂乳粉是牛乳未经脱脂直接浓缩、干燥制成的产品，乳脂含量不少于25%。脱脂乳粉是牛乳经离心分离除去脂肪后，再经浓缩、干燥制成的产品。半脱脂乳粉是用全脂乳粉和脱脂乳粉混合而成，乳脂含量约为15%。因此，全脂乳粉的脂肪含量高，非脂乳固体含量低，色泽、香味好。脱脂乳粉的脂肪含量低，非脂乳固体含量高，色泽较浅，香味较淡，稳定性好，不易引起氧化哈败。

由于乳粉含水量少，便于运输和保存，所以在糖果中的应用大大超过其他乳制品。全脂淡乳粉可和精炼硬化油组合，作为各类糖果的基本组成，也可用于巧克力或类巧克力的涂层制品。

乳粉在糖果生产中的用法有两种：干调法和湿调法。干调法是将干乳粉在适当的生产过程中加入，经调拌而成产品。这种方法比较方便，但溶解不完全。因此，采用此法时，应选择溶解度高、粉粒细致的乳粉。湿调法是将乳粉先用温水调和后使用。这种方法的优点是乳粉能充分溶解，还可以根据产品需要调成不同浓度。乳粉和水按 1:8 调和后，与鲜乳浓度接近；乳粉和水按 1:3 调和后，与淡炼乳浓度接近。

二、糖果加工辅助原料

（一）增稠剂

增稠剂是一类能增加体系黏度、改变食品流变性能的物质，大多属于亲水性高分子化合物，可与水形成高黏度的均相液，所以称糊料、水溶胶、食品胶等。其在糖果等食品加工中起着增稠、凝胶、稳定、乳化、悬浮、絮凝、黏结、成膜等作用，由其形成的胶体在糖果制造中起着重要的作用。胶体是软糖的骨架，没有胶体就失去了软糖的特性；胶体还可以使奶糖具有弹性，使蛋白糖疏松，使夹心糖的果浆馅芯稠厚。

糖果中所用增稠剂有淀粉、琼脂、明胶、果胶等，大多是天然胶体，来自动植物。天然胶体从动植物中提纯出来，经干制之后就是干胶体。干胶体复水成溶胶时，有凝胶的和不凝胶的两类，软糖所用的是凝胶的胶体，具有良好的凝胶力。此外，也有合成的树脂型凝胶，如聚醋酸乙烯酯等，是胶基糖的胶基成分之一。

胶体种类很多，各种胶体都有各自不同的性质，例如，淀粉凝胶脆而不透明，琼脂凝胶脆而透明，明胶凝胶透明而富有弹性，树脂凝胶坚硬而质脆。但是，糖果中所用的胶体都应具有下面特性：相对分子质量大，分子结构中很多是线状链形结构；具有亲水性，能吸附保持较多水分；能提供不同的功能作用；符合食品应用与卫生的要求。

1. 淀粉

淀粉是自然界中分布最广的碳水化合物，贮藏在植物的种子、块茎和根中。在工业上，淀粉是以玉米、小麦、大米、高粱、马铃薯、甘薯等为原料，经过预处理、浸泡、破碎、过筛、分离淀粉、洗涤、干燥和成品整理等工艺过程制取的。来源不同，淀粉性质也不同。

（1）性质　淀粉分为直链淀粉和支链淀粉。淀粉原料不同，聚合度不同，其直链淀粉和支链淀粉的比例也不同，如表 1 – 13 所示。直链淀粉是由葡萄糖以 α – 1，4 – 糖苷键结合而成的链状化合物，能被淀粉酶水解为麦芽糖。在淀粉中的含量为 10% ~ 30%。能溶于热水而不成糊状。遇碘显蓝色。支链淀粉中葡萄糖分子之间除大部分以 α – 1，4 – 糖苷键相连外，还有少部分以 α – 1，6 – 糖苷键相连的。所以带有分支，约 20 个葡萄糖单位就有一个分支，只有外围的支链能被淀粉酶水解为麦芽糖。在冷水中不溶，与热水作用则膨胀而成糊状。遇碘呈紫或红紫色。

表 1 – 13　不同种类淀粉的直链淀粉和凝胶性能的比较

淀粉种类	直链淀粉含量/%	淀粉糊冷却时形成凝胶体强度	淀粉种类	直链淀粉含量/%	淀粉糊冷却时形成凝胶体强度
玉米	27	强	稻米	17	很弱
高粱	27	强	百合	31	很强
小麦	25	较弱	皱皮豌豆	63	很强
马铃薯	23	弱	黏高粱	<1	不凝成凝胶体
甘薯	20	弱	黏大麦	0	不凝成凝胶体
木薯	17	很弱	糯米	0	不凝成凝胶体

直链淀粉在高温下形成极不稳定的溶液，冷却时形成沉淀或凝结成不可逆的凝胶体。支链淀粉在水中形成的溶液黏度高，稳定性好，经久不发生凝沉，也不凝结成凝胶体。因此，含直链成分多的淀粉凝胶力强，黏度较低；含支链成分多的淀粉凝胶力弱，黏度较高。所以，在制造淀粉软糖时要求淀粉具有较强的凝胶特性，一般以玉米淀粉较好；而在制作黏稠的糊状制品时，则以木薯淀粉较好。

一般淀粉是白色的微小颗粒，相对密度为 1.6。淀粉不溶于冷水，只在水中胀润，加热之后体积膨胀，继续加热颗粒胀大相互接触使淀粉溶液变成黏稠的糊状液体，这就是淀粉的糊化。淀粉的糊化性质，使淀粉容易在加热过程中糊锅，使其在糖果制造中受到一定的限制。

（2）作用　淀粉在糖果中主要用作填充剂，利用豆类或高粱淀粉制作柔糯性极佳的高粱饴类软性糖果；利用淀粉的凝胶特性制造淀粉软糖。另外，淀粉加入到焦香糖果或砂质软糖中，可增加糖果的体积和产品的咀嚼性；淀粉在棉花糖或胶基糖的生产中，可用作挤压成形糖果的撒粉，防止糖果粘连，加速表面干燥；淀粉在软糖成形时，可制成淀粉成形模，吸收糖果中的水分。

（3）选择　不同淀粉的直链淀粉和支链淀粉的比例不同。含直链成分多的淀粉凝胶力强，含直链成分少的淀粉凝胶力弱。因此，采用胶体凝胶作用制造的软糖，要选用含直链成分多的、凝胶力强的淀粉；而高粱饴和苏式软糖，是直接熬成高浓度制成的，可选用直链成分少、凝胶力弱的淀粉。

2. 变性淀粉

由不同原料中提取、未经任何再加工处理的淀粉，一般称为普通淀粉。由于，普通淀粉在糖果加工中具有一定的局限性。例如，淀粉在水中加热糊化变成黏稠的液体，黏度很高，不利于熬糖，也不利于成形。因为黏度高，传热速率低，熬糖时不利于水分蒸发；流动性差，浇模成形时易使糖果拖尾。因此，需要改变淀粉的一些性质，如淀粉的黏度、水溶性、色泽、味道、流动性、凝胶性等，来适应生产的要求。改变了性质的淀粉即经过处理后的淀粉，称为变性淀粉或改性淀粉。

淀粉变性的最主要目的是降低黏度、提高凝胶性能。因为黏度低、糖浆流动性好；凝胶性能好，软糖就会有饱满软实的形态。淀粉的变性方法一般有物理方法、化学方法、酶法或其联合使用。变性淀粉的种类有酸变性淀粉、氧化变性淀粉、预糊化淀粉、交联淀粉和可溶性淀粉等。

（1）酸变性淀粉　酸变性淀粉是采用酸对淀粉进行局部水解，使其物理性质有一定程度的变化，如黏度下降，而化学性质没有特殊变化。其加工过程一般为：在一定浓度的淀粉乳中加入稀盐酸或稀硫酸，加热至 $50 \sim 55 ℃$，进行水解，直至达到所需的淀粉乳流度，用纯碱中和至 pH $5 \sim 5.5$，终止变性，然后用水洗涤、离心脱水、除去盐分，最后进行干燥，得到酸变性淀粉。

酸变性淀粉的主要特点是黏度低，流度（黏度的倒数）一般为 $30 \sim 90$，常用规格 $30 \sim 90$。酸变性淀粉主要用于制造淀粉软糖。

（2）氧化变性淀粉　氧化变性淀粉是采用氧化剂，如次氯酸钠来氧化淀粉。淀粉在氧化过程中少部分被氧化，黏度降低，与水混合可得透明度很高的浆体。

氧化变性淀粉可用于制造柔嫩的胶冻型糖果；也可和其他胶体配合，用于有一定流动性的浆体芯子。

（3）预糊化淀粉　也称为 α-淀粉，是预先糊化再干燥的淀粉产品。淀粉经预蒸煮处理后，滚筒干燥或喷雾干燥成粉末，即得预糊化淀粉。

预糊化淀粉的分子质量基本不变，但其黏度升高，溶解度上升，可分散在冷水中，具有冷凝固作用。可利用其可溶于冷水，并能产生黏合作用，可应用于粉质型糖果和粉胶型糖果。

（4）交联淀粉　交联淀粉是采用表氯醇、磷酰氯或三偏磷酸钠，在碱性条件下，使淀粉链葡萄糖单位的羟基发生交联作用而形成的。交联淀粉的特点是淀粉颗粒在熬煮过程中的裂解得到抑制，在酸和剪切作用下仍保持很高的黏度，具有"短"的良好口感。

在糖果加工中，交联淀粉应用于卡拉蜜尔糖和棉花糖，以保持糖果柔软的口感、良好的保香性和高度的充气作用，又能经受生产过程中酸、热、剪切等作用。

（5）可溶性淀粉　可溶性淀粉也称为可溶性糊精淀粉，因为其特性接近于糊精。淀粉的糊精化可使其在冷水中溶解，并可降低其黏度，提高透明度。因此，可溶性淀粉适用于糖衣型糖果，可代替天然树胶作为糖果外衣中的密封层。

3. 琼脂

琼脂别名琼胶、洋菜、冻粉，是一种碳水化合物，由琼脂糖和琼脂胶组成，属于植物多糖类。琼脂糖是两个半乳糖组成的双糖，无色透明或类白色至淡黄色半透明条状、片状或粉状。琼脂胶与琼脂糖结构类似，不同之处是可被硫酸酯化。

（1）性质　琼脂分为链琼脂和胶琼脂两种。链琼脂是指由半乳糖组合而成的直链分子，凝胶能力强；胶琼脂是链琼脂的硫酸酯，没有凝胶性。因此，琼脂的凝胶性能与其结合的硫酸根有关，硫酸根含量在4%以下的凝胶能力强，超过4%的就缺少凝胶能力。琼脂的凝胶性能还受酸和盐的影响，在加热时琼脂受酸、盐作用会分解成还原糖，性质发生改变，凝胶性能消失。琼脂的耐酸性不如果胶，但比明胶、淀粉强。

琼脂不溶于冷水，但易吸水膨胀成胶块状。琼脂在热水中极易分散成溶胶体，当其浓度在0.1%以下时，冷却后不能形成凝胶而成为黏稠状溶液；浓度在0.5%时，冷却后能形成稳定的凝胶；浓度1%时，冷却后能形成坚实而富有弹性的凝胶。

琼脂凝胶的凝固温度为 28~40℃，琼脂凝胶的熔点为 82~100℃。因此，琼脂凝胶即使在夏季，也可在室温下凝固，不必冷却，方便使用。琼脂凝胶耐热性较高，热加工方便。琼脂的吸水性和持水性很高。干琼脂在冷水中浸泡膨润，吸水量可达30~40倍，琼脂凝胶的含水量可高于99%。

（2）使用 琼脂凝胶力强，主要用于制造琼脂软糖，用量一般占配方总固体物的1%~1.5%。琼脂吸水性强，可吸收30~40倍的水。使用时先加足量的水浸泡，以加速其溶解，浸泡时间约为10h体积为琼脂的20倍左右。生产软糖时熬煮温度过高会破坏琼脂的凝胶性，所以，熬煮温度应控制在105~109℃之间。低温熬制得糖软嫩爽口，但结构不坚实，所以成形后需经过烘烤去除部分水分，改善糖果的结构，增强糖果的韧性。但其在酸性条件下失去凝胶力，一般加工纯甜味、香蕉味和香草味软糖，而不加工成果味型软糖。另外，琼脂还作为稳定剂，用于其他软糖和巧克力夹心制品。

琼脂凝胶质硬，用于食品加工可使制品具有明确形状，但其组织粗糙，表皮易缩起皱，质地发脆。当与卡拉胶复配使用时，可克服这些缺陷，得到柔软、有弹性的制品。琼脂与糊精、蔗糖复配使用时，凝胶的强度升高，而与海藻酸钠、淀粉复配使用，凝胶强度则下降；与明胶复配使用，可轻度降低其凝胶的破裂强度。

（3）选择 由于原料和提制方法的不同，琼脂品质差别较大。在选择琼脂时，一般以琼脂的最低凝胶浓度来衡量琼脂品质的好坏。因为凝胶浓度低的琼脂凝胶力强。另外，也把吸水率作为品质好坏的标准。因为吸水率高的琼脂，说明其在提制过程中受到的破坏少，保持了较大的分子，在水中溶解的温度高，冷结成凝胶的温度也高。

4. 明胶

明胶是从生胶质中溶解出来的纤维状胶原蛋白，非常容易交织成不易断裂的链和网状结构，能形成强度很大的凝胶，广泛应用于糖果制造中。

明胶的生产方法有碱法、酸法、盐碱法和酶法4种，制取明胶的原料有动物的皮、骨、肌腱和其他结缔组织。不同原料、方法制取的明胶，性质不同。但为了保持商品明胶的一致性，不同来源的明胶一般需要经标准化处理。商品明胶为淡黄色至黄色、透明至半透明、带有光泽的脆性薄片、颗粒或粉末。

（1）性质 明胶作为一种蛋白质，也属于两性物质，明胶的pH和等电点（pI）随其制作方法而异。碱法加工明胶的等电点值为4.7~5.0，酸法加工明胶的等电点值为5.6~6.0。在等电点时，明胶溶液的黏度最小，而凝胶的熔点最高，渗透压、表面活性、溶解度、透明度和膨胀度等均最小。明胶的黏度与胶凝力和吸水率有关，黏度小，胶凝力小，吸水率低。

明胶不易溶于冷水，但能缓慢吸水膨胀，吸水量可达5~10倍。当它吸收2倍以上的水时加热至40℃便熔化成溶胶，冷却后形成柔软而有弹性的凝胶。可见，凝胶具有热可逆性，即加热熔化、冷却凝固。

依来源不同，明胶的物理性质也有较大的差异，其中以猪皮明胶性质较优，透明度高，且具有可塑性。与琼脂相比，明胶的凝胶比琼脂凝胶柔软，口感好，且富有弹性。但是明胶的凝固力较弱，优质明胶浓度低于5%时也可以胶凝，在4%~5%时凝胶强度较大。一般明胶浓度低，形成的凝胶组织柔软；浓度高，凝胶弹性增加，韧性增加。明胶溶胶的凝固温度为20~25℃，凝胶的熔点为30℃左右，两者相差不大。

明胶极易受酸、碱、细菌的破坏，水解成胨、胨、肽，最终会水解成氨基酸，明胶性质渐渐改变，凝胶性能逐渐消失。

（2）使用 明胶具有吸水和支撑骨架的作用，明胶微粒溶于水后，能相互吸引、交织，形成叠叠层层的网状结构，并随温度下降而凝聚，使糖和水完全充塞在凝胶空隙内，使柔软的糖果能保持稳定形态，即使承受较大的荷载也不变形。

在糖果加工中，主要利用明胶的凝胶特性，应用在明胶软糖、奶糖、棉花糖等中，使糖果具有稳定的坚韧性和弹性，有利于成形，便于切割，可经受较大的荷重而不变形。利用明胶的热可逆性，现将其制成溶胶，凝结成冻胶后再制成软糖。作为稳定剂用于牛轧糖、水果软糖、软太妃糖、充气糖果中，能控制糖结晶体变小，并防止糖浆中油水相对分离。

明胶的凝胶弹性、韧性与其浓度有关。因此，制造柔软性明胶软糖时，明胶用量为5%左右；制造较有弹性的明胶软糖时，明胶用量为8%；制造富有较大韧性软糖时，用量在10%以上。

（3）选择 糖果加工中主要是利用明胶的凝胶性，因此选择明胶时要注意其凝胶强度。工业上都以黏度来控制明胶质量的好坏。因为明胶黏度高，表明其吸水率高、相对分子质量大，在加工中受到的破坏少，凝胶强度大。制作软糖时，最好选用相对黏度12°E以上（°E是恩氏黏度的符号）、凝胶强度大的明胶。相对黏度是指在一定温度下，同体积明胶溶液与同体积水的流速的比较。另外，选择明胶时，还要考虑明胶的其他质量指标，如色泽、pH、透明度等。

5. 果胶

果胶是从果皮或果实中提取的胶质，是制造水果软糖的优良胶体。原果胶具有不溶性，其在果胶酶作用下水解成水溶性果胶，制造软糖所需的就是这种水溶性果胶。在此所指的果胶是水溶性的果胶，属于膳食纤维，是由D-半乳糖醛酸以$\alpha-1,4-$键连接而成的直线性多糖。产品为白色至黄褐色粉末，几乎无臭。

（1）性质 在果胶聚半乳糖醛酸的长链结构中很多羧基被甲醇酯化为甲氧基。一般从植物中提取的果胶，甲氧基含量在7%~14%，称为高甲氧基果胶（HMP），也即为普通果胶；甲氧基含量低于7%的果胶称为低甲氧基果胶（LMP）。高甲氧基果胶和低甲氧基果胶划分也可以酯化度为依据。酯化度是指酯化的半乳糖醛酸基对总的半乳糖醛酸基的比值。高甲氧基果胶的酯化度大于50%，一般为60%~80%；低甲氧基果胶的酯化度小于50%，一般为25%~50%。

果胶不易溶解或分散于水中。果胶的分子链越长、酯化度越高，其亲水性越小。果胶的凝胶特性与其相对分子质量和酯化度有密切关系。果胶的凝胶强度与其相对分子质量成正比关系，凝胶速度与其酯化度成正比关系。

高甲氧基果胶胶凝能力强，甲氧基含量越高，凝胶能力越强。一般采用甲氧基含量高的高甲氧基果胶来制作软糖。但高甲氧基果胶溶液必须在含糖量大于60%、pH 2.6~3.4时才具有凝胶能力。而低甲氧基果胶随着甲氧基含量降低，凝胶性能逐渐丧失。但低甲氧基果胶只要有多价金属离子，例如钙、镁、铝等离子的存在，也可形成凝胶。

（2）使用　果胶大量用来制造果胶软糖。普通果胶软糖中高甲氧基果胶其用量为2%~3%，因为果胶用量少，凝胶强度差；但用量过多也没必要，只要保证软糖具有一定的稳实度就可以。

普通果胶在糖和酸的适宜条件下，可溶性物质含量达50%以上时，在很高的温度下也能形成凝胶，这给浇模成形带来困难。酯化度越高，这种现象越明显。为了延缓形成凝胶时间，使浇模成形顺利完成，可添加缓冲剂，如柠檬酸钠、酒石酸钾、磷酸氢二钠等，在适当范围内保持酸碱稳定性，推迟形成凝胶时间。

果胶溶液形成凝胶的最适pH都保持在酸性条件下，这可使产品具有可口的酸味，并可使水果的香气更为纯正丰满。但果胶在酸性条件下长时间加热，极易水解脱去甲氧基，影响凝胶性能，这在加工中应予以注意。果胶不易溶解或分散于水中，所以在糖果制作中，果胶可先与8倍的砂糖充分混匀，然后加入90℃热水中充分溶解，最后加到淀粉糖浆中。

（3）选择　果胶主要应用于制造果胶软糖，因此，果胶的凝胶性能特别重要。一般使用凝胶能力100~150级的高甲氧基果胶生产果胶软糖。凝胶能力的级别是指果胶凝胶所需砂糖的最高比例，即在一定条件下一份果胶能和多少份砂糖一起形成凝胶。

另外，在选用果胶时，果胶成分越高越好，灰分含量越低越好。如果是果胶粉，则粉料大小以能通过60~80目孔筛最好，不宜太细，因为粉粒太细，会使果胶具有强烈的吸水性，与水接触后迅速黏结成块，再行熔化就极为困难。

6. 阿拉伯胶

阿拉伯胶从阿拉伯胶树或亲缘种金合欢属树的树干和枝割破处流出的胶状物，除去杂质后经干燥、粉碎而得。阿拉伯胶是一种高分子质量多糖类及其钙、镁、钾的盐，一般是由D-乳糖、L-阿拉伯糖、D-葡萄糖醛酸和L-鼠李糖组成的混合多糖。

阿拉伯胶为黄色至浅黄褐色半透明块状体，或为白色至淡黄色颗粒或粉末状物，无味无臭，相对密度为 1.35~1.49。它极易容易水，在水中的溶解度为50%。溶液为清晰的黏稠液体，但流动性很好，干燥后能形成紧密的膜层，可用于抛光糖果芯体防止渗透的壳层。阿拉伯胶的凝胶性差，即使在高浓度下也不形成凝胶。

阿拉伯胶广泛应用于糖果制造工业，主要在于其具有防止糖分结晶的能力和增稠、增浓的能力。在糖果中，阿拉伯胶可作结晶防止剂和乳化剂，阻碍糖晶体的形成，防止晶体析出，也能有效地乳化奶糖中的乳脂，避免溢出；可用于巧克力表面上光，使巧克力"只溶于口，不溶于手"；还可作为咀嚼糖、止咳糖和菱形糖的成分。

阿拉伯胶多用于制造胶基糖的胶基，使胶基糖具有较强的黏结力和柔软的弹性，用量为 20%~25%。另外，阿拉伯胶可与其他胶体一起用于制造带有硬脆口感的凝胶糖果。

7. 卡拉胶

卡拉胶又称角叉菜胶、爱尔兰苔浸膏和鹿角藻胶，是从一种红藻——鹿角藻中提取出来的多糖类凝胶质，由 D-吡喃半乳糖及 3，6-脱水-D-半乳糖组成的高分子质量多糖类硫酸酯的钙、镁、钾、钠、铵盐。根据分子中硫酸酯结合型态，卡拉胶分为 7 种类型：κ-型、λ-型、ι-型、υ-型、γ-型、φ-型、ξ-型。

商品卡拉胶主要为 κ-型、λ-型、ι-型三种型号的混合物，为白色至淡黄褐色、表面皱缩、微有光泽、半透明片状体或粉末状物，无臭或有微臭，无味，口感黏滑，溶于 60℃ 以上的热水中，形成黏性透明或轻微乳白色的易流动溶液。卡拉胶溶于水后相当黏稠，其黏度比琼脂还大，卡拉胶水溶液冷却后可形成凝胶，这是由于相互链间形成了一种双重螺旋体。卡拉胶凝胶的强度不及琼脂，但透明度较高。

卡拉胶仅在有钾离子（κ-型、ι-型）或钙离子（ι-型）存在时才能形成具有热可逆性的凝胶。卡拉胶的凝胶性受某些阳离子（如钾、铷、铯、铵、钙等阳离子）影响。加入一种或几种该类阳离子，能显著提高凝胶性，且在一定范围内，凝胶性随阳离子浓度增加而升高。对 κ-卡拉胶，钾的作用比钙的作用大，称为钾敏卡拉胶。而对 ι-卡拉胶，则钙的作用较钾的大，故称其为钙敏卡拉胶。纯钾敏卡拉胶具有良好的弹性、黏性和透明度，而混入钙离子后会使其变脆。ι-卡拉胶与钙离子能形成完全不脱水收缩的、富有弹性的和非常黏的凝胶，它是唯一的冷冻-融化稳定型卡拉胶。对于 λ-型卡拉胶，即使有钾或钙盐存在，也无法起凝胶作用。

　　卡拉胶加入钠离子，能使凝胶变脆而易碎；大量钠离子能干扰卡拉胶的胶凝能力，降低凝胶强度。蔗糖会提高卡拉胶的胶凝温度和熔化温度。在高固形物中，需要较高的温度才能使 κ-卡拉胶溶解，而在低 pH 的条件下，κ-卡拉胶的水解程度将因之提高，因此，在高固形物情况下，酸加得越晚越好。

　　在糖果生产中，卡拉胶现已成为琼脂的良好代用品。其透明度比琼脂更好，价格较琼脂低，加到一般的硬糖和软糖中能使产品口感滑爽、富弹性、黏度小、稳定性高。在制作透明水果软糖中用卡拉胶作凝固剂，软糖的透明度好，水果香味浓，口感滑爽不粘牙；在一般硬糖中加入卡拉胶，能使产品均匀、光滑，稳定性增高。

8. 海藻酸钠

　　海藻酸钠也称褐藻酸钠、藻胶，是海藻酸与钠盐形成的一类亲水性高分子物质。由两种分子组成即：β-D-甘露糖醛酸（M）与 α-L-古洛糖醛酸（G）以 -1，4-键连接而成的线性高分子多糖。钙离子与高 G 型海藻酸钠形成高强度的脆性胶，有良好的热稳定性，能形成热不可逆性凝胶；钙离子与高 M 型海藻酸钠形成强度较弱的脆性胶，更适合于融化或冷却处理。通常高 M 型海藻酸钠用作增稠剂，高 G 型海藻酸钠用于胶凝剂。

　　海藻酸钠为白色至浅黄色纤维状或颗粒状粉末，几乎无臭、无味，能缓慢溶于水形成稳定的黏稠溶液。其溶液呈中性，加酸会析出凝胶状海藻酸沉淀；加钙、铜或铅等二价金属离子形成相应盐的凝胶；加镁离子不胶凝；加草酸盐、氯化物、磷酸盐可以抑制其胶凝效果。

　　海藻酸钠与钙离子形成的凝胶，具有耐冻结性和干燥后可吸水膨胀复原等特性。海藻酸钠的黏度影响所形成凝胶的脆性，黏度越高，凝胶越脆。增加钙离子和海藻酸钠的浓度而得到的凝胶，强度增大。胶凝形成过程中可通过调节 pH，选择适宜的钙盐和加入磷酸盐缓冲剂或螯合剂来控制。也可以通过逐渐释出多价阳离子或氢离子，或两者同时来控制。通过调节海藻酸钠与酸的比例，来调节凝胶的刚性。通过控制钙盐的溶解度，可调节凝胶的品种和刚性，使用易溶性的氯化钙，迅速制成凝胶；而使用磷酸二氢钙时，温度升到 93～107℃ 方能释出钙，可延迟胶凝化时间。钙离子加入量达 2.3% 时，得到稠厚的凝胶；加入量低于 1% 时，为流动状体。当 pH 接近蛋白质等电点时，蛋白质和海藻酸钠形成可溶性络合物，黏度增大，可抑制蛋白质沉淀；当 pH 进一步下降，络合物则发生沉淀。

　　海藻酸钠溶液与钙离子接触时可形成海藻酸钙凝胶。因此，在果胶缺失的情况下，可代替果胶在糖果中作为凝胶质和增稠剂；也可代替糖果制造中的琼脂，制成具有弹性、不粘牙、透明的水晶软糖。海藻酸钠的优良成膜性还可使其用于糖果的防粘包装。

（二）乳化剂

乳化剂是一种表面活性剂，分子结构中的亲水基（极性端）和亲油基（非极性端）能有效地降低油水界面间的表面张力使油水得到均匀乳化形成稳定的乳浊液。乳浊液由分散相、分散介质和乳化剂所构成。乳浊液的稳定性既取决于分散体系中分散相与分散介质的比例，也取决于乳化剂的表面活性。

乳化剂亲水性或亲油性的强弱通常以亲水亲油平衡值（HLB）来表示。亲水亲油平衡值越小表示乳化剂的亲油性越强，亲水亲油平衡值越大表示乳化剂的亲水性越强。一般规定亲油性100%的乳化剂，其亲水亲油平衡值为0；亲水性100%的乳化剂，其亲水亲油平衡值为20；其间分成20等份，以此表示乳化剂亲水亲油性的强弱情况和不同用途，在选择乳化剂类型时应充分考虑这一特点。根据乳化剂的亲水亲油性，可将其大体分为亲水性强的、水溶性的、水包油型（油/水或O/W）乳化剂和亲油性强的、油溶性的、油包水型（水/油或W/O）乳化剂。

乳化剂是糖果工艺中应用较广的一类添加剂，能有效降低糖果组织内油水界面间的表面张力，使油水两相得到均匀的乳化，从而获得相对的稳定性。乳化剂的表面活性作用，除了表现在其亲水亲油方面，还表现在物料分散、保持水分、延迟淀粉老化、发送泡沫性能、调节黏度、提高成形性能、改善产品的香味与组织的适口性，控制糖果结晶等方面。因此，准确选择与使用乳化剂对糖果的加工与品质有极其重要的意义，使用时应符合 GB 2760—2014《食品添加剂使用卫生标准》。

1. 磷脂

磷脂是指含有磷酸的脂类，属于复合脂。因在蛋黄中含量很高，又名蛋黄素。但是蛋黄磷脂成本高、容易腐败，一般不使用。大豆磷脂成本低、不易腐败，所以商品磷脂主要是从大豆中提取，也称为大豆磷脂、卵磷脂。

大豆磷脂是制造大豆油时的副产品，是将提取大豆油的溶剂回收后，通入水蒸气，使磷脂沉淀分离，再经离心脱水、减压蒸发、精制而成。其主要成分是卵磷脂、脑磷脂和肌醇磷脂。因磷脂中所含卵磷脂、脑磷脂和肌醇磷脂的比例不同，所以，有水/油和油/水两种乳化类型的磷脂，可根据生产需要而选择。

精制液体磷脂为浅黄色至褐色透明或半透明的黏稠物质，无臭或略带坚果类特异气味，有吸湿性，不溶于水，但易在水中形成水合物而成胶体乳状液。在空气中或光线照射下迅速变成黄色，逐渐变成不透明褐色。

精制固体磷脂为黄色至棕褐色颗粒状物或粉末状物，无臭。新鲜制品为白色，在空气中迅速变成黄色或棕褐色，吸湿性强。

磷脂广泛应用于巧克力、焦香型糖果、充气糖果、淀粉软糖等糖果中，对配料中的蛋白质起湿润性、混合性和亲和性的作用，对配料中的油脂起乳化和抗氧化作用，有助于改善产品的外观与组织，赋予产品光泽，防止"起霜"，改善产品的口感。在巧克力中，还能降低巧克力浆精炼时的黏度，便于生产、注模、切断、以及减少可可脂或其他代可可脂的用量，具有一定的经济效益。

磷脂在乳脂糖中的用量为 0.2% ~ 0.5%，在巧克力中的用量也为 0.2% ~ 0.5%。

2. 单硬脂酸甘油酯

单硬脂酸甘油酯也称甘油单硬酯酸酯，简称单甘酯，它是甘油分子中的一个羟基被硬脂酸取代而成的甘油酯，含有亲油性硬脂酸基团和亲水基羟基，乳化性强，是糖果和巧克力中常用的一类乳化剂。单甘酯中含有 35% ~ 45% 的单酯、30% ~ 40% 的双酯和 10% ~ 20% 的三酯；分子蒸馏单甘酯中单酯含量可达 90% 以上。

商品单甘酯为白色至微黄色蜡状固体，分子蒸馏单甘酯为白色粉末。单甘酯不溶于水，溶于乙醇及植物油，主要为水/油型乳化剂，亲水亲油平衡值为 3.8。由于单甘酯具有很强的乳化性，与热水强烈振荡混合时可分散于水中，成为油/水型乳化剂。

单甘酯用于糖果、巧克力，可防止砂糖结晶和油水分离，增加产品细腻感和光泽。用于含脂肪的乳脂糖和奶糖等糖果中，可改善脂肪的分散性，降低脂肪球的粒径，有利于改善产品咀嚼时的黏稠性和产品成形时刀具的切割性。用于卡拉密尔糖和太妃糖中，可使产品获得稳定的乳化结构。添加到黏稠性的糖果中，有助于改善产品的流散性。制造饴糖时添加单甘酯，可降低熬糖时的黏度，防止食用时粘牙。

3. 蔗糖脂肪酸酯

蔗糖脂肪酸酯也称脂肪酸蔗糖酯，简称蔗糖酯（SE），是由蔗糖和脂肪酸经酯化反应生成的单质或混合物。蔗糖酯的羟基为亲水基，脂肪酸的碳链部分为亲油基，因此蔗糖酯具有亲水性和亲油性。根据蔗糖羟基的酯化数，可获得由亲油性到亲水性不同亲水亲油平衡值（1 ~ 16）。蔗糖单酯的亲水亲油平衡值为 10 ~ 16，双酯的亲水亲油平衡值为 7 ~ 10，三酯的亲水亲油平衡值为 3 ~ 7，多酯的亲水亲油平衡值为 1。

由于酯化时所用的脂肪酸种类、酯化度不同，形成的蔗糖酯也不同。分别呈白色至黄色的粉末，或无色至微黄色的黏稠液体或软固体，无臭或稍有特殊的气味。蔗糖酯在 120℃ 以下时稳定，加热至 145℃ 以上则分解。单酯可溶于热水，但二酯或三酯难溶于水。单酯含量越高，亲水性越强；二酯和三酯含量越多，亲油性越强。

蔗糖酯用于巧克力，可降低黏度，抑制结晶，防止起霜，提高巧克力耐热性，一般选用亲水亲油平衡值为 7 和亲水亲油平衡值为 9 的蔗糖酯，用量为 0.2% ~ 1.0%。如果蔗糖酯与磷脂并用，则效果更明显。蔗糖酯用于口香糖、奶糖，可降低黏度，防止油析出或结晶，防止粘牙，一般用亲水亲油平衡值为 3 的蔗糖酯，用量为 5% ~ 10%。蔗糖酯用于片状糖果，可作为润滑剂。

在糖膏煮炼过程中加入蔗糖酯作为煮糖助剂，可提高精炼糖末段糖膏的煮糖效率和产糖率，缩短煮糖时间，还能降低废蜜量、提高产品质量和提高生产效率。

（三）发泡剂

发泡剂和乳化剂一样，也是一种表面活性剂。不同的是，发泡剂是降低气 – 液界面之间的表面张力，将气体引入糖果内部，同时在糖果基体内形成一种均一而细小的泡沫分散体，使制品的相对密度变小，体积增大。

如果高浓度的糖液中没有发泡剂，就不能形成稳定的泡沫结构。因为糖液不能形成气泡膜，即使气泡存在也是短暂而不稳定的。要使糖液内气泡保持稳定，就必须加入发泡剂。

应用于糖果工业的发泡剂都是不同类型的蛋白质。传统的发泡剂有卵蛋白和明胶，新型的发泡剂有乳蛋白和大豆蛋白等。

1. 卵蛋白

卵蛋白也称蛋白干、干蛋白，是蛋清经微生物发酵分解除去碳水化合物后制作而成的干燥制品。不同加工工艺生产出来的制品，其品质不同。在糖果生产中，应根据工艺需要来选择不同规格性能的卵蛋白制品。

卵蛋白呈微黄色的透明片状或白色的粉末，是亲水性胶体，能溶于水，具有良好的分散性，加水浸泡后能复原至似鲜蛋白样。卵蛋白复水后具有良好的起泡能力和泡沫稳定性。

卵蛋白质量的好坏可由打擦度来决定，打擦度是指卵蛋白加水搅拌后泡沫升起的高度，是糖体膨松的主要因素，对制作充气糖果具有十分重要的意义。一般的卵蛋白打擦度为 7.7 ~ 10cm，优良者的打擦度为 15 ~ 16cm。

卵蛋白是蛋白糖、奶糖、棉花糖等充气糖果的理想天然发泡剂。使用前，卵蛋白需加水浸泡，一般片状卵蛋白需浸泡 8h 左右。粉末卵蛋白浸泡时间可稍短些。浸泡后的卵蛋白应放入冷库储藏，以防发酵变质，降低打擦度。

2. 明胶

明胶不仅是增稠剂，也是一种发泡剂，是明胶软糖的主要原料。其与卵蛋白相比，明胶复水后能膨胀成为胶冻，加热即融化，且黏度大大高于卵蛋白液。明胶的发泡性能不如卵蛋白，但稳定性良好，冷却后还具有良好的凝胶作用。

3. 乳蛋白发泡剂

乳蛋白发泡剂是脱脂乳或脱除乳糖的脱脂乳经水解、喷雾干燥等加工处理后制成的一种乳白色的轻质粉体，商品名为海福玛，是一种高效发泡剂，其中起主要发泡作用的是酪蛋白。商品乳蛋白发泡剂有标准型和加倍型两种类型。加倍型乳蛋白发泡剂具有快速、高效的起泡性能，能适应现代糖果制造中的连续、快速充气作业。

与卵蛋白相比，乳蛋白发泡剂有以下优点：①可减少用量，只需添加卵蛋白用量的30%～50%，就可达到其充气效果；②不需要预先长时间浸泡，可及时复水应用；③操作灵活，可适用于各种糖果和巧克力夹心的配方与工艺要求；④在过度搅打后不会变性；⑤充气后的糖果基体具有细密的气泡，质构柔软，黏稠性降低，可口性提高；⑥可与其他凝胶剂联合应用，减少糖体内的可溶性固体浓度；⑦适应现代糖果生产工艺快速而多变的充气作业；⑧操作简便，产品货架寿命较长。

4. 大豆蛋白发泡剂

大豆蛋白发泡剂是从脱除油脂的豆片中抽提出来的较高浓度的蛋白质，是一种变性蛋白质，具有独特的发泡特性，可部分或全部代替卵蛋白用于制造各种充气糖果。不同加工方法制取的大豆蛋白发泡剂组成不同，性质也不同，可根据生产需要选择。

大豆蛋白发泡剂除了具有明显的发泡功能外，还具有改进食品特性的作用，如乳化、吸收脂肪、成膜、吸收水分等。其与卵蛋白相比，具有以下优点：①具有良好的溶解性，加2～3份水经搅拌即能分散溶解，不需要预先浸泡；②起泡速度快，添加卵蛋白相似的用量即能使充气制品很快达到较低的密度；③受热后仍很稳定，在高温下既不变性也不能降低其溶解性，尤其适合连续进行的充气作业；④具有良好的机械搅打性，达到最大容积后很少出现泡沫的破裂与散失；⑤与脂肪同时存在时也很稳定，有利于加工与保藏含脂肪量高或含果仁量高的糖果；⑥操作简便，易于掌握；⑦来源充足，价格便宜。

（四）其他添加物

糖果，顾名思义，就是糖与果结合的一类产品。许多蛋白糖、巧克力等就是以果品作为填充料与馅芯，来配制一些别具风格的花色品种。果品种类繁多，应用在糖果中的果品，可以分为果仁和水果制品两大类。

1. 果仁

果仁包括核果类的果仁，如杏仁等；坚果类的果仁，如核桃仁、榛子仁、松子仁、栗子等；油籽类的种子，如花生仁、芝麻等。果仁一般富含油脂与蛋白质，具有独特的香气和滋味，是糖果和巧克力制品很好的辅料。

果仁几乎可用于各类糖果中，作为一种填充料，制成具有各种特色的糖果。在蛋白糖中，果仁用得最多，以增加糖体的坚实耐压性，防止瘫软变形。糖果制作中一般选用含油脂多、香味充分、硬度合适的果仁，如花生仁、核桃仁、杏仁、松子仁、榛子仁等。具体成分如表 1－14 所示。

表 1－14　常见果仁成分表

名称	脂肪含量/%	蛋白含量/%	糖分/%	水分/%	灰分/%	纤维含量/%	含热量/（kJ/g）
花生仁（熟）	44.6	26.5	20	3	3.1	2.7	102.9
核桃仁（干）	63	15	10	4	1.5	5.8	116.9
杏仁（炒）	51	25.7	9	3	2.5	9.1	104.5
松子仁（干）	63	15.3	13	4	2.6	2.8	118.8
榛子仁（炒）	49.5	15.9	16	8	3.4	6.9	100.3
香榧子（干）	44	10	29.8	6	3	7	97.1
芝麻（炒）	50.9	19.7	14.2	7	5.3	2.9	98.6

果仁在使用前应仔细拣选，除去腐败变质的果仁及外来杂质，然后进行焙烤或其他处理，再投入生产。各种果仁一般应贮藏在 5～10℃，相对湿度 60%以下，以免败坏变质。

（1）花生仁　花生脱壳、干燥后即为花生仁，经拣选后进行焙烤去花生仁衣，焙烤温度 110～130℃，时间 15～45min。焙烤后花生仁水分含量为 3% 左右，才可以作为糖果原料。糖果厂在用烤笼或旋锅炒花生仁时，要注意火候，以免炒焦。花生仁使用时还需要用滚刀将其碾成细粒，大小如绿豆。但加工酥心糖或花生浆卷心糖时，需将花生仁磨成花生浆。

（2）核桃仁　优质核桃仁为白色或嫩黄色，核桃仁有一层苦涩的外衣，核桃仁本身也略带涩味，去苦涩的方法是：将核桃仁浸于 80～90℃热水中 8～10min，搅动 2～3 次，捞出水洗、沥水，在烘房中用 50～60℃热空气烘 10～12h，中间翻动 1～2 次，使核桃的含水量为 2%～5%，冷却后可除去大部分苦涩味，可用于糖果中。

加工某些品质的糖果需用油炸核桃仁。油炸核桃仁是将已在热水中浸泡过的核桃仁，沥水后投入油锅中炸两三个翻身，捞出、推开散热。最好用菜油炸，因为这种油炸的核桃仁香酥，制作的核桃软糖具有非常可口的特殊香味。

刚捞出的油炸核桃仁温度很高，必须立即摊开散热，否则核桃仁易焦化。

油炸核桃仁冷却后，表面的薄膜变得发脆，如用竹刷轻轻敲打，可使薄膜大部分脱落，成为去皮核桃仁。

核桃仁含油脂量较高，容易发生油脂渗透、氧化酸败。另外，由于核桃的褶皱中附有虫卵，虫卵会在适宜的条件下孵化成虫，所以核桃夏季容易生虫，有时即使核桃仁经过热水浸泡、油炸后用于软糖，仍会有生虫现象。

（3）芝麻 糖果中使用的芝麻需经焙炒，先将芝麻淘洗干净，放入盛水的大桶中充分搅拌除杂，捞出芝麻摊晒，稍去水分后焙炒。炒芝麻可用铁锅和弯形炒铲。芝麻炒至微黄，籽粒鼓胀，在锅内有籽粒爆裂声，即可出锅。

某些精制糖果，需用去皮芝麻，可将淘洗干净的芝麻保持湿润半小时，然后放入卧式调粉机或立式搅拌机内，开慢挡搅拌 15 ~ 20min，取出放竹篾上，沉入水中，皮衣即可漂浮除去。

（4）杏仁 杏仁分甜杏仁与苦杏仁两类，苦氢氰酸杏仁含量较高，香气较为浓烈。在糖果加工中，一般以甜杏仁为主，搭配一部分苦杏仁，可得到较好的香气。杏仁的外衣有涩味，使用时应予除去。去皮的方法：杏仁浸泡于 90℃ 热水中 4 ~ 5min，随后通过一蒸汽室，再经过辊轧去皮，并以高压水冲去外衣，最后低温干燥至水分含量为 3% 左右，散发出特有的清香后冷却即可使用。

炒杏仁是先将杏仁在沸水中泡 4 ~ 5min，捞出。另用白沙子在锅中加热炒烫，然后放入泡过的杏仁，炒 15 ~ 20min，炒至呈微黄色或象牙色，即可出锅，放在铁丝筛上，筛去沙子，并将杏仁摊开、散热。稍冷，外衣即发脆，搓去外衣，即为炒杏仁。

杏仁价格昂贵，多用于较高级糖果，如乳脂糖、蛋白糖、抛光糖及巧克力等。使用时，根据需要可将杏仁碾成碎粒或杏仁浆。另外，杏仁含油脂过多，也易氧化变质。

（5）松子仁 松子仁呈白色，有芬芳清香。松子仁含油量高，油脂中不饱和脂肪酸含量很高，极易受热走油、氧化酸败。松子仁主要作为高级半软性糖果的优良原料。

（6）榛子仁 榛子焙炒后去除棕色外衣得榛子仁，根据焙炒程度不同，榛子仁的颜色从灰白至棕色不等。榛子仁肉质较硬，有较好的香味，很适用于糖果制作。在巧克力制作中，榛子仁赋予巧克力很好的香味和脆性；在卡拉密尔糖、牛轧糖、勿奇糖中使用榛子仁也有良好的效果。

2. 水果制品

天然水果一般都含有很高的水分和很低的可溶性固体，可溶性固体含量一般为 10% ~ 15%，其中总糖分为 5% ~ 10%，这对糖果的制作和保存带来极大困难。因此，天然水果需经过熬浆、糖渍或干燥等方法处理，提高其可溶性固体与总糖分，才能制成直接应用于糖果的水果制品。

水果制品是各种天然水果的加工产品，包括浆果类的葡萄、草莓、无花果等；仁果类的苹果、山楂等；核果类的桃子、梅子、杏子、李子、樱桃等；柑橘类的柑、橘等。水果制品的形式有果浆、糖渍水果（果脯）、干果等。水果制品的风味俱佳，可改善糖果的香气和滋味。

（1）果浆　果浆是水果熬浆之后制成的水果制品，分为浆状和块状两类。糖果中使用的果浆应根据生产需要来控制其可溶性固体含量。一般作为夹芯料的果浆可溶性固形物为 75% ~ 78%，用于硬糖夹心的果浆，可溶性固形物最高可达 85%。

果浆加工过程：果实去皮、去核、软化、磨碎或切块，加入砂糖熬煮，加热浓缩至可溶性固形物达到规定浓度，冷却、灌装、密封。制造果浆的原料要求其含果胶量及酸量较高，香味浓郁，成熟度适中，品质优良。糖果中用果浆应具有较高的稠度和黏度，适当的果胶、糖、酸配比，一般要求果胶 0.6% ~ 1%、糖 65% ~ 70%、pH 2.8 ~ 3.3（相对于柠檬酸 0.6% ~ 0.7%）。果浆配方中果肉占总配料的 40% ~ 50%，砂糖占 45% ~ 60%（其中允许淀粉糖浆代替 <20% 砂糖）。果浆中如缺少果胶，不足部分可添加果胶、琼脂、羟甲基纤维素钠或海藻酸钠作为增稠剂。另外，果浆中还添加 0.04% ~ 0.05% 山梨酸或其盐类作为防腐剂。

果浆作为夹心类糖果和巧克力制品馅料的主要成分，赋予了糖果天然的水果风味及特殊的稠度。果浆在使用前应进行温热。

（2）糖渍水果　糖渍水果是组织比较坚实的水果整个或半个糖渍处理后得到的产品。糖渍是将水果浸渍于 75% 热糖浆中，由于渗透压差，导致水果细胞内部水分透过细胞壁向外扩散，同时浓度很高的糖浆进入水果内部，最后使水果内的可溶性固形物达到 75% 左右。

糖渍水果的原料应组织坚实，如樱桃、菠萝、杏子、梨、苹果、李子等。糖渍时，水果 – 糖浆混合物应保持糖浆与水分的连续传递与交换。否则，如果交换速度太快将引起水果组织结构崩坏，水果变得黏稠与皱缩。

糖渍水果较大程度地保留了天然水果的质构与风味，应用到糖果与巧克力制品的馅芯中效果较好。

（3）干果　干果是水果脱水干燥之后制成的产品。水果干燥后，水分大量减少，蔗糖转化成还原糖，可溶性固体与碳水化合物含量大大提高。干果与果脯的主要成分组成如表 1 – 15 所示。干果中糖分含量高、甜度高，在糖果中应用应考虑总甜度的平衡。并且在应用含酸量高的干果时，应调节糖果的甜度。干果应用在糖果中效果较好，如在夹心糖果中应用青梅干，在巧克力中应用葡萄干。

表1-15　干果与果脯的主要成分组成　　　　单位:%

名称	水分	蛋白质	油脂	碳水化合物	灰分	粗纤维
葡萄干	14.6	2.6	0.3	78.9	3.4	0.2
苹果脯	30.4	1.1	2.4	62.9	0.2	3.0
桃脯	14.0	3.6	0.9	72.5	4.6	4.4
杏脯	19.0	3.6	0.7	69.0	4.5	3.2
青梅干	28.1	3.4	0.6	56.3	5.3	6.3
枣干	15.0	7.1	0.9	67.5	2.9	6.6
蜜枣	18.6	1.3	0.1	77.2	0.7	2.1
荔枝干	34.0	4.5	0.3	56.4	2.0	2.8
桂圆干	25.6	3.9	0.1	64.3	3.9	2.2
无花果干	18.8	4.3	0.3	74.2	2.4	—

3. 其他

除果仁和水果制品外，糖果、巧克力中的其他常用物质还有咖啡、茶、可可等，均赋予糖果特有的色泽、香气和滋味。

（1）咖啡　咖啡是热带地区一种常绿树果实的种子，盛产于巴西、哥伦比亚等国，在一些非洲国家也有生产。

咖啡中含有4%～8%的咖啡单宁酸，与咖啡的着色有关；含有1%左右的葫芦巴碱，与咖啡的滋味有关，含有1%～2%的刺激成分咖啡碱，与咖啡的提神有关；含有的鞣质，与咖啡的涩味有关。

咖啡焙炒后，香味浓郁，焙炒温度一般为200～250℃，焙炒时间为30min。焙炒后的咖啡香味中，含有二乙酰、蚁酸、醋酸、丙酸、糠醛、酚类及酯类等化合物。

咖啡的抽提浓汁可用于咖啡硬糖、方登糖等糖果中；咖啡与植物硬脂或可可脂在精磨机中磨成的咖啡浆体可添加于糖果或巧克力制品中，由咖啡制成的速溶咖啡也可应用于糖果中，获得优美的风味。

（2）茶　茶是中国的特产。茶叶的组成与茶的品种、土质、气候、树龄、施肥等因素有关，茶叶的成分还与其制法有关。例如，绿茶不经发酵，也称不发酵茶，含维生素C较多；乌龙茶经部分发酵，为半发酵茶；红茶经发酵，为发酵茶，含游离氨基酸较多。

茶叶中含有少量的葡萄糖、果糖、蔗糖和麦芽糖等与茶的轻微甜味有关；茶叶中含的多种氨基酸（如精氨酸、天冬氨酸、麸氨酸等）与茶的鲜味有关；茶叶中的咖啡碱与茶叶的苦味、提神作用有关；茶叶中的多酚类物质与茶的涩味有关。

茶应用于糖果中,可赋予糖果茶的色、香、味。

(3)可可液块　可可豆主要用于生产巧克力制品,也可用于制造糖果、饮料和焙烤食品。一般需要先将可可豆加工成可可液块、可可脂和可可粉,再用于生产色、香、味全的品种繁多的巧克力。

以可可豆为原料,经过清理、筛选、焙炒、脱壳、经碱化(或不碱化)、通过精细研磨磨成的浆体称为可可液块,也称可可料或苦料。可可液块在温热状态具有流体的特性,冷却后凝固成块,故称为液块。一般可可液块注模成10kg的大块,外包防潮纸,以免吸湿和污染。

可可液块呈棕褐色,香气浓郁并有苦涩味,其含脂量一般都超过50%,如果低于45%就不符合规格要求;含水量一般不超过4%,否则很容易发生品质变化,甚至长霉。可可液块不宜长期储存,否则香气会散失,也易吸附周围气体,从而严重影响其应有的香味特征。可可液块的贮藏温度一般以10℃为宜。

(4)可可粉　可可粉是可可豆直接加工处理所得的可可制品,是可可液块经压榨除去部分可可脂后的可可饼经粉碎、筛分所得的棕红色粉体。可可粉按可可脂含量分为高脂可可粉、中脂可可粉、低脂可可粉。高脂可可粉其可可脂含量20%~24%,中脂可可粉的可可脂含量10%~12%,低脂可可粉的可可脂含量5%~7%。

可可粉是一种营养丰富的物质,不但含有高热量的脂肪,而且含有丰富的蛋白质和碳水化合物。可可粉还含有一定量的生物碱、可可碱和咖啡碱,具有扩张血管、促进人体血液循环的功能。可可粉可直接用于巧克力生产,使用时,不需要添加香料,因为可可粉具有浓烈的可可香气。

三、糖果加工食品添加剂

色、香、味是糖果、巧克力最重要的感官指标,是消费者选择产品的重要依据。为了得到色、香、味俱佳的产品,往往需要使用着色剂、香精香料、酸味剂进行调配。用量虽少,但对产品质量产生重要影响,可使各种糖果、巧克力具有各自的特点。

(一)着色剂

赏心悦目的食品色泽给人以美的感受,激发消费者的购买欲和食欲,提高食品的商品性能。除了一部分糖果、巧克力利用其原有的色泽外,相当一部分糖果、巧克力通过添加着色剂来呈现各种鲜艳的色彩或花纹。

1. 基本调色法则

各种颜色都可由红、黄、蓝三种基本色按不同比例调配出来。两个颜色只有其色调、彩度、明度三者都相同，这两种颜色才相同。否则，其中一个特性不同，两种颜色也不相同。正因为这样，我们就可以通过改变颜色特性三个参数中的一个，便可获得一种新的颜色（图1-2）。

图1-2　色彩的基本拼法

（1）用红、黄、蓝三色按一定的比例混合便可获得不同的中间色。中间色与中间色混合或中间色与红、黄、蓝其中的一种混合又可得到复色。

（2）在呈色的基础上，加入白色将原来的颜色冲淡就可以得到彩度不同的复色。例如，米黄—乳黄—牙黄—珍珠白就是在铁黄的基础上按钛白的调入量的由少到多，将其冲淡到不同的程度而得到的。

（3）在呈色的基础上加入不等量的黑色，就可以得到明度不同的各种颜色。如铁红加黑色得紫棕色，白色加黑色得不同的灰色，黄色加黑色得黑绿色等。

不同的糖果色彩可由着色剂按不同比例拼配而成。

2. 着色剂分类

食品着色剂是以给食品着色或改善食品色泽为目的的添加剂，也称食用色素。按其来源可分为食用天然色素和食用合成色素两大类，在糖果中应用的着色剂绝大部分是食用合成色素。按其溶解性可分为脂溶性着色剂和水溶性着色剂，因为糖果中都含有水分，所以，绝大部分糖果采用水溶性着色剂，含脂量极高的糖果则采用脂溶性着色剂。

食用天然色素是指从动、植物或微生物代谢产物中提取的色素，优点是色调自然、安全性高，缺点是着色力弱、稳定性差、价格昂贵，因此，在糖果中应用尚不普遍。我国允许在糖果中使用的食用天然色素有甜菜红、紫胶红、越橘红、辣椒红、红米红等45种。

食用合成色素是指用人工化学合成方法制得的色素，主要是从煤焦油的馏出物制取，优点是色彩鲜艳齐全、性质稳定、着色力强、使用方便、价格低廉，缺点是对人体的安全性问题。目前，我国允许在糖果中使用的食品合成色素有苋菜红、胭脂红、酸性红、新红、柠檬黄、日落黄、靛蓝、亮蓝，以及为增强上述水溶性酸性色素在油脂中分散性的各种色素，使用量一般不超过0.01%。

3. 几种常用着色剂

糖果中常用的食品着色剂有苋菜红、胭脂红、柠檬黄、日落黄、亮蓝、靛蓝、叶绿素铜钠盐、焦糖、二氧化钛和β-胡萝卜素。

（1）苋菜红 苋菜红按其来源分为化学合成苋菜红和天然苋菜红，今后发展趋势是天然苋菜红，但目前大多使用的仍是苋菜红，由1-氨基萘4-磺酸重氮化与2-萘酚-3，6-二磺酸钠偶合而成（图1-3）。

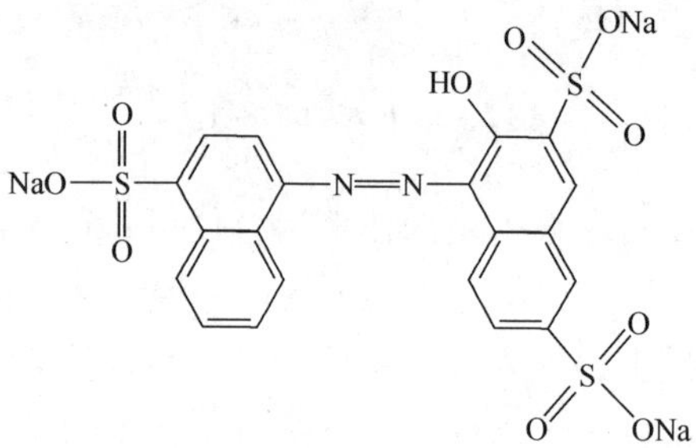

图1-3 苋菜红的分子结构

苋菜红为红褐色或暗红褐色均匀粉末或颗粒，无臭，耐光、耐热性（105℃）强，对柠檬酸、酒石酸稳定，在碱液中则变为暗红色。易溶于水，呈带蓝光的红色溶液，可溶于甘油，微溶于乙醇，不溶于油脂。本品遇铜、铁易褪色，耐氧化、还原性差，易被细菌分解，不适用于发酵食品。

使用苋菜红着色剂时，一般需将其配成1%～10%色素溶液。配制用水必须是蒸馏水或去离子水，配制容器最好采用玻璃、搪瓷、不锈钢等耐腐蚀的清洁容器具，以避免金属离子对着色剂的影响。配制时，粉状着色剂宜先用少量冷水打浆后，在搅拌下缓慢加入沸水，以稀溶液为好，可避免不溶的着色剂存在。色素溶液最好现配先用，储存时应密封贮于阴暗处。

我国GB 2760—2024《食品安全国家标准 食品添加剂使用标准》规定：苋菜红用于糖果，最大使用量0.05g/kg；用于红绿丝、染色樱桃，最大用量0.10g/kg。同一色泽的着色剂如混合使用时，其用量不得超过单一着色剂允许量。

（2）胭脂红 胭脂红又名大红、亮猩红，为水溶性偶氮类色素，是由1-萘胺-4-磺酸经重氮化后与2-萘酚-6，8-二磺酸钠偶合而成。胭脂红从外观上看是红色至深红色粉末，无臭，易溶于水，水溶液为红色；溶于甘油，难溶于乙醇、不溶于油脂。耐光性、耐酸性好，耐热性、耐还原性、耐细菌性差，遇碱变为褐色。

我国 GB 2760—2024《食品安全国家标准 食品添加剂使用标准》规定：胭脂红可用于糖果包衣中，最大使用量 0.10g/kg，使用注意事项参见苋菜红。

（3）柠檬黄 柠檬黄又称酒石黄、酸性淡黄，为水溶性偶氮类色素。食用柠檬黄外观为橙黄色粉末，无臭。易溶于水，溶于甘油、丙二醇，微溶于酒精，不溶于油脂。耐光性、耐热性、耐酸性、耐盐性均较好，耐氧化性较差，水溶液为黄色，遇碱稍变红红，还原时褪色。

我国 GB 2760—2024《食品安全国家标准 食品添加剂使用标准》规定：柠檬黄可用于糖果及红绿丝等，而且最大使用量为 0.10g/kg，使用注意事项参见苋菜红。

（4）日落黄 日落黄又名晚霞黄、夕阳黄、橘黄，为水溶性偶氮类色素。日落黄是由对氨基苯磺酸重氮化后，与 2 - 萘酚 - 6 - 磺酸钠偶合而成，为橙红色粉末或颗粒，无臭，具有吸湿性。易溶于水、甘油、丙二醇，微溶于乙醇，不溶于油脂。耐热性、耐酸性及耐光性强，中性和酸性水溶液呈橙黄色，遇碱变为红褐色，还原时褪色。

我国 GB 2760—2024《食品安全国家标准 食品添加剂使用标准》规定：日落黄可用于糖果中，最大使用量 0.10g/kg；也可用于糖果包衣、红绿丝中，最大使用量为 0.30g/kg；使用注意事项参见苋菜红。

（5）亮蓝 亮蓝是由苯甲醛邻磺酸与 N - 乙基，N - （3 - 磺基苄基）-苯胺缩合后氧化制得，为水溶性非偶氮类色素。亮蓝为蓝色粉末或颗粒，有金属光泽，无臭。易溶于水，呈绿光蓝色溶液；溶于乙醇、甘油、丙二醇。耐光、耐热性强。对柠檬酸、酒石酸、碱均稳定。

我国 GB 2760—2024《食品安全国家标准 食品添加剂使用标准》规定：亮蓝可用于糖果中，最大使用量 0.3g/kg；也可用于红绿丝中，最大使用量为 0.10g/kg；使用注意事项参见苋菜红。

（6）靛蓝 靛蓝又名酸性靛蓝、磺化靛蓝，为水溶性非偶氮类色素。靛蓝按其来源有化学合成靛蓝和天然靛蓝两种，目前使用大多为合成靛蓝，由靛蓝粉经硫酸磺化、碳酸钠中和、食盐盐析精制而成。

我国 GB 2760—2024《食品安全国家标准 食品添加剂使用标准》规定：靛蓝可用于糖果中，最大使用量 0.10g/kg；也可用于红绿丝中，最大使用量为 0.20g/kg；使用注意事项参见苋菜红。

（7）β-胡萝卜素 β-胡萝卜素由 4 个异戊二烯双键首尾相连而成，属四萜类化合物。天然 β-胡萝卜素是以盐藻为原料用物理方法提取，合成 β-胡萝卜素是以紫罗酮为原料经化学反应制得或以维生素 A 乙酸酯为起始原料经化学合成制得的，目前使用的大多是合成 β-胡萝卜素。

β-胡萝卜素为紫红色或红色结晶性粉末，无臭、无味。不溶于水、醇、酸和碱，微溶于乙醚、石油醚和食用油。稀溶液呈橙黄至黄色，浓度增大时为橙色。对光、热、氧、酸不稳定，重金属尤其是铁离子可促使其褪色，但弱碱性时较稳定，也不受抗坏血酸等还原物质的影响。

β-胡萝卜素可用于糖果等各类食品中，按生产需要适量添加，使用时应特别注意防氧化。另外，β-胡萝卜素还可以作为食品营养强化剂。

（8）二氧化钛　二氧化钛也称为钛白粉，是以钛矿石为原料经化学处理制得的一种白色颜料，为白色无定形粉末，无臭，无味。不溶于水、盐酸、稀硫酸、乙醇及其他有机溶剂。

我国 GB 2760—2024《食品安全国家标准　食品添加剂使用标准》规定：二氧化钛可用于糖果包衣中，按生产需要适量使用；也可用于凉果中，最大使用量为 10g/kg。

4. 着色剂的选择与使用

糖果中允许使用的各种着色剂及其使用量具体可参照我国 GB 2760—2024《食品安全国家标准　食品添加剂使用标准》。各种着色剂具有不同的性质，因此，选择着色剂时，首先考虑着色剂的安全性，即对人体无害、最好有益；其次考虑糖果生产的具体需要，一般选择溶解度高、着色力强、稳定性好的着色剂。

使用着色剂时，为了使用方便及在糖果中分布均匀，应先配成溶液。一般可将着色剂调成 10%～15% 的水溶液，不要将着色剂调得太稀，以免把过多的水分引入到已制好的糖坯内，影响糖果质量。另外，着色剂也可先调成色浆，即着色剂 0.5kg，加 80℃热水 2kg，饴糖 3kg，熬至 108℃左右。如果需要长时间储存可加少许甘油，以防水分蒸发。

（二）香精香料

糖果加工中，为了改善其香气和香味或显示其特点，有时需要添加少量的香精香料，这些香精香料也被称为增香剂或赋香剂。

1. 香料

广义的食用香料，是指为了提高食品的风味而添加的香味物质。在此指的是由挥发性有机化合物如醛、酮、酸、醇、酯等组成的物质。根据来源不同又可分为天然香料和人造香料。天然香料是用物理方法从动植物中提取出来的，可分为植物香料（如柠檬油、橘子油等）、动物香料（如麝香、龙涎香等）、有粉剂、精油、浸膏和酊酚等各种形态，其特点是成分复杂，由各种化合物组成，通常认为其安全性较高。人造香料是采用人工单离或合成方法制取的，可分为单离香料和合成香料。单离香料是以天然香料为原料，以物理或化学方法分离而得的较单一的成分，如丁香酚、檀香醇等。合成香料是以单离香料或煤焦油系成分为原料，经复杂的化学变化而值得的，如香兰素、苯乙醇等。

我国 GB 2760—2024《食品安全国家标准　食品添加剂使用标准》中允许使用的食用香料有 1000 多种。在糖果生产制造中，除少数儿种香料如柠檬油、甜橙油、橘子油、桉叶油、薄荷油、香兰素、麦芽酚等外，由于多数香料的香气比较单调而不单独使用，通常将数种乃至数十种香料调合成香精后再使用到糖果中，已达到较好的增香或赋香效果。

2. 香精

香精是由多种香料调配而成的混合型食用香料，如菠萝香精、香蕉香精等，由香精基、稀释剂和载体组成。香精基是食用香精的灵魂，其基本成分有主香剂、顶香剂、辅助剂和定香剂。香精基是一种浓度高、挥发性强的物质，不适合生产使用，因此，需要添加适量的稀释剂和载体，使之成为一种均匀一体的香精产品，并达到适合生产要求的浓度。食用香精中常见的稀释剂和载体有酒精、蒸馏水、甘油、丙二醇、色拉油、糊精、可溶性淀粉、阿拉伯胶等。

按形态和溶解性不同，糖果中使用的香精有水溶性、油溶性、乳化和粉末香精等。水溶性香精，是将各种香料调配成的香精基溶解在蒸馏水或 40% ~ 60% 乙醇中，必要时再加入酊剂等香料萃取物制成的产品，能在一定用量范围内完全溶解于水或低度乙醇中，一般为透明液体，香味强度不高，香气轻快飘逸，较易挥发而不耐热，主要用于水果糖、软糖等含水量较高、熬煮温度较低的产品中。油溶性香精，难以在水中分散溶解，香味强度较高，香气比较浓郁、沉着、持久、较耐热，不易挥发，主要用于硬糖、酥糖、夹心糖等熬煮温度较高的糖果。乳化香精是一种水包油型乳浊液，能在水中迅速分散，可用于食品的加香、增味、着色或使之混浊，不适合要求具有透明度的食品，在饮料中使用较多，也有少数企业在软糖、夹心糖中添加，以水果风味为多。粉末香精是以油溶性香精经糊精类物质包埋或混合而制成的一类为避免香精受高温逸失、留香时间较长的一种香精。主要用于压片糖、胶基糖或对留香要求较高的糖果中，风味有奶味、水果香味等。

随着糖果向其他食品的边缘化发展，出现越来越多的一部分像糖果又不像糖果的产品（如糖果与糕点的结合、糖果与饼干的结合。巧克力与其他类产品的结合）。其中一些调味料，香辛料也进入该类产品中，呈现丰富多样的口感和风味，受到喜爱猎奇的青年消费群体的青睐。以超临界 CO_2 萃取技术提取的香精，由于品底香、留香效果好，糖果产品在保质期间香味持久，深受消费者的喜爱。虽然价格高，但由于添加量较少，也能达到和超过普通合成化学香精的使用效果。已批量在大中型糖果、巧克力生产业中使用。生产出来的糖果、巧克力香味更加逼真。还有芝麻、花生仁、可可豆、咖啡、杏仁、松子仁、榛子仁、核桃等食品原料，加工后产生浓郁的香味，以此作为糖果、巧克力基本风味料，能进一步突出其基本香料风味，已成为部分崇尚自然的糖果生产厂家的研发重点。

3. 糖果香精香料的选择和使用

根据糖果、巧克力产品的不同生产工艺和产品特性要求，为了获得逼真、良好、愉快的香气，就必须在生产时选用适当的香精类型。在糖果生产中应用最广的是香精，并且一般采用热稳定性高的油溶性香精。有时为了提高糖果的档次，也使用一些天然香料，如柠檬油、薄荷油、橘子油、桉叶油等。人造香料一般不单独使用，多数配成香精后使用，只有香兰素、乙基香兰素等少数品种能单独使用。

根据香精成分对热不稳定的特点，应在糖果生产冷却工序后期添加香精，来减少香气的损失。如硬糖生产时，糖膏在冷却至110℃以下，再加入酸味剂、色素，后加入香精；软糖在生产时由于一般加入水溶性香精，应在温度80℃左右下加入最佳。当使用薄膜连续熬糖自动浇注生产线时，香精往往在糖浆熬制出来在其保持较好流动性时加入，因此香精应尽量避免140℃以上高温时加入。选择耐温度高的香精会减少香气的损失。一般香精在糖果呈弱酸性条件下，香气会很好地发挥，在碱性条件下，则会影响产品的色、香、味。

为了获得清雅醇和的香气，糖果中使用香精香料时，应适当控制风味强度，掌握好添加量，防止过少或过多的添加带来不良效果。用量过少则香气不足，达不到理想的加香效果；用量过多则香气刺激性大使人不愉快，有时甚至还带来涩味。因此，香精的最适用量，一般在研发、试制产品时通过反复的加香试验来求得，同时还要考虑到不同民族、不同地域、产品的特点的需求来确定糖果的香气、香味、浓度。

对于香精香料在糖果中选用的评价，可在产品生产出来时，根据香精的头香、体香和尾香的特点分别对香质量、香强度、留香时间进行检验和综合评价，并进行保存试验，每周或每月检测一次香气留存情况，以此来评价香精的质量和应用效果。

随着人们生活水平的提高，消费者已不满足单一口味、口感的产品，趋向于复合味的新型产品，因此香精的复配或者搭配使用，甚至多种香精、香料的混合使用成为热点。香精的复配是糖果新研发的创造性艺术，通过合理的复配，求得香型的协调、和谐和完美。在香精复配时，既要保持原有香型的特征，也要追求新的风格，做到主辅分开，避免香型交叉而显得不伦不类。如果单求口味和谐，味道好也可不分主辅，复配中还可尽量把不良气味掩饰、调和。香精复配一般在同质香精之间进行，一般应先加香味较淡的，然后加香味较浓的。当使用两种乳化香精时，宜考虑配料中的物料配比分别加入。

4. 影响糖果中香精使用效果的因素

（1）受热挥发分解 糖果加工除软糖、压片糖、胶基糖加工温度不高外。一般产品熬糖温度会很高，酥糖可达到160℃以上。无糖糖果甚至会更高，如果在添加香精时糖温较高，就容易引起香精挥发和香精成分的分解。

（2）光照或氧化 部分香精中的香气成分在光照或与氧气接触易被氧化，导致异味，因此糖果一旦生产出来，包装材料要求避光（如采用镀铝膜或锡箔纸），又要求密封性能好，有效隔绝与空气的对流。充气糖果如蛋白糖、牛轧糖、棉花糖、奶糖等，由于充入大量气体，其中空气对产品保质期中的香气保存便有一些影响。也有香精长期暴露于空气中，易被氧化产生醛类物质，导致腐败气味，造成香气劣化。所以，要求在糖果加工时，应尽量减少香精在空气中的暴露时间。一则用后立即密封，二则生产出来的产品冷却到适当温度时，尽快进行包装。

（3）糖果质构与酸碱度 糖果质构对香气的释放和香味效果有很大影响，同时糖果的酸碱度（pH）对产品的加香效果也有不同影响。酸碱度会影响到糖果香气成分的变化，有的会使香气失去纯净、清爽感，而产生不愉快的气味。

（4）香气成分之间的化学反应 香精化合物可能含有几十种不同的化学物质，带有大量的活性基团，各组分之间也可能会发生反应。不少的生产厂家为了获得独特的香气，采用香精复配的方法，若组合不当，成分之间的化学反应往往会影响到香气的正常发挥。

（5）微生物影响 使用冷浸法生产天然香精易受到微生物污染。在生产环节中，应注意做好空气及生产设备的消毒，以免产生微生物超标。

（6）溶剂和载体的影响 常用的香精溶剂有乙醇、丙二醇、植物油等。它们的沸点不同而影响到香气的留香。一般糖果，特别是熬煮温度高的糖果（如硬糖），应选择耐高温的香精。

（三）酸味剂

酸味剂是指能赋予产品酸的物质，主要应用于水果型糖果。其可以降低与平衡糖果中过多的甜味，获得适宜的糖酸比，改善糖果的口感。并且还有助于增进糖果的香味，如柠檬酸可强化柑橘的味道，酒石酸可增加葡萄的风味。另外，酸味剂具有防腐作用，抑制微生物的生长；产生螯合作用，抑制化学褐变。此外，在凝胶型糖果中，酸味剂起辅助凝固的作用；在高粱饴即牛皮糖的生产中，酸味剂起转化作用；在转化糖浆的制备中，酸味剂也起转化作用。

按其组成，酸味剂可分为有机酸和无机酸。糖果中应用的酸味剂主要为有机酸，如柠檬酸、苹果酸、乳酸、酒石酸等，其中柠檬酸用的最多。

1. 柠檬酸

柠檬酸是一种重要的有机酸，又名枸橼酸，无色晶体，常含一分子结晶水，无臭，有很强的酸味，易溶于水。其钙盐在冷水中比热水中易溶解，此性质常用来鉴定和分离柠檬酸。结晶时控制适宜的温度可获得无水柠檬酸。

柠檬酸的酸味清爽，是所有有机酸中最可口的，可用于果味的硬糖、夹心糖、奶糖、软糖等糖果中，添加量一般为 0.5%～1.5%。使用时，结晶太粗的柠檬酸应先磨成粉末，在软糖中应用时可先将柠檬酸溶于水配成溶液待用。另外，柠檬酸钠、柠檬酸钾与柠檬酸等同时使用时，用量约为柠檬酸的 1/3，可减少糖果生产中的蔗糖转化。

2. 酒石酸

在缺少柠檬酸时，糖果中也可部分或全部以酒石酸代替，但风味稍逊。酒石酸是一种二元酸，有无水品及结晶品。无水品为白色颗粒或粉末；结晶品为无色结晶或白色结晶粉末。酒石酸稍有吸湿性，但不及柠檬酸。极易溶于水，1 份 70℃ 的水可溶 1.4 份酒石酸，1 份 100℃ 的水可溶 3.4 份酒石酸；可溶于乙醇，难溶于乙醚。

酒石酸酸味爽快、强烈，并带有涩味，是糖果中常用的酸味剂，特别适合添加到葡萄风味类的产品中。酒石酸可单独使用，但一般多与柠檬酸、苹果酸等并用。另外，酒石酸还可在糖果中作转化剂使用。

3. 苹果酸

为使水果味糖果的口味与天然水果一样逼真，可采用苹果酸与柠檬酸混合使用，获得更加纯净的酸味。苹果酸是一种二元酸，为无色结晶或结晶性粉末，有吸湿性，易溶于水（20℃ 时的溶解度为 55.5g/100mL），溶于乙醇，不溶于乙醚。

苹果酸具有略带刺激性的爽快酸味，与柠檬酸相比，酸味刺激缓慢，但可保留较长的时间，特别适宜于凝胶型糖果。苹果酸还可与柠檬酸混合使用，以使糖果获得更佳的风味，当苹果酸与柠檬酸以 1:0.4 混用时，其酸味接近于天然苹果味。

4. 乳酸

乳酸是一种一元酸，为无色或淡黄色的油状液体，无刺激，无臭，有吸湿性，可与水、醇混溶，微溶于乙醚。乳酸作为酸味剂，它与柠檬酸、醋酸和苹果酸比较，既能使食品具有微酸性，又不掩盖水果和蔬菜的天然风味与芳香，常和糖类及甜味剂并用改善食品风味、抑制微生物、护色、改善黏度、使氧化剂增效和起螯合作用。

乳酸具有特异收敛酸味，所以使用范围不如柠檬酸广泛，但应用在某些含乳制品的糖果中能获得相适应的酸味。另外，为避免糖果的过度转化，应用乳酸的同时需要添加缓冲剂。

（四）其他添加剂

1. 防腐剂

软糖中加入了胶体，所以其含水量大，微生物容易生长繁殖。为了延长软糖的货架寿命，可添加防腐剂杀死微生物或抑制其增殖。根据 GB 2760—2024《食品安全国家标准　食品添加剂使用标准》，软糖中允许使用的防腐剂有苯甲酸、苯甲酸钠、山梨酸、山梨酸钾。

（1）苯甲酸及其钠盐　苯甲酸也称安息香酸，熔点 122.4℃，沸点 249.2℃。苯甲酸钠也称安息香酸钠。苯甲酸在热空气中微挥发，在酸性条件下能与水蒸气同时挥发。苯甲酸具有吸湿性，微溶于水，0.34g/100mL（25℃），溶于热水，4.55g/100mL（90℃），易溶于乙醇。苯甲酸钠在空气中稳定，在水中易溶解，53.0g/100mL（25℃）；能溶于乙醇，1.4g/100mL（25℃）。

因为苯甲酸常温下难溶于水，需溶于热水或乙醇，所以在生产中多使用苯甲酸钠，但是其防腐效果不如苯甲酸。苯甲酸钠易溶于水，使用时用适量的水溶解后加入食品中。苯甲酸或苯甲酸钠在软糖中的最大允许使用量为 0.8g/kg。苯甲酸和苯甲酸钠同时使用时，以苯甲酸计不超过 0.8g/kg，1g 苯甲酸钠相当于 0.847g 苯甲酸。因为它们都是酸性防腐剂，最适抑菌 pH 为 2.5～4.0，实际使用 pH 宜低于 4.5～5.0。

（2）山梨酸及其钾盐　山梨酸时 2，4-己二烯酸，也称花楸酸，熔点 132～135℃，沸点 228℃（分解），耐光、耐热性好，但在空气中长期放置易氧化着色。山梨酸微溶于水，0.16g/100mL（20℃）；溶于乙醇，10g/100mL。山梨酸钾熔点 270℃（分解），在空气中长期放置易吸潮、氧化着色。山梨酸钾易溶于水，67.6g/100mL（20℃）；溶于乙醇，0.3g/100mL。

山梨酸难溶于水，使用时需溶于乙醇、碳酸氢钠溶液或碳酸钠溶液后加入制品中。山梨酸钾易溶于水，使用时用水溶解后加入制品中。山梨酸或山梨酸钾在软糖中的最大允许使用量为 1.0g/kg。山梨酸与山梨酸钾同时使用时，以山梨酸计，不超过 1.0g/kg，1g 山梨酸钾相当于 0.746g 山梨酸。山梨酸与山梨酸钾也是酸性防腐剂，最适抑菌 pH 为 2.5～4.0，实际使用 pH 宜低于 4.5～5.0。

2. 抗氧化剂

抗氧化剂可延缓糖果因含油量过多而产生的氧化酸败，通常用于含有油脂和果仁的糖果中。按照 GB 2760—2024《食品安全国家标准　食品添加剂使用标准》，在糖果中允许使用的抗氧化剂为磷脂。同时磷脂也是乳化剂，其作为抗氧化剂，在糖果中的最大使用量可按生产需要适量添加，一般用量为 0.06%～0.25%。

3. 缓冲剂

为了使糖果的加工过程保持在较小的 pH 范围内进行，可在其加热过程中加入缓冲剂。常见的缓冲剂有：酒石酸氢钾，用量 0.05% ~ 0.25%；柠檬酸钠与柠檬酸钾，用量一般不超过 1.0%；柠檬酸钙，用量一般不超过 2.0%；葡萄糖酸钙与乳酸钙，用量一般不超过 2.0%；醋酸钠与亚硫酸钠，用量一般不超过 0.02%。

4. 保湿剂

糖果中加入保湿剂可使其在加工过程及后期保藏中保持应有的湿润，避免干燥、硬结或脆裂。常用的保湿剂有甘油，用量不超过 1.0%；山梨醇，软糖中用量一般为 2.5% ~ 15%，椰子干中用量一般为 2.5% ~ 8.5%；甘露醇，用量不超过 1.0%；丙二醇，巧克力制品中用量一般不超过 1.4%。

5. 营养强化剂

为增强和补充糖果的营养，可在糖果中添加一定量的营养强化剂。营养强化剂的用量可按 GB 14880—2012《食品安全国家标准　食品营养强化剂使用标准》添加。糖果中常用的营养强化剂有维生素和无机盐。

维生素是调节人体新陈代谢不可缺少的营养素，必需从体外摄入。当膳食中长期缺乏某种维生素时，就会引起代谢失调、生长停滞、导致疾病。糖果中使用的维生素类强化剂有维生素 A、维生素 B_2、维生素 C、维生素 E 等。

无机盐也称矿物质，是构成机体组织和维持身体正常活动必需的物质。糖果中一般添加钙、磷、铁等无机盐来增强骨骼和补脑、补血等。

思考题

1. 蔗糖的三大物理特征是什么？
2. 淀粉糖浆的生产原理及主要成分是什么？
3. 饴糖的生产原理及主要成分是什么？
4. DE 值表示什么？
5. 制取转化糖的生产步骤是什么？
6. 糖果加工中如何选择油脂？
7. 什么是硬化油？硬化油有什么特点？
8. 糖果生产中常应用的果料有哪些？其作用是什么？
9. 糖果生产中常用的食品添加剂有哪些？
10. 酸味剂在糖果生产中起何作用？常用的酸味剂有哪几种？

项目二 糖果加工操作要点及设备

糖果种类较多，其加工工艺流程也各不相同。本项目介绍不同糖果的加工操作要点及相关设备。

一、糖果加工工艺操作要点

（一）糖果的"发烊"与"返砂"

"发烊"与"返砂"是糖果保质期内的主要品质变化。对于硬糖而言，"发烊"与"返砂"尤其具有典型意义。"发烊"与"返砂"会不同程度地影响或降低其产品的品质。控制糖果的发烊和返砂速度一直是衡量其工艺水平的重要标准。

1. 糖果的"发烊"

糖果的主要成分是糖，由于糖类本身具有较强吸水性，会吸收周围环境的水汽分子，经一定时间后，糖体表面会出现发黏和浑浊等现象，失去原有的光泽，这种现象称为"轻微发烊"。如此时继续从空气中吸收水汽，则硬糖表面会出现溶化状态，并失去其固有的清晰的外形，这种现象称为"发烊"。"发烊"是一种由表及里、由外到内发生的缓慢变化，最终将硬糖完全溶化成溶液状态，这时表面黏稠的糖液包裹着中心的硬质糖粒，而不是硬质糖果，这种现象被称为"严重发烊"。

轻微的表面"发烊"状态有时也会出现在硬糖制造过程中，当糖液储藏时间过长、加酸过量、方式不当、环境湿度过高等综合因素导致未成形的无定形糖体快速吸收外界水分，导致已脱水浓缩成无定形状态的硬质糖果表面产生细微的肉眼观察不到的"发烊"，这会给冷却成形的操作过程带来明显的困难。

硬糖是一种亚稳定性混合物，在一定条件下才能保持其无定形状态的性质。但是，硬糖从成形到流通的整个过程中，都不避免地与外界环境接触，当失去某些必要条件时，处于过饱和状态的糖类分子就会有吸收外界水汽或释放水分来建立平衡的自发倾向，处于无定形状态下溶解度较高的还原性糖类这一倾向更加明显。试验与实践表明，硬糖吸收外界水汽是从相对湿度30%开始，从相对湿度50%就转而明显，当达到70%以上，吸水汽性大大加快，当外界的湿度达到饱和时，硬糖因吸水而严重烊化，因此，硬糖的标准平衡相对湿度应低于30%。

2. 糖果的"返砂"

糖果在发烊后，由于外界空气骤然干燥，一部分被糖果吸收的水分重新失去。糖果的水分在向空气扩散的过程中，使糖果表面原来开始溶化的糖重新发生结晶而析出。这就是我们常常在糖果（特别是硬糖）的表面看到一层白色砂层，从而失去了硬糖原有的透明性与光滑性。"返砂"过程是由表及里地反复进行的，直到糖粒全部返砂为止。

在正常情况下，硬糖的"返砂"现象是在商品的流转期间出现的，当储藏条件或包装不能阻止硬糖与外界空气中的水分进行自发的交换平衡时，硬糖开始"返砂"，随时间推移，砂层逐渐增厚。

硬糖的"返砂"现象有时也发生在制造过程中，一般是因为违反了工艺技术要求或操作规程。除了还原糖的类型和比例，黏度也是影响过饱和溶液重结晶的要素。试验证明，由不同抗结晶物质组成的砂糖溶液经浓缩而成的硬糖，由于黏度的差异，保质期内呈现的返砂速度是不同的。砂糖与转化糖浆组成的硬糖返砂速度最快，添加淀粉糖浆的制品返砂速度较慢。

糖果"发烊"与"返砂"的原因是多方面的，有内在因素，也有外来因素。在配料中过多地增加还原糖的数量，使糖果中含有吸水性很强的糖类，这就是糖果"发烊"的内在因素。空气中的湿度是糖果"发烊"与"返砂"的外来因素。糖果的"发烊"与"返砂"一般在硬糖中比较明显，含酸过多的硬糖"发烊"更为明显。

（二）吸水性

糖类大部分具有吸湿性，如果在糖果配料中使用不当则对糖果的制造与保存都会带来不利影响。

1. 蔗糖

蔗糖在赋予硬糖纯正甜味感的同时，也提供了其他极为重要的作用。硬糖的基本特性如透明度、硬度、脆裂性、致密性、耐热性和高溶解性等都与蔗糖的理化性质有密切的关系。结晶的蔗糖很稳定，吸水性很小，当周围相对湿度大于90%时才吸收水分。但长时间加热将大大增加其吸水性。蔗糖属于双糖，其分解为果糖和葡萄糖，都是还原糖，具有很强的吸湿性。因此，控制蔗糖在工艺流程中的加热温度和受热时间以尽量减少蔗糖的转化，对保证产品品质、延长保存期具有极其重要的作用。

2. 葡萄糖

硬糖基本组成中另一糖类是转化糖。转化糖的组成是等量的葡萄糖和果糖，蔗糖溶液在氢离子的作用下能轻易地分解成一分子葡萄糖和一分子果糖的互变混合物。转化糖或多或少存在于硬糖的基本组成中，既可以通过添加的方式也可以自发地形成。转化糖的产生或存在不但改变了蔗糖溶液的色泽、风味和黏度等特性，也大大提高制品的吸水性。

结晶的葡萄糖容易溶于水，吸水性不大，加热后吸水性增大。短时间内加热超过135℃时，其吸水性不明显，但长时间加热其吸水性很快增大。存在于糖浆中的葡萄糖处于无定形状态，具有很强的吸水性。在中性溶液中的葡萄糖加热后发生轻微的变化，但超过100℃时开始形成脱水物质，超过115℃时产生羟甲基糠醛、果糖酸、蚁酸等呈色物质，具有极其强烈的吸水性。葡萄糖具有温和的甜味和较高的溶解度，因此也广泛用于硬糖制造。

3. 果糖

硬糖组成中的果糖主要通过蔗糖液分解而产生的，果糖和葡萄糖都属于单糖，虽有相同的分子质量和还原能力，但它们的性质很不相同，对糖果制品的影响也不同。

果糖极易溶于水，在常温下溶解度要比葡萄糖大得多。在空气相对湿度低于45%时果糖即能大量吸收水分，因而产生强烈的吸水性。对于平衡相对湿度（ERH）值较低的硬糖来说，存在果糖或含有果糖的转化糖是导致发黏烊化的根本原因。

4. 麦芽糖

麦芽糖是硬糖的组成部分。麦芽糖是淀粉酸解或酶解的产物，在淀粉糖浆、饴糖或高麦芽糖浆都不同程度地含有这类糖分。硬糖中的麦芽糖组成是通过添加这类糖浆而产生的。

麦芽糖与蔗糖同属于双糖。但麦芽糖液解产生二分子葡萄糖。无水不定形麦芽糖吸水性很强，含水麦芽糖吸水性不大。麦芽糖经加热后将增大其吸水性，加热至90～100℃，即产生分解物，加热超过其熔点，吸水性增大。

5. 其他

硬糖甜体组成中也包含聚合度较高的糖类，即糊精和高糖。

糊精是淀粉水解后的组成之一，不甜，分子质量很大。其吸水性和溶解性较低，但能产生很高的黏度。

高糖是淀粉水解后一组糖类的总称，其分子质量介于糊精和麦芽糖之间，以麦芽糖的形式出现，如麦芽二糖、麦芽三糖……麦芽七糖等，这一组糖具有甜度低、吸水性低、溶解度和透明度高、黏度低等特点。

糊精和高糖都是通过淀粉水解糖浆加入的方式而成为硬糖基本组成的。由此可以看出，除蔗糖、果糖和转化糖外，硬糖基本组成中的其他糖类都包含在淀粉水解的各类糖浆内。不同形式的多聚糖、低聚糖和单糖构成了不同规格性能的硬糖，由此便产生不同的功能特性。糖果加工实际使用的糖类主要是砂糖和淀粉糖浆，淀粉糖浆包含了多种糖类，实际操作中很难一一分析清楚其所占的百分比而确定其吸水性。淀粉糖浆的吸水性与葡萄糖值相关，当葡萄糖值上升时，吸水性上升；当葡萄糖值下降时，吸水性下降。

　　还原糖的吸水性取决于其自身的蒸气压，蒸气压低则吸水性强，蒸气压高则吸水性低。在确定硬糖基本组成的结晶物质与抗结晶物质的比例时应予全面衡量。而糖果总还原糖含量是主要的理化指标之一。硬糖的总还原糖量一般控制在 12% ~ 20%，同时对加工过程产生的果糖含量应严格控制，避免给加工后期及保质期内带来严重吸水性的不良后果。

　　另外，糖果含水量的控制也相当重要，糖果属于低含水量的食品，当低含水量的物料水分含量发生微量的变化，就会引起水分活度较大的变化。物料的水分活度即为该物料的平衡相对湿度。换句话说，糖果水分的微量改变即会引起该糖果平衡相对湿度的较大改变，引起该糖果在保质期的吸水性较大变化。

（三）溶糖

1. 砂糖的溶解特性

　　砂糖易溶于水，且具有很高的溶解度，常温下饱和砂糖溶液中溶质（砂糖）可以占到溶液总量的 2/3 左右，随着溶液温度升高，溶解度持续上升，温度与溶解度的变化表现为正相关。当砂糖与其他糖类共溶于水中时，该混合糖类的溶解度要大于单一糖类的溶解度。即砂糖能提高其他糖类的溶解度。

2. 加水量的确定

　　糖果物料的溶化是指糖类物料中的蔗糖溶解于水的过程。化糖的作用是以适量的水在最短时间内将砂糖完全溶化掉，并和糖浆等组成均一的状态，其目的是彻底破坏砂糖晶相结构，进而阻止砂糖严密的晶格按结晶规律重新生成。作为分散介质，水在这一过程具有十分重要的作用。

　　各类糖果化糖的加水量首先考虑蔗糖的溶解性，其次是糖浆的性质和比例、其他配料组成，还有尽量减少完成砂糖溶化后经过浓缩去除多余水分的过程。因此，选择和确定在不同装备条件下化糖的合适加水量也是很重要的因素。

　　硬糖溶糖的加水量主要根据配方的砂糖含量，化糖、浓缩方式，设备条件而确定，对产品质量和生产成本都有一定的影响。加水量偏少，无法保证在较短时间内将砂糖颗粒彻底溶化，并易引起糖体出现返砂的危险；加水量偏多，将延长加热浓缩时间，耗能，促进砂糖的转化。

　　合理的加水量与蔗糖的溶解度密切相关，常温下砂糖溶液含有 2/3 干固物即达到饱和程度，也就是说一份水可溶解近两份的砂糖，加水量必须达到33.33%，才能保证砂糖的彻底溶化，这给后续的硬糖熬煮脱水带来很多不利因素。根据砂糖溶液特性，溶解度与温度成正相关，即溶液温度上升，砂糖溶解度也上升；当溶液温度上升到 100℃ 时，一份水可以溶解 4.88 份砂糖。然而，在实际生产中影响熔糖的因素较多，如批量大小、化糖方式等。加上溶糖过程中，随着温度上升，水分加速蒸发外逸等因素，实际生产中溶糖的加水量一般在25%～30%。操作时一般先将水加热至80℃左右，然后加入砂糖，搅拌，当砂糖将近溶化时再加入淀粉糖浆煮沸。

根据砂糖溶解度与温度正相关的溶解特性，近年来压力溶化器开始应用于砂糖的溶解。一方面可以减少水在沸腾时蒸发外逸而降低的水量和能量损失，另一方面因加压提高了溶液的沸腾温度，可保证砂糖溶解度的提高。这样，可以把生产硬糖所需的化糖加水量减少到砂糖含量的15%，有效而快速将砂糖彻底溶化，降低能耗，提高效率。

（四）熬糖

硬糖熬煮过程经历了108～140℃或108～160℃的高温，且混合溶液处于偏酸性（淀粉糖浆 pH 4.8～6）条件下，理化性质随之发生一系列变化。

1. 蔗糖溶液与沸点、浓度的关系

溶化后的糖浆含水量在20%以上，要使糖液达到糖体规定的浓度变成硬糖，就必须脱除糖液中残留的绝大部分水分，通过不断加热蒸发水分直至最后将糖液浓缩至规定的浓度。这一过程称为熬糖。实践证明，这一过程的实现一是与物料温度的提高有关；二是与物料表面的压强有关。糖液通过不断加温，吸收热量，自身温度得以不断提高。当糖液的温度升高到一定的温度时，此时糖液的内在蒸气压大于或等于糖液表面所受的压力时，糖液产生沸腾，糖液内大量的水分以水蒸气的状态脱离糖液，糖液的浓度得以提高。

不同浓度的糖液其沸点也不同。糖液浓度越高对应的沸点温度也越高。在糖液熬煮到规定浓度的过程中，要维持糖液始终处于沸腾状态，从而保证水分不断从糖液中脱除。这样就必须不断给糖液加温。在实际操作中，糖液由不同糖类的混合液组成，其沸腾温度由于糖液的相对分子质量的不同而有变化。其变化规律为：在相同浓度下，糖液内所含糖类相对分子质量越大，其沸点则相对低；相对分子质量越小，沸点相对高。操作时可根据这一特点作必要的调整。

2. 常压熬糖过程中的物料变化

常压熬糖通常在108～160℃的温度条件下进行，在这温度范围内，糖液不可避免会产生转化、分解、聚合等化学反应，特别是熬糖后期，较高的温度加速了各种化学变化的反应。

熬糖过程中蔗糖的转化是经常发生的，物料组成中的各种糖浆一般都呈酸性，蔗糖或糖浆在加工过程中，与生成的微量盐类通常也会带入熬煮的物料中去，在溶液状态下表现为不同的 pH，由此产生不同的氢离子浓度在加热与熬煮过程将促使蔗糖产生不同的转化作用，生成不同数量的转化糖。

熬糖过程对蔗糖的转化作用不加控制是非常有害的，因为生成的转化糖具有强烈的溶解性与吸水性，含有不同转化糖量的硬糖在生产过程与保存过程中，可以从外界不同程度地吸收水分而导致发烊、返砂和变质。因此，常压熬糖采取直接加热时，尤其要避免蔗糖的过度转化，特别在熬煮后期物料温度急剧上升，将导致转化糖生成量的跳跃式增加。同时在高温的熬煮过程中，转化糖将脱水形成糖酐，再进一步分解为 5 - 羟甲基糠醛、腐殖质、蚁酸与左旋糖酸等一系列分解产物。此外，糖酐与转化糖在高温下又能形成可逆性的综合产物。以上的分解产物呈色极深，味苦并有很强的吸水性。这些物质的形成与存在必然损害糖体的品质和水平。

物料在加热过程中，因分解而产生羟甲基糠醛与腐殖质的速率与加热的温度和时间有关，同时也与物料组成所含糖分的类型有关。

由于硬糖常压熬糖必须通过高温区才能实现浓缩，所以选择物料组成时应当考虑通过高温区可能发生的转化与分解的危险和结果，严格设定和控制操作条件可以减缓这种变化的速度。如将熬煮物料 pH 保持在 6 左右，熬煮物料的批料宜少，熬煮周期不超过 15min，熬煮后期尽快通过高温区，准确控制制品的熬煮终点与最终浓度等。

3. 真空熬糖中的物料变化

真空熬糖也称减压熬糖，在一个密闭的熬糖锅内进行，糖液表面的空气大部分被抽除，糖液受到的表面空气压力极小，使得糖液内升温过程中只要达到较小的蒸汽压即处于沸腾状态。这一方式使得糖液脱除大部分水分达到规定浓度的过程在较低（与常压熬糖相比）的温度条件下得以完成，避免了因高温长时间熬煮而造成的不利于硬糖品质的化学变化。

真空熬糖不需通过 130～160℃这一高温区，避免了高温条件下糖类产生的一系列剧烈的化学变化，这是常压熬糖无法实现的。真空熬糖过程一般分为三个阶段：预热、真空蒸发和真空浓缩。在进行熬糖前，要先将溶化的糖液预热至 115～118℃，然后开启真空泵及冷凝器水阀，排除锅内部分空气。当锅内真空度达到 34kPa 时，开启吸糖管开关，使预热后的糖液吸入真空锅，同时开启真空熬糖锅的加热室蒸汽。当糖液温度达到 125～128℃，即可将压气开关和加热室蒸汽关闭，使锅内真空度很快升到 0.09MPa 以上。当糖液温度降低到 110～112℃时熬糖即告结束。然后打开压气开关，关闭冷凝水阀及真空泵，最后打开熬糖锅底部阀门放糖，将熬好的糖液放出。

（五）乳化

由于乳脂糖果含脂量较高，如何解决水油分层，使物料始终处于分散均匀的状态，是保证产品品质所必须解决的问题。在乳脂糖果加工工艺配方中，添加乳化剂，选用不同的方法对物料进行乳化处理就成为必不可少的工艺过程。胶质乳脂糖之所以能构成细腻、均一和润滑的组织状态，关键是把各种糖类、蛋白质、油脂、水及其他物料经过高度乳化的结果。

1. 乳化

乳化就是把两种分子结构不相似、互不相溶或很少相溶的液体物质，充分地混合在一起，组成外观上相一致的体系的方法。例如，牛乳就是一种天然乳化得非常好的乳浊液。牛乳中的脂肪与水本是互不相溶的两种液体，但在牛乳中却混合得非常均匀，组成外观相一致的体系。

乳化的原理就是使两种不相溶合或很少溶合的液体的各个小滴无限地分散，并被另一种液体的密集介质紧紧地包裹。换言之，在牛乳中的脂肪球，因无限地分散成较小的球体（0.2～0.3μm），均匀地散布在另一种介质水中，才能造成稳定的、在外观上相一致的乳浊液。

在乳脂糖的一般组成中，各种糖类以分子状态分布在水相中。蛋白质在正常的条件下是亲水性的，然而油脂与水是两种互不相溶的物质。要使乳脂糖成为高度均一化的乳浊体，必须通过某种手段，把油脂球体表面积无限地扩大，并使数量极多的油脂球体无限地分布到水和蛋白质的分散介质中去，形成分子分散态的连续相，并在以后的制造过程中阻断分散的油脂微球体重新聚合与水相分离，直到乳脂糖成为糖膏。所以，乳脂糖的工艺目标是要促进复杂而不稳定的分散体系成为相对稳定的乳浊状态，混合与乳化的作用就是实现这一目标的手段。

为了制得浓厚的、稳固的乳浊液，必须在油－水体系中加入乳化剂来促使乳化。乳脂糖中的乳制品，就是天然的具有良好性能的乳化剂。一般乳成分中含有0.2%～1%的乳化剂——磷脂，不含有或含有少量乳制品的乳脂糖，应添加一定量的乳化剂以达到乳化目的。除了添加具有良好性能的乳化剂外，还要应用机械方法将各种物质无限的分散和充分地混合。生产中通常采用高压均质机达到乳化目的。

2. 乳化方法

目前国内加工胶质乳脂糖的工艺流程，一般采用直接乳化和间接乳化方法。常用的乳化剂有大豆磷脂、单硬脂酸甘油酯、蔗糖酯等，都能产生良好的乳化效果。

（1）直接乳化方法　直接乳化方法比较简单，在熬煮过程中即可实施，就是将甜味料、油脂、乳品等物料混合加热，在加热搅拌的熬煮过程中进行乳化或添加一定量的乳化剂，并不停地、均匀地搅拌，直到油脂分散为极小的球体，均匀地分布到糖液中去。待糖液的沸点升到130℃左右，糖膏浓度超过90%，相对含水量低于9%，即停止加热，经调料后急速冷却，使糖液温度降低，黏度增大，成为可塑性的糖膏，这种糖膏再经冷却和成形，即为胶质乳脂糖。

（2）间接乳化方法　间接乳化方法较为复杂，但效果较好。其特点是先把油脂、乳制品（根据需要可以加入一定量的乳化剂）与水按一定的比例，通过高压均质机将各种物料分散和充分地混合。因为高压均质机在 15MPa 压力下，能将直径约为 $20\mu m$ 的脂肪球粉碎成 $0.2\sim0.3\mu m$ 的小球体。经过上述处理而制得的乳化、均匀的中间体，在外观上很像牛乳分离而得的清乳脂，称为混合奶油。把混合奶油和乳脂糖糖液一起进行加热熬煮，就能制得品质细腻、均匀和滑润的胶质乳脂糖。这种乳脂糖的色、香、味、形态、软硬度和保存性能等，都要比直接乳化方法制得的产品质量要好。

（六）焦香化反应

乳脂糖是一类带有共同色、香、味特征的糖果。这类糖果在加工过程中采用了相似的物料配伍，结合相应的工艺条件，产生了有一定特殊色泽、香气和风味的糖果产品，称为焦香风味。焦香风味来源于焦香化反应，即焦糖反应与羰氨反应。

1. 焦糖化反应

糖类化合物在高温熬煮过程中由于强烈的脱水作用而产生的反应称为焦糖化反应，即卡拉蜜尔反应。糖类经历高温过程发生变色，同时产生浓郁的焦香风味，这类反应在糖果及烘烤食品的加工过程中都会不同程度的呈现。

焦糖化反应主要有以下两种生成物。

（1）糖的脱水产物　焦糖或称浆色，脱水过程及生成产物如下：

$$蔗糖 \longrightarrow 异蔗糖酐 \longrightarrow 焦糖酐 \longrightarrow 焦糖素$$

（分子内部失水）（2 分子间脱水）（3 分子间脱水）（14 个分子间脱水）

（2）糖的裂解产物　为挥发性醛酮类物质。裂解产物如下：

$$蔗糖 \longrightarrow 还原糖 \longrightarrow 羟甲基糠醛 \longrightarrow 甘油醛 + 烯丙糖 \longrightarrow 水台丙酮醛 \longrightarrow 乳糖$$

焦糖化反应在酸性或碱性条件下都能进行，但反应速度不同。在 pH 8 时的反应速度是 pH 5.9 时反应速度的 10 倍。

某些物质如磷酸、无机酸、碱、柠檬酸、富马酸、酒石酸、苹果酸等对焦糖的形成有催化作用。

2. 美拉德反应

美拉德反应即羟基 – 氨基反应。羟基 – 氨基反应是食品加热过程中发生褐变产生特殊风味的另一个主要原因。该反应是法国人美拉德（Maillard）于 1913 年最早发现的，他将甘氨酸与葡萄糖的混合液加热，得到了具有特殊风味的棕褐色缩合产物，并将这种缩合物命名为"类黑色素"。以后文献中将该反应称为"美拉德反应"，也称"棕色反应"。1948 年，哈德（Hard）通过自己的实验进一步证明了美拉德反应的机理。1956 年凯托、1960 年弗霍马斯、赫兹分别进一步将各种氨基酸与葡萄糖等还原性糖类进行美拉德反应，总结出了它们的反应褐变速度顺序和产生各种气味的特点。

美拉德反应分为三个阶段，它的反应式如图 1-4 所示。

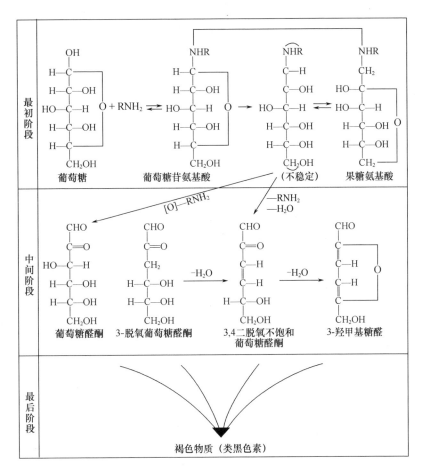

图 1-4　美拉德反应三阶段

3. 焦香化反应基本影响因素

焦香型糖果的加工是先优选各种配料并适当组合，并在一定的技术装备条件下来实现呈香、呈色的转化，这就需要了解影响焦香化反应的各种基本因素。目前认为以下几方面的因素对焦香化反应的进程产生影响。

（1）物料组成　糖果在加热条件下产生焦香化反应的基本物质是糖和蛋白质。实验证明，参与美拉德反应的是糖类分子链中的还原基团与蛋白质氨基酸中的氨基基团之间的失水缩合过程，因此，在物料配合中应充分考虑投入带还原基团的糖类，同时要注意即使同时带还原基团的糖类，在与蛋白质氨基基团产生缩合反应时，其反应速度也有不同：在五碳糖中，核糖＞阿拉伯糖＞木糖；六碳糖中，半乳糖＞甘露糖＞葡萄糖；果糖＞葡萄糖，五碳糖的褐变速度是六碳糖的 10 倍。

同样在焦香糖果物料配合时，为保证香味效果，同样要考虑选择蛋白质氨基基团。同属于乳蛋白的酪蛋白与乳清蛋白在相同条件下所产生的风味效果相差甚远。糖果制造者在考虑焦香糖果配料时，要取得优美焦香风味，对糖与蛋白质类型的选择上要充分考虑其参与焦香反应的能力与速度，以保证最终产品富有浓郁焦香风味的特质。

（2）反应温度　焦香化反应过程中，温度是一个极为重要的条件，一般要超过 130℃ 才更明显。糖果产生棕色反应一般在 120℃ 开始，随着温度的提高，色泽与香味的变化就加快。温度的高低决定了棕色反应的速率。焦香糖果制造加工中设定和控制适合的温度是一项重要的工艺参数。

（3）反应时间　美拉德反应一般包括两个阶段：诱发阶段和反应阶段。诱发阶段时间较长，而反应阶段的长短一般受温度的影响。一种卡拉蜜尔糖保持 125℃ 反应温度下的色度变化表明，在相同温度下，糖果的色泽是随时间的延长而加深的。

（4）pH　为使蛋白质与糖类的反应彻底，就要避免蛋白质凝固变性，以保证投入蛋白质的氨基充分与还原糖羰基发生脱水缩合反应。根据实验，当 pH 为 8 时，其反应速度要比 pH 5.9 时快 10 倍。从经济的角度选择，pH 在碱性条件下要比在酸性条件下进行焦香化反应更加合适，既避免了蛋白质凝固变性带来的反应不完全引起的风味物质损失，又在经济上求得更大效益。

（5）重金属　当反应物与铜接触时，焦香化反应加快。铜起到了催化作用，同时也提高了传热速度，糖果加热设备采用铜制品就是基于这一原因。

（6）分散介质　物料的浓度、分散乳化的程度对焦香过程有一定的影响。当物料含水量在 10%～20% 时，物料的分散比较均匀，更有利于其后在高温条件下投入物料的完全充分的产生焦香化反应。

从卡拉蜜尔糖的抽提物中分析出多样化合物成分，主要有碳水化合物、羰基类化合物、醇类化合物、酸类化合物、醚类化合物、内酯类化合物、噻酚类化合物、硫代物类化合物、吡喃类化合物、吡喃酮类化合物以及其他化合物。

以上这些复杂的物质形成了焦糖的风味，生产实践证明，同一种焦香糖果因为加工的技术条件差异，产生的风味在程度上是有差别的。不同的焦香糖果所具有的色泽、香气和滋味更是千差万别，究其原因，是由物料的配合和类型所决定。当然，某类糖果具有产生特殊风味的可能性，但是也离不开所采取的工艺、技术条件。个别制造具有焦香糖果特色的生产厂商从成本降低角度考虑，在糖果的基本配方中取消了某些组分，以另外的方式取得类似的色泽。但却无法得到其焦香糖果的风味，导致产品的品质低下，市场销售也大幅下降。由此可见，基本配料的成分类型是决定产品产生特殊风味的内在因素。同样，未经过焦香化处理，焦香糖果特有风味也无法呈现，焦香化处理是焦香风味形成的外在条件，只有控制好加工的技术条件，提供焦香化反应的外在条件保证，才能保证焦香糖果呈现出特殊风味。

从呈香呈色特征分析焦香糖果的风味形成，一般认为是反应产生了烯醇化的生成物——麦芽醇，麦芽醇带有特殊的甜香风味，是乳脂糖果具有诱人风味的主要因素之一；反应同时生成棕褐色的缩合产物类黑色素是焦香糖果产生棕色的主要因素之一。

实际上反应过程是更为复杂的，由于氨基酸与还原糖的种类较多，反应的产物并不完全相同。同时，焦香化的过程与程度受多种因素与工艺技术条件的限制，在不同因素与条件下加工往往形成不同类型、风味和品质的焦香糖果，各类乳脂糖色泽风味千差万别的原因即在于此。

（七）充气作业

充气作业是指一种液体或固体联合一定数量小气泡或泡沫而转变为一种泡沫体结构的制作技术。最终可使产品密度下降，体积增大，同时也使产品的稠度和质构等物理特性产生不同程度的变化，从而赋予产品新的商品特性。这一过程要解决好的是气泡的产生、形成和稳定。

1. 气泡形成

气泡是通过机械搅打使空气与糖浆相结合而产生，气泡形成必需在气体与液体之间即连续相与分散相之间有一种表面活性剂存在下方能形成，这种表面活性剂在糖果应用中被称为发泡剂或起泡剂。它是一种蛋白质，在其分子上有极性和非极性的基团被吸附在界面上。当气泡产生时能在每个气泡周围造成一层薄膜把气体包住，从而形成稳定的气泡体。因此气泡的形成与充气剂有密切关系，而且直接影响泡沫体的性质。

2. 气泡制作

（1）一步充气法　是指一个物料的全部或接近全部的组成，在一次搅擦过程中完成含糖气泡体的充气作业的技术。此法适用于密度较低或含有相当水分的充气制品，如明胶奶糖，棉花糖等。

（2）两步充气法　是传统的作业方式，先将发泡剂溶液单独在立式混合机内快速搅擦成洁白的泡沫体（称为蛋白气泡基），然后将砂糖与淀粉糖浆溶化并熬煮至一定浓度后分次加入气泡基内，继续搅打完成含糖气泡体的充气作业，如牛轧糖。

（3）分布组合充气法　大规模连续生产线，也是目前采用最大的技术，同步制成糖泡基，然后同步制备熬煮糖液，最后与其他配料混合。

（4）连续充气法　发泡蛋白溶液、糖和糖浆溶化并加热熬煮的糖液、压缩的空气气流同时汇集，经搅打等作用，短时间内连续混合成含糖气泡体。目前国外已出现不同的充气糖果连续生产作业线，如马稀马洛糖、牛轧糖等。

3. 气泡稳定

充气糖果的气泡稳定性是十分重要的问题。当气泡形成泡沫体后很不稳定，静置不久就会自然消沉，即制成的气泡基（弗拉贝）最多也只能放置几天。如何使制成的糖果中气泡稳定、持久不变，是充气糖果不可忽视的质量问题，气泡和充气糖体的稳定性与以下几方面有密切关系。

（1）变性作用　卵蛋白在气泡形成时必须避免蛋白质变性，才能起到界面活性作用，在气泡周围形成保护膜，使气泡稳定在保护膜中。但这种保护膜非常微弱，容易分裂。因此在气泡形成后必须提高温度使蛋白质变性凝固，把气泡固定在保护膜中间，才能稳定而持久不变。

（2）凝胶作用　除了蛋白质热变性起到稳固气泡的作用以外，凝胶也能起到相同的作用。如明胶，它是一种多功能性的胶原蛋白，既有发泡能力，又有凝胶性能。当它的溶液与糖浆热混合时产生无数细密的气泡，冷却时凝胶体转变成固态，把气泡固定在中间，形成坚定而稳固的气泡体。

（3）微结晶作用　在胶体化学系统中有一系列的物理现象，其中气体分散在液体中形成气泡，液体分散在气体中形成液滴，固体分散在气体中为微粒等；固体分散在气液体中成为固态三相，它具有支撑支柱的作用。因此在充气糖果中当砂糖溶液转变成结晶体微粒时，形成固体为胶体系统第三相；这种晶体结构的固相可以支持泡沫体或气泡基中的气泡处于细分散状态，受热或超水分含量时不会导致破裂，有利于成为坚定而稳定的充气糖果体系。

此外一些稳定剂如亲水性的胶体（淀粉、海藻胶、角叉菜胶和槐豆胶等）也能影响包裹在气泡周围的薄膜、增加黏度和提高稳定性。它们之中有些能与发泡剂中的蛋白质反应生成分子络合物，产生坚固而稳定的薄膜，能更好地增强泡沫体中气泡的稳定性。这种现象特别是采用水解蛋白质如酶解黄豆蛋白、水解植物蛋白或乳蛋白时，由于没有热变性凝固现象，提高了糖体固形物含量，也可增加糖体的坚固性把气泡稳定在其中。但固形物含量较低时气泡持久稳定性就较差，存放一定时间气泡会自然消失，出现糖体坍塌凹陷的质量问题。因此需要添加稳定剂来提高气泡的稳定性，或采用混合胶体，如水解蛋白质、糊精和明胶混合一起充气，既能提高充气能力，又具有凝胶性能和持久稳定气泡的作用，这种具有代表性的产品为瑞士糖。它是一种求斯糖，不仅采用多种胶体，而且添加了微结晶糖，使糖体中含有砂糖的微晶体，产品质量更加稳定而持久。

4. 充气设备

（1）立式搅拌机 立式搅拌机为敞口式搅拌机，转速一般分快、中、慢三档。目前制作中度充气糖果和低度充气糖果都使用立式搅拌机，立式搅拌机通过提供快速的搅拌作用将空气引入糖液连续相内，同时通过发泡剂的作用克服气－液两相间的表面张力，创造相当大的界面来实现泡沫的产生，由于搅拌机所做的功大部分用在克服连续相的摩擦，而且随着充气时间的延长、连续相的黏稠度上升，用在克服摩擦上的功越来越多，而用在充气的功趋向于零，因此其能效比非常低。

（2）压力搅打充气机 其是在封闭条件下，将发泡蛋白溶液、一定浓度的糖液与一定压力的压缩气体分别同时定量输入搅打充气机内，经高速短时搅打形成泡沫体后卸料。该设备缩短了生产周期，提高了充气过程的效率。

（3）连续压力充气机 该设备是目前充气糖果最先进的设备，能制作高、中、低充气程度的糖果。当需要制作高度充气糖果时，发泡剂与压缩空气同时通过起泡管道，然后与规定浓度的糖液进入混合头形成高度充气糖体；制作中度充气糖果时，发泡剂与规定浓度的糖液压缩空气一起进入混合头充气形成中度充气糖体；制作低度充气糖果时则先将发泡剂与压缩空气一起进入混合头混合充气，规定浓度的糖液则在时间过了约2/3后再连续进入混合头。

连续压力充气机与立式搅拌机相比，具有以下优势：输入净化加压空气，缩短了搅擦时间，提高了能效；进料自动计量，出料利用压力差卸料；自动化程度高，操作简便，品质稳定性高。

5. 发泡剂

发泡剂是一种表面活性剂，同乳化剂一样含有极性基团和非极性基团，在充气糖果制作中，能降低气液界面之间的表面张力，将气体引入糖果内部，同时在糖果基体内形成一种均一而细小的泡沫分散体，使制品的相对密度变小，体积增大。

发泡剂是充气糖果的重要组成成分之一，应用于糖果工业的发泡剂都是不同类型的蛋白质。传统的发泡剂有卵蛋白和明胶，新型的发泡剂有乳清蛋白和大豆蛋白等。它们在充气过程中的气泡速度，形成泡沫两方面的能力，依次是乳清蛋白、大豆蛋白、卵蛋白、明胶。其次，即使使用相同的发泡剂，如果浓度不同，充气结果也有差异。必须根据充气糖果的不同特性，选择合适的发泡剂和合适的浓度。

生产实践证明，连续相糖液的相对分子质量越大其黏度越高，充气后形成的泡沫体密度也越高。但糖液黏度还与温度有关，温度上升，糖液黏度反而下降，我们可以利用这一特性适当提高充气过程中的糖液温度，利于泡沫体的形成。特别需要注意的是，糖液温度也不是提升的越高越好，还要考虑到发泡剂为蛋白质材料，在一定温度下会凝固变性——虽然糖类与蛋白质共溶时，蛋白质变性温度能提高，但无限制地提升充气糖液温度，反而会使发泡剂失效。

（八）凝胶作用

凝胶糖果是指一定浓度糖液，添加凝胶剂，一定条件下胶体分子形成空间网络结构，包裹糖液和其他分散介质，成为无流动性的似固体，也称为软糖。糖果加工中用于使流体变为似固体的可食用亲水胶体来源于动植物或海藻的提取物，其基本化学组成是单糖及其衍生物，部分胶体含特殊功能的非糖成分。

1. 淀粉的凝胶作用

制作淀粉软糖时，所应用的淀粉应满足以下特性。

（1）有很强的凝胶能力，能将一定浓度的糖液变成似固体的凝胶。

（2）热黏度较低，便于熬煮脱水，注模成形。

（3）形成的凝胶体有很好的透明度。

（4）较好的水溶性。

事实上，早期的糖果制造者尝试了各种来源的天然淀粉，能同时符合以上要求的天然淀粉几乎很少见，任何一种天然淀粉在属性上或多或少存在局限性。特别是与水的亲和能力要强，加工过程中胶质的热黏度要低，天然淀粉都无法满足。因此，要对天然淀粉进行化学结构上修饰改变，使之满足淀粉凝胶糖果的加工需要。

天然淀粉通过酸渗透胶束内部，对淀粉分子进行结构上的修饰，使淀粉分子聚合度下降，这一过程并没有改变淀粉的化学组成，淀粉的基本形状也没有改变，因此，被认为是对淀粉的修饰或修改。修饰后淀粉的凝胶特性得以提升，热黏度下降，淀粉凝胶的透明度得到改善，变性后淀粉特性基本满足了制造淀粉软糖对淀粉的要求。

2. 果胶的凝胶作用

果胶在糖果生产中的用途主要是作为酸性条件下的凝胶剂，如果胶软糖、夹心糖的果浆芯体等。商品果胶可分为两大类：高酯果胶和低酯果胶。

高酯果胶浓度达到 0.3%，pH 在 2.0 ~ 3.8，体系内在可溶性固形物（如蔗糖等）含量至少大于55%时，冷却后能形成非可逆性凝胶，凝胶能力随葡萄糖（DE）值上升而加大。低酯果胶中因常有一部分甲酯转变成伯酰胺，从而不太受糖，酸含量的影响，但需与钙、镁等二价金属离子交联才能形成凝胶，凝胶条件的 pH 范围可宽至 2.6 ~ 6.8，可溶性固形物含量则可低至 10%，形成的凝胶经加热搅拌而可逆，并有良好的弹性。制备果胶凝胶时如条件不当则果胶会降解。果胶在 pH 4 时最稳定，当 pH 接近中性时（pH 5~6），高酯果胶仅在室温下是稳定的；在较高温度下，由于 β-脱酯作用。其凝胶性能会急速丧失。在低 pH 下提高温度，会同时发生脱酯反应和聚合物的降解，其中脱酯作用表现得尤为迅速。

（1）高酯果胶的胶凝机理　高酯果胶溶液必须在具有足够的糖和酸存在的条件下才能胶凝，又称为糖-酸-果胶凝胶。当果胶溶液 pH 足够低时，羧酸盐基团转化为羧酸基团，因此分子不带电荷，分子间排斥力下降，水合程度降低，分子间缔合形成凝胶。糖的浓度越高，越有助于形成接合区，这是因为糖与果胶分子链竞争结合水，致使分子链的溶剂化程度大大下降，有利于分子链间相互作用，一般糖的浓度至少在 55%，最好在 65%。凝胶是由果胶分子形成的三维网状结构，同时水和溶质固定在网孔中，形成的凝胶具有一定的凝胶强度。有许多因素影响凝胶的形成与凝胶强度，最主要的因素是果胶分子的链长与连接区的化学性质。在相同条件下，相对分子质量越大，形成的凝胶越强，如果果胶分子链降解，则形成的凝胶强度就比较弱。凝胶破裂强度与平均相对分子质量具有非常好的相关性，凝胶破裂强度还与每个分子参与连结的点的数目有关。高甲氧基果胶的酯化度与凝胶的胶凝温度有关，因此根据胶凝时间和胶凝温度可以进一步将高甲氧基果胶进行分类。此外，凝胶形成的 pH 也和酯化度相关，快速胶凝的果胶（高酯化度）在 pH 3.3 也可以胶凝，而慢速胶凝的果胶（低酯化度）在 pH 2.8 可以胶凝。凝胶形成的条件同样还受到可溶性固形物的含量与 pH 的影响，固形物含量越高及 pH 越低，则可在较高温度下胶凝，因此在制造果浆和糖果时必须选择固形物含量、pH 以及适合类型的果胶以达到所期望的胶凝温度。

（2）低酯果胶的胶凝机理　低酯果胶（DE≥50%）必须在二价阳离子（如 Ca^{2+}）存在情况下形成凝胶，胶凝的机理是由不同分子链的均匀（均一的半乳糖醛酸）区间形成分子间接合区，胶凝能力随葡萄糖值的减小而增加。正如其他高聚物一样，相对分子质量越小，形成的凝胶越弱。胶凝过程也和外部因素如温度、pH、离子强度以及 Ca^{2+} 的浓度有关。凝胶的形成对 pH 非常敏感，pH 3.5，低甲氧基果胶胶凝所需的 Ca^{2+} 量超过中性条件。在一价盐 NaCl 存在条件下，果胶胶凝所需 Ca^{2+} 量可以少一些。由于 pH 与糖双重因素可以促进分子链间相互作用，因此可以在 Ca^{2+} 浓度较低的情况下进行胶凝。

（3）果胶选择　果胶软糖加工中，根据产品需要的特性及操作过程的可控性作为选择依据，决定选用不同的果胶。一般选用中凝速度和慢凝速度的高酯果胶作为果胶软糖的胶凝剂，因为一般果胶软糖以水果味为主，在高酯果胶成胶的低 pH 条件下，产品的风味、糖酸比及加工的可控性都比较理想；如果生产非水果味软糖，可选择低酯酰胺化的果胶作为胶凝剂。无论选择何种果胶要注意以下几个条件。

（1）分子质量大，容易形成结合区，凝胶质量好。

（2）葡萄糖值上升，高酯果胶成胶温度上升，低酯果胶成胶温度下降。

（3）在一定范围内，果胶浓度与凝胶强度成正比。

（4）添加缓冲剂，整合剂可有效降低预凝现象的产生。

（5）提高体系浓度可强化果胶分子间的脱水化程度，利于产生结合区。

（6）注意平衡 pH、温度对体系各组成产生的影响。

（7）钙离子浓度在低酯果胶成胶过程中，在一定范围内，浓度上升，成胶温度上升，凝胶强度上升，过量则会引发预凝现象。

3. 明胶的凝胶作用

明胶是动物胶，含胶原蛋白，可制成光滑而富有弹性的明胶软糖。明胶是由氨基酸组成的大分子，具有典型的蛋白质性质，蛋白质的某些理化性质决定了明胶的特性。

明胶为两性电解质，碱法 B 型明胶的等电点 pH 在 4.7~5.0，酸法 A 型明胶的等电点 pH 在 8.0~9.0。在等电点，明胶溶液的黏度最小，而凝胶的融点最高，渗透压、表面活性、溶解度、透明度和膨胀度等均最小。明胶的黏度与胶凝力和吸水率有关，黏度小，胶凝力小，吸水率低。

明胶的主要组成为氨基酸组成相同而分子质量分布很宽的多肽分子混合物，分子质量一般在几万至十几万。明胶既具有酸性，又具有碱性，是一种两性物质，明胶的胶团是带电的，在电场作用下，它将向两极中的某一极移动。明胶分子结构上有大量的羟基，另外还有许多羧基和氨基，这使得明胶具有极强的亲水性。明胶不溶于有机溶剂，不溶于冷水，在冷水中吸水膨胀至自身的5~10 倍，易溶于温水，冷却形成凝胶，溶点在 24~28℃，其溶解度与凝固温度相差很小，易受水分、温度、湿度的影响而变质。

明胶在糖果中的一般加量为 5%~10%。在晶花软糖中明胶用量 6% 时效果最好，在橡皮糖中明胶的添加量为 6.17%，在牛轧糖中为 0.16%~3% 或更多些，在糖果黏液的浓糖浆中加量为 1.15%~9%，糖味锭剂或枣子糖果的配料要求含明胶 2%~7%。在糖果生产中，使用明胶较淀粉、琼脂更富有弹性、韧性和透明性，特别是生产弹性充足、形态饱满的软糖、奶糖时，需要凝胶强度大的优质明胶。

明胶是一种蛋白质，极易受微生物的作用而分解。理想的明胶软糖是在制作过程中充分考虑各种物理、化学、生物因素对明胶凝胶的作用，并在工艺过程中加以限制，克服不利条件，创造有利条件后而得到。

4. 琼脂的凝胶作用

琼脂又名洋菜，是藻胶，所含胶质能溶于热水，冷却后凝结成透明凝胶。

在糖果生产中，一般用于制造透明琼脂软糖。

琼脂由琼脂糖和琼脂胶两部分组成，作为胶凝剂的琼脂糖是不含硫酸酯（盐）的非离子型多糖，是形成凝胶的组分。而琼脂果胶是非凝胶部分，是带有硫酸酯（盐）、葡萄糖醛酸和丙酮酸醛的复杂多糖，也是商业提取中力图去掉的部分。

商品琼脂一般带有 2%～7% 的硫酸酯（盐），0～3% 的丙酮酸醛及 1%～3% 的甲乙基。其中甲乙基的存在有助于提高琼脂的凝胶强度及成胶温度，而硫酸酯及丙酮醛基团的存在则使其凝胶强度减弱。在选择商品琼脂时可据此判断商品琼脂的成胶能力强弱，一般而言，硫酸酯含量在 4% 以下琼脂具有凝胶性能，硫酸酯含量在 4% 以上琼脂没有凝胶性能。硫酸酯含量与琼脂凝胶能力成负相关。

硫酸酯、甲乙基的存在不但影响琼脂的成胶能力强弱，对琼脂的溶解温度，溶解速度及琼脂凝胶的重新融化的温度都会产生影响。这是要在生产实际中必须考虑到的。

琼脂和砂糖一样极易受酸和盐的作用，在加热时酸与盐的存在会加速琼脂分解成还原性糖，琼脂的凝胶特性丧失。在生产实践中，要充分考虑到酸对琼脂凝胶能力的破坏作用，因此，琼脂软糖的加酸量不宜过高。但是，酸对已经形成凝胶体的琼脂凝胶强度无破坏作用。

琼脂软糖的形态饱满度和坚实度与琼脂的用量有关，一般琼脂浓度为 0.5% 时，在室温下其溶液就能形成坚实的固体。但当琼脂溶液中与其他物料混合，琼脂溶液的成胶能力会受到一定程度的影响而下降，适当增加琼脂量以弥补琼脂成胶能力的损失，以保证最终产品的形态饱满度和坚实度。

5. 卡拉胶的凝胶作用

卡拉胶是一类从海藻中提取的海藻多糖的统称。卡拉胶由半乳糖聚合成一种线性的结构，在部分或全部半乳糖单位上接有硫酸酯基团，典型的聚合度为1000，相对应的相对分子质量为170000。用卡拉胶做透明水果软糖在我国早有生产，其水果香味浓，甜度适中，爽口不粘牙，而且透明度比琼脂更好，价格较琼脂低，加到一般的硬糖和软糖中能使产品口感滑爽，更富弹性，黏性小，稳定性增高。

具有凝胶作用的卡拉胶有 κ-型和 τ-型两种，其他型号的卡拉胶没有凝胶特性。κ-型卡拉胶和 τ-型卡拉胶具有凝胶作用，原因是这两种卡拉胶分子结构中的片段，在空间网络结构中能产生分子键的连接而形成双螺旋结构。而空间网络的形成则是半乳糖基上的硫酸盐与钙钾等阳离子共同作用的效果。

κ-型卡拉胶在的 70℃ 热水中能完全溶解，冷却后形成凝胶，凝胶的强度达不到一般凝胶糖果的要求，显得比较脆弱；另外，凝胶的透明度也比较差。但是，κ-型卡拉胶是一种钾离子敏感的物质，钾离子存在于溶胶中能与卡拉胶分子的半乳糖基上的硫酸盐产生作用，构成网络结构，从而改变凝胶的特性；在一定范围内，钾离子浓度与凝胶强度成正比。而砂糖的存在则能增加该凝胶体的透明度，所以，应用κ-型卡拉胶制作凝胶糖果，可通过加入不同浓度的钾离子以调节产品的凝胶强度；调整砂糖投入以调节产品凝胶透明度。

τ-型卡拉胶同样只溶于热水，溶胶中卡拉胶分子中的半乳糖基上的硫酸盐与钙离子产生作用，构成空间网络结构形成凝胶。凝胶体与κ-型卡拉胶凝胶相比更透明而富有弹性，但缺少一定的坚韧度。

卡拉胶凝胶体成形的特点是在受控状态下产生，因此，对成胶条件的把握非常关键。在酸性条件下，特别 pH 4 以下容易水解，加热促进分子的水解，使其失去凝胶性；卡拉胶溶液糖浓度提高则会使成胶温度提高。作为凝胶剂制作糖果时，卡拉胶凝胶体的浓度一般在 80% 以上，带有酸性的水果型口味，如果要将糖酸比调整至合适的程度，结果会使溶液的值处于低酸性。因此，物料组成中砂糖含量的比例和加酸量的确定，加酸时机的选择要慎重，充分平衡，以免产生不良后果。

卡拉胶在软糖中使用时应注意：以卡拉胶为主的软糖粉在高糖浓度下不易溶解，所以建议先将其用水溶解，否则容易产生"沙眼"，即一粒一粒的小胶粒。还原糖含量太低，储存时间长，容易返砂；还原糖含量太高，在熬糖时候容易注模不成形。可以在熬胶结束后加入花色物料，比如胡萝卜浆，不过要计算好软糖粉的比例。

6. 阿拉伯树胶的凝胶作用

阿拉伯树胶是采自一种称为金合欢树的树胶液为原料制造而成的胶类物质，分子组成中大约 98% 为多糖，其余 2% 为蛋白质。其主链以β-D-吡喃半乳糖通过 1，3-糖苷键相连接，而侧链是通过 1，6-糖苷键相连接。多支链的复杂分子结构与同样分子质量的其他线性大分子相比，在空间所占的水化体积较少，这决定了阿拉伯树胶在水中与同质量的其他溶胶相比黏度要低、溶解度高、溶胶的流动性强。这一特性在已知的食用亲水胶体中是最明显的。因此，在糖果制作中，利用其高溶解度增强低度充气糖果的咀嚼性具有不可替代性；利用其结构中蛋白质的乳化性能改善高脂糖果的乳化性。

由于阿拉伯树胶结构上没有某些特殊功能基团能与其他物质在溶胶状态下形成较强的空间结构，在溶液中水化体积比低，使得以少量胶体凝固绝大部分的糖溶液，形成凝固体的可能性几乎为零。因此，大量的投入胶体是阿拉伯胶凝胶糖果所必需的。在硬质糖果中，投入 1%～2% 的阿拉伯胶能起到稳定作用，并使糖体更光滑；在半软性糖果中加入阿拉伯胶能增加咀嚼性，甚至能接近胶基糖果的较长咀嚼时间；在砂质型糖果中加入阿拉伯胶有助于结晶体控制及乳化性能的提高；提高阿拉伯胶在糖果配料中投入达35%以上，形成的糖体有硬脆性特点，俗称硬胶糖，其香气的缓释性很好，保质期很长；当阿拉伯胶达到70%左右，形成的凝胶软质糖果具有很高的咬劲。但是阿拉伯胶含量高的配比经济可行性极差，所以市面上很少看到这类糖果。

阿拉伯胶的酸稳定性较强，在 pH 4~8 时胶体性状没有变化，但在 pH 3 以下时会导致分子溶解性下降。高阿拉伯胶含量的糖果特别要注意体系的氢离子浓度。

二、糖果加工相关设备

（一）配料用计量器具

1. 质量计量器

磅秤、天平、电子秤、智能电子秤。

2. 容积计量器

量筒、量杯，计量泵。

（二）计量泵

计量泵也称定量泵，输送溶液可实现自动化生产。计量泵的基本原理为电机驱动泵的偏心机构，偏心机构带动连杆推动柱塞做往复运行，实现流量输出的目的；其控制是通过自身的无级手动调节或电动。

1. 柱塞式计量泵

柱塞在往复直线运动中，直接与所输送的介质接触，在进出口单向阀的作用下完成吸排液体。适用各种高压，低压（使用压力 0~60MPa），强腐蚀性场合。计量精度小于 0.5%。

2. 液压隔膜式计量泵

借助柱塞在油缸内的往复运动，使腔内油液产生脉动力，推动隔膜片来回鼓动，在进出口阀的作用下完成吸排液体的目的。由于隔膜片将柱塞与输送的介质完全隔开，因而能防止液体向外渗漏。它的压力使用范围在 0~35MPa。液压隔膜式计量泵每台配置三阀或二阀装置：自动补油阀、安全阀、排气阀，计量精确，耐高压，耐强腐蚀且完全不泄漏是它的显著优点。

3. 机械驱动隔膜式计量泵

它与液压隔膜式的区别是滑杆与隔膜片直接连接，工作时滑杆往复运动时直接推（拉）动隔膜片来回鼓动，通过泵头上的单向阀启闭作用完成吸排目的。它具有液压隔膜泵不泄漏，耐强腐蚀的突出优点，而且价格便宜。适用于低压和中小流量的场合。

（三）化糖设备

1. 紫铜锅

混合糖在水中加热至沸腾，获得最大的溶液浓度，使砂糖彻底溶解并与具有抗返砂性能的糖浆进行分子与分子间的混合。因明火温度高，贴壁的糖浆容易烤焦，糖液变黄，所以在化糖中，需要不断搅拌。

2. 夹层锅

由圆柱形不锈钢内筒封头组成锅体，形成传热夹层。外面用不锈钢抛光包装，表面美观大方。被溶化之物和冷水置于锅内，蒸汽通入夹层，以达到加热溶化的目的。与夹层联通的管道上装有压力表入安全阀，以便测定夹层中的压力，并保证安全生产。

（四）熬糖设备

熬糖的目的是去掉糖液中化糖时加入的水分。方法：加热使之沸腾，糖液中的水分不断挥发出去，糖液浓度逐步提高，沸点也在上升，这个过程称为熬糖。

1. 真空熬糖设备主要构件

糖浆泵、加热器、糖浆入口、二次蒸汽排出系统、针状阀、真空蒸汽室、卸料控制系统、转锅、真空系统。

2. 工作原理

熬糖的目的是把溶糖后糖液内的大部分水分排除，使糖液最终达到很高的浓度和保留较少的水分，要把糖液变成黏稠的糖膏，这种浓度的提高必须通过温度梯度提高的沸腾蒸发过程来完成。此过程是通过不断地熬煮加工实现的，所以称熬糖。糖液中的水分需要脱离液面进入空间而排除，脱离速度越快，熬煮速度也越快。在真空条件下，糖液在较低温度下即可沸腾蒸发，蒸发速度快，产品质量好。

3. 操作规程

真空熬糖过程一般分为预热、蒸发和真空浓缩三个阶段。预热阶段是提高糖液温度和浓度，缩短真空熬糖的周期；在蒸发阶段，排除糖液中剩余水分。熬糖设备实际上是一套蒸发浓缩装备。加热器的作用是适当的热源和足够的传热面积把糖液加热到沸腾状态。蒸发器能使糖液在沸腾状态下迅速排除水分，输送泵稳定地输送糖液通过全过程，以实现连续均衡生产。

（五）糖果成形设备

1. 冲压成形机

主要构件：送糖轮、糖条、糖屑铲刀、糖屑斗、卸糖铲刀、卸糖斗、轮转头、切糖轮。

冲压成形是硬糖成形的主要方式。最早利用间断的单冲机成形，每次只能加工一粒糖，生产效率很低。目前采用较多的是连续回转式冲压成形机，能同时冲压出较多的糖块，生产效率大大提高。

工作原理：冷却、匀条后的糖条进入成形机，送糖轮将糖条在摩擦力的作用下送入轮转头，被卷入成形槽的外缘，经过切糖轮的挤压，糖条被挤入成形槽并断裂成糖块，同时冲糖杆在凸轮的推动下往前运动，把糖块推入成形孔，由铲刀铲下进入卸糖斗，再落至震动筛内，等糖块冷却后，即可进行包装。

2. 浇模成形机

主要构件：输送带、模型盘、注糖嘴、浇糖泵、贮料槽、冷却装置。

浇模成形可以生产硬糖、半软糖和软糖，其适应范围大，需用设备也大致相同。浇模成形时当熬好的糖膏还处于流动状态时，即将液态糖膏定量注入连续运行的模型盘内，然后予以迅速冷却和定形，最后从模型盘内分离，再随输送带送至包装机进行包装。

工作原理：浇糖泵的作用是将糖膏推入注糖嘴，它由两个圆筒套装而成，外筒是固定的圆筒，侧面有一罐道与贮料槽贯通，底部小孔与注糖嘴相连。内筒是一个启闭圆筒，筒内外周中部有连接柄与左右摆动的杠杆相连，筒体侧面和底部各有一个小孔，在摆动时，底部小孔同外筒底部小孔闭合，侧面小孔就同贮料槽的孔道接通，而侧面小孔同外筒侧面空口闭合时，底部小孔就同注糖嘴接通。在启闭圆筒内安有活塞，当活塞上下运动时，就能将空气吸入，将糖膏压向注糖嘴。活塞移动距离的大小，决定糖膏排出量的多少，可根据糖块大小调节活塞移动距离。在每个浇糖泵下部都有一个注糖嘴，它将糖模型的数目相等。

（六）糖果包装机

主要构件：机座、裹包机构、扭结机构、钳糖机构、供纸机构、理糖机构、电器控制系统。

BZ350 型糖果包装机是糖果包装机中应用最广泛的品种之一，主要用于圆柱形、长方形的糖果、半软糖的包装，该机裹包工艺分为如下 8 个阶段。

（1）糖块输送　被理糖机构整理而排列有序的糖块，由输送带载运往前运动。

（2）送纸　当糖块输送到裹包位置时，包装纸也由送纸机构同时送到。

（3）夹糖、切纸　前冲头及后冲头相继接近糖块，并把糖块连包装纸一起夹住，然后包装纸被切刀切断。

（4）折纸　前冲头及后冲头将糖块和包装纸送至糖钳，糖钳将包装纸折成□形，并夹紧，随之前、后头退回。

（5）抄纸　下抄纸板向上摆动，把糖块下面的包装纸上折，包装糖块。

（6）糖钳转动、抄纸　糖钳夹住糖块，带动包装纸转动，下抄纸继续上摆，直到糖块上面的包装纸被固定不动的挡纸板下折时，下抄纸板即转为下摆复位。

（7）扭结　糖钳继续转动，将裹包好的糖块送至扭结工位，由扭结机械手进行两端扭结。

（8）卸糖　糖钳转动，将裹包好的糖果转至最后一个空工位，糖钳张开，推糖杆将糖果推送出糖钳将糖果卸出。

糖果包装容器：金属罐、玻璃瓶、塑料薄膜袋、透明纸和涂蜡层的纸。

糖果包装的主要作用：①保护产品应有的光泽、香味、形态且可延长货架寿命；②防止微生物和灰尘污染，提高产品卫生安全性；③精美的产品包装可以提高消费者的购买欲望和商品价值。

> 思考题

1. 简述乳化剂的应用原理。
2. 简述发泡剂的应用原理。
3. 制造乳脂焦香硬糖首先要解决好什么关键工艺？
4. 溶糖工艺有什么要求？
5. 硬糖真空熬糖分为几个步骤？如何操作？
6. 什么是糖果的发烊和发砂？
7. 影响焦香化反应的基本因素有哪些？
8. 乳化工艺的机理是什么？
9. 气泡体的制作方法有哪几种？
10. 胶糖果质构特征受哪些因素制约？

项目三　糖果加工工艺及配方设计

一、糖果加工工艺流程

（一）糖果加工工艺设计

根据产品原料、半成品处理、运送、包装等需要，在有限的生产车间空间内，本着安全、节约、便捷的原则，对生产步骤及相关设备设施的合理布局，达到高效生产的目的。

（二）加工工艺流程图绘制

1. 糖果工艺流程

生产工艺流程表示一个生产车间或生产工段从原料或半产品开始，经不同加工处理方法，直至成为合乎要求的半成品或最终产品的工艺要求和生产流程。生产工艺流程是设计生产方式、实现生产纲领、保证产品质量和产量的主要环节，是生产设备排列的依据。生产工艺流程应全面反映生产线全貌，并明确标出原料配比及原料加入位置、辅料投入点、水或蒸汽等的使用位置等一系列生产处理方法和技术。

2. 工艺流程图

生产工艺流程图又称为带控制点的工艺流程图，是表示生产工艺过程的图样，是食品厂物料供求关系、流程流量及生产工艺过程的真实反映，它对生产过程有指导意义，并可供施工安装、生产操作时参考。

3. 工艺流程图分类

食品物料不同，产品品种不同，则具体的生产工艺也不相同，对应的生产工艺流程图也各有特点。一般而言，食品厂常用的工艺流程图有两种。

（1）生产工艺流程示意（方框）图　即用细实线画成长方框来示意各车间流程图，流程方向用带箭头的实线表示，其中粗实线箭头表示物料由原料到成品的主要流动方向，细实线箭头表示中间产物，如余料、废水、废气等的流动方向。生产工艺流程方框图的内容应当包括工序名称、完成该工序工艺操作的手段（手工或机械设备名称）、物料流向、工艺条件等。若条件允许，也可列出预选设备的型号与规格。流程示意图通常采用由左至右、由上至下的形式。

（2）生产工艺设备流程图　生产工艺设备流程图是生产车间生产线及设备布置的直观依据。在物料衡算、设备选型之后进行，是以图形表格相结合的形式反映某些设计计算结果的图样。对于工艺流程简单、生产设备较少的生产线可以不画设备流程图。

工艺流程图绘制步骤如下：①绘出工艺流程示意图；②列出全部工艺过程和投入的原、辅材料；③调整先后顺序，标出各个投料区域；④画出框图，并用箭头连接、示意整个工艺过程；⑤根据示意图绘出流程图。

具体的绘制步骤如下：①用双细线绘出各楼层的地面线，并注出标高；②根据生产工艺流程方框图从左至右定出设备顺序，根据设备所处的高度，逐一画出设备外形；③用粗实线表达物料，细实线表达其他辅助物料，用箭头表示流向，标注出物料的组成、流量；④对各设备及特性进行必要的标注；⑤必要的文字说明（如对必要的部分又不能用图线表达时，用文字注释，如"三废"、"副产物"的去向等）。

（3）完成及标注　有条件时要画出设备和管道上的主要阀门、控制仪表及管路附件等附加设备。一般包括图例、设备一览表等。

（三）生产线平面示意图绘制

1. 生产线设备布控

生产线布置主要是在食品厂车间布置的基础上，把车间的全部设备（包括工作台等）在一定的建筑面积内做出合理安排。它是工艺设计的重要部分。生产线平面布置图就是生产车间内各设备布置的俯视图。在平面图中，必须表示清楚各种设备的安装位置，以及下水道、门窗、各工序及车间生活设施的位置、进出口及防蝇、防虫设施。除平面布置图外，有时还必须画出生产车间剖面图。剖面图又称立剖面图，它可反映平面图不能反映的重要设备和建筑物之间的关系，以及反映出设备高度、门窗高度等在平面图中无法反映的尺寸。

2. 生产线布置原则

生产线布置一般遵循如下原则。

（1）要有总体设计的全局观念　首先满足生产的要求，其次从本车间在食品厂所处的位置、与其他车间或部门间的关系、相互配合情况以及发展前景等方面综合考虑，满足总体设计的要求。

（2）设备布置要尽量按工艺流水线安排　保证物料运输畅通，避免重复往返，但有些特殊设备可按相同类型适当集中，尽可能使生产过程占地最少、生产周期最短、操作最方便。

（3）应考虑到进行多品种生产的可能　灵活调动设备，并留有适当的余地，以便更换设备。同时，还应注意设备间的间距及与建筑物的安全维修距离，既要保证操作方便，又要保证维修、装卸和清洁卫生的方便。

（4）必须考虑生产卫生和劳动保护　如合理安排生产车间各种废料的出口，人员进出口和物料进出口分开及卫生消毒、防蝇防虫、车间排水、电器防潮与安全防火措施等。此外，还应注意车间的采光、通风、采暖、降温等设施的设置，对散发热量、气味及有腐蚀性的介质，要单独集中布置。

（5）可以设在室外的设备，尽可能设在室外，为其加盖简易棚。

（6）要为扩大生产留有余地　设备布置是生产线布置的重要内容。设备布置得是否合理将影响到产品的生产周期和成本，影响劳动生产率的提高。食品厂的设备布置形式主要有4种：水平直线式布置（图1-5），水平U形布置（图1-6），水平蜿蜒式布置（图1-7），竖立、水平混合式布置（图1-8）。（图中的序号代表中间工艺流程编号）

原料→①→②→③→④→⑤→产品
(1)

原料→①→②→③→④→⑤→产品

原料→①→②→③→④→⑤→产品
(2)

图 1－5　水平直线式布置

（1）单直线式布置　　（2）双直线式布置

原料→①→②→③
　　　　　　　↓
产品←⑥←⑤←④

图 1－6　水平 U 形布置

原料→①　④→⑤　⑧→产品
　　　↓　↑　↓　↑
　　　②→③　⑥→⑦

图 1－7　水平 U 蜿蜒式布置

　　②→③
　　↑　↓
原料→①　④→⑤→⑥→⑦→产品

图 1－8　竖立、水平混合式布置

（四）立面图识读、生产线管路布控与生产环境要求

1. 立面图识读

在与实物平行的投影面上所作出的正投影图，称为立面图。从不同侧面投射可得到不同的立面图：从前向后投射所得的为正立面图，由左向右投射得到左立面图等。看图的方法与机械装配图的方法相同。生产线管线布控情况是生产线立面图反映的重要内容。管线综合布置情况一般通过车间平面图和生产线

立面图反映。

2. 生产线管路布控

生产过程所需的水、气、燃油等以及生产过程产生的废水、废液及部分废渣要通过管道运输。各种设备、照明、通信信号等所需的电能都要用电线输送。这些不同用途的管线性质、安装要求各不相同，又往往相互联系，相互影响。因此，在综合考虑各管线之间、管线与建筑物之间的间距要求并力求节约用地的前提下，将各种管线进行合理的综合布置，以符合各种管线的技术及安装要求，并确保各种管线的安全运行是管线布置的核心。

（1）生产线管线布置一般原则

①管线布置应与食品厂的总平面设计和绿化布置统一进行，在满足生产、安全、检修的条件下尽量节约用地，并使管线布置与厂区其他建筑物相协调、美观。

②管线敷设方式的确定，应根据管线内介质的性质、厂区地形、生产安全、交通运输、施工检修等因素，经技术经济比较后确定。一般上、下水管及废水管宜采用埋地敷设；管道应尽量集中敷设，在穿越墙壁和楼板时更应注意。

③管线应尽量平行敷设，尽量走直线，少拐弯，少交叉，并减少管线与铁路、道路及其他主管道的交叉。当管线与铁路或道路交叉时应为正交。在困难情况下，其交叉角不宜小于45°。并列管道上的管件与阀件应错开安装。

④管道内的介质具有毒性、可燃、易燃、易爆性质时，严禁穿越与其无关的建筑物、构筑物、生产装置、储罐区等；输送冷流体的管道与输送热流体的管道应相互避开。

⑤管道应尽可能沿厂房墙壁安装，并与墙壁之间留有适当距离（详见有关标准）；管道离地高度以便于检修为准。

⑥主管道应布置在用户较多的一侧或将管线分类布置在道路两侧。一般按下列顺序自建筑红线向道路方向布置：电信电缆、热力管道、压缩空气、氧气、氮气、乙炔气、煤气及各种工业管道或生产及生活给水管道、工业废水管道、生活污水管道、消防水管道、雨水排水管道、照明及电信杆柱。

⑦改建、扩建工程中，新增管线布置不应妨碍现有管线的正常使用。当管线间距不能满足国标规定时，在采取有效措施后，可适当减小。

（2）地下管线布置原则

①地下管线布置时应避开建筑物、构筑物的基础压力影响范围，避免平行敷设在铁路下面，也不宜平行敷设在道路下面；直埋式的地下管线，不应平行重叠敷设。

②地下管线交叉布置时，应符合下列要求：给水管道在排水管道之上，可

燃气体管道在其他管道（热力管道除外）之上，电力电缆在热力管道之下、其他管道之上，氧气管道在可燃气体管道之下、其他管道之上，腐蚀性介质管道及碱性、酸性排水管道在其他管道之下，热力管道在可燃气体管道及给水管道之上。

③综合布置地下管线产生矛盾时，应按下列原则处理：压力管让自流管，管径小的让管径大的，易弯曲的让不易弯曲的，临时性的让永久性的，工程量小的让工程量大的，新建的让现有的，检修次数少的让检修次数多的。

3. 生产环境要求

（1）环境卫生要求　食品厂的卫生和广大消费者的身体健康密切相关。食品生产企业除应对职工加强食品卫生教育以外，还要在工厂设计上采取适当措施保证生产的环境条件。一般需要考虑如下几个方面的要求：

①杜绝各种污染源：厂、库周围不得有能污染食品的不良环境，包括有害气体、放射性物质和扩散性污染源等；同一厂区不得兼营有碍食品卫生的其他产品。同一车间不得同时生产两种不同的食品；并且要避免原料、半成品、成品的交叉污染。

②绿化与防尘：工厂生产区和生活区要分开；要适度绿化，以减小噪声和灰尘污染；主要通道应该用水泥、沥青或石块铺砌，防止尘土飞扬、下雨积水。

③采光与通风：车间面积须与生产能力相适应，便于加工生产顺利进行；车间内应保证光线充足，通风良好。

④清洁与卫生：车间地面平整、清洁，应有洗手、更衣、消毒、防蝇、防虫防鼠设施；必须设有与生产能力相适应的、易于清洗、消毒、耐腐蚀的工作台、工具和小车；天花板、墙壁、门窗应涂刷便于清洗、消毒且不易脱落的无毒浅色涂料。

⑤辅助设施：必须设有和生产能力相适应的辅助加工车间、冷库和各种仓库。

⑥生产废物与垃圾处理：下脚料必须存放在专用容器内，并集中堆放，及时处理；容器应经常清洗、消毒。

（2）生产车间要求

按照工艺要求，糖果生产车间必须保持一定的温、湿度状态，才能有效保证成品质量。提出生产环境参数就是要提出适宜温、湿度条件，以保证生产顺利进行。

（五）生产工艺规程的制定

工艺规程是将合理的生产方案，用表格和文字形式予以确定。作为组织和指导生产，编制生产计划依据的文件，称为加工工艺规程，简称工艺规程。

1. 生产工艺规程制定的意义

生产工艺规程是指规定为生产一定数量成品所需起始原料和包装材料的数量，以及工艺、加工说明、注意事项，包括生产过程中控制的一个或一套文件，是企业的法定质量标准。其意义是制定批生产指令、批包装指令、岗位标准作业程序（SOP）的重要依据。它是产品设计、质量标准和生产、技术、质量管理的汇总，是企业组织与指导生产的主要依据和技术管理工作的基础，是食品、药品企业良好作业规范（GMP）管理规范的一部分。在生产企业中，生产工艺规程制定后须经一定部门审核；经审定、批准的生产工艺规程，工厂有关人员必须严格执行。

概括来讲，生产工艺规程是一种技术文件，其作用在于：①指导生产；②制订生产计划、组织生产、实施生产管理的依据；③是新建或扩建工厂或车间的主要技术资料。

工艺规程一般3~5年应全部修订一次，或每次调整产品时根据产品要求及时进行相应的调整，尤其是指导工人操作和质量检验等环节。

2. 生产工艺技术规程要素

（1）生产工艺技术规程的要素　生产工艺技术规程的要素包括：品名、规格、配方、生产工艺的操作要求，物料、中间产品、成品的质量标准和技术参数及储存注意事项，物料平衡的计算方法，成品容器、包装材料的要求等。

（2）注意事项　制定生产工艺技术规程要注意：

①必须能够保证质量和提高工作效率；

②要从生产实际出发，所制定的工艺规程应立足于本企业实际条件，并具有先进性；

③合理安排工人劳动强度，保障生产安全，创造良好的工作环境；

④要保证经济上的合理性，即要保证低成本、低消耗；

⑤所制定的工艺规程应有修订完善的空间；

⑥参数准确、术语科学规范、语言精练，详细说明有关操作的方法或标准操作规程编号。

3. 岗位操作规程要素

岗位操作规程包括岗位操作法和岗位标准操作规程两个部分。岗位操作规程一般2年修订一次。

（1）岗位操作法　岗位操作法是对各具体生产操作岗位的生产操作、技术、质量管理等方面所作的进一步详细要求。岗位标准操作规程，是经批准的对某项具体操作所作的书面说明，它是组成岗位操作法的基础单元。

岗位操作法的要素包括生产操作方法和要点、重点操作的复核、复查、中间产品质量标准及控制，安全和劳动保护，设备维修、清洗、异常情况处理和报告，工艺卫生和环境卫生等。

（2）标准操作规程　标准操作规程的要素包括题目、编号、制定人及指定日期、审核人及审核日期、批准人及批准日期、颁发部门、生效日期、分发部门、标题及正文。

4. 安全技术操作规程要素

制定安全技术操作规程，即制定每一个岗位生产工序的技术操作要求及安全操作设备要求，其目的是制定防止加工生产过程中发生工伤事故的具体措施。

5. 生产岗位操作规程要素

生产岗位操作规程要素是操作方法和要点，重点操作的复核、复查，中间产品质量标准及控制，安全和劳动保护，设备维修、清洗，异常情况处理和报告，工艺卫生和环境卫生等。

在新工艺、新技术、新设备、新材料、新产品投产前要按新的岗位操作规程对岗位作业人员和有关人员进行专门教育，待考试合格后，方能进行独立作业。

二、糖果生产工艺设计

要进行糖果生产工艺设计首先要了解糖果工艺规程，并按其规程来操作。那么糖果工艺规程的内容有哪些呢？糖果工艺规程就是规定生产一定数量糖果产品所需要原辅材料和包装物的数量、质量即经常所讲的生产配方以及工艺条件、工艺流程、操作要领、包括生产过程质量控制的文件；是对产品设计、配方、工艺、标准、质量监控以及生产和包装全面规定性描述；是糖果生产管理和质量管理监控的基准性文件。

（一）糖果生产工艺规程的作用

糖果生产工艺规程简称工艺规程，是规定糖果生产工艺过程和操作方法等的工艺文件。它是在具体的生产条件下，将最合理或较合理的工艺过程和操作方法，按规定的形式制成工艺文本，经审批后用来指导生产并严格贯彻执行的指导性文件。一般包括以下内容生产配方、工艺流程、各工段和各个工序所采用的工艺装备及操作规程、明确生产工艺的主要技术参数和操作要领。

工艺规程有以下几方面的作用。

（1）工艺规程是指导生产的主要技术文件　合理的工艺规程是在总结生产实践的基础上，依据工艺理论和工艺实验制定的。它体现了一个企业或部门的集体智慧。因此，严格按工艺规程组织生产是保证产品质量、提高生产效率的前提。实践证明，不按科学的工艺进行生产，往往会引起产品质量的严重下降，生产效率显著降低，甚至使生产陷入混乱。

（2）工艺规程是生产组织管理工作、计划工作的依据　由工艺规程所涉及的内容可以看出，在生产管理中，产品投产前原材料及包装物供应、生产设备、作业计划的编排、劳动力的组织以及生产成本的核算等，都是以工艺规程作为依据的。

（3）工艺规程是新建或改建工厂或车间的基本资料　在新建、扩建或改造工厂或车间时，只有依据工艺规程和生产纲领，才能正确地确定生产所需要的原辅材料、包装物和生产设备的种类、规格和数量；确定车间面积、生产设备的布置、生产流程的确定和生产工人的工种、等级和数量及辅助部门的安排等。

（二）糖果工艺规程设计原则

（1）食品安全第一的原则，工艺规程设计首先要以服从食品安全质量要求为前提，产品质量要达到国家颁布的质量标准。严禁使用国家明令禁止的一切物料，必须符合 QS（质量标准）质量体系认证要求。

（2）工艺规程设计与环境保护同步的原则。

（3）工艺规程设计必须建立在小试、中试、详尽、准确的工艺技术参数基础之上。

（4）编制工艺规程应以保证原辅材料、包装物的质量达到设计规定的各项技术要求为前提，并熟悉其主要性能和质量技术标准，在设计的产品中所起的作用及其添加量的范围。

（5）在保证加工全过程质量的基础上，应使工艺过程有较高的生产效率和较低的成本。

（6）充分考虑和利用现有生产条件和当地的资源，尽可能做到均衡生产。

（7）尽量分开人物流，避免人流和物流的重复、迂回，尽可能减轻工人劳动强度，保证安全生产，创造良好、文明劳动条件。

（8）积极采用先进技术和工艺，力争减少材料和能源消耗，并应符合环境保护要求。

（9）充分挖掘和利用成熟的工艺技术和设备，明确安全质量关键点的控制。

（10）必须考虑生产和环境所具备的工作条件。

（三）工艺规程要领及形式

1. 工艺规程编制基本要领

（1）从本企业实际情况出发，充分利用最新的工艺技术与国内外先进方法。

（2）必须按本企业现有生产设备、生产线制定工艺规程。

（3）有利于工艺卫生，文明生产和安全生产。

（4）有利于产品质量的提高。

（5）有利于缩短工艺周期，降低工艺费用和生产成本。

（6）文字简明扼要，易懂、易记，工艺技术参数要准确无误。

（7）工艺规程应定期或不定期进行审订、修正。

2. 工艺规程形式

工艺规程的形式与生产类型及工艺复杂程度有着密切的关系，企业大多采用如下两种。

（1）工艺卡片　按每种产品加工工艺的每道工序编制，载明产品在整个工艺过程的工种、工序及各种操作。

（2）工序卡片　按产品的每道工序编制详细的操作规程，并附产品配方和操作方法、注意事项等。

这两种形式应根据不同产品的工艺要求加以采用，也可同时采用。

（四）糖果工艺规程编制探讨

1. 合理工艺途径的选择

食品工业产品的生产是在保证产品卫生安全和质量的前提下，本着经济合理的原则，可以采用不同装备水准的工艺技术，通过多种工艺途径的比较和选择，追求投入产出比最大化进行综合决策。根据经济性选择工艺途径，对不同工艺途径进行经济分析，选择工艺费用较低的工艺途径。

常用的选择方法是工艺成本分析法。采用此方法无需分析产品全部成本项目，而只要分析与工艺过程直接有关的成本费用，即工艺成本。对那些与工艺过程有关但在任何一种比较方案中其本身数值不变的费用，可不计入工艺成本之内。

在糖果生产中，工艺成本费用由可变费用和不变费用组成。前者是指与产品产量成比例变动的费用，用 V 表示。如原辅材料消耗费用、包装物消耗费用、能源水、电、汽消耗费用等；后者是指与产品产量不成比例变动的固定费用，用 C 表示。如员工工资、固定资产折旧费、车间管理费、设备维修费等。

现以硬质糖果为例加以说明：

硬质糖果工艺除包装外，生产工艺大体分溶糖熬煮和成形两大部分。溶糖熬煮工艺分为常压熬煮、真空熬煮、真空连续熬煮、薄膜真空熬煮。

如果只设计硬质糖果产品一种工艺途径，年产量为 N，单位产品成本为 S，单位产品可变成本为 V，总不变费用（固定成本）为 C，假设 S_Y 为全年工艺成本，那么如果设计硬质糖果产品两种工艺途径，年产量仍为 N，那么：

单位产品成本为：

$$S = V + C/N$$

全年工艺成本为：

$$S_Y = N \times V + C$$

两种工艺途径的全年工艺成本分别为：

$$S_{Y1} = N \times V_1 + C_1 \text{ 和 } S_{Y2} = N \times V_2 + C_2$$

假设：$S_{Y1} = S_{Y2}$ 时的产量为 N_L，则有：

$$N_L = \frac{C_1 - C_2}{V_2 - V_1} = \frac{\Delta C_{12}}{\Delta V_{21}}$$

式中　N_L——临界产量

从图 1-9 可知，当计划年产量 $N < N_L$ 时，选用第一工艺途径是合理的；而当 $N > N_L$ 时，则应选用第二工艺途径是合理的。

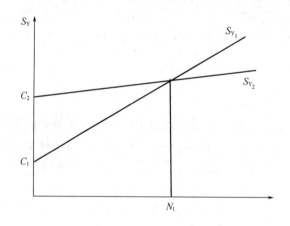

图 1-9　生产成本图

从食品卫生安全角度出发，从工业连续化生产发展趋势出发，从节约能源、降低能耗出发，从有效提高劳动生产率降低生产成本出发，提倡采用真空连续熬煮和薄膜真空熬煮较为先进的两种工艺途经。但是也有例外，要制造松脆性带焦香味的硬糖，那应选择明火熬煮工艺，如奶油花生硬糖。不过不宜用碳火来熬煮，而是采用蒸汽加热的夹层锅或采用导热油加热熬煮。

2. 糖果工艺规程编制样本及内容

（1）产品开发背景　市场调研结果：产品定位、消费对象、市场前景。

（2）产品主要特点　原料、风味、质构、造形、功能、工艺、价位等。

（3）生产配方及依据　每 100kg 成品所需耗用的各种原辅材料和包装物的数量。

（4）工艺流程与操作要点　①工艺流程；②操作要领；③质量控制点。

（5）设备及布置　①设备工艺流程图；②设备车间布置图；③主要设备技

术参数及设备名称、型号、生产能力。

（6）产品企业标准　卫生标准、质量标准（感官、理化指标）及检测分析方法。

（7）劳动组织、岗位定员、工时定额、生产周期　工作岗位的设置、岗位人数及要求、工时定额标准、吨位工资含量、产品完成耗时。

（8）主要技术经济指标　①产量：生产成品数/每班×8h；②原料消耗指标：每100kg成品所需消耗各种原辅材料和包装物的数量；③出率：每吨成品扣除包装物总质量后除以所消耗的原辅料干物质总质量；④成品率：成品率是指投入生产的理论产量与成品入库数之比。

$$成品率 = \frac{成品入库数}{理论产量（废次品均不计成品入库数量）} \times 100\%$$

（9）工艺规程编制人、审批人及编制、审批日期　未经企业主要技术负责人审批不能作为正式技术文件存档，不能作为生产、技术、质量、财务的基准性文件。

三、糖果新产品开发及配方设计

糖果新产品的研制开发，是强化糖果企业的生存与发展能力，是提高企业经济效益的根本出路，是提升我国糖果工业整体素质的重要关键。作为糖果行业的从业人员，尤其是技术人员，更应该认真对待这一工作。

（一）糖果新产品开发

如何研制开发糖果新产品呢？首先要根据市场分析研究和国内外同行业发展情况及新产品研发动态，结合本企业实际，按照新产品研制程序进行立项，编写好新产品设计任务书。一旦批准立项并纳入开发计划，就应该按新产品研制程序做好技术设计和标准设计，制定好新产品试制的具体方案和各项配套工作。

1. 新产品的研制趋向

世界糖果的发展趋向，正朝着"甜度低度化、风味个性化、功能多样化、包装精美化"挺进。糖果的风味必须由良好的"色、香、味"三大基本要素构成，而这三个要素又离不开物料的组成和糖果制造的工艺技术条件。

在糖果研制过程中，首先要掌握四点。

（1）要正确掌握糖果组成物料的性能及其相互关系，以及香味料与它们调配效果。

（2）香气要和口味协调一致，最好要相互衬托、优势互补、效果相成。

（3）香气和口味配合要把握好层次，分清主次。

（4）要正确掌握各种糖果的质构特征，以及香味料在不同类型糖果中的分散性和释放性。

糖果风味的形成既然离不开糖果组成物料和制造工艺条件，那么，在制造或研发新产品时，应该首先设计好生产配方，然后在此基础上筛选、确定合理的工艺条件，选择相适应的加工设备。在糖果生产配方方面，选择物料时应跳出原有的原辅材料圈子，大胆选用新材料。现在一些糖果企业为了适应人们对糖果"低甜度、低热量、低脂肪"的要求，已经应用低聚糖糖浆、多元糖醇等制造各类糖果，构成了风味不同一般糖果的新型糖果。其实，有的糖果新品只需要在现有的产品上略加改造，或举一反三，就可以派生出自成系列的新产品。如果把糖果的风味和功能有机结合起来，深度挖掘我国中草药宝库，将国家规定可食用的中草药加以筛选，应用到糖果上，那是大有作为的。在研发风味糖果的时候，则可以采用逆向思维的方法去考虑，即可将与糖果甜度呈反差物料，如有刺激强的辛辣料——麻辣原油或浆体、芥末原油或浆体经加工成为夹芯硬糖和其他糖果的芯料，当喜食辛辣味的人们品尝时，先甜后辣，后味强劲，这种糖果必将受到那些讲究时尚、追求刺激的消费者的青睐。

2. 新产品的研制方法与途径

按照糖果新产品研制的趋势来看，人们需求的糖果将是低热、低甜、功能性、保健性、风味型的品种。糖果将会是一种全新的概念，即复合型糖果将会成为糖果发展的主流。所谓"复合型"糖果，包括巧克力在内，将会一改过去单一制造工艺、单一口味的历史。随着科技进步，糖果加工技术及糖果相关的边缘学科技术的发展成熟，糖果工艺之间相互渗透，相互结合，派生出新的品种，甚至于糖果工艺技术和其他食品工艺及相关产业技术的嫁接、移植，衍生出新的产品。这些产品将在传统糖果的风味和质构上有较大的突破，糖果的功能性、保健性、休闲性等品位也将会有很大的提高。

3. 如何开发糖果新产品

开发新产品必须以市场为导向，以科技为龙头，以信息为课题，以激励机制为动力，以本地资源为优势，借他山之石攻玉，采取嫁接、移植、结合、交叉等多种手法，实行超前性、深化性、储备性的产品开发。要开发出市场适销对路，一时难以仿造伪造的高技术含量、高附加值的产品和拥有自主知识产权的产品。这样就可以增强产品参与大流通的竞争能力，掌握企业发展的主动权。

（1）以市场为导向 开发新产品首先应该始终把市场作为"航标灯"，把销售作为"导向仪"，进行市场需求类型的分析研究，实行超前性开发。制订产品开发计划要赶在市场变化之前。根据人们对食品需求的客观趋势，进行市场调研，搜集大量信息，收集大量具有强大购买潜力的新品。经过整理、分析、研究，做出正确的预测，制订切实可行的开发计划。计划一旦确定，实施要快，投放市场的切入点要准确，要适时。

（2）以科技为龙头　科技是开发新产品的第一生产力，在选定市场目标的基础上，实行深化性和储备性开发。要选用当今世界最新科技成果——新工艺、新设备、新材料，利用科技手段，有计划有步骤地进行工艺技术改造和创新。在产品的品质内涵上求提高，外延上求突破；在糖果营养性、功能性、保健性、天然性、休闲性等深层次上狠下功夫，使原有产品"推陈出新"，升级换代，提高档次。产品开发要逐步形成生产一代、储备一代、构思一代的良性循环，让企业充满活力。

（3）以信息为课题　在开发新产品过程中，应把科技和商业信息作为第二资源加以挖掘利用。因为其中蕴藏着极为丰富的科研成果、商业情报和极有价值的先进经验。将其挖掘利用就可能以最便捷的方法、最少量的资金，嫁接或移植出新的产品和品种，就可能以最快的速度、最小的代价，缩小同先进企业、先进地区、先进国家的差距。处于迅猛发展的信息时代，我们更应该利用现代化手段，搜索国内外糖果产品开发方面有价值的科技信息，并将其转化为经济效益。

（4）以激励机制为动力　新产品开发中不能忽视"人是生产力诸因素中的第一要素"。这样，既能自行培养一支员工队伍，这支队伍具有现代科技知识、有研制开发能力、有糖果生产技能、善于宣传推广新产品，又能使新产品如有源之水永不枯竭。在新产品开发时，既要注重科技、工程技术人员的作用，也不能忽视在销售人员的贡献，科研成果和新产品只有通过有效的销售方能体现出价值。在新品奖励兑现时，不仅要敢于重奖科研开发人员，同时要对提供销售信息的有功人员给予奖励。在新品开发订计划、立课题、配人员的时候应该鼓励销售人员积极参与。倾听销售人员对新品开发的意见与建议，使新品开发做到有的放矢，百发百中。既要开发新产品，就应该为技术人员提供相应的研发条件，条件好的企业最好设立产品研发中心，鼓励他们加强与国内外同行的学术交流，不断提高新产品开发能力。

（5）以本地资源为优势，借他山之石攻玉　新产品开发时要因地制宜，就地取材，充分发挥本地的各种资源优势。尤其应该充分挖掘、利用中华医学"食疗"这一传统资源，充分挖掘中华民族的传统产品，不断提高品位，形成地方性、区域性特色产品。在充分利用本地资源、就地取材时，应采取"嫁接、移植、结合、交叉"的方法，将两种或几种有地方特色的食品结合起来，延伸或派生出"新、奇、特"的糖果来。

4. 样品研制程序

新产品研制程序大体上是：市场调研→新品设计方案→纳入计划→实施方案论证→试制样品→样品及方案鉴定评价→调整修正→规范成文→批量生产。

简述如下。

（1）设计计划　新产品开发包括新产品的开发设计、研制和老产品的更新、改良。新产品开发首先要编制产品设计任务书，主要阐明产品设计的理由和必要性，明确产品开发的方向。主要内容包括产品开发目的、市场定位即产品消费对象、市场预测、研发手段及所需资金估算等，这些将是新产品研制各阶段工作的主要依据。

（2）方案论证　新产品开发必须制定具体研制方案和财务预算，同时必须进行可行性分析和总的技术评价，并报有关部门审批、备案。新产品开发试制应根据方案要求，对产品的配方、质量标准、工艺规程、技术经济指标等进行初步设计、试验、并反复进行论证、评价。有条件的企业应在实验室先进行小试、中试，以获取相对可靠的数据，为放大样试制样品做好前期准备工作。

（3）试样及鉴定　在设计试验的基础上，准备好原辅材料、包装物并组织好参加试样实际操作的有关人员，并进行认真的技术交底工作和与试样相关的衔接工作。设计、试验、试样的所有原始记录必须完整，工艺数据准确，记录清晰；新产品的技术文件（包括生产配方、工艺流程、操作规程、质量控制、企业标准等）应编写成文，拿出初稿。试制样品后，在条件成熟时应组织鉴定。

（4）调整与规范　根据试验、试样和鉴定的情况对新产品的生产配方、工艺流程、操作规程、质量控制和企业标准进行再一次的审核并作必要的调整和修正，最好在此基础上再进行一次试样直至达到设计要求为止。新产品的技术文件（包括生产配方、工艺流程、操作规程、质量标准、企业标准等）正式编写成文，由技术负责人审批后归档，作为今后生产、技术、质量、财务等管理工作执行与考核的规范性基准文件。

（二）糖果配方的设计原则

糖果配方的设计原则是产品制造前后物料的平衡、糖果各物料的基本组成、工艺要求、加工方式、原料品种及质量、产品的市场定位和产品质量标准等要求。本项目侧重讲述物料平衡，各种物料的组成、工艺途径的选择和市场定位及成本控制。

设计糖果配方时，应做好两个平衡：一是干固物的平衡，二是还原糖的平衡。

1. 物料平衡原则

（1）物料平衡　根据物质不灭定律，在制造硬糖过程中，配方内各种物料干固物的总和应该等于物料及在加工过程耗损掉的干固物的总和。这种平衡关系变成平衡式为：

$$m_A + m_B + m_C + \cdots\cdots = m_K + m_W$$

式中　m_A——A 原料的干固物质量（即 A 原料质量×干固物的百分浓度）

　　　　m_B——B 原料的干固物质量（即 B 原料质量×干固物的百分浓度）

　　　　m_C——C 原料的干固物质量（即 C 原料质量×干固物的百分浓度）

需要注意的是：各种原料的干固物百分浓度必须事先经测定和了解。成品的百分浓度（水分残留量）也要经测定掌握了解。损耗干固物经几次实际测定求得平均损耗率。成品质量乘以平均损耗率即得损耗干固物质量。这是作为成本考核的主要指标之一。

（2）还原糖的平衡　另一种平衡，就是制造前各种物料的还原糖总和，加上物料在加工过程中发生化学变化后产生的还原糖量，应该等于成品中含有还原糖的总和。

用平衡式表示即为：

$$m_A + m_B + m_C = m_D$$

式中　m_A——A 原料中还原糖质量（即 A 原料质量×A 原料含有还原糖%）

　　　　m_B——B 原料中还原糖质量（即 B 原料质量×B 原料含有还原糖%）

　　　　m_C——整个生产过程中生成的还原糖质量

　　　　m_D——成品还原糖质量［即成品总质量×成品含有还原糖百分率%，如

　　　　　　　　m_A、m_B、m_D 都已知道，$m_D - (m_A + m_B)$ 即为 m_C］

硬糖配料时应考虑蔗糖与抗结晶物质的比例，必须考虑到硬糖制品最终还原糖总量应控制在12%～20%范围内，一般理论设计是取中间值16%。生产实践表明，如能将糖液的总酸值控制在 pH 为6以上，则真空熬糖过程产生的还原糖一般不超过2%；而直接火熬糖过程产生的还原糖一般超过4%。因此配料时加入还原糖应控制在10%～11%。

2. 产品质量标准及还原糖水分的控制原则

产品质量标准既是产品设计的出发点又是产品最终的着落点。还原糖应控制配料中的投入量和熬煮过程中的转化生成量。从长期生产实践经验得知，常压熬煮还原糖的转化生成量一般高达4%以上，而真空熬煮还原糖的转化生成量一般只有1%左右。在确定配方和工艺时就应该考虑这一因素。成品水分的控制最好通过两个途径，不能单靠熬煮温度，而应该结合减压抽真空的办法来控制成品的水分含量。真空度达 0.933MPa 时，熬煮温度可降低十几度，这不但能节约能源，而且对成品的品质有百利而无一害。

3. 市场的定位及成本核算控制范围的原则

市场定位是糖果市场竞争中首先要解决的战略之一。市场定位准确与否，是决定新产品是否能开发成功的先决条件。产品配方设计时一定要考虑性价比，只有合理的才是最好的。市场的定位是决定企业经营方向，实现企业经营战略目标，实施经营战略重点和战略规划首先要解决好的问题。

新产品成本计算及价格测算方法有很多种。从糖果生产企业实际出发，可以采用预先制定目标价格，产品价格设定要倒推，零售价格定多少才有竞争力，通路利润留多少才有更大的优势，最后预定新产品的生产成本上限不能超过多少。并将新产品的预定生产成本目标分解成各成本项目的目标成本，新产品在设计时就以各目标成本为依据，设计配方、制定工艺流程、计算生产费用等。按这个成本上限研发出符合要求的产品，还要对新产品的销量、利润作初步预估，对研发费用作初步预算。按照销量预估费用，要进行新产品盈亏平衡点的计算，测算企业在这个新品上多长时间、销售量达到多大量才能实现损益平衡，产品最终可否盈利，利润率有多少。

另外一种方法就是一般企业日常应用的方法，即企业根据生产特点和成本管理的要求，确定成本核算对象，汇集生产费用，计算产品的生产成本，包括总成本和单位成本。企业计算产品生产成本，一般应当设置原材料、燃料和动力、工资及福利费、车间经费、企业管理费5个成本项目。

原材料：包括构成产品实体的原料、主要材料以及有助于产品形成的辅助材料。

燃料和动力：包括直接用于产品生产的外购和自制的燃料和动力。

工资及福利费：包括直接参加产品生产的工人工资以及按规定计算提取的职工福利费。按规定计入成本的原材料和燃料节约奖，也包括在本项目内。

车间经费：包括生产车间为管理和组织本车间生产所发生的各项费用。

企业管理费：包括厂部为管理和组织全厂生产所发生的各项费用。

食品工业企业大多采用品种法来进行成本计算，主要适用于大量大批的单步骤生产和大量大批的封闭式多步骤生产或按流水线组织的多步骤生产企业。

新产品的成本控制是一项系统工程，一旦产品配方确定后，需要考虑生产过程各个工序、工段及各种因素可能对其带来的影响，必要时应该做出相应的调整，其中包括配方。

（三）糖果配方的设计基础

1. 熟悉原料的性能、用途以及相关背景

每种原料都有其各自的特点，只有熟悉它，了解它，才能用好它。在不同的配方里，根据不同的性能指标的要求，选择不同的原料十分重要。例如，不同种类的淀粉作为凝固剂：①可溶性淀粉，适宜制作糖衣型糖果等；②交联淀粉，常用于棉花糖制作等；③氧化变性淀粉，常用于制作柔嫩的胶冻型糖果。

2. 熟悉食品添加剂的特点及使用方法

食品添加剂是食品生产中应用最广泛、最具有创造力的一个领域，它对食品工业的发展具有举足轻重的作用，被誉为食品工业的灵魂。

　　了解食品添加剂的各种特性，包括复配性、安全性、稳定性（耐热性、耐光性、耐微生物性、抗降解性）、溶解性等，对糖果配方设计来说，是重要的事情。不同的加工方法产生不同的性能，例如，氢化椰子油是将椰子油的不饱和脂肪酸加氢处理得到的，前者比后者具有更多的优点。利用食品添加剂的复配性能可以增效或派生出一些新的效用，这对降低食品添加剂的用量、降低成本、改善食品品质、提高安全性等有着重要的意义。

3. 熟悉设备和工艺特点

　　熟悉设备和工艺特点，对配方设计是有百利而无一害；只有如此，才能发挥配方的最佳效果，才是一项真正的成熟技术。比方说加压溶化锅和真空浓缩设备、夹层锅熬煮和微电脑控制真空熬煮、三维混合和捏合混合等，不同的设备导致不同的工艺与配方。

4. 积累工艺经验

　　不多叙述，重视工艺，重视加工工艺经验的积累。就好比一道好菜，配料固然重要，可厨师的炒菜火候同样重要。一样的配方，不一样的工艺，出来的产品质量相差天壤之别，这需要进行总结、提炼。

5. 熟悉实验方法及测试方法

　　配方研究中常用的实验方法有单因素优选法、多因素变换优选法、平均试验法以及正交试验法。一个合格的配方设计人员必须熟悉实验方法和测试方法，这样才能使他不至于在做完实验后，面对一堆实验数据而无所适从。

6. 熟练查阅各种文献资料

　　现在网络十分发达，一般都可以找到所需资料。通过检索、收集资料，配制原料比例，经感官评定调整后设计出产品配方。

7. 多做试验，学会总结

　　仅有理论知识，没有具体的实验经验，是做不出好的产品来的。学会总结每次实验的数据和经验。善于总结每次的实验数据，找出它们的规律来，可以指导实验，取到事半功倍的效果。

8. 进行资源整合

　　配方设计人员应把配方设计当成一个系统的过程来考虑，设计不仅仅是设计本身，而是需要考虑与设计相关的任何可以促进发展的因素。

　　（四）糖果配方的设计步骤

　　糖果配方设计一般分为 7 个步骤。

1. 主体骨架设计

　　主体骨架设计主要是主体原料的选择和配制，形成糖果最初的档次和形态。这是糖果配方设计的基础，对整个配方的设计起着导向作用。

主体原料能够根据各种糖果的类别和要求，赋予产品基础架构的主要成分，体现糖果的性质和功用。配方设计就是把主体原料和各种辅料配合在一起，组成一个多组分的体系，其中每一个组分都起到一定的作用。

在实际设计过程中，对主体原料的量化通常采用倒推法，先设定主体原料的添加量，在此基础上确定其他辅料的添加量，对于主体原料在糖果中所占的具体比例，要在最终配方设计完成才能确定，其中对主体原料量化的关键是处理好主体原料与辅料的比例问题。

2. 调色设计

调色设计是糖果配方设计的重要组成部分之一。在糖果调色中，糖果的着色、保色、发色、褪色是食品加工者重点研究内容。

调色设计与糖果的加工制造工艺和贮运条件密切相关，并受到消费者的嗜好、情绪、传统习惯等主观因素，以及光线、环境等客观环境因素的影响。所以，对调色设计要注意以下几点：使用符合相关规定的着色剂；根据糖果的物性和加工工艺选择适当的食用着色剂；根据糖果的形态，选择适当的添加形式；根据糖果的销售地区和民族习惯，选择适当的拼色形式和颜色；糖果的调色方法要严格按照国家对着色剂的规定进行；控制糖果加工工艺。

3. 调香设计

调香设计是糖果配方设计的重要组成部分之一，其是将芳香物质相互搭配在一起，由于各呈香成分的挥发性不同而呈阶段性挥发，香气类型不断变换，有次序地刺激嗅觉神经，使其处于兴奋状态，避免产生嗅觉疲劳，让人们长久地感受到香气美妙之所在。糖果的调香设计就是根据各种香精、香料的特点结合味觉嗅觉现象，取得香气和风味之间的平衡，以寻求各种香气、香料之间的和谐美。

香气是由多种挥发性的香味物质组成，各种香味的发生与食品中存在的挥发性物质的某些基因有密切关系。糖果的调香不仅要有效、适当的运用食用香精的添加技术，更要掌握糖果加工制造和熬制生香的技术。食用香料的使用要点如下：要明确使用香料的目的；香料的用量要适当；食品的香气和味感要协调一致；要注意香料对食品色泽产生的影响；使用香料的香气不能过于新异。

4. 调味设计

调味设计，就是在糖果生产过程中，通过原料和调味品的科学配制，产生人们喜欢的滋味。调味设计过程及味的整体效果与所选用的原料有重要的关系，还与原料的搭配和加工工艺有关。

在调味设计过程中要掌握调味设计的规律；掌握味的增效、味的相乘、味的掩盖、味的转化及味的相互作用；掌握原料的特性，选择最佳时机，运用适合的调味方法，除去异味，突出正味，增进糖果香气和美味，才能调制出口味俱多、色泽鲜艳、质地优良、营养卫生的风味。

在实际的糖果调味设计中，首先要确定调味品的主体香味轮廓，根据原有辅料的香味强度，并考虑加工过程中产生鲜味的因素，在成本范围内确定相应的使用量；其次还要确定香料组合的香味平衡，一般来说，主体香味越淡，需要的香料越少，并根据香味强度、浓淡程度对主体香味修饰。

调味是一项非常精细而微妙的工作，除必须了解调味与调料的性质、关系、变化和组合，调味的程序及各种调味方式和调料的使用时间外，调味设计要力求使糖果调味做到"浓而不腻"，味要浓厚，不可油腻，既要突出本味，又要除掉原料的异味，还要保持和增强原料的美味，达到树正味，添滋味，广口味的效果。

5. 品质改良设计

品质改良是在主体骨架的基础上，为改变糖果质构进行的品质改良设计。品质改良设计是通过食品添加剂的复配作用，赋予食品一定的形态和质构，满足糖果加工的品质和工艺性能要求。

糖果的品质改良设计是在主体骨架设计的基础上进行的设计，目的是改变糖果的质构。糖果质构是糖果除了色、香、味之外另一种重要的性质，它是在糖果加工中很难控制的因素，也是决定糖果档次的最重要的关键指标之一，它与糖果的基本成分、组织结构和温度有关，食品糖果是食品品评的重要方面。

食品品质改良设计是通过生产工艺进行改良；再有是通过配方设计进行改良，这是食品配方设计的主要内容之一，食品品质改良设计的主要方式主要有增稠设计、乳化设计、水分保持设计、膨松设计、催化设计、氧化设计、抗结设计、消泡设计等。

6. 防腐保鲜设计

配方设计在经过主体骨架设计、品质改良设计、色香味设计等之后，整个产品就形成了，色、香、味、形都有了。但是，这样的产品可能保质期短，不能实现经济效益最大化，因此，还需要进行保质设计——防腐保鲜设计。

糖果在物理、生物化学和有害微生物等因素的作用下，可失去固有的色、香、味、形而腐烂变质。这些引起糖果腐败变质的因素主要分为内在因素和外在因素，根据这项因素常采用的防腐保鲜方法：低温保藏技术、干制保藏技术、添加防腐剂、罐藏保藏技术、包装技术（真空包装、气调包装、抗菌包装等）、辐照保藏技术、超声波技术等。有害微生物的作用是导致食品腐烂变质的主要因素。通常将蛋白质的变质称为腐败，碳水化合物的变质称为发酵，脂类的变质称为酸败。前两种都是微生物作用的结果。

防腐和保鲜是两个有区别而又互相关联的概念。防腐是针对有害微生物的，保鲜是针对食品本身品质。研究人员认为，没有任何一种单一的防腐保鲜措施是完美无缺的，必须采用综合防腐保鲜技术，主要的理论依据有栅栏技术、良好操作规范、卫生标准操作程序、危害分析与关键点控制、预测微生物学、食品可追溯体系及其他方面等。

7. 功能性设计

功能性设计是在食品的基本功能的基础上附加的特定功能，成为功能性食品。按其科技含量分量，第一代产品主要是强化食品，第二代、第三代产品称为保健食品。

强化食品在制作过程中应注意营养卫生、经济效益等多种因素，并结合各个国家和地区的具体情况进行食品强化。营养强化的方法主要有：在原料或必需的食物中添加；在加工过程中添加；在加工最后的一道工序中加入。营养强化应遵循的原则：严格执行规定；针对需要；营养均衡与易吸收性；工艺合理性；经济合理；保持食品原有的风味；注意营养强化剂的保留率。

许多营养强化剂易受光、热、氧气等影响而不稳定，在加工过程及贮藏过程中会造成一定数量的损失。因此，在计算强化剂添加数量时，需要将损失的量一并计算在内。最好选择性质稳定的强化剂或添加一些营养强化剂的稳定剂或改进加工、贮藏的方法，尽可能减少强化剂的损失。

思考题

1. 总结硬糖配方设计的原则是什么。
2. 简述生产工艺规程的作用。
3. 简述在糖果研发中市场调查的意义。
4. 凝胶糖果的主体骨架是什么？
5. 哪些糖果需要进行防腐处理？
6. 糖果研发中针对调味需要考虑哪些因素？
7. 糖果研发中针对调香需要考虑哪些因素？
8. 糖果研发中针对调色需要考虑哪些因素？

项目四 糖果的包装

一、包装相关知识

（一）包装的作用及设计

1. 包装的概念

食品包装起源于人类维持生存的食物储存的需要。在古代运用的包装材料有植物叶、果壳、兽皮、动物膀胱、贝壳、龟壳等，应用这些材料制成的包装容器有袋、盒、罐、瓶等。食品包装随着社会的发展不断发展，随着世界经济的一体化的深入，全球贸易的逐步发展，包装在社会生活中的地位和作用越来越重要。

关于包装的论述，各国不尽相同。我国 GB/T 4122.1—2008《包装术语第 1 部分：基础》将包装定义为："为在流通过程中保护产品、方便储运，促进销售，按一定技术方法而采用的容器、材料及辅助物品的总体名称。也指为达到上述目的而采用容器、材料和辅助物的过程中施加一定技术方法等的操作活动。"

食品包装的内涵丰富，一般来说，糖果等商品包装应该包括商标或品牌、形状、颜色、图案和材料等要素。

（1）商标或品牌　商标或品牌是包装中最主要的构成要素，应在包装整体上占据突出的位置。

（2）包装形状　适宜的包装形状有利于储运和陈列，也有利于产品销售，因此，形状是包装中不可缺少的组合要素。

（3）包装颜色　颜色是包装中最具刺激销售作用的构成元素。突出商品特性的色调组合，不仅能够加强品牌特征，而且对顾客有强烈的感召力。

（4）包装图案　图案在包装中如同广告中的画面，其重要性、不可或缺性不言而喻。

（5）包装材料的选择　包装材料的选择不仅影响包装成本，而且也影响这商品的市场竞争力。

（6）产品标签　在标签上一般都印有包装内容和产品所包含的主要成分、品牌标志、产品质量等级、产品厂家、生产日期和有效期、使用方法。

2. 包装的作用

（1）保护功能　保护产品是包装最基本、最重要的功能，即使商品不受各种外力的损坏。一件商品，要经多次流通，才能走进商场或其它场所，最终到消费者手中，这期间，需要经过装卸、运输、库存、陈列、销售等环节。在储运过程中，很多外因，如撞击、潮湿、光线、气体、细菌等因素，都会威胁到产品的安全，可能使其变形、损害和变质等。

不同的食品和流通环境对包装保护作用的具体要求不同。例如，硬糖受环境湿度影响显著，因存放环境湿度大易引起硬糖发烊，要求包装密封性好，低湿。巧克力对贮存温度有着严格的要求，油脂含量高，极易氧化变质，要求包装必须阻氧、阻光，低温保存。因此，应根据产品的定位、产品的特性及其防护要求来合理选择包装材料、容器及方法，以实现良好的保护性能，有效地延长食品的货架期。

（2）方便贮运　所谓方便就是商品的包装是否便于使用、携运、存放等。一些商品，比如液态、气态及粉末状产品，不经过包装是不可能销售、贮藏和流通的。同时包装的存在，才使得食品的大规模长途运输成为可能，才使食品的大规模生产得以持续和发展。对于糖果、巧克力而言，由于其在卫生和安全方面的特殊性，合理的包装就显得尤为重要。此外，包装也使食品的交接、点验更方便快捷。

（3）促进销售　以前，人们常说"酒香不怕巷子深""一等产品、二等包装、三等价格"，只要产品质量好，就不愁卖不出去。在市场竞争日益强烈的今天，包装的作用与重要性也为厂商深谙。精美的包装，能直接吸引消费者的视线，让消费者产生强烈的购买欲，从而达到促销的目的。随着市场竞争由商品内在品质、价格、成本竞争转向品牌竞争，包装形象对企业品牌和形象的树立起着越来越重要的作用。包装的好坏直接体现了企业的水准和文化底蕴，而在产品的展示与消费过程中，通过包装将这些信息不断呈现在消费者面前，从而更直接、更生动、更广泛地将企业形象宣传给消费者，对树立企业形象和品牌起到积极的作用。

（4）增加产品附加值　包装是商品生产的延续，包装的价值将在商品价格中得到体现和补偿。不仅如此，包装还通过塑造品牌形象创造巨大而无形的品牌价值。当代市场经济倡导品牌战略，同类商品是否名牌其价格差别很大；品牌本身不具有商品属性，但可以被拍卖，通过赋予它的价格而取得商品形式，而品牌转化为商品的过程可能给企业带来巨大的直接或潜在的经济效益。

3. 包装设计

包装各种作用的实现依附于合理的包装设计。包装设计是指正式生产包装制品前，根据一定目的要求预先制定方案、图样或样品等的操作活动。可以分为技术设计和形象设计两大方面。技术设计主要是解决保护商品、方便储运、利于环保等问题，如确定包装技术方法、选用合适的包装材料、容器和辅助物品等；形象设计主要解决美化商品、传递信息、促进销售等问题，包括商品包装的造型设计、结构设计和装潢设计三部分。此外包装设计还涉及商标标志、广告设计等内容，在现代包装中它们的界限并非泾渭分明，都不同程度地存在着相互渗透的现象。而且包装设计的各方面不是随意堆砌，也不是简单相加，而是相互联系、相互作用的有机结合，只有这样，才能充分发挥包装设计的作用。

（1）设计原则　在此所讲的设计原则主要针对包装的造型设计，对其他方面也有参考价值。包装造型设计应遵循的基本原则有以下几点。

①保护性原则：包装首先应具有保护商品的实用价值，要根据被包装产品特性和储运条件等因素具体考虑使用适当的材料、设计适宜的容器结构和造型

来实现包装的保护作用。如含气饮料、啤酒等由于容器内气体压力高于外界的大气压，内部气体有向外渗透的趋势，因此，包装材料应选用阻气性比较好、抗压材料较高的材料，如玻璃、金属和某些塑料等；在容器结构设计时应考虑密封问题，并且要使容器各点处受力均匀，避免应力集中。

②方便性原则：根据产品的形态、功能、流通情况、贮运要求、用途、销售对象、使用环境等，包装设计应考虑相应的装卸、运输、展示、携带、开启、消费等的便利性，现代包装还要求自动售货方便。例如，对于带有手柄、提环等的容器，应将手柄与提环尽量安排在容器自身体积的空间内，减少装箱的空隙，节约空间，方便运输。

③美学性原则：视觉效果美观是包装设计的最基本原则，也是现代包装设计极为重视的设计要素。包装促进销售的作用很大程度上依赖于包装设计的美学性。包装的美感是通过人的视觉、触觉等体验而表现的。每个人的审美观不同，同时审美意识具有普遍性、国际性、民族性、时代性和社会性。包装设计应力求适应和反映多种美和时代感。

④生产性原则：现代包装容器是以规模化工业生产为主要生产方式的。因此，包装容器造型和结构设计的加工工艺方法必须适应大批量生产的要求。此外，在包装选材、结构设计时还必须考虑包装的经济性，在允许的范围内，减少材料消耗、降低生产成本，使包装的成本与产品相适应。包装造型的多元化、包装设计的美学性与包装设计的生产性要求既矛盾又统一，在具体操作时过分强调任一方面都是不可行的。

⑤创造性原则：包装设计本质上是创造性很强的活动，没有创造性就没有成功的包装设计。创造性是包装设计的突出特征。特别是随着商品市场竞争的日趋激烈、知识产权意识的增强，企业越来越重视包装形象的特征化和个性化表现，包装设计的创造性就显得尤为主要。强调创造性，并不是要求设计者一味追求与众不同。在现有成形设计的基础上进行局部改动也不失为一种好的创新方法。

（2）包装结构设计标注规定　包装设计的结果之一就是包装结构设计图纸，即在平面上用图形、符号等表示结构内容。纸包装容器的设计图通常是以平面展开图为核心表达容器的结构、成形方式的。GB/T 13385—2008《包装图样要求》规定了纸箱、纸盒设计使用的绘图图线及其含义。纸包装平面结构设计图上，尺寸标注只在两个方向进行，即图纸的水平方向和图纸顺时针旋转90°的第一垂直方向。尺寸标注一般只标数字，仅在特殊情况下标尺寸线。

（二）包装的分类

包装分类是按照一定的目的，选择适当的标志，将包装总体逐一划分为若干特征更趋一致的部分，直至分成具有明显特点的最小单元的一种科学方法。商品种类繁多，形态各异、五花八门。所谓内容决定形式，包装也不例外。包装的分类方法也很多，按照其在流通过程中的作用分类，包装可以分为三类。

1. 销售包装

销售包装又称商业包装，具有保护产品、美化宣传产品、促进销售的功能。瓶、罐、盒、袋及其组合包装一般属于销售包装。按照包装和被包装的产品的位置关系可进一步细分。

（1）内包装　直接与产品相接触的包装，也称为小包装，糖果生产常见内包装形式有枕式包装、折叠式包装、扭结式包装、袋式包装、冲压式包装等。

（2）中包装　内包装和外包装之间的中间包装。

（3）外包装　能表达产品形象的放于货架上进行销售的整体包装。

销售包装是直接面向消费的，因此，在设计时要有一个准确的定位，并符合商品的诉求对象，力求简洁大方，方便实用，而又能体现商品性。所以，有的食品可能有以上三种包装，有的食品可能只有外包装和内包装。

2. 贮运包装

贮运包装又称大包装，是以商品的储存或运输为目的的包装。它主要在厂家与分销商、卖场之间流通，便于产品的搬运与计数。主要形式有纸箱、木桶、金属大桶、集装箱等。

3. 军需品包装

军需品包装也可以说是特殊用品包装，由于在设计时很少遇到，所以在这里也不作详细介绍。

（三）糖果常用包装材料及特性

1. 糖果包装材料的选用原则

糖果包装材料是指用于制造包装容器和构成产品包装的材料的总称，包括用于食品包装装潢、容器制造、包装运输等的相关材料，如装潢用的油墨、涂料，制造容器的纸、塑料、金属、玻璃及运输包装的缓冲材料等。包装材料种类繁多、性能各异，因此，能够选用合适的包装材料十分重要。一般而言，包装材料的选用需要遵循以下原则：

（1）对等性原则　食品根据消费对象及场所可划分为高、中、低等多个档次。不同档次的产品，不论产品本质有无区别，包装应当与产品档次相适应，并且通过包装能凸显出产品的档次。这种通过包装材料来体现产品区别的方式称为对等性原则，这是食品包装中必须首先遵循的原则。对于高档产品，本身价格较高，为确保安全流通，就应选用性能优良的包装材料。对于出口商品包装、化妆品包装，虽都不是高档商品，但为了满足消费者的心理需求，往往也需要采用高档包装材料。对于中档产品，除考虑美观外，还要多考虑经济性，其包装材料应与之对等。对于低档产品，一般是指人们消费量最大的一类，则应实惠，着眼于降低包装材料费和包装作业费，方便开箱作业，以经济性为第一考虑因素，可选用低档包装材料。

（2）适应性原则　包装材料是用来包装产品的，产品必须通过流通才能到达消费者手中，而各种产品的流通条件并不相同，包装材料的选用应与流通条件相适应。流通条件包括气候、运输方式、流通对象与流通周期等。气候条件是指包装材料应适应流通区域的温度、湿度、温差等。对于气候条件恶劣的环境，包装材料的选用更需倍加注意。运输方式包括人力、汽车、火车、船舶、飞机等，它们对包装材料的性能要求不尽相同，如温湿条件、震动大小条件大不相同，因此包装材料必须适应各种运输方式的不同要求。流通对象是指包装产品的接受者，由于国家、地区、民族的不同，对包装材料的规格、色彩、图案等均有不同要求，必须使之相适应。流通周期是指商品到达消费者手中的预定期限，有些商品，如食品的保质期很短，有的可以较长，如日用品、服装等，其包装材料都要相应满足这些要求。

（3）协调性原则　包装材料应与该包装所承担的功能相协调。产品的包装一般分个包装、中包装和外包装，它们对产品在流通中的作用各不相同。个包装也称小包装，它直接与商品接触，主要是保护商品的质量，多用软包装材料，如塑料薄膜、纸张、铝箔等。中包装是指将单个商品或个包装组成一个小的整体，它需满足装潢与缓冲双重功能，主要采用纸板、加工纸等半硬性材料，并适应于印刷和装潢等。外包装也称大包装，是集中包装于一体的容器，主要是保护商品在流通中的安全，便于装卸、运输，其包装材料首先应满足防震功能，并兼顾装潢的需要，多采用瓦楞纸板、木板、胶合板等硬性包装材料。

（4）美学性原则　该原则是决定产品能否在市场畅销的重要原则。因为产品的包装是否符合美学，在很大程度上决定一个产品的命运。从包装材料的选用来说，主要是考虑材料的颜色、透明度、挺度、种类等。颜色不同，效果大不一样。当然所用颜色还要符合销售对象的传统习惯。材料透明度好，使人一目了然，心情舒畅。挺度好，给人以美观大方之感，陈列效果好。材料种类不同，其美感差异甚大，如用玻璃纸和蜡纸包装糖果，其效果就大不一样。

在当今国际市场激烈竞争的情况下，商品包装的形状、图案、材料、色彩以及广告，都直接影响商品的销售。从包装的选用来说，主要考虑的因素有：材料的颜色、材料的挺度、材料的透明性以及价格等。

2. 糖果的包装要求

糖果加工原料有蔗糖、淀粉糖浆、巧克力、可可脂、牛乳、淀粉、奶油、凝胶剂等。在贮运和销售过程中，各种糖果受温度、湿度、气体、微生物、异味、机械损失等因素的影响而发生变质。糖果所用原料不同，其防护要求就会存在差异。

一般情况下，糖果、巧克力及其制品对包装材料的要求主要是：高度的阻氧性、阻气性、阻汽性和阻水性，较强的耐油性、保香性、隔热性，较好的防霉性和良好的加工工艺性及印刷装潢性等可装饰性能。此外，经浇注、涂层后的巧克力制品，经冷却隧道后，必须在 1～2min 内包装，否则表面会结露，影响保质期，在实际生产中必须加以注意。

3. 糖果常用包装

（1）纸质包装

①包装形式：

a. 内包装。任何品种糖果都可以选用纸质材料作为内包装，通常采取涂蜡来防潮防粘，其中以奶糖、牛轧糖等品种最为常见。作为糖果内包装使用的纸张应符合 GB/T 5009.78—2003《食品包装用原纸卫生标准的分析方法》，油墨应选择含铅量低的原料，并印在不直接接触糖果的一面。如使用糯米纸作为衬层，则铜含量不得超过 100mg/kg，没有包装纸的糖果及巧克力应采用小包装。

b. 中包装。纸质材料可用于糖果外包装盒，其目的在于将一定量的单粒（片）糖果集中包装，便于售卖。其作用包括彰显品质、增加美感、促进销售等。

c. 外包装。为保护产品、方便储运。

②包装规格：

a. 内包装。依据成品规格和不同的包装要求，纸质包装一般常用以下 4 种形式：

条式包装，常见规格有 53mm×69mm（单片口香糖外层，不拖蜡），如箭牌口香糖。

扭结包装，常见规格有 55mm×95mm、50mm×90mm，如大白兔奶糖。

克头包装，常见规格有 55mm×38mm、72mm×10mm，为牛轧糖等糖果包装常用。

棒状包装，常见规格有 53mm×69mm，多为内外两层，配合锡箔纸包装使用。

b. 中包装。纸质包装可用于糖果外包装盒，常见有袋状、方形、心形、长方形等，规格较多。但在实际生产中，因包装特异化原因，常采用手工包装后封装的形式，实现全自动包装的较少。

c. 外包装。一般常用瓦楞纸、箱纸板，常用规格根据运输经济性的原则选择。定量常为 200、310、420g/m² 和 530g/m²。

③包装材料：纸和纸板是糖果巧克力包装中最常用的材料，如硫酸纸、玻璃纸、透明纸、铜版纸、牛皮纸、纸箱纸等。

硫酸纸也称防油纸，乳白色，纸质较光滑紧密，可防油脂渗透。玻璃纸比硫酸纸透明，纸质紧实光滑，能防粘和防油，有一定保香作用。玻璃纸和硫酸纸通常用作糖果巧克力的内包装材料。

透明纸也称赛璐玢，由可溶的纤维素制成，具有极高的透明度，纸质紧密、光滑、柔韧，伸缩性强，在干燥空气中易变碎，与聚乙烯形成的复合薄膜是袋装巧克力很好的包装材料，还常用于巧克力听盒的外包装。

铜版纸坚实，较光滑，有极好的印刷效果，色彩鲜明，能突出商品特性，兼有保护和装饰美观的作用；箱板纸纸质厚实，具有一定强度；牛皮纸表面涂蜡后，既有很好的强度，又有良好的抗水性。这三种纸材常用作糖果巧克力的外包装材料。此外，白板纸也常用作巧克力的外包装材料。

④纸质包装的特点：

优点：一是纸质包装作为内包装有美化产品、防潮、保质等效果；作为中包装有装潢性，能够很好地显示商品的档次，如采用玻璃纸套罩纸盒包装的形式作为礼品包装等；作为外包装有保护产品的作用。二是纸质包装可充分表现出产品的外观形态，在应用于口香糖、奶糖、瑞士糖等产品时，由于这些产品长期选用较为固定的包装形式，可以使消费者用最短时间了解商品性状，因此具有很好地说明产品类别的作用。三是纸质包装材料具有环保优势，无有害释放物，可降解，扭结度高，成形后不反弹，密封性、防潮和防异味性好，而且工艺条件的要求不高，生产成本低，价格较其他包装如金属包装、复合包装等有一定优势。四是生产效率高。以扭结包装纸为例，其软化度和柔韧性好，适宜在自动包装机或高速自动包装机上进行单扭或双扭包装，其扭结不会出现断裂或扭破。

缺点：内包装由于一般以扭结、克头包装为主要形式，受包装形式的限制，纸质包装封口不够严密，产品容易受空气潮解的影响。外包装容易受潮。

（2）塑料包装

①包装形式：塑料包装使用范围较广，商标醒目，色彩鲜艳，几乎所有类型的糖果、巧克力都可以用塑料作为产品包装。塑料包装常作为内包装和中包装出现，外包装较为少见。

②包装规格：作为内包装，大多数枕式包装规格为 60mm×80mm、58mm×80mm、75mm×90mm，软糖为 85mm×75mm、110mm×110mm、72mm×110mm 等，酥糖为 80mm×90mm，奶糖为 114mm×180mm 等。

作为中包装的常用规格有杯状、桶状、瓶状、袋状等。

③包装材料：塑料是一种以合成树脂为基本成分，加入增塑剂、稳定剂、

填料、润滑剂、色料等添加剂，经人工合成的高分子材料。已经成为近40年来世界上发展最快包装材料，是现代销售包装中最重要的包装材料之一。用于包装材料的塑料，可分为通用塑料和泡沫塑料两大类。

常用的糖果巧克力包装塑料材料有聚乙烯（PE）、聚丙烯（PP）、聚氯乙烯（PVC）、聚偏二氯乙烯（PVDC）、单向拉伸聚丙烯（OPP）、双向拉伸聚丙烯（BOPP）等。

聚乙烯，其阻水阻湿性好，但耐油性稍差，阻气性和阻汽性差；化学稳定性好，耐低温，但不耐高温；光泽度、透明度不高，印刷性能差；加工成形方便，卫生安全。

聚氯乙烯，其阻气阻油性优于聚乙烯，阻湿性不及聚乙烯；化学稳定优良，光泽度、透明度优良；机械性能好，耐高低温性差，有低温脆性；着色性、印刷性和热封性较好。

聚偏二氯乙烯，其用作食品包装有许多优异的包装性能，阻隔性能好，且受环境影响小；耐高低温性能好，化学稳定性好，光泽度、透明度优良，但热封性能差，成形加工困难，价格较高。

单向拉伸聚丙烯（OPP）和双向拉伸聚丙烯（BOPP），OPP和BOPP分别是聚丙烯（PP）塑料经单向拉伸或双向拉伸而成的塑料材料。阻隔性能比聚乙烯好，但阻气性较差；机械性能好，化学稳定性好，耐高低温性能优良；光泽度高，透明度好，印刷性差，印刷前表面必须经一定处理，但表面装潢效果好；成形加工性好，但制品收缩率大，热封性比聚乙烯差，但比其他塑料好；卫生安全性高于聚乙烯。

泡沫塑料是指内部含有大量微孔结构的塑料制品，又称多孔塑料，其具有优良的抗冲击和抗震动性，导热率低、吸水率低、吸湿性小，化学性能稳定等特征，常用于产品的缓冲包装材料。

④塑料包装的特点：塑料包装优点是印刷简便、商标醒目、色彩鲜艳、材质价格合理，密封性好。缺点是塑料包装的产品显得产品档次不高。

（3）复合材料包装

①包装形式：复合包装材料适用于产品档次较高的各类常见品种。由于包装在产品的表现形式及产品保质期中的地位越来越重要，现在几乎所有类型的产品都要用复合包装材料进行产品包装。

②包装材料：糖果的包装要求多种多样，单一的材料很难完全满足所有的包装要求，因此，复合包装材料在糖果包装中的作用日益重要。复合包装材料是指将两层或两层以上的不同品种的可挠性材料，通过一定的技术组合而成的"结构化"多层材料。复合材料综合了各种基材的优点，有效避免了各自的缺点。常用复合基材有纸、塑料薄膜和铝箔等。

复合材料常可以分为外层、阻隔层、粘合层、内层这样一些有鲜明界面的结构。经常用简写的方式表示。写在前面的是外层，写在后面的是与产品接触的内层。用于糖果包装的复合材料有透明纸/聚丙烯，牛皮纸/透明纸，铝箔/聚丙烯、牛皮纸/聚乙烯/铝箔/聚乙烯、铝箔/聚丙烯、聚丙烯/聚乙烯等。糖果常用复合包装材料的特点及用途如表1-16所示。

表1-16 糖果常用复合包装材料的特点及用途

复合材料类型	特点和用途
透明纸/聚丙烯	用于可热封袋。可装不易粘结的糖果和巧克力，透明度高、阻汽性、阻气性良好，印刷效果好
牛皮纸/透明纸	一般用于外包装。有一定的阻汽性和阻气性，材料较坚实，强度高
铝箔/聚丙烯	包装块状巧克力。热封性能好，密封效果好，抗油、阻汽性和阻气性好，保香性好，材料柔软，适宜机械包装
牛皮纸/聚乙烯/铝箔/聚乙烯	可作为一般大块巧克力包装。包装简便，材料坚实，抗油、阻汽性和阻气性好，保香性好

③复合材料包装的特点：复合材料用于糖果包装，优点是密封性更好，产品包装外观更显示高档次，帮助产品卖出高价位，并且保质期较长。缺点是包装成本较高，还需配备专业包装设备，投资大。

（4）其他包装材料

①金属制品包装：金属机械性能优良、强度高，可制成薄壁、耐压强度高且不易破损的包装容器；具有极优良的综合防护性能，如较强的阻气性、防潮性、遮光性和保香性；具有特殊的金属光泽，易于印刷装饰。常用于高档巧克力（制品）、乳脂糖、硬质夹心糖果、胶基糖果、凝胶糖果等产品包装。例如，巧克力、太妃糖等高档糖果用锡箔包装，有 6cm×7cm、5.5cm×7.5cm 等规格，以及克头包装规格 7.5cm×9cm 等。也有些巧克力产品采用不同规格、形状的铁盒作为产品外包装，不少润喉糖、口香糖采用小规格、扁长方形铁盒作外包装。

②木质材料包装：木材作为包装材料具有悠久的历史。木材资源丰富，具有抗冲击、震动，易加工，价格经济等优点，但木材易受环境和温度湿度的影响而导致变形、开裂，易腐朽、易燃、易受虫害。不过这些缺点通过适当的处理可以消除或减轻。常用于高档巧克力、糖果的产品包装，由于价格较高，现很少见。

③玻璃制品包装：玻璃其具有高度的透明性、不渗透性和耐腐蚀性，无毒无味，化学性能稳定，生产成本较低等特点，可制成各种形状和色彩的透明和

半透明的容器。由于该包装易碎、使用范围越来越小。

④钙塑包装：丰富多彩、规格多样，常用于玩具、装饰性产品包装，如各种玩具、小动物、水果形状，杯、瓶装的玩具糖果包装。

⑤装饰性彩绸、仿绸礼品包装：常用于各类产品的礼品性产品包装，如各种高档喜糖的包装。

二、糖果的包装设备

单个糖果包装机械多采用裹包机，根据封口形式可将裹包机分为热融封合式裹包机、折叠式裹包机和扭结式裹包机三大类，每一个大类下面又可分为多个小的类别。

不论何种包装机械，其结构一般都包括动力部分、传动机构、工作机构、控制系统和机身五大部分。动力部分指包装机械的原动机，多为电动机或附加有液压泵和压缩机的电动机。传动机构可以是链传动、齿轮传动、带传动等传动方式，具体情况因机型而异。控制系统是包装机械的指挥中心，各机构间的循环与配合都是靠控制系统来协调的。采用的控制方法有电控制、气动控制、光电控制和射流控制等多种，最为普遍的是机电控制。机身是整个机型的刚性骨架，起着支撑作用，因此必须稳固。工作机构是包装机械的核心部分，也是包装机械中较为复杂的部分，一般由包装材料供送机构、理糖与送糖机构、包装执行机构、成品输出机构等多个机构组成。包装材料供给装置有片纸和卷筒纸供送机构两种。片纸供送机构一般由下纸辊、顶针、压纸板等组成，卷筒纸供送机构一般由导纸辊、压纸辊、牵纸辊、切纸辊、导纸辊、纸卷架、刹车带等组成。理糖机构有闸板毛刷式理糖机构、竖直旋转式理糖机构、转盘螺旋槽式理糖机构等多种。成品输出机构可为链传动、带传动等多种。包装执行机构多种多样，并因包装形式的不同而不同。

糖果工业常见的包装机有以下几种。

1. 枕式包装机

枕式包装机又称为平张薄膜热封裹包机，是热融封合式裹包机的一类。该类包装机一般采用具有良好热封性的塑料及复合薄膜等为包装材料，可采用多种类型的包装材料，可用于多种形状块状物品的包裹，适用范围广、包装尺寸较精确，工作平稳可靠，生产效率高，控制、使用方便，还可带有充氮装置，密封后使产品保质期延长。枕式包装机机型较多，在生产中应用较广。

枕式包装机的包装执行机构主要由成形器、热封滚轮、端封切断器等组成。成形器的主要作用是将包装材料卷成所需形状；热封滚轮的主要功能是进行中缝热封；端封切断器的主要作用是进行端封，形成前袋的底封和后袋的顶封。如图 1-10 所示。

图 1 - 10 多功能全自动枕式糖果包装机

2. 扭结包装机

扭结式裹包是糖果最传统的包装方式之一，扭结式包装机就是指用挠性包装材料包裹产品，并将末端伸出的裹包材料扭结封闭的机器。生产中使用的裹包方式有单端扭结和双端扭结两种。根据其传动特点又可分为间歇式扭结包装机和连续式扭结包装机两种。如图 1 - 11 所示。

图 1 - 11 扭结包装机

间歇式扭结包装机的传动系统在齿轮传动、链传动或带传动的基础上采用槽轮、凸轮或棘轮机构实现运动由连续向间断的转化。扭结包装机的包装执行装置主要包括裹包机构、扭结机构和缺糖停机机构三个部分。裹包机构由前冲送糖机构、后冲接糖机构、下超纸板抄纸机构和上挡纸板裹纸机构等组成。一般采用偏心轮机构实现这些操作。扭结机构因单端、双端而异。双端扭结由左右对称的两部分组成，俗称机械手。扭结时当糖果送的扭结工位时，一对机械手同向旋转，完成扭结封闭动作。所采用的机构有齿轮齿条啮合式、连续式、齿轮槽轮式等多种，一般由齿轮机、槽轮机构、凸轮机构等组合实现。单端扭结用途比较少，多用于高级糖果、棒糖、水果和酒类等，糖果生产中多用于手工实现。缺糖停机机构虽然不执行具体的裹包、扭结等动作，但却非常重要，它的作用就是迫使主电动机在缺糖时断电停车，避免因包装纸继续送入造成废料甚至机器故障。

扭结包装机适用于小球形、扁圆形、圆柱形和长方形糖块的裹包和双层裹包。该包装方法的优点是包装简单、美观，包装牢固结实又开拆方便，深受消费者尤其是儿童的喜爱。但用到间歇式操作机构的机械，不适用于高速场合。而且操作时要调整好裹包机构中各个执行构件的相对位置，以确保裹包时各个动作相互协调、准确配合；同时扭结机械手的装配定位要求较高，需要反复调整。

3. 折角包装机

折角包装机又称折叠式裹包机，多用于糖果包装。它是用一定大小的包装材料裹包在被包装物上，先用搭接方式包成筒状，再折叠两端并封紧的包装方式。按照工艺要求，折边后可上胶粘合，塑料薄膜也可电热封合。根据工作形式，折叠式裹包机可分为三类：第一种是包装物间歇定位，由各工位的折边器按顺序完成折边工序，如回转式折叠裹包机；第二种是包装物在运行中通过特殊几何形状的折器完成各折边动作，如直线移动式折叠裹包机；第三种是将前两种折边方式复合，如回转和直线复合的折叠裹包机。巧克力生产中应用裹包式包装较多，如图 1 – 12 所示。

（1）回转式折叠裹包机　回转式折叠包装机广泛用于方块糖果的包装。其执行机构包括钳糖盘机构、冲送糖机构、下超纸机构等几部分。直线移动式折叠裹包机的包装执行机构由推料杆、直线滑轨、上下折边板的折断器等组成。

回转式折叠包装机体积较小，结构紧凑，包装件在工位间步进传送的时间短，因此生产效率高。而且步进机构定位准确，使包装稳定可靠。但执行机构较集中，使机器布局变得复杂。直线移动式折叠裹包机的结构较简单，运动部件少而且分散，但效率要比回转式要低，所占空间也比较大。

（2）刷包式机　刷包式机可对各种不规则巧克力糖果的特殊外形包装，更换模具可完成产品梯形的折叠包装。

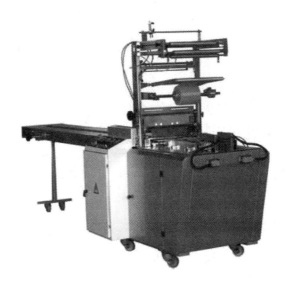

图 1 - 12　折角包装机

（3）多用途裹包机　多用途裹包机可用于巧克力蛋、巧克力球或其他蛋形、球形产品的铝箔包装。

4. 冲压式包装机

金币巧克力包装采用冲压式包装机，它是将上下两层带金色的铝箔卷入机器内冲纸，把巧克力或糖果片由机械手送入两层铝箔之间，自动翻边套壳，压花成形。如图 1 - 13 所示。

图 1 - 13　冲压式包装机

思考题

1. 糖果包装的作用是什么？
2. 糖果包装的形式有哪几种？
3. 糖果包装车间的环境应具备哪些条件？
4. 糖果包装材料主要有哪几种？如何选择？

项目五　糖果产品质量控制

一、糖果检验学基础

糖果检验的基本步骤主要有样品的采集、样品的处理、样品的分析检测、分析结果的记录与处理等阶段。

（一）样品的采集

样品的采集又称采样，是指在原料或成品中抽取有一定代表性的一部分样品。加工原料的差异和储藏时间的不同均对样品的品质有一定的影响，食品采样常采用对角线采样、四分法采样或分样器采样，以取得一份均匀的样品。采样时食品检验工作的重要一环。

糖果巧克力成品组成通常都不均匀，所含成分的分布也不完全一致，因此，对于这类样品的采集提出了更高的要求，也就是所采样品应该具有高度代表性的平均样品。所以一定要用正确的方法拣得准确的平均样品。

采样工作应在清洁、干燥、光线良好、无其他进出仓库作业的库内进行；采样用具和盛样器必须清洁、干燥、无异味，盛样器密封良好。糖果类由于一般是高糖，不易受微生物污染；但巧克力含糖量相对来说不是很高，易遭到微生物的污染，因此，微生物指标的检验要更多的关注。用作微生物检验的样品，取样用具和盛器必须经过灭菌处理，取样在无菌操作下进行。

采样后要立即密塞、贴上标签，并认真填写采样记录。采样记录须写明样品的名称、采样单位、地址、日期、样品批号或编号、采样条件、包装情况、采样数量、检验项目及采样人。样品应按不同的检验项目妥善包装、保管。

一般样品在检验结束后，应保留1个月，以备需要时复检。易变质食品不予保留。保存时应加封并尽量保持原状。为防止样品在保存中受潮、风干、变质，保证样品的外观和化学组成不发生变化，一般需要冷藏、避光保存。检验取样一般取可食部分，以所检验的样品计算。感官判断不合格的样品不必进行理化检验，直接判为不合格产品。

（二）样品的制备

按照要求采得的样品往往数量过多，颗粒太大，因此必须进行粉碎、混匀和缩分。样品制备的目的是对采样进行混合均匀，使混合的样品在拣取任何部分进行检验时都能代表全部样品的成分，以获得准确的结果。

理化检验样品处理。取 10 粒糖果后，硬糖内层用滤纸，外层用塑料袋包好，然后用锤子敲碎；软糖用剪刀剪碎，各自混合后，取 10g 样品于凯氏烧瓶中，按硝酸硫酸法进行有机破坏后定容至 100mL。

细菌检验样品处理。用无菌镊子夹取带包装纸的糖果，称取数块约 25g 加入预热至 45℃的灭菌生理盐水 225mL 中，待溶化后检验。

制备好的试样一式三份，供检验、复检和备查用。

（三）样品的保存

采得的样品应尽快进行检验，尽量减少保存时间，以防止其中水分或挥发性物质的散失以及其他待测成分的变化。如果不能立即进行分析，必须妥善加以保存。

制备的好的样品放在密封洁净的容器内，放在阴暗处保存。易腐败的样品如巧克力应保存在 0~5℃冰箱内，但保存时间也不宜过长。有些成分容易发生光分解，以这些成分为分析项目的样品，应该避光保存。在特殊的情况下，样品中可加入适量不影响分析结果的防腐剂，或将样品放在冷冻干燥器中通过升华干燥来保存。

此外，样品的保存环境要清洁干燥，存放的样品要按日期、批号编号摆放，以便查找。

（四）样品的预处理

由于糖果类食品成分复杂，当用某种方法对其中某个成分的含量进行测定时，需要将被测组分转化成适当形式，而其他成分的存在常会给测定带来干扰。为此在测定前要进行样品预处理，以便将被测组分转变成所需形式，将微量成分进行适当浓缩，将干扰成分排除，因此，对样品进行预处理是保证检验能够进行的重要环节。

样品预处理的方法很多，在糖果检验中常用的方法有有机物破坏法、蒸馏法、溶剂萃取法、沉淀分离法等。在实际运用中可以几种方法配合使用，以获得较好的分离效果和浓缩目的。

1. 有机物破坏法

多用于糖果巧克力中金属离子的测定。为了使样品中的金属元素等成分被释放出来，利用高温处理将样品中的有机物氧化分解，其中 C、H、O 元素以 CO_2 和 H_2O 逸出，使被测组分残留下来。根据操作方法不同可分为以下两类。

（1）干法灰化法　将试样放置在坩埚中，先在低温小火下炭化，除去水分、黑烟后，再在高温炉中以 500～600℃ 的高温灰化至无黑色炭粒。如果样品不易灰化完全，可先用少量 HNO_3 润湿试样，蒸干后再进行灰化，必要时也可加 NH_4NO_3、$NaNO_3$ 等助灰化剂一同灰化，以促进灰化完全，缩短灰化时间，减少易挥发性金属（如 Hg）的损失。灰化后的灰分应为白色浅灰白色。这种方法有机质破坏彻底，操作简便，空白值小，适用于除汞之外的金属元素的测定，但操作的时间较长。

（2）湿法消化法　在强酸性溶液中，利用 H_2SO_4、HNO_3、H_2O_2 等氧化剂的氧化能力使有机物分解逸出，被测的金属以离子状态最后留在溶液中，溶液经冷却定容后供测定使用。这种方法在溶液中进行，加热的温度较干法灰化的温度要低，反应较缓和，金属挥发损失较少，常用于样品中金属元素的测定。消化过程中会产生大量的有害气体，因此消化操作应在通风橱或通风条件较好的地方进行。由于操作过程中添加了大量的试剂，容易引入较多的杂质，所以在消化的同时，应做空白试验，以消除试剂等引入的杂质的误差。

2. 蒸馏法

蒸馏法利用被测物质中各组分挥发性的差异来进行分离，既可以除去干扰组分，也可以用于被测组分蒸馏逸出，收集馏出液进行分析。

蒸馏时加热的方法可以根据被蒸馏物质的沸点和特性来确定，被蒸馏的物质性质稳定、不易爆炸或燃烧时，可用电炉直接加热。对沸点小于90℃的蒸馏物，可用水浴；沸点高于90℃的液体，可用油浴、沙浴、盐浴法。对于一些被测成分，常压加热蒸馏容易分解的，可采用减压蒸馏，一般用真空泵或水力喷射泵进行减压。

3. 溶剂萃取法

（1）固–液萃取法　利用被测组分与其他组分溶解性的不同进行分离。如在可溶性糖的测定中，就是利用水或一定浓度的乙醇将可溶性糖从样品中提取出来。

（2）液–液萃取法　在样品溶液中加入一种与原溶剂不相混溶的有机溶剂，将某成分提取出来，常用于物质的分离和浓缩。

4. 沉淀分离法

沉淀分离法利用沉淀反应进行分离。在试样中加入适量的沉淀剂，使被测物质沉淀出来，或将干扰沉淀除去，从而达到分离的目的。例如在测糖果中糖精钠时就先加入碱性硫酸铜将蛋白质等干扰物沉出后才能进行测定。

5. 色层分离法

色层分离法又称为色谱分离法，利用不同物质在不同的两相中具有不同的分配系数，当两相作相对运动时，这些物质在两相中的分配反复进行，从而使性质极为接近的不同组分达到分离。例如不同糖分的分离等。根据分离的原理的不同，可分为吸附色层分离、分配色层分离和离子交换色层分离等。这类方法分离效果好，在食品分析中的应用逐渐广泛。

（五）样品的分析检测

样品的分析检测方法很多，同一检测项目可以采用不同的方法进行测定，选择检测方法时，应根据样品的性质特点，被测组分的含量多少，以及干扰组分的情况，采取最适宜的分析方法，既要简便又要准确快速。食品检验主要分析的对象是样品中已明确的待检成分。糖果类产品的分析方法一般较为固定。

（六）分析结果的记录与处理

分析结果应准确记录，并按规定的方法进行处理，用正确的方式表示，才能确保分析结果的最终正确性。

对于结果的表述，平行样的测定值报告其算术平均值，一般测定值的有效数字的数位应能满足卫生标准的要求，甚至高于卫生标准的要求，报告结果应比卫生标准多一位有效数字，如铅的含量，卫生标准为 1mg/kg；报告值应为 1.0mg/kg。样品测定值的单位，应与卫生标准一致。常用的单位有 g/kg、g/L、mg/kg、mg/L、μg/kg、μg/L 等。

二、糖果成品检验基本知识

（一）成品检验意义

成品检验是对完工后的成品质量进行检验，其目的在于保证不合格的成品不出厂、不入库。它对提高产品质量、保证食品安全、保障人民群众的身体健康、规避经济损失、保护出口等方面具有积极的意义。做好检验工作，必须建立和加强产品质量检验机构和采取科学的检验方法。

其中，卫生检验是判定被检食品能否食用的最主要科学依据，也是判断食品加工、储藏等环境是否合格的重要依据，同时卫生检验还能够对食品被污染的程度做出评价。

感官检验是指检验者运用眼、鼻、口等感觉器官对样品的包装、形态、色泽、香味、组织特征等进行分析、评价和判断。感官检验的特点是快速、简便，能够迅速地发现产品的质量问题。因此，感官检验也是糖果检验的一项重要内容。

理化检验中，测定灰分还可以评定成品是否受到污染、是否掺假，并可作为评价食品营养价值的参考指标。

（二）成品检验规则

成品检验分出厂检验和型式检验，产品交货时必须进行出厂检验，对产品进行全面考核时应进行型式检验。

1. 出厂检验

出厂检验即产品出厂前进行的检验，理化项目、感官项目是每批产品出厂检验项目。

2. 型式检验

在正常生产时每 6 个月应进行型式检验。在新产品试验鉴定，原料、工艺有较大变化，产品长期停产后恢复生产时，出厂检验的结果与上次型式检验存在较大差异时，或其他可能影响产品质量的情况出现时也应进行型式检验。

3. 抽样方法和数量

糖果检验抽样要在生产线或仓库内随机抽取样品，将相同品种产品的每批生产包装件数作为检验件数（指 2.5kg 以上的包装），并按表 1 – 17 所列确定检验件数。

表 1 – 17　糖果检验的抽样件数

每批生产包装件数（指基本包装箱）	抽样件数（指基本包装箱）
200（含 200）以下	3
201 ~ 800	4
801 ~ 1800	5
1801 ~ 3200	6
3200 以上	7

随机抽取样品后，在抽样件数中任取 3 件，每件取约 100g，混匀；再从其中取 1/3 用于感官检验，1/3 用于净含量检验，1/3 用于卫生检验、干燥失重和还原糖检验。

（三）判定与复检规则

（1）卫生指标中有一项不合格，判该批产品不合格。

（2）出厂检验判定和复检：检验样品有一项或一项以上不合格（除卫生指标），可加倍抽样量重检一次，仍不合格，判该批产品不合格。

（3）型式检验判定和复检：不超过两项不符合有关标准，可以加倍抽样量复验，复验后有一项不合格，不经复验，判该批产品不合格。

（4）对检验结果有异议时，可在接到检验报告的 15d 内向有关部门申请重检一次，判定结果以重检结果为准。

（四）常见检测项目的检测方法

1. 感官检验

感官检验采用目测法。详细要求如下。

（1）包装　应端正，紧密，不松，不破，不歪斜，无反包，无糖屑粘连；机器包装商标允许有轻度偏斜、松散、破角等现象，但不超过 5%。图案要美观大方，印刷清晰。

（2）形态　应块形完好，不毛糙、无气泡、边缘整齐、无缺角裂缝，大小一致、厚薄均匀，巧克力如有花纹应花纹清晰，不得有明显变形。

（3）杂质　应无肉眼可见的不应有的杂质。

（4）色、香、味　颜色应色泽鲜艳，均匀一致，着色明显，夹心和条杠清晰，巧克力不发白发花，符合该品种应有色泽；香气应纯净适中，符合该品种应有香气；味道应滋味正常，无异味，符合该品种应有的滋味和风味。

（5）组织　组织检验标准如表 1-18 所示。

表 1-18　组织检验标准

成品类别		组织检验标准
硬质糖果	砂糖、淀粉糖浆型	糖体坚硬而脆，不粘牙，不粘纸
	砂糖型	糖体微黏而脆，不粘牙，不粘纸
	淀粉糖浆型	糖体微黏而脆，不粘纸
	其他型	糖体坚硬而脆，不粘牙
硬质夹心糖果	酥心型	糖皮厚薄均匀，酥脆，丝光条纹整齐；夹心层次分明；不粘牙，不粘纸；无破皮、馅芯外漏
	粉心型	糖皮厚薄较均匀，夹心分明，不粘牙，不粘纸；无破皮、馅芯外漏；无 1mm 以上气孔
	浆心型	糖皮厚薄较均匀，夹心分明，不粘牙，不粘纸；浆心细腻，可流散；无破皮、馅芯外漏；无 1mm 以上气孔
	果心型	糖皮厚薄均匀，不粘牙，不粘纸；无破皮、馅芯外漏；无 1mm 以上气孔
	浆心型	不粘牙，不粘纸；无破皮、馅芯外漏；无 1mm 以上气孔

续表

成品类别			组织检验标准
乳脂糖果	胶质型		糖体表面、剖面光滑，组织紧密，口感细腻，有韧性和咀嚼；微粘牙，不粘纸
	砂质型		糖体组织紧密，口感细腻，不粘牙，不粘纸
	夹心型		糖体内有夹心，无馅芯外漏
凝胶糖果	植物胶型		糖体光亮、稍透明（加不透明辅料或充气的除外），略有弹性；不粘牙，无硬皮，糖体表面可附有均匀的细砂糖晶粒
	动物胶型		糖体表面可附有均匀的细砂糖晶粒，糖体呈半透明，有弹性和咀嚼性；无皱皮，无气泡
	淀粉型		糖体表面可附有均匀的细砂糖晶粒，糖体呈半透明，口感韧软，略具咀嚼性；不粘牙；无淀粉裹筋现象。以淀粉为原料的，表面可有少量均匀熟淀粉，具有弹性和韧性；不粘牙
	混合型		糖体稍透明，稍有弹性和咀嚼性
胶基糖果	咀嚼型	固态	糖体剖面紧密、细腻，咀嚼后有黏性和延伸性；无潮解现象
		半固态	糖体微疏软、细腻，咀嚼后有黏性和延伸性
		夹心	糖体剖面可见夹心，无破皮现象，咀嚼后有黏性和延伸性，无潮解现象
	吹泡型	固态	糖体剖面紧密、细腻，咀嚼后有明显弹性和黏性，无潮解现象
		半固态	糖体微疏软、细腻，咀嚼后有明显弹性和黏性
		夹心	糖体剖面可见夹心，无破皮现象，咀嚼后有弹性和黏性，无潮解现象
充气糖果	高度充气类	弹性型	糖体表面平滑、细腻，指压后能立即复原，无皱皮
		脆性型	糖体有脆性，表面及剖面不粗糙，无皱皮
	中度充气类	胶质型	糖体表面及剖面光滑，内部气孔均匀，口感润滑，软硬适中，有咀嚼性
		砂质型	糖体内的微晶体均匀，软硬适中，内部气孔均匀，表面及剖面不粗糙粗糙
		混合型	糖体内果料混合均匀，无1mm以上气孔
	低度充气类	胶质型	糖体表面及剖面细腻滑润，软硬适中，有弹性，内部气孔均匀，表面及剖面不粗糙，口感柔软
		砂质型	糖体内的微晶体均匀，软硬适中，内部气孔均匀，表面及剖面不粗糙，不糊口，有咀嚼性
		混合型	糖体内果料混合均匀，无1mm以上气孔

续表

	成品类别	组织检验标准
压片糖果	清型	坚实,不松散,剖面紧密,不粘连,入口易化
	夹心型	夹心紧密吻合,不脱层,入口易化
抛光糖果		糖体涂层坚实,不粘牙
巧克力		润滑,不糊口;无1mm以上气孔,无粗糙感;非巧克力部分具有该品质应有的组织状态

2. 净含量

净含量是指去除包装容器和其他包装材料后内装物的实际质量或体积,即内容物的量。检验时,不论产品的包装材料,还是与该产品包装在一起的其他材料,均不计入净含量,糖果净含量应符合产品标签明示值、相应产品标准以及国家质检总局公布的《定量包装商品计量监督管理办法》的有关规定。

仪器:分析天平或感量为0.1g天平。

测定:任取1包销售包装计的样品一件,除去包装,用最少分度值为0.1g的天平,称取净含量并记录。

结果要求:单件包装净含量负偏差不得超过标准规定要求。净含量标准如表1-19所示。

表1-19 净含量标准

单件包装净重(m)范围/g	净重偏差	单件包装净重(m)范围/g	净重偏差
$m \leqslant 100$	$\leqslant \pm 5\%$	$100 < m \leqslant 200$	$\leqslant \pm 3\%$
$200 < m \leqslant 500$	$\leqslant \pm 2\%$	$500 < m \leqslant 1000$	$\leqslant \pm 1\%$
> 1000	$\leqslant \pm 0.5\%$		

3. 干燥失重

糖果经干燥后损失的质量,以样品损失质量对样品原质量的质量百分比来表示。原理:食品水分指在一定的温度及减压的情况下失去物质的总量,适用于含糖、味精等易分解的食品。

仪器:分析天平,铝或称量皿:内径60~70mm,高35mm以下,真空干燥箱。

分析步骤如下。

(1)试样的制备 粉末和结晶试样直接称取;硬糖果经乳钵粉碎;软糖果用刀片切碎,混匀备用。

(2)测定 取已恒重的称量瓶准确称取2~10g试样,放入真空干燥箱内,将干燥箱连接水泵，抽出干燥箱内空气至所需压力（一般为 40 ~ 53kPa），并同时加热至所需温度 60℃ ±5℃。关闭通水泵或真空泵上的活塞，停止抽气，使干燥箱内保持一定的温度和压力，经 4h 后，打开活塞，使空气经干燥装置缓缓至干燥箱内，待压力恢复正常后再打开。取出称量瓶，放入干燥器内 0.5h 后称量，并重复以上操作至质量恒定。

试样中水分含量按下式计算：

$$X = \frac{m_1 - m_2}{m_1 - m_3} \times 100\%$$

式中　X——试样中水分的含量

m_1——称量瓶和试样的质量，g

m_2——称量瓶和试样干燥后的质量，g

m_3——称量瓶的质量，g

计算结果保留三位有效数字。

精密度：在重复性条件下获得的两次独立测定结果的绝对差值不得超过算术平均值的 10% 。

4. 还原糖的测定（高锰酸钾滴定法）

试样经除去蛋白质后，其中还原糖把铜盐还原为氧化亚铜，加硫酸铁后，氧化亚铜被氧化为铜盐，以高锰酸钾溶液滴定氧化作用后生成的亚铁盐，根据高锰酸钾消耗量，计算氧化亚铜含量，再查表得还原糖量。

（1）费林试剂配制　取 34.639g $CuSO_4 \cdot 5H_2O$，加适量水和 0.5mL 硫酸溶解，再加水稀释至 500mL，为甲液；取 173g 酒石酸钾钠与 50g 氢氧化钠，加适量水溶解，并稀释至 500mL，为乙液。均经精制石棉过滤，贮存时间不宜过长，易变质。

（2）样品处理　含乳及蛋白质的糖果，称取 2 ~ 5g 固体试样，置于 250mL 容量瓶中，加水 50mL，摇匀后加 10mL 费林甲液及 4mL 1mol/L 氢氧化钠溶液，加水至刻度，混匀。静置 30min，用干燥滤纸过滤，弃去初滤液，滤液备用。对于含酒精夹心的样品，要先挥去乙醇，用 1mol/L 氢氧化钠溶液中和至中性，移入 250mL 容量瓶中，以下处理同上。对含多量淀粉的糖果，可取 10 ~ 20g 试样，置于 250mL 容量瓶中，加 200mL 水，在 45℃ 水浴中加热 1h，并时时振摇。冷却后加水至刻度，混匀，静置。吸取 200mL 上清液于另一 250mL 容量瓶中，也依上述法操作。

（3）测定　吸取 50mL 处理后的试样溶液于 400mL 烧杯内，加入 25mL 费林甲液及 25mL 乙液，于烧杯上盖一表面皿，加热，控制在 4min 内沸腾 2min，趁热用铺好石棉的古氏坩埚或 G_4 垂融坩埚抽滤，并用 60℃ 热水洗涤烧杯及沉淀，至洗液不呈碱性为止。将古氏坩埚或垂融坩埚 放回原 400mL 烧杯中，加

25mL 硫酸铁溶液及 25mL 水，用玻璃棒搅拌使氧化亚铜完全溶解，以高锰酸钾标准溶液 $[c\ (1/5K_2MnO_4)=0.1000mol/L]$ 滴定至微红色为终点 (V)。

同时吸取 50mL 水，加入与测定试样时相同量的费林甲液、费林乙液、硫酸铁溶液及水，按同一方法做空白试验 (V_0)。

（4）计算 试样中还原糖质量相当于氧化亚铜的质量，按下式计算：

$$X_1 = (V-V_0) \times C \times 71.54$$

式中 X_1——试样中还原糖质量相当于氧化亚铜的质量，mg

V——测定用试样液消耗高锰酸钾标准溶液的体积，mL

V_0——试剂空白消耗高锰酸钾标准溶液的体积，mL

C——高锰酸钾标准溶液的实际浓度，mol/L

71.54——1mL 高锰酸钾标准溶液 $[c\ (1/5K_2MnO_4)=0.1000mol/L]$ 相当于氧化亚铜的质量，mg

根据 X_1 的计算结果，查 GB/T 5009.7—2008《食品中还原糖的测定》中的表 1，再计算试样中还原糖的含量试样中还原糖含量计算公式为：

$$X_2 = \dfrac{m_1}{m_2 \times \dfrac{V}{250} \times 1000} \times 100$$

式中 X_2——试样中还原糖的含量，g/100g

m_1——查表得还原糖质量，mg

m_2——试样质量或体积，g 或 mL

V——测定用试样溶液的体积，mL

250——试样处理后总体积，mL

计算结果保留三位有效数字。在重复性条件下获得的两次独立测定结果的绝对差值不得超过算术平均值的 10%。

三、糖果产品质量控制

食品质量受多种因素影响，根据糖果巧克力生产工艺流程，将产品质量控制分为原辅料质量控制、生产过程控制和成品审核。

（一）原辅料质量控制

没有好的原料永远生产不出好的产品。在食品加工业中，原辅料带入的风险相对较大，食品安全和质量控制的重点是原辅料质量控制。使用符合标准要求的原辅料是保证产品质量的前提。

原辅料质量控制的原则是，对成品质量影响较大的重点控制，对成品质量影响不大的可作为一般控制对象。对原辅料的质量控制要切合生产实际，不可无原则放松，也不可盲目追求高标准。重点控制的原辅料进厂应批批检验关键指标，应有相对稳定的合格供应商，用以保证稳定的原辅料质量。

所以，原辅料质量问题判定是产品质量管理的重要环节，涉及整个质量管理体系。根据 GB 14881—2013《食品安全国家标准 食品企业通用卫生规范》的规定，一般企业均应设有质量检验部门，并应制定较为完善的原辅料卫生管理制度。

1. 原辅料控制程序

原辅料的控制应形成系统的管理体系，一般应遵循以下控制程序。

（1）确定标准 依据相关法规和产品标准、生产工艺及生产设备能力等确定原辅料标准并形成文件，在制定标准时还应考虑生产工艺波动及检验偏差。在与供方沟通前，组织应确保规定的采购要求是充分与适宜的。例如，我们三氯蔗糖生产中使用的活性炭对 pH 有严格的要求，阿斯巴甜生产中使用的天冬对颗粒度有特殊的要求等。充分的、适宜的原辅料标准是原辅料质量控制的基石，原辅料标准决定产品质量。

（2）供应商评价，建立供方档案 为降低采购风险和采购成本，提高采购质量，应对原辅料供应商进行调查、评价，选择符合要求的最佳供应商。对供应商评价，建立供方档案可以抵制不合理的价格上涨以控制采购成本；可以通过更好的计划和选择供应商，来显著地减少物料存货投资；可以提高采购原辅料的质量水平，以确保最终产品的质量。

供应商评价可以发调查函，也可以对供应商进行现场评估。供应商评价应考虑以下因素：资质、供货质量、价格、交货方式、生产设施/能力、生产环境、管理体系、检验能力等。

选定合格供应商后，要建立供方档案。供方档案至少应包括供应商调查函、供应商评价、供应商的营业执照、组织机构代码证、生产许可证、商品流通许可证、产品执行标准。当供应商提供的原辅料严重不合格时或多次轻微不合格时，应对供应商进行重新评价。

（3）采购控制 采购人员必须了解所采购原辅料的特性和相关质量要求。原辅料采购必须依据原辅料标准与选定的供应商签订采购合同，采购合同是实施采购要求的法律依据。采购合同至少应包含以下内容，所采购原料的质量要求、新鲜度、供货方式、接收方式、价格、不合格处理、违约责任等。

（4）入厂查验 原辅料进厂经营部采购员对所采购的货物进行初步确认，确认无误方可开具请检单给化验室。否则直接退货。化验员接到请检单后检查原辅料的包装、铅封是否符合要求，如发现不符合要求的当场拒检，并通知经营部采购员，如检查合格后进行取样检验。原辅料检验合格后，由经营部通知仓库管理员入库，仓库管理员收到合格的检验报告后，办好入库手续，做好标识。

（5）原辅料的存储 根据不同原辅料的储存条件分库存储，确保原辅料不变质，符合使用条件。原辅料的存储应符合相关要求，原辅料场地和仓库，应地面平整，便于通风换气，有防鼠、防虫设施。应设专人管理，建立管理制度，定期检查质量和卫生情况，按时清扫、消毒、通风换气。各种原辅料应按品种分类分批贮存，每批原辅料均有明显标识，同一库内不得贮存相互影响风味的原辅料。应离地、离墙并与屋顶保持一定距离，垛与垛之间也应有适当间隔。

（6）原辅料的使用 原辅料使用应制定作业指导书，依据生产计划和先进先出的原则出库使用。原辅料使用作业指导书是保证原辅料达到预期使用的保证。应依据各种原辅料的特性和产品加工要求，制定合理的原辅料使用作业指导书。

对原辅料的质量控制应上升到对原辅料管理体系不断完善的层面上来，保证原辅料质量标准要求的充分与适宜，严格采购控制程序，科学的存储、使用方法。

原辅料管理体系的改进和完善运用质量管理体系中的过程方法同样有效。在质量管理体系中应用过程方法时，强调以下方面的重要性（GB/T 19001—2008/ISO 9001：2008 质量管理体系要求）。

①理解和满足要求：对于原辅料来说，产品就是其顾客；对于产品来说，原辅料就是其供方。"以顾客为关注焦点"即是以产品为关注焦点。了解产品标准，满足产品要求是原辅料控制的目标。

②需要从增值的角度考虑过程：任何市场行为都应是一种增殖行为，对原辅料管理体系的改进应是不断完善体系要求，提高产品质量，降低采购、存储原辅料成本的过程。

③获得过程绩效和有效性的结果：是否对原辅料管理体系进行改进，改进的适宜时机，取决于改进的有效性和改进收益，即风险和投资回报率是判断是否进行改进的标准。

④在客观测量的基础上，持续改进过程：实事求是的客观测量，生产加工的客观需求是原辅料管理体系改进的基点。一切主观臆断、违背客观规律、脱离生产实践的提升都会使原辅料管理体系的改进工作走向极端，将会给企业造成极大损失。

原辅料管理体系是质量管理体系的重要组成部分，原辅料控制是产品质量控制的基石。

2. 原辅料感官鉴别

（1）感官鉴别目的与作用 感官鉴别就是凭借人体自身的感觉器官，具体地讲就是凭借眼、耳、鼻、口包括唇和舌头和手，对产品的质量状况作出客观的评价。也就是通过用眼睛看，鼻子嗅，耳朵听，用口品尝和用手触摸等方式，对产品的色、香、味和外观形态进行综合性的鉴别和评价。

产品质量的优劣最直接地表现在它的感官性状上，通过感官指标来鉴别产品的优劣和真伪，不仅简便易行，而且灵敏度高，直观而实用，与使用各种理化、微生物的仪器进行分析相比，有很多优点，因而它也是产品的生产、销售、管理人员所必须掌握的一门技能。广大消费者从维护自身权益角度讲，掌握这种方法也是十分必要的。应用感官手段来鉴别食品的质量有着非常重要的意义。

感官鉴别能否真实，能否准确地反映客观事物的本质，除了与人体感觉器官的健全程度和灵敏程度有关外，还与人们对客观事物的认识能力有直接的关系。只有当人体的感觉器官正常，又熟悉有关产品质量的基本常识时，才能比较准确地鉴别出产品质量的优劣。

作为鉴别产品质量的有效方法，感官鉴别可以概括出以下三大优点。

①通过对食品感官性状的综合性检查，可以及时，准确地鉴别出食品质量有无异常，便于早期发现问题，及时进行处理，可避免对人体健康和生命安全造成损害。

②方法直观，手段简便，不需要借助任何仪器设备和专用，固定的检验场所以及专业人员。

③感官鉴别方法常能够察觉其他检验方法所无法鉴别的食品质量特殊性污染微量变化。

（2）感官鉴别方法

①差别检验：在差别检验中，要求评价员回答两个或两个以上样品中是否存在感官差异（或偏爱某一个），以得出两个或两个以上样品间是否存在差异的结论。差别检验的结果分析是以每一类别的评价员数量为基础的。

②使用标度和类别的检验：在使用标度和类别的检验中，要求评价员对两个以上样品进行评价，并回答哪个样品好、哪个样品差，它们之间的差异如何等。通过检验可得出样品间差别的顺序和大小，或者样品应归属的类别或等级。选择何种手段解析数据取决于检验的目的以及所检验的样品数量。

使用标度和类别的检验中常用的方法有排序检验法、分类检验法、评分检验法和评估检验法。

③分析或描述性检验：在分析或描述性检验中，要求评价员对一个或多个样品的某些特性或对某特征进行描述、分析。通过检验，可以得出样品各个特性的强度或样品的全部感官特征。

常用方法有定量描述和感官剖面检验法。

3. 原辅料感官要求

原辅料感官鉴别操作程序如下。

（1）检验原辅料外包装。

（2）检验标签→取样→至于样品盘中→判定标签与产品是否相符→感官检验。

（3）视觉检验（检验色泽、形态、杂质状态等）→嗅觉检验（检验气味）→触觉检验（检验颗粒均匀程度、细度）→品尝（滋味检验）。

如砂糖的感官要求：晶粒均匀，粒度在下列范围内不少于80%，粗粒：0.8～2.5mm；大粒：0.63～1.6mm；中粒：0.45～1.25mm；细粒：0.28～0.8mm；晶粒或其水溶液味甜、无异味；干燥松散、洁白、有光泽，无明显黑点。

4. 外包装标志检查

任何包装商品都有标签，以显示、说明商品的特性和性能，向消费者传递信息。所有原辅料的外包装标注应符合 GB 6388—1986《运输包装收发货标志》，结合 GB 7718—2011《预包装食品标签通则》中一些食品包装的基本要求，外包装应标注的内容包括货号规格，食品名称，制造者、经销者的名称和地址，生产日期、保质期标示和储藏说明，产品标准号，毛重和净含量。

例如，砂糖的销售包装标注规定。砂糖销售包装应符合 GB 7718—2011《预包装食品标签通则》的要求，应标注的规定内容为产品名称、级别、净含量、制造者的名称和地址、产品标准号、生产日期（可只标注年、月）、QS 标志、保存期不少于18个月。白砂糖须用符合卫生标准的包装袋包装，大包装应有牢固的外包装袋。

5. 包装材料质量要求

纸张不允许有明显云彩花、褶子、皱纹、残缺、破损、裂缺、裂口、孔眼以及严重突出的砂粒、硬质块、浆疙瘩等影响使用的问题。纸张的切边应整齐、洁净。纸张的纤维组织均匀。

糖果包装中最常用的塑料包装是商品零售包装袋（仅对食品用塑料包装袋），作中包装袋使用，其感官要求参加 GB/T 18893—2002《商品零售包装袋》。

糖果生产中应用的包装袋常用纸、塑料薄膜或铝箔经黏合剂（聚氨酯或改性聚丙烯）复合而成。其感官要求为外观应平整，无皱纹，封边良好。不得有裂纹、孔隙和复合层分离。袋装浸泡液不得有异味、异臭味，以及浑浊和脱色现象。

（二）生产过程质量控制

1. 工艺控制表格设计

（1）工艺控制表格编制要求 工艺控制表格即各工序加工记录，加工记录表格化管理对产品工艺控制有着重要意义。工艺控制表格编制要求如下。

①符合工艺流程：表格里的种类设置、控制项目的编排顺序与加工工艺流程一致，可以方便使用，易于为使用者接受。不同类型的糖果产品的加工工艺不同，过程控制的条件和内容也不同，因此，工艺控制的表格也有差异。

②突出控制重点：工艺表格控制与其他质量控制方法不是完全的替代关系，而是相辅相成的。因此，应针对产品特点对工艺质量特性认真加以分析，结合已有的控制方法，将需要重点控制的内容纳入表格管理。

③控制内容具体：控制对象、内容是什么，每个项目一定要十分明确、具体，不能笼统含混，这样可以增加表格的可操作性。针对具体的生产加工条件、具体的糖果品种，工艺控制表格的内容页应该是具体明了的，即应该有明确的量化的工艺控制参数。

④形式简洁实用：控制表格是实用性文件，其形式应简洁明了，并且要易于填写、检查、分析。

（2）工艺控制表格设计方法　工艺控制表格的设计步骤如下：

①工艺过程分析，列出工艺流程。

②分解工艺流程，如列出配方、实施步骤。

③控制重点分析，列出工艺控制重点及要达到的实施目的。

④列出需求，即罗列出全部应在表格中体现的内容。

⑤画出表格。

工艺控制表格的设计注意事项如下：

①应按照生产工艺可控性的原则来设计工艺控制表格。

②应按照物资可控及可追溯的原则来设计工艺控制表格。

③对于特殊工艺应设计有针对性的控制表格。

④设计控制表格时应全面考虑整个工艺流程及其衔接。

（3）工艺控制表格内容结构

①表格形式：工艺控制表格主要由操作者和检验人员使用，是一类以表格形式出现的生产文件。常见的控制表格包括生产任务书、配料记录、工序记录、落料记录、工艺控制、工艺检查以及设备保养等，涉及糖果生产、检测、试验等过程控制。

②常见内容结构：从内容结构上看，工艺控制表格主要包括4部分：控制项目、控制要求、控制结果和责任人。

由于控制对象不同，表格形式是多样的，但基本上包含了上述内容，必要时还应加上使用要求或填写说明等内容，其形式可参见表1－20。

表 1 – 20　××食品有限公司充气糖果工艺控制记录

表格编号：　　　　　　　　　　　　　　　　　　　班次：

工序	生产线代号　　　　　工艺要求						备注
溶糖	压力：0.3 ~ 0.5MPa						
熬糖	滤网：100 目						
	压力：0.5MPa ~ 0.6MPa						
	温度：126 ~ 128℃						
搅打时间	15 ~ 25min						
成形颗粒数（粒/500g）	半成品：103 ~ 107						
	成品：103 ~ 107（不含商标纸）						
盒装净含量	2500 ~ 2505g						
	2270 ~ 2275g						

（4）填写工艺控制表格的要求

①用易识别的字体清晰填写，不得缺项、空项。

②不能随意涂改，如确实需要涂改，应在涂改处加盖印章或签字。

③一定要填写日期和责任人。

2. 生产线质量管理

（1）全面质量管理　全面质量管理（Total Quality Management）最先是20世纪 60 年代初由美国的著名专家菲根堡姆提出。它是在传统的质量管理基础上，随着科学技术的发展和经营管理上的需要发展起来的现代化质量管理，现已成为一门系统性很强的科学。

①全面质量管理的内涵：以质量为中心，以全员参与为基础，目的在于通过顾客满意和本组织所有者、员工、供方、合作伙伴或社会等相关方受益，从而达到长期成功的一种管理途径。

全面质量管理应用数理统计方法进行质量控制，使质量管理实现定量化，变生产质量的事后检验为生产过程中的质量控制。全面质量管理类似于日本式的全面质量控制。首先，质量的涵义是全面的，不仅包括产品服务质量，而且包括工作质量，用工作质量保证产品或服务质量；其次，TQC 是全过程的质量管理，不仅要管理生产制造过程，而且要管理采购、设计直至贮存、销售、售后服务的全过程。

②全面质量管理工具：全面质量管理把管理过程划分成 4 种程序：计划（P），执行（D），检查（C），改善（A）。即 PDCA 管理循环。

第一为计划阶段（Plan，即 P 阶段），主要内容是通过市场调查、用户访问、国家计划指示等，摸清用户对产品质量的要求，确定质量政策、质量目标和质量计划等。

第二为执行阶段（Do，即 D 阶段），是实施 P 阶段所规定的内容，如根据质量标准进行产品设计、试制、试验、其中包括计划执行前的人员培训。

第三为检查阶段（Check，即 C 阶段），主要是在计划执行过程中或执行之后，检查执行情况，是否符合计划的预期结果。

最后一个为改善阶段（Action，即 A 阶段），主要是根据检查结果，采取相应的改善措施。

该程序又再回到第一阶段，使此四步程序（PDCA）周而复始、循环不已。PDCA 管理循环几乎可以应用到生活和工作的各个方面，只要对某一事物倾注高度的责任，采用科学的管理法将会使事物的处置更简捷、高效。

（2）生产车间质量管理　生产制造过程是企业产品质量形成的重要阶段，生产车间又是生产制造过程的重要场所和重要环节。生产车间在企业质量体系中一般都不是要素归口管理部门，但其质量活动却基本覆盖了 ISO9000 质量保证模式标准的大部分要素。生产车间现场管理既是企业各管理部门质量职能活动的结合点和切入点，又是综合体现企业管理素质的"窗口"和现场质量控制的重要环节，因此，正确构建车间质量管理体系、有效实施现场质量管理，对于确保过程处于受控状态，减少、消除和预防不合格品的产生，从而不断达到、保持和改进产品质量的目的。

①生产车间质量管理的关键内容：严格贯彻执行工艺流程，保证工艺质量；搞好均衡生产和文明生产；组织技术检验，把好工序质量关；掌握质量动态，建立健全质量信息的原始记录；做好工序质量管理，建立质量关键点，成立质量小组等。

②工序标准化管理要求：工序是产品形成的基本环节，工序质量是保障产品质量的基础，工序质量对产品质量、生产成本、生产效率有着重要影响。企业要寻求质量、成本、效率的改善，提高工序质量是关键。

工序标准化作业对工序质量的保证起着关键作用，工序标准化在工序质量改进中具有突出地位。工序质量受 5M1E 即人、机、料、法、环、测 6 个因素的影响，工作标准化就是要寻求 5M1E 的标准化。

③现场管理与 5S：即使拥有世界上最先进的生产工艺或设备，如不对其进行有效的管理，工作场地一片混乱，工件乱堆乱放，其结果只能是生产效率低下，员工越干越没劲，这样的企业只会生产问题和制造麻烦。5S 现场管理可以有效解决这个问题，能使企业的生产环节得到极大的改善。

5S 现场管理是指整理（Seiri）、整顿（Seiton）、清扫（Seiso）、清洁（Seikeetsu）和素养（Shit‒suke）这 5 个词的英文首字母。5S 活动不仅能够改善生产环境，还能提高生产效率、产品品质、员工士气，是有效展开产品质量管理活动的基石之一。

（3）非生产区域的质量管理　通常将品管（检验）室、办公室、行政管理区、食堂、更衣及洗手消毒室、厕所等非直接处理食品的区域，统称为场前区或非生产区。非生产区应与生产区分开，有一定间隔距离和屏障。与外界接触频繁的办公区更要建在远离生产区的地方。

为保证产品质量，非生产区域也应纳入全面质量管理体系，其控制关键环节如下。

①生产区、非生产区设置应当能保证生产的连续性且不得有交叉污染。从业人员必须经过更衣、洗手消毒等程序后方可进入加工生产区。

②非生产区的墙壁、地板、门和天花板均采用硬质、无孔、不脱落材料制造。天花板为吊顶，采用防颗粒脱落的隔音板和不透明的丙烯塑胶板进行覆盖，以便隐蔽照明设备。玻璃幕墙用于隔离生产区与非生产区部分，为管理人员或参观人员提供方便，玻璃应密闭性能良好，表面平整、光滑、耐腐、具有隔声、保温、防火等优点。

③非生产区工作人员，确实因工作需要要进入生产区的，需经批准和严格消毒后方可进入，但绝不允许带进任何无关物品。

④检验室设备应定期校准，各类生产、质量文件应妥善保存并易于检索。

（4）生产员工质量管理工作程序要点　生产员工质量管理工作程序通常由三级工艺师向一线员工传达并进行监督、管理，确保一线员工正确实施。

①自检。各工序作业人员在生产过程中应随时主动自检，并及时调整或改善。在自检中发现本人无法解决的异常情况时，应立即报告当班班长或带班人员处理。自检挑选出来的不良品应统一单独放置，并进入不合格管理程序。

②互检。各工序作业人员应对上一道工序的产品进行检查，若检查合格，则投入使用；若检验不合格，应立即报告当班班长或带班人员处理。

（三）成品审核

1. 质量问题分析

根据 GB 14881—2013《食品安全国家标准　食品企业通用卫生规范》的规定，企业质量管理应贯穿生产的全过程中，具体包括成品标准制定、生产线品控、生产线审核、半成品审核、成品审核等部分，成品审核工作只是全面质量管理工作中的一部分。从经济角度考虑，成品审核应延伸到生产线上的半成品审核开始，这种操作方式具有经济上和技术上的双重优势。

（1）成品审核程序　成品审核包括半成品、最终半成品及成品审核三部分内容。成品审核的程序如下。

①制定企业质量管理规范，明确各审核控制点和相应质量要求。

②按上述规范进行感官检验。

③按上述规范进行实验室检验并出具报告。

（2）成品检验分工

①过程质量控制（PQC）对包装进行巡检，检验产品外观、有无杂质、封口效果、批号、质量等，填写成品检验报告，检验结果判定为合格，则通过包装车间办理暂时入库手续。

②检验员对已内包装的每批产品进行理化和微生物检验，填写成品检验报告。

检验中若发现不合格产品，应填写不合格报告，并执行不合格品管理程序。

（3）质量检验报告　质量检验报告包括出厂检验报告和型式检验报告，产品出厂均须经过出厂检验。在正常生产时，每 6 个月应进行型式检验。有下列情况之一时也应进行型式检验：新产品试验鉴定；正式生产后，如原料、工艺有较大变化，可能影响产品质量时；产品长期停产后，恢复生产时；出厂检验的结果与上次型式检验存在较大差异时；或国家质量监督机构提出要求时。

①出厂检验报告：糖果类产品出厂检验应包括感官要求、净含量、干燥失重、菌落总数和还原糖等项目。

巧克力及其制品产品质量出厂检验项目包括感官、净含量、细度、干燥失重及制品中巧克力的相对密度。

②型式检验报告：型式检验项目包括技术要求中的全部项目。

糖果类产品型式检验包括：感官、净含量、干燥失重、菌落总数、铅、总砷、铜、SO_2 残留量、大肠菌群、致病菌（沙门菌、志贺菌、金黄色葡萄球菌）、还原糖和标签；乳脂糖果及中、低度充气糖果需测定脂肪，乳脂糖果需测定蛋白质，胶基糖果需测定锌和霉菌。但是，抛光糖果、胶基糖果、压片糖果不要求测定还原糖。另外，可根据产品色泽选择测定着色剂。

巧克力及制品型式检验包括感官、净含量、可可脂（以干物质计）、非脂可可固形物（以干物质计）、乳脂肪（以干物质计）、总乳固体（以干物质计）、细度和制品中巧克力的相对密度、干燥失重、铅、总砷、铜、糖精钠、甜蜜素、致病菌和标签。

2. 感官检验

（1）常用抽样方法与数量

①抽样方法：在企业产品库中，第一段以箱为基本单位，在同一生产批次的成品中抽出 4 箱，第二段从 4 箱中分别抽取 1.5kg，共抽取 2kg。

②抽样数量：在生产线或仓库内随机抽取样品，所抽样品须为同一批次保质期内的样品，抽样基数不少于 50kg，随机抽取 2kg（不少于 30 个最小包装），样品分成 2 份，每份样品为 1kg，1 份检验，1 份备查。

（2）包装糖果感官要求

①枕式包装成品糖果应包装紧密、端正；无包装袋破损、无空袋、无反包、无错封；其外观应无错印、漏印，标示内容应符合有关标准规定；包装外观无糖屑粘连现象；除特殊要求外，每粒糖果应完全分开，无多粒连续。

②双扭包装应包装紧密、端正、扭结一致，外观无破损；其外包装应无错印、漏印，标示内容应符合有关标准规定；包装外观无糖屑粘连现象。

③单扭包装应包装紧密、端正、外观无破损；扭结端扭结一致，折角端折叠整齐；其外包装应无错印、漏印，标示内容应符合有关标准规定；包装外观无糖屑粘连现象。

④中包装应无包装袋破损，质量合乎要求，封口平整严实；无反包、无错封；其外包装应无错印、漏印，标示内容应符合有关标准规定；加贴标志、标示的，应标志、标识齐全，且符合 GB 7718—2011《食品安全国家标准　预包装食品标签通则》规定。

⑤打包外箱标示、日期打印清晰，整箱包数及重量合乎要求，封口平整严实；加贴标志、标示的，应标志、标识齐全，且符合 GB 7718—2011《食品安全国家标准　预包装食品标签通则》规定。

（3）标准规定的硬质糖果感官要求

硬质糖果应块形完整，表面光滑，边缘整齐，大小一致，厚薄均匀，无缺角、裂缝，无明显变形，无肉眼可见杂质，并应符合该品种应有的滋味及气味，无异味。

①砂糖、淀粉糖浆型：色泽应光亮、均匀一致，具有应有的色泽；糖体应坚硬而脆，不粘牙、不粘纸。

②砂糖型：微有光泽、色泽较均匀，具有品种应有的色泽；糖体微酥而脆，不粘牙、不粘纸。

③淀粉糖浆型：光亮、透明，具有品种应有的色泽；糖体微粘而脆，不粘纸。

（4）标准规定的巧克力及其制品感官要求

巧克力及其制品的色基调始终为棕色，并且依巧克力、巧克力制品具体产品类别而具有不同的色差，从浅棕色、棕色至褐棕色，即具有该类产品应有的色泽；其香味、滋味应符合相应产品要求，无异味，无正常视力可见杂质；形态外观整齐，具有巧克力产品独有的光泽。

3. 质量问题识别

（1）标准规定的硬质糖果理化、卫生指标

干燥失重：砂糖型为≤6.0%，其他各型为≤4.0%。

还原糖（以葡萄糖计，%）：砂糖、淀粉糖浆型为12.0~29.0，淀粉糖浆型为<40.0。

铅（Pb，mg/kg）≤1。

总砷（以As计，mg/kg）≤0.5。

铜（Cu，mg/kg）≤10。

二氧化硫残留（g/kg）≤0.1。

菌落总数（CFU/g）≤750。

大肠菌群（MPN/100g）≤30。

其他致病菌（沙门菌、志贺菌、金黄色葡萄球菌）不得检出。

（2）标准规定的巧克力及其制品理化、卫生指标

铅（Pb，mg/kg）≤1；总砷（以As计，mg/kg）≤0.5；铜（Cu，mg/kg）≤15；致病菌（沙门菌、志贺菌、金黄色葡萄球菌）不得检出。理化指标如表1-21所示。

表1-21　巧克力及其制品理化指标表

项目	巧克力			巧克力制品		
	黑巧克力	白巧克力	牛奶巧克力	黑巧克力部分	白巧克力部分	牛奶巧克力部分
可可脂（以干物质计）/% ≥	18	20	—	18	20	—
非脂可可固形物（以干物质计）/% ≥	12	—	2.5	12	—	2.5
总可可固形物（以干物质计）/% ≥	30	—	25	30	—	25
乳脂肪（以干物质计）/% ≥	—	2.5	2.5	—	2.5	2.5
总乳固体（以干物质计）/% ≥	—	14	12	—	14	12
细度/μm ≤		35			—	
巧克力制品中巧克力质量分数/% ≥		—			25	

（四）食品检验标准

1. 根据食品检验标准的性质分类

技术标准：SB/T 10184—2012《糖果拉条机技术条件》（包括糖果拉条机

的要求、试验方法、检验规则、使用信息）。

管理标准：GB/T 23822—2009《糖果和巧克力生产质量管理要求》（规定了糖果和巧克力生产企业的工厂设计、厂房与设施、机械设备、机构与人员、卫生管理、生产过程管理、品质管理、记录管理、标识等要求）。

工作标准：糖果工厂良好作业规范专则。

2. 根据检验标准的应用范围分类

国际标准：由国际标准化组织（ISO）制定，主要包括：联合国粮农组织（FAO）、世界卫生组织（WHO）、美国官方分析化学师协会（AOAC）、食品法规委员会（CAC）、食品化学法典（FCC）、美国食品药物管理局（美国FDA）。

国家标准：适用于全国范围，GB/T 5009—2003《食品检验方法　理化检验》。

行业标准：适用于行业范围，轻工行业标准（QB）、商业行业标准（SB）、农业行业标准（NY）。

地方及企业标准：适用于本区域内、本企业内、或尚无国家标准时。其制定应符合国家、行业有关的技术基础标准。

食品检验常用标准：产品标准、方法标准。

3. 糖果工业的卫生要求

糖果是广大人民消费最广的食品之一，尤为儿童所喜爱，因此必须严格保证符合食品卫生的要求，以增进人民身心健康，应搞好食品卫生，防止污染是保证食品质量极为重要的措施。

（1）防止微生物的污染　在糖果生产中，由于微生物的污染会引起糖果变质，直接或间接影响糖果的食品价值和人体健康。

由于巧克力、糖果是一种营养丰富的食品，微生物能在适宜的条件下促使它迅速分解，腐败变质，最后发生腐臭味，严重影响糖果的风味和营养价值。特别是蛋白质被微生物污染后产生硫化氢和氨气，发出强烈的臭味；微生物和水解脂肪酶的作用下使油脂含量高的糖果发生变质，产生游离脂肪酸和酮的化合物，过氧化物增高，产生不愉快的酸败味、皂味、辛辣味和其他刺激性气味。既影响糖果的香味，也影响糖果的食品卫生价值。虽然糖果本身含有很高的糖分，对抑制微生物的滋生繁殖有利，但必须加强糖果原料的卫生及工艺过程中的灭菌效果，消灭可能带菌的产品。加强操作过程中的各项卫生制度，防止微生物来源，堵截微生物可能污染产品的渠道。

（2）添加剂的要求　糖果中除了基本组成外，配料中有时还会加入一些数量不大的添加物，这类添加物称为添加剂。在糖果中使用较广的是一种化学添加剂。使用的目的在于改善和提高产品的外观、色泽、香气、滋味、组织结构和保存性等。如果使用不当，就会对人体健康产生生理影响。因此，在选择添加剂时，首先需充分考虑到它的卫生要求、应用范围、使用限量和使用方法，必须符合规定，才能达到卫生要求。

（3）严格控制重金属的污染 糖果中重金属的主要来源是原料，加工时对金属容器、用具、管道机械装置接触摩擦及物料在加热过程中产生的酸或盐分对金属器皿的侵蚀使重金属转移到产品中。

重金属铅、镉、锡、锑和非金属砷、汞等都有毒性且毒性很大，人体摄入过多，即可引起中毒，对人体健康造成危害，因此在糖果加工制作中应严格控制其含量。必须从原料、工艺设备使用和质量控制等方面作出极大的努力才能达到符合食品卫生的要求。

（4）搞好巧克力、糖果食品卫生 在巧克力、糖果生产中，以搞好工业卫生为重点，防止产品污染，必须采取有效措施，开展有关食品污染的各项专题研究活动，搞清污染的各种原因，查明有害物的危害性以及危害人体健康的污染物质，改进生产条件。凡是影响食品卫生，导致糖果污染的不合理生产条件，应加以改变和解决，在条件允许的情况下，提高机械化生产程度，开展糖果生产的连续化、自动化，摆脱人工操作带来的污染。

（五）糖果主要质量控制

1. 硬糖的返砂控制

硬糖由过饱和的、过冷的蔗糖和其他糖类溶液形成，固体处于非晶形状态或称玻璃态。当蔗糖从溶液析出时形成糖的结晶或晶粒，就称为返砂。硬糖中一旦出现返砂将使硬糖失去塑性稠度，质构变得松脆，外观也从透明变为不透明。糖料一旦返砂将不能再进行加工。因此如要生产透明的硬糖，则必须控制返砂。

（1）糖果中出现返砂的原因

①配方中的淀粉糖浆不足：硬糖糖果中的淀粉糖浆用量应该在 35% ~ 40%，利用开口锅熬糖时淀粉糖浆的用量可低至 20%，间歇式真空熬糖时淀粉糖浆的最低用量为 30%，半连续熬糖时为 30%，连续熬糖时为 40%。此外，搅拌时的机械振动也可能造成返砂现象。因此，搅动剧烈的工艺要求淀粉糖浆的用量较大。

②硬糖的水分太高。

③高温下过分搅动。

④加工前在保温台上放置时间太长。

⑤在熬煮后的糖膏中添加了返回料。

⑥在高温区进行操作性贮存。

⑦在高温下贮存。

（2）相应的解决办法

①严格控制配方中的淀粉糖浆含量。

②降低水分，硬糖的水分应控制在1%~3%。水分越低，则黏度越大，则可以阻止返砂。

③在高温时尽量不搅打：熬糖时糖浆逐渐浓缩，糖浆处于饱和状态，熬糖结束后温度开始下降。糖浆由饱和状态进入超饱和状态，这时若观察糖浆均匀，可不搅动，若不太均匀，只能稍作搅动，而不能在高温下过分搅动，过分搅动会使糖浆处于低黏度，造成返砂。

④尽量减少保温时间：糖料在等待进一步加工放在保温台上时，要尽量控制保温时间，太长将导致返砂。

⑤返砂的返回料不得加入糖膏中：在硬糖的糖膏中添加香精和色素时，通常要添加返回料，此时必须确保不将已返砂的糖料返加至糖膏内。返砂的返回料作为蔗糖的晶种接种至糖膏内起晶棱的作用，将导致整个糖料返砂。

⑥不在高温下贮存：硬糖具有约28%的平衡相对湿度。当温度较高时相对湿度超过28%，硬糖就会从大气吸收水分从而发黏使蔗糖结晶，导致表面返砂。返砂现象逐渐向内部深入，最后整粒硬糖返砂。因此，不宜在高温区贮存硬糖。

⑦降低贮存温度：尽量将贮存的温度降低，一般不应超过38℃。

2. 软糖生产中的质量控制

（1）明胶软糖生产中的质量控制　在明胶软糖的生产中，要特别注意明胶性能易被热和酸破坏的特点。虽然明胶凝胶具有优良的可逆性，但在过高的受热情况下，明胶可能成为不可逆胶体。在生产明胶软糖时，常使用柠檬酸作为调味剂，熬制成的糖浆pH在3.5~4，因此要注意明胶的合理使用。

在生产明胶软糖的过程中，为确保得到设定的产品风味，可选用乙醇作为去腥剂，以除去某些明胶的异腥味。

用液体葡萄糖生产明胶软糖时，有时因为液体葡萄糖质量不稳定，会直接影响明胶软糖的质量。特别是在天气干燥的情况下，往往使软糖表面出现硬壳薄砂层，影响软糖质量。若用果糖取代液体葡萄糖用于明胶软糖的生产，生产出来的软糖可保持糖体柔软，味纯正口。

（2）琼脂软糖生产中的质量控制　在琼脂软糖的生产中，如果琼脂胶体与砂糖及葡萄糖浆一同熬制，因琼脂胶粒受糖分子所包围，不容易达到扩散而溶化，所以琼脂须预先溶化。溶化过程中，不宜使用明火直接加热，以免胶黏变质。

由于琼脂胶体容易受酸破坏，所以琼脂软糖一般不加酸，所以砂糖被转化而成的还原糖较少，还原糖量少时，软糖的品质不佳。在琼脂软糖的制作中，葡萄糖浆所占比例较大，以弥补还原糖量的不足。搅拌后要静置一定时间，让气泡聚集到表面，然后撤除，否则成形后颗粒中有气泡影响外观质量。

（3）果胶软糖生产中的质量控制　在果胶软糖的生产中，pH 是果胶软糖形成的关键，不适当的 pH 不但不利于凝胶的形成，还会导致果胶和蔗糖的分解。高甲氧基果胶的凝胶范围是 pH 为 3.2 ~ 3.6。因此，在设计配方和制定操作程序时，要远离这个范围，如果在生产过程中涉入这个范围则会引起果胶预凝，大大影响浇模成形时的凝胶效果，甚至不能形成果胶软糖。过低的 pH 会引起砂糖过度转化，当 pH 太高时，又要防止糖焦化和果胶降解，果胶降解以后就会影响果胶的添加量，导致果胶用量不足，影响产量质量。所以严格控制好生产过程中的 pH 是果胶软糖生产的关键问题。一般要控制 pH 在 3.8 ~ 5.0，只有在浇模时 pH 才能达到 3.2 ~ 3.6，以保证糖液正常凝胶成形。

思考题

1. 糖果包装检验的要求有哪些？
2. 糖果等食品检验中采样的意义？
3. 糖果产品感官检验的项目有哪些？
4. 食品检验结果的判定原则有哪些？
5. 食品检验的标准有哪些？
6. 糖果工业企业全面质量管理的基础工作和基本方法有哪些？广泛推广应用的食品安全体系有哪些？

实操训练

实训一　硬糖糖果的加工

（一）硬糖的特性

1. 硬糖的概念和类别

硬糖是以多种糖类（糖水化合物）为基本组成，经过高温熬煮脱水浓缩而成。常温下是一种坚硬而易脆裂的固体物质。

硬糖按工艺方法划分，透明型：各种水果味、薄荷、桂花硬糖。夹心型：酥心糖、浆心糖、粉心糖等；丝光型：各种烤花糖；花色型：白脱糖、奶油糖、蜜饯和各种保健糖；膨松型：白脱香酥、脆仁糖等；结晶型：梨膏糖。按照外观划分，形态：球形、椭圆形、长方形、方形、三角形、腰圆形、棱子形、房屋形和锯片形等；包装：散装、卷装、盒装、瓶装、听装、袋装等。按色、香、味划分，色泽：透明、半透明、不透明、丝光；香味：水果味、奶油味、可可味、椰子味、杏仁味、清凉味等。

2. 硬糖的主要组成

硬糖由两部分组成：即甜体（糖类）和香味体（调味、调色材料）。

甜体主要是由单糖、双糖、高糖和糊精等碳水化合物组成的甜味基体。组分为：50%～80%的蔗糖，10%～20%的淀粉糖（麦芽糖、葡萄糖、果糖和转化糖），10%～30%的糊精。

香味体包括香料、调味料和辅料。其中调味料包括两部分：一部分是水果型硬糖所用的香料、香精和有机酸。天然香料最理想，有机酸主要为柠檬酸，调味料在硬糖的风味形成中起着重要作用。另一部分天然食物。如乳制品、果仁等，不仅可以改善硬糖的风味，还可以改变硬糖的结构和状态，使硬糖别具风格。糖果调色提倡使用天然色素，因为其安全性高。如使用人工合成色素，一定要控制其使用量。硬糖中香精油加入量一般为0.1%左右；柠檬酸的量为1%～1.5%可获得比较满意的糖酸比值。

3. 硬糖的加工原理

硬糖加工基础原料为砂糖，占到硬糖的60%～75%。硬糖加工要解决怎样将结晶的砂糖转变为无定形的固体的问题。蔗糖溶于水，加热熬煮使蔗糖转化，脱水浓缩最终产物大部分还是结晶体。为获得无定形即非晶体物质，必须加入抗结晶物质。这种物质能提高砂糖溶液的溶解度，使砂糖溶液在过饱和时不出现结晶。另一方面，通过糖液的黏度，也能减缓砂糖溶液重排形成晶体时的分子运动。

砂糖是有规则的结晶体。当砂糖溶于水，在酸性条件下加热熬煮，部分蔗糖水解成了转化糖，连同加入的淀粉糖浆经浓缩后就变成了糖坯。糖坯是由蔗糖、转化糖、糊精和麦芽糖等混合物组成的非结晶结构。

非结晶结构的糖坯是不稳定的，会逐渐转变为晶体而返砂。为保持糖坯非结晶的相对稳定性，需要加入抗结晶物质。抗结晶物质有胶体物质、糊精、还原糖和某些盐类。但在糖果加工中常加入糊精和还原糖的混合物——淀粉糖浆。以提高糖液的溶解度和黏度，抑制蔗糖分子重新排列而引起返砂。

非晶体糖坯没有固定的凝固点。即液体糖膏变为可塑性的糖坯有一个很宽广的温度范围，在糖果加工中，在此阶段可加入调味料，翻拌混合，冷却、拉条和成形等操作。

4. 配方计算

根据硬糖色香味、形态和结构特点，制定生产工艺流程。其中第一步就是选择和确定这种硬糖所有原料的品种和数量，即配方。大部分硬糖的配方，都是由甜味料组成基体，那么甜味料由哪些原料组成，正常情况下是由砂糖和糖浆组成，使用量的比例关系是由硬糖中最后的还原糖来确定。当砂糖和糖浆比例关系确定后，就要确定香味料的量。虽然香味料所占比例小，但影响巨大，因此，确定其具体比例关系必须小心，可经少量调试试验，得到合适量后，再确定具体比例。当甜味料和香料的具体比例确定后，硬糖配方就产生了。

此外，在硬糖配方确定前还需进行配方计算，要掌握各种物料间的平衡，因为物料的平衡关系到产品的质量水平和产品成本。

配方中各物料的确定，一般都经计算，来解决结晶和抗结晶物质的比例和具体数量。这种关系的计算简式为：

$$R = \frac{W_1}{W_2 \times (1 + m)} \times 100\%$$

式中　R——配料中加入还原糖的含量，%

　　　W_1——配料中加入还原糖总质量，kg

　　　W_2——配料中干固物总质量，kg

　　　m——硬糖中平均水分含量，%

✓ 案 例

硬糖配方中还原糖的加入量要求为12%，而配方中砂糖用量为100kg，假定硬糖成品的平均含水量为2%时，求配方中应配加的淀粉糖浆量（已知100kg砂糖中干固物为99.5%，淀粉糖浆中干固物80%，还原糖42%）。

已知：$R\% = 12\%$　　$m\% = 2\%$　　$W_1 = X \times 42\% = 0.42X$　　$W_2 = 100 \times 99.5\% + X \times 80\% = 99.5 + 0.8X$

代入计算简式为：

$$12\% = \frac{0.42X}{(99.5 + 0.8X) \times (1 + 2\%)} \times 100\%，得 X = 37kg$$

（二）产品通用配方

1. 常压熬糖的配方

表 1 - 22　常压熬糖配方　　　　　　　　　　单位：kg

原料名称	水果味	奶油味	椰子味
砂糖	10	10	10
淀粉糖浆	2.5	2.5	2.5
奶油	—	0.5	—
椰子油	—	—	1
柠檬酸	0.06 ~ 0.15		

续表

原料名称	水果味	奶油味	椰子味
食盐	—	0.05	—
香兰素	—	0.005	0.005
香精	0.02 ~ 0.025	0.02	0.02
着色剂	适量	—	—
乳粉	—	0.25	0.5

2. 真空熬糖的配方

表 1 - 23　真空熬糖配方　　　　　　　单位：kg

原料名称	咖啡味	可可味	茶香味	花生味
砂糖	28	28	28	28
淀粉糖浆	17	17	17	17
乳粉	0.2	0.5	—	1
奶油	1	1	1	1
甜炼乳	10	6	1	5
可可液块	—	1	—	—
可可粉	—	1	—	—
咖啡粉	0.5	—	—	—
红（绿）茶粉	—	—	0.2	—
花生粉	—	—	—	3

（三）生产工艺流程

硬糖品质繁多，但根据加工原理，一般硬糖的加工工艺流程差别不大。目前常用的有以下工艺流程。

1. 常压熬制硬糖的工艺流程

白砂糖、水、淀粉糖浆　　　香味料、着色剂、酸味剂

　　↓　　　　　　　　　　　　　↓

溶糖 → 过滤 → 熬糖 → 冷却 → 调和 → 冷却 → 成形 → 冷却 → 拣选 → 包装 → 成品

2. 真空熬制硬糖的工艺流程

白砂糖、水、淀粉糖浆　　　　　　　　　　　　香味料、着色剂、酸味剂
　　↓　　　　　　　　　　　　　　　　　　　　　　　↓

溶糖 → 过滤 → 预热 → 真空蒸发 → 真空浓缩 → 冷却 → 调和 → 冷却 → 成形 →

冷却 → 拣选 → 包装 → 成品

3. 连续注模成形硬糖的工艺流程

白砂糖、水、淀粉糖浆　　　　　香味料、着色剂、酸味剂
　　↓　　　　　　　　　　　　　　　　↓

溶糖 → 过滤 → 预热 → 真空熬糖 → 冷却 → 调和 → 注模 → 成形 → 冷却 → 拣选 →

包装 → 成品

（四）产品加工工艺要求

1. 溶糖的加水量控制

溶糖的工艺目的是将结晶状态的砂糖转变成溶液状态。在实际生产过程中，所选择的溶糖方式、原料量的大小、物料的猫度将影响到溶糖的速率、水分的损失等。因此，首先要了解砂糖在水中的溶解特性，以确定合理的溶糖加水量。

（1）砂糖在水中的溶解特性　糖液沸点温度高于溶剂水的沸点温度，并且随着糖液浓度的增大而增高。

①理论上砂糖与水的比为1:0.25时（糖液质量分数75%），砂糖溶液的沸点温度为107.5℃（真空度不同会略有差异）。

②糖果干物质实际加水量一般为总干固物的30%～35%，加热温度则掌握在105～107℃，质量分数为75%～80%。

（2）确定合理的加水量　溶糖操作特别要强调加水量的控制，这是因为：

①加水量小不能保证砂糖的完全溶化。未溶化的砂糖作为晶种在以后的加工过程中轻则在成形后或在很短的保质期内引起返砂，严重时无法加工制作。

②加水量过大，能耗过大，不利于降低成本，也使糖液溶化过程延长，最终造成产品品质问题。

③在酸性条件、较高的温度及较长的时间等几个因素作用下，促成了非还原性糖类转化成还原性糖类。显然，加水过多，对转化为还原糖有利。因此，从能耗、品质两方面出发，确定合理的加水量、合适的溶化温度和时间，是溶糖必须明确的工艺参数。

近年来，为了减少硬搪制造溶糖过程的加水量，已出现一种可与质量计算系统装置相连接的新的压力溶化器，混合物的物料以泵送入压力溶化器的蛇形

管内，同时加热蒸汽送入容器内，在短时间内使混合物料完全溶化。采用在压力下加热的方法，硬糖物料的加水量可减少至15%，节约能耗，而且对保证品质也有帮助。

2. 熬糖的工艺要求

溶化后糖液的质量分数在20%以上。因此，要使糖液在达到硬糖规定的质量分数时变成糖膏，就必须脱除糖液中残留的绝大部分水分。通过不断加热，蒸发水分可实现这一过程。这一过程在糖果制造中称为熬糖（或熬煮）。实践证明，这一过程的实现，一是与物料温度的提高有关，二是与物料表面的压力有关。通过不断加温，糖液吸收热量，温度不断提高。当糖液温度升高到使糖液的内在蒸汽压大于或等于糖液表面所受的压力时，糖液即产生沸腾，糖液内大量的水分以水蒸气的状态脱离糖液，糖液的浓度得以提高。不同浓度的糖液的沸点是不同的。

糖液浓度越高，相应的沸点温度越高。在糖液熬煮到规定浓度的整个过程中，要始终使糖液处于沸腾状态，从而保证水分不断从糖液中脱除。这样就必须不断给糖液加温。在实际生产中，糖液是由不同糖类的混合液组成的，其沸腾温度由于糖液的相对分子质量的不同而有变化。其变化规律为，在相同浓度下，糖液内所含糖类相对分子质量越大，其沸点则相对较低；相对分子质量越小，沸点相对较高。操作时可根据这一特点作必要的调整。

（1）常压熬糖　常压熬糖是在108～160℃的温度条件下进行的。在这个温度范围内，糖液不可避免会产生转化、分解、聚合等化学变化，特别是熬煮后期，较高的温度加速了各种化学反应。

熬糖过程中蔗糖的转化是经常发生的。物料组成中的各种糖浆一般都呈酸性，蔗糖或糖浆在加工过程中，与生成的微量盐类通常也会带入熬煮的物料中去，在溶液状态下表现为不同的pH，从而促使蔗糖产生不同的转化作用，生成不同数量的转化糖。

在熬糖过程中，对蔗糖的转化作用不加控制是非常有害的。因为，生成的转化糖具有强烈的溶解性与吸水气性，含有不同转化糖量的硬糖在生产过程与保藏过程中，可以从外界不同程度地吸收水分而导致发烊、返砂、变质。在糖果生产过程中，成形冷却时糖粒温度低于室温，则糖粒开始吸收空气中的水分发烊；如空气中湿度降低，则糖粒表面吸收的水分散发到空气中去，发烊的糖粒表面就会结成一层晶体而发砂。此外，糖果在保藏过程中若遇到高温、高湿及包装不严密的情况，也会因吸收空气中的水分而由表及里地发烊，当空气中湿度降低时，糖粒吸收的水分又散发到空气中，糖粒表面结晶而发砂。

因此，在采取直接火加热的方式常压熬糖时，要避免蔗糖的过度转化。特别要注意的是，在熬煮后期，物料温度急剧上升将导致转化糖生成量的跳跃式增加。在高温的熬煮过程中、转化糖将脱水形成糖酐,再进一步分解为 5 - 羟甲基糠醛、腐殖质、蚁酸与左旋糖酸等一系列分解产物。此外,糖酐与转化糖在高温下又能形成可逆性的缩合产物。以上的分解产物呈色极深,并具有苦味和很强的吸水气性。这些物质的形成与存在必然损害硬糖的品质。

硬糖的常压熬糖必须通过高温区来进行。对物料组成的选择,应当考虑到通过高温区可能发生的转化与分解的不良影响。严格控制操作条件,可以减缓这种变化的速度。例如,熬煮物料时应保持 pH 在 6 左右;熬煮物料的批料量宜少,熬煮周期不超过 15min;熬煮后期应尽快通过高温区;准确控制制品的熬煮终点与最终浓度等。

（2）真空熬糖　真空熬糖也称减压熬糖。在一个密闭的熬糖锅内,糖液表面的空气大部分被抽除。因此,糖液表面受到的空气压力极小,这样使得糖液在升温过程中只要在较小的蒸汽压下即可呈现沸腾状态,从而可避免在常压、高温、长时间条件下熬煮所带来的不利于硬糖品质的化学变化。真空熬煮不需通过 143 ~ 160℃ 这一高温区,并避免了因此产生的一系列剧烈的化学变化,这是常压熬糖无法实现的。

（3）连续真空薄膜熬糖　连续真空薄膜熬糖采用薄膜熬糖机熬糖。糖液由定量泵打入预热器。预热器内设盘管,蒸汽在盘管外加热,糖液在盘管内受热。加热原理与真空连续熬糖锅加热器相同。蒸发器上端连接真空泵,把定量泵到卸料泵之间,包括预热器缸、薄膜蒸发器在内的区域抽成真空。预热糖液进入蒸发器后,预热时产生的蒸汽泡与糖液分离后被真空泵抽走,糖浆沿缸壁落到第一道刮板上。刮板通过刮板轮固定在主轴上,主轴由电机驱动并作960r/min 的顺时针旋转。旋转的惯性使刮板张开,糖浆沿蒸发室缸壁被刮板刮成薄膜后加热。蒸发器的缸套设计为夹层,内通蒸汽,蒸汽的热量传至缸内壁加热糖膜,糖膜中的水分汽化并被真空泵抽走,剩下的糖浆因浓度和相对密度增大而落入第二道刮板。此后,在第二道和第三道刮板相同原理的作用下,糖浆的水分被逐步分离。最后,合格的糖膏落入卸料泵并通过出料管输入下道工序,真空薄膜连续熬糖的全部过程完成。

真空薄膜熬糖机熬糖快,出料连续,最适合在连续生产线上配套使用。通过调整定量泵的进糖速度或蒸汽温度,可使糖膏熬到规定的要求。

3. 冷却与混合的工艺要求

经熬煮的糖液在卸出熬糖锅后且糖体还未失去流动性时,将所有的着色剂、香精、酸及其他添加物料及时、均匀地分散添加进糖体,这个过程称为混合。在进行混合操作时,要注意以下几点。

（1）要在硬糖膏还有流动性时进行混合。

（2）添加进糖膏物料的分散特性及物料特性。

（3）混合的方式与条件。

实践证明，硬糖膏的温度越高，黏度越低，其相对流动性越好。在添加较多物料或不易分散物料时，只要不影响最终成品的品质要求，宜在糖液熬煮后马上添加着色剂、香精、酸等添加物料。为保证硬糖的最终品质，宜在糖液稍经冷却后温度降至110℃左右时添加。另外，为保证分散均匀，某些物料要进行预处理，如柠檬酸、苹果酸一般为晶粒状，需经粉碎机粉碎，经 80～100 目筛过筛，才能更好地在糖膏中混合均匀。

硬糖制作过程中的冷却作用，首先是抑制或缓和经熬煮糖液的内部变化；其次是促使糖液降低到一定的温度而有利于物料的混合；最后使糖液的温度降低到便于成形的状态（浇注成形的硬糖则是先浇模、后冷却，其冷却的终了温度为40℃左右）。一般冲压成形的硬糖冷却到 80～90℃，此时，糖膏具有良好约可塑性和较大的黏度以便于进一步成形。

硬糖冷却的方式有手工冷却和机械自动冷却。不管采用何种方式冷却，传热介质都是冷却水。因此，根据不同的糖膏温度、环境温度和水温调节好冷却水的流量，对混合冷却过程中物料的充分均匀混合，冷却的均匀性及操作的顺利进行都是很重要的。冷却过程中还要注意的是回掺糖头量的控制及溶化，不能出现糖头硬块与糖膏内有大的空气泡，并避免过度搅拌引起返砂。

4. 成形工艺要求

由于品种特性的不同，硬糖的成形方式也不同。大部分硬糖是注模成形与冲压成形，但也有滚压成形、剪切成形及塑性成形。

除注模成形的硬糖外，采用其他方式成形的硬糖的糖膏温度都需控制在80～90℃。温度过高，则成形的糖粒有变形的危险；温度过低，则操作困难，糖粒表面容易开裂而不光滑。硬糖的成形过程包括整形、匀条与塑压等程序。

（1）冲压成形　硬糖膏在成形机内的成形过程较长。糖条进入通路后即进入冲模区，各对模型即顺序向糖条压缩。在进入冲压区后，各对模型顺序吻合并起到预成形与模压的作用，外侧的模型与糖粒脱离，随后进入脱模区而最后成形的糖粒从出口处经输送至冷却区。目前，性能精良的冲压成形机通过变速装置可调控单位时间通过糖条的流量，生产能力为340～1000kg/h。同时，其精密程度可使糖屑产生量降低至最小程度。

实际上，成形后的糖粒仅表面是固体，并且其内部热量仍在向外扩散，因此必须继续予以冷却。冷却方式一般采取表面冷风冷却，经处理的冷风温度为12～18℃，相对湿度应低于60%，砂糖的固化温度为58℃左右，终了冷却温度为40℃左右。

（2）连续注模成形　硬糖的连续注模成形过程同样也是由一系统机构、设备、模具与仪表组合而完成的。熬煮并预先混合的物料由卸料泵通过管道入口提升，并经出口流经斜板而进入由夹套保温的料斗，保持物料的浇注温度为140℃使其具有良好的流动性。料斗固定在浇注机上，通过浇注机的运转，将物料通过浇注头定量地注入模型盘，模型盘顺序固定在一环行的传送带上，带的长度一般为 13～14m；装有物料的模型盘在运行中受到上方气流与下方气流的冷却作用，经过处理的冷风温度为 6～8℃，风速为 7～8m/s。模型盘运行至下方而反转时，物料已趋凝固，在达到脱模区时，利用脱模装置将模型盘内的糖粒推落于卸料传送带上并送往包装机。同时，空的模型盘又重新环行至上方，经过润滑剂、喷雾器对模型作必要的处理，再接受新的浇注物料，从而循环往复。一般硬糖在模型盘内的停留时间约 7min，糖粒在卸料传送带的停留时间约 5min。

硬糖连续注模成形过程的注模阶段操作温度很高，物料始终处于一种不稳定的特殊液态下进行机械处理，物质分子运动比塑性状态下剧烈。因此，对物料的化学组成与物理特性有以下的工艺技术要求：①控制物料组成的黏度范围，有利于操作过程中的输送、混合、浇注、计量分配的流动性与准确性；②控制物料在操作过程应有的温度范围，并将物料通过高温区的时间减小至最小程度；③控制物料在高温时引起转化和分解的各种条件；④控制物料在注模过程因长时间机械摩擦作用而产生重结晶与返砂的条件；⑤控制在注模前物料混合的准确性与均匀性；⑥控制物料在成形过程的脱模特性，同时要求模盘应具有良好的导热性、光滑性和机械脱模性；⑦控制连续注模成形过程给料与卸料的平衡；⑧控制连续注模成形过程热量的传递与交换。以上各种条件若得到控制与协调，连续注模成形过程的生产能力可达 1000～3200 粒/min，连续自动进行可具有很高的劳动生产率。同时，所得产品高度透明致密，形态整齐光滑，具有很高的质量水平。

5. 使硬糖酥松的方法

（1）拉白　当硬糖冷却到塑性状态时，在硬糖膏反复拉伸、折叠的过程中，把外界的空气包入了糖膏，使糖膏的密度减小，从而使原来紧密的糖体组织状态变成充满无数小气孔、相对酥松的结构状态。

（2）拉伸　将糖膏冷却至一定温度，摊成厚度为 4cm 左右的糖皮，在一个圆形滚筒上抹上防粘连的物料，将糖皮包裹在滚筒上；封住一头，立即从另一头抽出滚筒，使空气进入糖膏管；再封住另一头，并将管状糖膏拉伸至 90～120cm 后折叠，再拉伸 4～5 次，每次使其长度增加一倍，最后切块成形。注意在此过程中不能过多挤压，否则制作的糖体内形如蜂窝状。

（3）加疏松剂　当糖液熬至规定浓度后投入化学疏松剂。由于疏松剂的剧烈产气作用将使糖膏内形成许多气孔。注意不能对糖膏过多挤压。

（五）样品生产操作

1. 溶糖的操作要求

按照配方要求，先将水放进溶糖锅（桶）中，再下入白砂糖，开动搅拌器并开始加热，待糖液沸腾后下入淀粉糖浆继续溶糖。除按规定加入合适的水量外，溶糖的工艺操作还要注意以下几点操作要求（或称工艺规程）。

（1）当糖液加热到 105～107℃，质量分数为 75%～80%，糖液沸腾后要静止片刻，使砂糖充分溶解。一般化糖时间以 9～11min 为宜。

（2）溶糖要配合熬（糖）煮进行，溶化后的糖液不能放在加热锅内太久，以防转化糖增加，色泽变深。

（3）糖液加热时要不断搅拌，以助溶化和防止糖浆结焦或溶糖不彻底，溶化后的糖液立即过滤，过滤网筛为 80～100 目。

（4）要控制糖头水掺入量及酸度。糖头水掺入量一般不超过糖液量的 10%。糖头水的质量分数需浓缩至固形物占 70%，并调整 pH 为 6～7。当糖头水颜色深，影响成品色泽时，则需对糖头水进行脱色处理，以保证成品的色泽达到质量规定的要求（一般用 $NaHCO_3$ 调整 pH，用活性炭脱色）。

（5）原料中如含有多量的淀粉糖浆和糊精，溶糖时常会产生许多泡沫，尤其在到达沸点时更为严重，常有泡沫溢出造成糖液损失和其他事故。消泡的办法一般是加入少量食用油，以降低糖浆表面张力。如泡沫产生量大，应先关闭热源，停止加热，待锅内泡沫消退后再加减泡剂。

2. 熬糖的操作要求

（1）常压熬糖　试制样品时一般采用常压熬糖的方法。将已溶化过滤的糖液放入熬糖锅，并在明火条件下熬糖。初始阶段，火力应大一些，使水分尽快蒸发。当糖液温度达到 150℃时，火力应改为中火，直至糖液温度达到 160℃左右（视不同季节、不同地区灵活掌握），糖液质量分数约 98%，水分约 2% 时，熬糖结束。

（2）真空熬糖　真空熬糖也就是在减压下熬糖，目的在于降低熬糖过程的沸点。真空熬糖的过程一般分三个步骤，即顶热、真空蒸发和真空浓缩。糖液质量分数达到要求，即告结束。

（3）连续真空薄膜熬糖　将已溶化过滤后的糖液抽入预热锅，加热至 124℃左右；当真空薄膜熬糖机的蒸汽压强达到 $8～11kg/cm^2$，温度显示 138～142℃时，可打开输糖泵，熬糖时真空度保持在 0.084～0.093MPa，使糖液在最短时间（约 10s）内通过高温区，进入到储糖锅或浇注斗。此时，糖液的质量分数达到 98%，水分的质量分数为 2% 左右，熬糖过程即宣告结束。

（六）设备操作规程及操作要点

1. 熬糖设备

一般在实验室制作样品的熬糖设备为电炉和小型不锈钢熬糖锅、温度计等。

（1）在进行样品试制熬糖前应把熬糖锅清洗干净。

（2）电炉通电后，将熬糖锅放水，下白砂糖，用木勺搅拌使白砂糖完全溶化。沸腾后，下入淀粉糖浆，过滤后，继续熬糖，待温度达到160℃左右时，关掉电源，熬糖结束。

（3）试制样品熬糖结束后，将熬糖锅、木勺、温度计清洗干净备用。

2. 成形设备

在实验室制作样品时，成形设备一般为浇注模板和冲压成形机。

（1）成形前，将浇注模板和冲压成形机清洗、擦拭干净，涂上防黏油。

（2）用浇注模板成形时，应将熬煮好的糖液进行调料（香味料、调味剂、食用色素等）后，趁其温度较高、流动性好时迅速浇注到模板中去。

（3）用冲压成形机成形时，熬煮好的糖液应经冷却、物料调和混合，待糖膏在70℃左右具有可塑性时，以手工拉条进入成形机成形。

（七）硬质糖果的风味形成要素

1. 甜体的组成

所有的硬糖基本上是由两部分组成，即甜体和香味体。甜体包含砂糖和各种糖浆，由此产生一个甜的基体。香味体包含香精、调味料和辅料，由此产生不同的色香味个性。甜体和香味体结合就形成具有不同特色的熬煮糖果。如将不同的硬糖甜体进行分解，甜体是由多种糖类组成的，主要包括蔗糖、麦芽糖、葡萄糖、果糖、转化糖，高糖、糊精。长期的生产实践表明，以上各种糖类在硬糖中所起的作用是不同的，这不但影响生产工艺的加工过程，而且将影响最终产品的品质和保存能力。

从糖类和含糖混合物的甜度比较看，果糖和含有果糖的转化糖甜度要比蔗糖高，葡萄糖与麦芽糖的甜度则低于蔗糖。含葡萄糖与麦芽糖的糖浆甜度同样也低于蔗糖。经验表明，人体接受的甜味强度有一定的限度和规律性。因此，确定任何一种糖果甜体的组成应当充分考虑消费者对甜度的可接受性，过甜则腻，而甜度不足则不能显示糖果的特性。此外，糖果基体中的非甜味料的成分也将影响产品的最终甜度。同时，选择产品的适宜甜度同样应充分考虑生产工艺和产品货架寿命。蔗糖除赋予硬糖以纯正的甜味料，同时，也提供了极为重要的基体作用。硬糖的基本特性如透明度、硬度、脆裂性、致密性、耐热性和溶解性等都与蔗糖的化学物理性质有密切的关系。结晶的蔗糖是很稳定的，吸水性很小，当周围相对湿度超过 90% 时才吸收水分。但长时间和高温下将蔗糖加热，将大大增加其吸水性。

2. 色泽的组成

硬糖的色泽是以添加着色剂来呈现的，着色剂首先要符合食用安全要求；其次是严格控制添加量，按规定不允许超过 0.01%。一部分硬糖因添加辅料而呈色的品种如可可、咖啡等，以及在制造过程中产生色泽的牛乳、奶油、椰子等品种，则不必再添加着色剂。

3. 香气的组成

香精是由香料组成的，含有或不含有溶剂或载体的浓缩混合物。香精可按一定比例加入产品中以提供所需的香气和味道，但不能够直接食用。香精并不是香料和溶剂或载体的简单混合物，其特征香气的体现受到产品加工工艺的影响。香精的感知程度取决于通过鼻腔接收的挥发性物质（闻）和通过口腔接收的不挥发性物质（尝）的两类物质。一般而言，一个糖果制品的特性体现，主要原料起了决定性的作用，如糖浆、转化糖、植物油脂等，但香精的加入提供了所需的香味，决定了糖果的主要风味。所以，选择一种稳定的、合适用量的香精对于糖果制品而言是非常重要的，这就是所谓的"调香"步骤。大部分硬糖可以通过调香来增强增香效果，尤其是液状香精更有助于香气挥发性物质均匀地分散到硬糖甜体的各个部分，但是调香需要进行针对性的反复试验，才能达到完美的效果。

（1）常用香精品种 硬糖选用的香精品种范围十分广泛，按照香气特征可分为以下类型：①水果型：如橘子、柠檬、草莓、菠萝等；②果仁型：如杏仁、花生、核桃、椰子、棒子等；③香味型：如薄荷、留兰香、桉叶等；④乳品型：如牛乳、炼乳、奶油等；⑤嗜好性饮料型：如可可、可乐、咖啡等；⑥名酒型：如朗姆、白兰地、威士忌等；⑦其他型：如陈皮梅、橄榄、麦精等。

（2）天然香味料 从食品综合的香味效果出发，在硬糖的组成成分中添加天然的香味原料是富有成效的，如鲜乳、炼乳、奶油、椰子油、椰汁、可可、可可脂、咖啡、绿茶、红茶、麦精、花生、松子等。添加量视需要与可能而定，添加的效果取决于制备的方法与添加的方法。因为，随着天然香味原料的添加，将同时改变硬糖甜体原有的质构、透明度、色泽和溶化性。具有综合香气效果的硬糖是更受欢迎的，而产品的质构与香味特性，应当在使用新的技术与工艺的条件下统一起来。

（3）硬质糖果香精应用特点 硬糖是一种具有玻璃样质构和不易碎结构的糖果。硬糖加工温度很高，在加入香精时温度会达到 100℃ 以上，因此，在冷却和后续加工过程中香气会有较大的损失。在使用时必须要考虑到这一点，并注意根据所用香精品种选择合适的加入量。硬糖的香精加入量一般在 0.1% 左右，但也并非一成不变。具体到每一品种，香精加入量的选择既要考虑甜体的组成和产品的香味要求，同时也要考虑香精本身的香气强度与纯净程度。总之，要通过实验确定适宜的加入量，不足或过度都会达不到预期效果。

（4）试制硬糖样品注意事项

①提高香精的添加量以弥补因高温引起的香味损失，通常为软糖中用量的 2~3 倍。

②香精中不应包含太多种类的香料，其中挥发性香料的用量必须超过正常配比量。

③香精所用的溶剂必须具有高的沸点，并与糖果中其他成分有很好的相容性。

4. 酸味剂

仅仅添加香精的硬糖还不足以掩盖其腻人的甜感与单调的风味，尤其是水果型硬糖。添加适量酸味剂可以消除这种缺陷，并将香气发挥到完美的程度。甜度、酸度配有最合适的比值，通常称为糖酸比。

硬糖一般是通过添加不同的有机酸类来调节其风味的，常用的有柠檬酸、酒石酸和乳酸等，随着酸味剂的开发，新增的酸类有苹果酸、富马酸、己二酸及复配型酸味剂等。酸味或酸味强度并不完全决定于其 pH，不同酸类的效应往往决定于评味者的味蕾感应，通常以无水柠檬酸的酸度为 100%。然后，通过实验评价得出其他酸类的相当酸度，酒石酸 80%~85%，苹果酸 78%~83%，乳酸 120%~125%，富马酸 67%~72%，己二酸 110%~115%，85% 磷酸 55%~60%。硬糖添加柠檬酸量达到 1%~1.5% 可获得比较满意的糖酸比值。

（八）硬糖的质量标准

1. 感官标准

形态：要求块形完整，表面光滑，边缘整齐，大小一致，厚薄均匀，无缺角、裂缝，无明显变形。

杂质：无肉眼可见的杂质。

色泽：均匀一致，具有品种应有的色泽。

滋味、气味：符合品种应有的滋味气味，无异味。

组织：透明硬糖，光亮透明，坚脆，不粘牙，不粘纸，无较大气泡；丝光硬糖，光亮，坚脆，不粘牙，不粘纸，气孔均匀，无较大气泡；花式硬糖，应符合该产品应有的组织状态，不粘牙，不粘纸，无较大气泡。

2. 理化指标

定量预包装产品应符合《定量包装商品计量监督管理办法》的规定。

表1-24　不同类型硬糖干燥失重、还原糖含量

项目	指标				
	砂糖、淀粉糖浆型	砂糖型	夹心型	包衣、包衣抛光型	其他型
干燥失重/（g/100g）	4.0	3.0	8.0	7.0	4.0
还原糖（以葡萄糖计）/（g/100g）	12.0～29.0	10.0～20.0	12.0～29.0	12.0～29.0	—

注：夹心型硬质糖果的还原糖以外皮计。

铅（Pb）每千克成品≤1mg，铜（Cu）每千克成品≤10mg，砷（As）每千克成品≤0.5mg，食品添加剂的品种和使用量应符合 GB 2760—2024《食品安全国家标准　食品添加剂使用标准》的规定。

3. 微生物指标

菌落总数≤750CFU/g，大肠菌群≤30MPN/100g，致病菌（沙门菌，志贺菌、金黄色葡萄球菌）不得检出。

思考题

1. 硬糖的特点是什么？
2. 硬糖为什么会透明？
3. 硬糖为什么会越拉越白，越拉越轻？
4. 硬糖的制造原理是什么？
5. 硬糖熬糖浓缩工艺有哪几种？
6. 硬糖成形工艺有哪几种？
7. 硬糖真空熬糖分几步？如何操作？
8. 糖膏冷却的目的是什么？
9. 硬糖常见的质量问题及原因有哪些？
10. 硬糖配方设计的原则是什么？

实训二　焦香糖果的加工

焦香糖果是一种组织细腻、均匀和润滑的半软性糖，在常温下是乳化可得

固态乳浊液。其富含乳成分和脂肪，经高温熬煮制成，工艺特征是物料在高温区产生一种独具特色的焦香风味的物质，故称焦香糖果。糖果行业对焦香糖果的定义为糖果含水量在5%～8%而带有特殊焦香风味的产品。焦香糖果也称奶糖、乳脂糖。按其组织结构可分为胶质型和砂质型两大类。

胶质型焦香糖果（也称韧性焦香糖果）。质地结构特征较坚韧而紧密，糖类和水构成连续相，又和乳成分构成复杂胶体分散体系。同时借助乳中的乳化剂和外加的乳化剂，与油脂乳化而成为更复杂的乳浊状态，形成的固相耐咀嚼。如太妃糖、焦糖，它们都具有韧性的组织结构，质地致密，耐咀嚼。而两者的区别在于，太妃糖含水量偏低，色深偏硬；焦糖乳固体、脂肪含量较高，色泽淡而偏软。

砂质型焦香糖果（也称砂性焦香糖果），其在乳脂制作过程中使部分蔗糖在过饱和状态下产生许多微小结晶而返砂，在固体乳浊液中有了真正的固相，完全改变了咀嚼时的口感，达到疏松而不粘牙的目的。

（一）焦香糖果的基本组成

1. 糖类

焦香糖果原料组成中主要是糖类，一般要占到总组成的2/3以上，其中一部分是结晶体的砂糖，另一部分是糖浆（葡萄糖、果糖、麦芽糖、高糖、乳糖、糊精等）。根据产品质量结构特性要求，砂糖和糖浆的比例不同。如韧性糖果中砂糖和淀粉糖浆的比例较为接近，在砂性糖果中砂糖比例超过淀粉糖浆。因为淀粉糖浆是抗结晶物质，投入过多会改变产品的砂性品质。

2. 脂肪

在焦香糖果原料中，脂肪所占比例要远高于其他型糖果的。一方面，它可增加焦香糖果脂润的口感，减少糖果的黏韧性，增加润滑性；另一方面高比例的油脂可改善糖果风味，有利于糖果的定型性（主要是硬脂作用）。脂肪量计算主要是乳脂和植物硬脂，不包括果仁脂肪量。

3. 非脂乳固体

非脂乳固体对焦香糖果品质的影响，是其他物料难以替代的。非脂乳固体除了对焦香糖果的风味特征有着决定性的作用，还有利于提高糖果的咀嚼性和稳定糖果形态等作用。炼乳中的非脂乳固体含量的计算要去除砂糖和乳脂肪。

4. 水分

糖果中水分的多少，影响着其硬度和流变性。当糖果含水量低于6%时，糖果的硬度明显提高，质感黏稠，弹性下降；当其含水量大于7%时，糖果硬度下降，弹性提高，质感变软，所以咀嚼性糖果要特别注意含水量。另外，水分含量也对保质期糖果的质量问题有重要影响。因此，在焦香糖果加工中，原料含水量在 10% ~ 20% 时分散乳化较均匀，有利于焦香反应的完全进行。成品中含水量为 4% ~ 8%，则较为合适。

（二）产品通用配方

1. 胶质型乳质糖

（1）焦糖　砂糖 7.0kg，棕色砂糖 7.0kg，淀粉糖浆 20.5kg，甜炼乳 10.5kg，植物硬化油 6.5kg，奶油 2.5kg，食盐 125g，香料适量。

（2）太妃糖　砂糖 17kg，葡萄糖浆 23kg，甜炼乳 6.0kg，植物硬化油 1.5kg，奶油 3.5kg，食盐 125g，明胶（干）100g，香料适量。

2. 砂质型乳质糖

（1）福奇糖　砂糖 15kg，葡萄糖浆 20kg，粉糖 1.5kg，奶油 1.5kg，甜炼乳 6.0kg，植物硬化油 3.5kg，明胶（干）150g，蛋黄浆（预制）2kg，香料适量。

（2）水果福奇糖　砂糖 20kg，葡萄糖浆 15kg，脱脂淀粉 1.5kg，果泥（粉糖）8.0kg，甜炼乳 5.0kg，植物硬化油 5.0kg，明胶（干）150g，香料、色素各适量。

3. 巧克力乳质糖

太妃糖：砂糖 12kg，苦巧克力 1kg，葡萄糖浆 18kg，高级麦芽粉 0.2kg，奶油 2.5kg，甜炼乳 4.0kg，淡炼乳 5.0kg，香料适量。

（三）产品生产工艺流程

1. 胶质型

白砂糖、炼乳、淀粉糖浆、水

↓

溶糖 → 过滤 → 混合 → 乳化均质 → 熬煮 → 冷却 → 成形 → 冷却 → 拣选 → 包装 → 成品

↑

乳化剂、油脂、精盐

2. 砂质型

白砂糖、炼乳、淀粉糖浆、水　　　方登糖基、香兰素

↓　　　　　　　　　　　　　↓

溶糖 → 过滤 → 混合 → 乳化均质 → 熬煮 → 混合 → 浇注 → 冷却 → 拣选 → 包装 → 成品

↑

乳化剂、油脂

（四）生产工艺要求

因在实验室不便于操作，乳脂糖一般在生产车间中进行样品制作，主要包

括以下步骤及操作要点。

1. 乳化

由于焦香糖果含脂量较高，解决水油分层并使物料始终处于分散均匀的状态，是保证产品所必须解决的基本课题。在焦香糖果制造工艺配方中，添加乳化剂、选用不同的方法对物料进行乳化处理，就成为必不可少的工艺过程。胶质乳脂糖之所以能够构成细腻、均一和润滑的组织状态，关键是把各种糖浆、蛋白质、油脂、水及其他物料经过高度乳化的结果。

为了制得浓厚的、稳固的乳浊液，必须在油－水体系中，加入促使乳化的物质——乳化剂，其作用是在乳化过程中降低液体分界的表面张力，使被分散的多相体系保持相对稳定，并在油脂小滴的表面造成机械上稳固的、有吸附性质的保护层。乳脂糖中的乳制品就是天然的具有良好性能的乳化剂。一般乳成分中含有 0.2% ~ 1% 的磷脂，不含有或含有少量乳制品的乳脂糖，应添加一定量的乳化剂，还要应用机械的方法将各种物质无限地分散和充分地混合。通常采用高压均质机能达到乳化的目的。

目前国内制造胶质乳脂糖一般采用直接乳化方法和间接乳化方法。常用的大豆磷脂、单硬脂酸甘油酯、蔗糖酯和山梨糖醇脂肪酸酯等乳化剂都能产生良好的乳化效果。

2. 熬煮工序

熬煮工序直接影响到乳脂糖的软硬度、细腻性、色香味和保存力等重要因素，而且糖果的焦香化是在物料的加热过程中产生的，所以乳脂糖的熬煮过程是工序的关键。

（1）物料加入顺序　熬煮过程中必须注意各物料的加入顺序和熬煮温度及时间。无论是采用制备好的混合奶油或是未经处理的乳制品、油脂原料等，都要在糖液熬煮前陆续加入。特别是含有较多水分的鲜乳需经较长时间才能蒸发掉全部水分，而油脂、糖液和蛋白质也必须在充分搅拌和加热过程中才能均匀地混合与乳化，因此以早加入为好。加料时速度要缓慢，搅拌要均匀，这样才能使熬煮的糖膏色泽浅明。

当糖浆、乳制品或油脂的酸值过高时，蛋白质容易发生变性，如加热时间过长或温度过高，则会使产品更显粗糙，并有严重的油脂分离现象产生。因此，遇原料酸值较高时，应加小苏打后再熬煮。当原料酸度过高或已变质时应停止使用。

乳脂糖是一种半软性糖果，熬（糖）煮温度不能偏高，否则就会失去应有的特性。熬（糖）煮温度也要随着品种和原料的配比而相应变化。例如，胶质乳脂糖是乳脂糖中最细腻柔软的一种，配料好且含蛋白质高，如果熬煮温度过高，水分含量就会降低，糖会变得太硬、粘牙和香气减弱，还会使色泽褐变而无光泽，吃起来有失去弹性和不细腻的感觉。

（2）熬糖温度及时间　熬糖温度是指物料被熬煮的最终温度，与糖果的水分含量、糖液浓度和软硬度有关。乳脂糖的干固物的质量分数一般为 90% ~ 92%；太妃糖的含水量一般为 7% ~ 9%；卡拉蜜尔糖的含水量一般为 9% ~ 10%；福奇糖的含水量一般为 8% ~ 10%。产品的含水量也随气候、包装、保藏和市场需要等条件有所变化，过低的含水量会严重影响产品的风味和口感。

按以上产品的质量分数和含水量，熬糖温度在 125 ~ 130℃，熬糖温度直接影响糖果的色泽、香味和糖液质量分数。熬糖温度不宜高，否则容易产生焦糖味而不是焦香味，所以现在常采用熬糖温度略低 3 ~ 4℃并经真空浓缩达到产品的最终含水量。

熬糖时间取决于熬糖的加热方式和产品的色香味要求，同时也受熬糖温度的制约。用火直接熬制为 15 ~ 30min，蒸汽熬糖要在稳定的蒸汽压力条件下连续进行。

（3）搅拌　在整个熬糖过程中，物料应处于均衡的搅拌状态。由于物料的黏度较其他糖果高，尤其在熬煮后期物料的流动性更小，这样不利于热的传导和交换，因此搅拌有利于防止结焦，也利于取得一个高度均一的分散体系。

（4）技术要点　主要有以下几点：①物料乳化均质程度；②熬煮工艺的技术参数的掌握；③工艺途径的选择。近年来，乳脂糖的生产大多采用焦香化器与真空熬煮设备，它能较好地解决油脂与其他物料均匀分散和产生较完全的焦香化反应。此外，可采用连续浇注成形新工艺。

3. 成形工艺

根据品种和机械设备的不同，一般采用切割成形和浇注挤出成形工艺。

4. 砂质型乳脂糖的砂质化

砂质型乳脂糖的工艺要求物料内的糖浆处于一种微小的结晶状态，并使糖果产生一定程度的返砂，从而改变了糖膏固体的组织结构。返砂过程可在熬煮过程中进行，也可在熬煮结束后进行。

砂质型乳脂糖的返砂方法主要包括直接返砂法和间接返砂法两种。

（1）直接返砂法　直接返砂法是先将一部分含砂糖比例高的物料熬煮成饱和状态的糖浆，搅拌并促使其中砂糖形成晶核，随后全面返砂。与此同时，将另一部分含砂糖比例低的物料也熬煮至规定浓度，加入第一部分起砂的物料并均匀混合。这是因为第一锅糖液中的含抗结晶物质较少，要使其在搅拌过程中快速产生砂糖晶核，并把晶核的大小控制在需要的程度。而第二锅糖浆中则含有较多的抗结晶物质，在第一锅的糖浆中冲加第二锅糖浆就可以缓和并减低晶体的生成速度，经充分搅拌混合后，使微晶体分子分布均匀，结晶的晶粒恰好符合砂质乳脂糖的组织结构。但这样的操作有时难于控制，如在两次冲浆搅拌的中间，加入适量黏度极高的明胶，以起到稳定作用和保证合适的返砂性。

（2）间接返砂法　现代的糖果工厂基本上都采用间接返砂法来制作福奇糖。采用间接返砂法首要制备一种标准的结晶中间体——方登糖基。方登糖基的制作方法是，将80%砂糖和20%的淀粉糖浆加水溶化为糖液，然后加热熬煮至115~118℃，再冷却到50~70℃，随后在搅拌机内搅拌，形成饱和砂糖溶液的白的可塑体，再经冷却成熟后成为半固体状态。

由于方登糖基（也称粉糖）是糖晶体–糖浆的混合物和可塑体，它的基体中存在结晶相与糖浆相。结晶相占40%~50%，是一种非常细小的晶核，直径为5~30μm，当其直径在10μm以下时可产生细滑的口感。

将各种配料熬煮到一定浓度后，加入20%~30%的方登糖基。经过均匀混合后，糖膏就逐渐起晶，直到所需的起晶程度为止，最终使产品产生细微的砂质质构。间接返砂比直接返砂法的操作工艺稳定。砂质乳脂糖经过返砂后，糖果在储藏过程中变化缓慢，并可以较长时间地保持产品质量和形态，以及避免口感上油腻和粘牙的感觉，这就是砂质乳脂糖的最大特点。

案　例

太妃糖生产

太妃糖是具有焦香风味的高档糖果品种，也称为乳脂糖。太妃糖富含乳蛋白和脂肪，口感细腻润滑，有韧性并略呈坚脆，色泽呈现有光泽的乳黄或棕黄。长期以来，太妃糖一直是糖果品种中的佼佼者，深受广大消费者的欢迎。

1. 配方

白砂糖30kg，淀粉糖浆30kg，全脂甜炼乳30kg，氢化油12.5kg，奶油3kg，精盐0.25kg，香兰素28g。

2. 操作要领

（1）按糖果溶糖工艺要求，将白砂糖、淀粉糖浆及全脂甜炼乳加水溶化，沸腾后保持片刻，确保无砂糖粒子，熬煮温度为105~107℃，糖液质量分数为75%左右，过筛除去杂质。

（2）将溶化后的含乳的混合糖液、精盐及油脂（奶油、氢化植物油脂）在低于90℃温度下充分混合并搅拌，然后再经机械（胶体磨或高压均质机）乳化均质，最后形成相当稳定和均一状态的乳浊液。

（3）含有丰富蛋白质的糖液在高温熬煮过程中产生焦香化反应，其熬煮温度、熬煮时间直接影响产品的风味，一般熬煮温度控制在122~125℃，如采用焦香化器效果更好。焦香化器熬煮温度为118~122℃，熬煮时间为30min。

（4）冷却成形视具体情况而定，可采取类似奶糖或蛋白糖工艺方法；如采取螺杆挤压，则在挤压出糖条后往往采用热包的方式包装。

（5）太妃糖质地偏硬，所以在选用油脂时应选熔点适当高一点的，否则成品会偏软，甚至会变形。配方中蛋白质含量过低，则成品的焦香化风味不够。

（五）风味形成要素

在焦香糖果加工中，基本原料及配料的成分、类型是决定产品产生特殊风味的前提。但是，离开了所采取的工艺、技术条件，焦香糖果特有风味也无法呈现出来。只有控制好加工技术条件，提供焦香化反应的外在条件，才能保证焦香糖果的特殊风味。

1. 焦香糖果风味的形成

生产实践证明，由于同一种焦香糖果的加工技术条件差异，其风味在程度上具有差别，而不同种焦香糖果所具有的色泽、香气和滋味更是千差万别。究其原因，是由于物料的配合和类型。基本配料及配料的成分类型是决定产品产生特殊风味的前提条件，但是，焦香化处理是焦香糖果形成特色风味的重要原因。只有控制好加工的技术参数，提供焦香化反应的外在条件，才能保证焦香糖果的风味呈现。

从焦糖的抽提物中分析出多种化合物成分，主要有以下几种：碳水化合物、羰基类化合物、醇类化合物、酸类化合物、醚类化合物、内酯类化合物、噻酚类化合物、硫代物类化合物、呋喃类化合物、吡喃类化合物、吡喃酮类化合物等，这些化合物共同形成了焦糖的风味。

2. 焦香化反应

主要有两类反应决定了焦香糖果的特殊风味，包括卡拉蜜尔反应和羰基－氨基反应（美拉德反应）。作为糖果生产工艺基础知识，这两种反应都应该很好地掌握。在焦香糖果制造中，糖类经历高温过程，除产生特殊香气和浓郁的焦香风味外，还会发生变色现象，使这类糖果产生特殊的色泽。这一点在物料调配中也要加以注意。

3. 香精

焦香型糖果包含的基本原料有蔗糖、糖浆和脂肪等。牛乳（主要是炼乳）、明胶、乳化剂、香精、山梨醇、果浆、可可粉、咖啡粉等也是可以使用的原料。焦香型糖果在口中呈现塑胶样焦香感觉，是因为加工过程中高温引起的焦糖化反应和 $4\% \sim 8\%$ 水分的作用，但也可以加入一定量的香精以帮助风味的形成。

香精在焦香型糖果中的用量高，甚至高过在硬糖中的添加量，一方面是因为加工的温度高，更重要的原因是因为脂肪的存在，吸附了香精分子，导致了香味分子释放的缓慢和香味的减弱。在焦香型糖果中，流行的香精包括焦糖、奶油、白脱、咖啡、可可、香草等。乳原料和糖的加入给焦糖化反应提供了空间，产生了焦香型糖果特有的风味，加入以上香精可以与这种特有的风味很好地协调。另外，在果香焦香型搪果中，一般使用的是油溶性香精，如橙、柠檬、树毒、樱桃、草莓、热带水果等。

（六）产品特点

色泽：胶质型为深黄色或棕黄色，砂质型为淡黄色。

组织：表面和剖面细腻，软硬适中，砂质型不粗糙，结晶均匀，不粘牙，不糊口，不粘纸。

口味：具有独特的香气和滋味。胶质型咀嚼时润滑，有轻微弹性，砂质型咀嚼时松软。

思考题

1. 焦香糖果的主要特征是什么？
2. 影响焦香化反应的基本因素有哪些？
3. 焦香糖果分几类？各类有何相同和不同之处？
4. 焦香糖果各组成物料的作用如何？
5. 焦香糖果生产机理是什么？

实训三　凝胶糖果的加工

（一）凝胶糖果的特性

凝胶糖果是一种水分含量高、柔软、有弹性和韧性的糖果，有的黏糯，有的带有脆性；有透明的，也有半透明和不透明的。

凝胶糖果的水分含量为7%～24%，还原糖为20%～40%。外形为长方形或不规则形。

凝胶糖果的主要特点是含有不同种类的胶体，使糖体具有凝胶性质，形体较软，所以又称为软糖。软糖以所用胶体而命名，如淀粉软糖、琼脂软糖、明胶软糖等。

1. 凝胶糖果的主要组成

凝胶糖果的主要组成包括糖类、水分和胶体。水分含量为7%～24%，还原糖为20%～40%。一般它们的比例和含量又随着软糖种类的不同有差别。如淀粉软糖中，蔗糖为35%～45%，淀粉糖浆（干固物）35%～45%，变性淀粉

12%～13%，水分14%～18%；琼脂软糖中，蔗糖为55%～65%，淀粉糖浆（干固物）30%～40%，琼脂1.5%～2.5%，水分18%～24%。而软糖中所用的色素、香味料与其他糖果基本相同。

2. 加工原理

凝胶糖果离不开胶体作为骨架，即胶体形成网状结构。在糖液中加入亲水性胶体，胶体微粒在水中溶散，相互吸引和交织，形成密密层层的网状结构，其中有很多孔穴，可吸附大量水分、糖类和其他物质变成液体溶胶，在其冷却后变成了柔软而有弹性、韧性的凝胶。网状结构牢固，网孔大，吸附的填充物就多，产品弹性、韧性和柔软性就好；相反，产品的脆性、弹性和韧性差。可能影响胶体结构的有糖溶液的酸度、高温和熬煮时间。

由于胶体的种类不同，所形成的凝胶也有差异。如淀粉凝胶性黏糯，延伸性好，透明度差；琼脂凝胶，透明度和延伸性差，富有弹性、韧性和脆性；明胶的弹性和韧性强，耐咀嚼，但透明度差。

凝胶糖果是含有胶体的溶液分散体系。在此体系中，水作为分散介质将凝胶质和固体糖类变成一种胶体溶液，在溶液内糖类处于分散状态与溶胶状态的胶粒形成均一的连续相，溶化的糖液以糖浆相被紧密地吸附在胶粒的亲水基周围，由此组成一种相对稳定的胶体分散体系。

在凝胶糖果的基体中，有时也添加糖的微晶体、气泡体、水果浆或碎块等，这些都可以作为分散相，因而使糖果形成不同的多相分散体系，使凝胶糖果的品质结构、香气和滋味多样，形成不同的品种和花样。

（二）样品通用配方

1. 植物胶型

（1）琼脂软糖　砂糖7kg，柠檬酸6g，淀粉糖浆4kg，各种水果香油10mL，琼脂0.25kg，各种着色剂1g。

（2）卡拉胶软糖　白砂糖40%，卡拉胶2.6%，淀粉糖浆57.4%，香料、色素、酸味剂适量。

2. 动物胶型——明胶软糖

砂糖40kg，柠檬酸0.5kg，淀粉糖浆（80%、42DE）32.5kg，柠檬酸钠0.1kg，转化糖浆15kg，水果香精适量，干明胶4.8kg，各种着色剂适量。

3. 淀粉型——变性淀粉软糖

砂糖42%～45%，柠檬酸0.5%～0.8%，淀粉糖浆（80%、42DE）42%～45%，香料0.05%～0.1%，变性淀粉（流度70%）8%～15%，着色剂0.01%以下。

（三）产品生产工艺流程

1. 琼脂软糖生产工艺流程

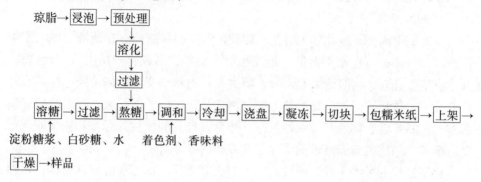

琼脂→浸泡→预处理

溶化

过滤

溶糖→过滤→熬糖→调和→冷却→浇盘→凝冻→切块→包糯米纸→上架→
淀粉糖浆、白砂糖、水　着色剂、香味料

干燥→样品

2. 明胶软糖生产工艺流程

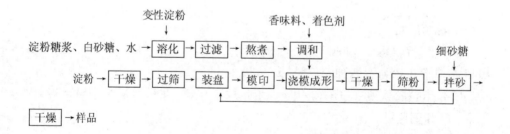

干明胶+水

溶胶　→冻胶

淀粉→干燥

淀粉糖浆、白砂糖、水　　　　　　　　　　　　模盘←模印←装盘←过筛

溶糖→过滤→熬糖→冷却→拌和→静置→浇模成形→干燥→分筛→模粉

着色剂、香味料　　　　　　　　　　　　　　样品←拌砂←清粉

3. 淀粉软糖生产工艺流程

变性淀粉　　　　香味料、着色剂

淀粉糖浆、白砂糖、水→溶化→过滤→熬煮→调和

细砂糖

淀粉→干燥→过筛→装盘→模印→浇模成形→干燥→筛粉→拌砂→

干燥→样品

（四）产品生产工艺要求

1. 植物胶型（琼脂软糖）

琼脂溶胶极易受酸和盐的作用，在加热时分解成还原性糖，并能使其在高温下丧失凝胶能力。因此，在熬煮中要避免琼胶受到破坏。在琼脂软糖生产中，淀粉糖浆的用量是白砂糖的两倍以上，这是根据软糖所需还原糖的质量分

数和白砂糖的转化率而定的。琼脂和白砂糖都易在高温下受酸分子的作用，所以琼脂软糖配方中的用酸量较低且由砂糖转化生成还原糖的量较少，由此可见，琼脂软糖所需的还原糖就只能从淀粉糖浆中取得。

2. 动物胶型　（明胶软糖）

明胶软糖以明胶作为胶体。明胶的纤维状胶蛋白极易受酸和碱的破坏而失去纤维的特征，明胶的性能也将改变。明胶受酸碱作用发生水解，这一过程可使明胶变成蛋白胨和氨基酸，而明胶软糖以水果味为主，物料的溶化、脱水过程都在加温条件下完成，对明胶的凝胶强度、黏度会带来不可避免的影响。因此，在生产工艺中，应控制好物料的 pH、加热的温度与时间，选择合适的明胶及酸味剂的投入量、投入时间，这样才能生产出符合设计要求的明胶软糖产品。

3. 淀粉型

淀粉软糖以淀粉作为凝胶，但淀粉黏度高，不利于熬糖也不利于成形。所以，要将淀粉变性，使其黏度降低、凝胶性好，以利于形成饱满稳实的形态。在熬糖工艺中，应十分重视水的作用，常压熬糖用水量应超过淀粉量的 7 ~ 8 倍，这样就可以熬成凝结力很好的软糖。常压熬糖时要不断进行搅拌，促进各种物料在水中分散成非常均匀的体系，避免淀粉沉淀或糊化时粘底焦锅，并帮助糖浆不断获得热量而促进水分不断蒸发。

（五）主要工序操作

1. 琼脂软糖

（1）加水量　琼脂具有强大的吸水率，最高可达 30 ~ 40 倍。一般琼脂在水中浸泡 10h 后吸水率为 10 倍左右，可见在熬制过程中还需加水。琼脂软糖的加水量要适当，若加水量过多、熬煮时间长，就会影响琼脂的凝胶力；若加水量过少，琼脂不能充分溶化，胶体就不能充分膨胀，一般加水量为琼脂质量的 19 ~ 20 倍。由于琼脂在浸泡时已吸收了水分，淀粉糖浆中也有一定量的水分，所以熬煮时再加 5% 左右的水就可以了。如淀粉糖浆浓度有所变动，则要适当地调节加水量。

（2）投料顺序　熬糖时的投料顺序各不相同，但归纳起来大致有以下三种。

①琼脂、砂糖、淀粉糖浆和水一起溶化熬制。

②琼脂、砂糖和水在一起溶化，然后再加入淀粉糖浆熬制。

③砂糖、淀粉糖浆和水溶化，琼脂另外加水溶化，然后混合在一起熬制。

以上三种方法中后两种方法制成的软糖品质好。减少淀粉糖浆和琼脂的加热接触时间，就会减少琼胶受酸的影响；此外，砂糖是中性的物质，同琼胶一起熬制到差不多时，再加入淀粉糖浆就能减少加热互相接触的时间。因此，目前普遍采用第二种投料法。

（3）熬糖　熬糖温度以 105～106℃ 为好，切块成形的糖液质量分数为 75%，浇注成形的糖液质量分数可提高到 78%～80%。熬糖结束时，可用长刀蘸取糖液观察质量分数。当糖液从刀口流下时呈细短糖条状且不易断落时，说明糖液已熬好；也可用手指蘸取少量糖液，当两手指张合能拉成糖丝时即为熬糖终点。

熬糖时的温度不能太高，否则琼脂将受热分解而糖液发黏，从而影响糖液的凝胶力。熬煮一般在蒸汽夹层锅中进行，蒸汽压力为 0.04MPa。熬煮好的糖液温度较高，要冷却到 70℃ 左右才能加入香料、着色剂和柠檬酸，否则琼脂和砂糖易分解。不添加柠檬酸的软糖，可不需预冷。

（4）成形　琼脂软糖的成形有分切成形和浇模成形两种方式。

①分切成形是将经过预冷和调色、调香的糖液倒入擦过少量植物油的清洁冷却盘上，盘一定要放正并使糖液保持一定的厚度。将糖液静置并撤去表面的气泡层，待糖液冷却凝固成冻状，就用调好刀距的滚刀分条切块。然后，将形态完整的软糖块逐一用糯米纸包好，并按一定间距放在不锈钢丝盘或木盘上，再将盘置于木架上，送入烘房干燥。

②浇注成形是将糖液浇入金属模中，采用这种方法有脱膜较困难的弊病。由于橡胶具有弹性和变曲性，也可采用耐高温的无毒橡胶模板，只要将模板变曲就能使糖粒从中脱出。但大批量生产琼脂软糖时，仍采用淀粉模盘。因为淀粉模盘的特点是糖液浇注后可直接进入烘房干燥，而不需经过冷却、凝固工序，生产操作上简单。缺点是模粉常会黏附在糖粒表面，从而影响软糖的透明度。浇模时，要求模粉含水率在 4%～5%，模粉温度在 32～35℃，糖浆的温度在 60～65℃，糖浆质量分数以 78% 左右为宜。

（5）干燥　琼脂软糖的干燥要求是干燥时间短、干燥温度低。这是因为切块成形时，糖浆的含水量约为 22%，只需干燥至 15% 就可以了。一般在 45～50℃ 的温度下干燥 36～38h 即可。如温度太高、干燥速度太快，会使糖粒表面结皮，糖内水分不易挥发，从而影响糖的外形。

如果浇模成形，用模粉成形干燥，则只需干燥 24h，干燥后软糖的含水量在 13%～18%，软糖的剖面透明不粘手。这是因为模粉有吸湿作用，既可降低干燥温度，也可缩短干燥时间。

干燥时间长短，还要根据气候情况和成品含水量而定。一般第一季度、第四季度的成品含水量要求在 16%～18%，干燥时间可短些；第二季度、第三季度成品水量要求在 13%～15%，干燥时间就要长些。

2. 明胶软糖

明胶软糖的熬糖工序是在砂糖、淀粉糖浆、转化糖浆加在一起熬煮后，再加入明胶陈胶或溶胶混合。这是因为明胶受热极易分解，特别在有酸碱存在的情况下更为严重。淀粉糖浆和转化糖浆都含有一定的酸度，pH 在 4.5～6，所以放在一起加热会破坏明胶分子。

根据明胶的可逆特性，明胶吸水胀润加热到40℃就能化成溶胶，而冷却到30℃又能转变成凝胶。因此，明胶陈胶加入熬好的糖浆中，糖浆的温度就可使它溶解。一般糖浆的熬煮温度为 120～124℃，但刚熬好的糖浆中不宜直接加入明胶，待温度到100℃左右才能加入。最好加入溶胶并避免过度的搅拌。

糖浆和明胶等其他原料混合后要静置一段时间。因为糖浆黏度受明胶的黏度影响而增加，产生了一种阻止水汽散发的力量，而把水汽包住变成大小不一的气泡。如果不把气泡除去，成形后糖粒中因存有气泡影响外观。所以，静置一段时间，让气泡集聚到表层，然后撇除。由于明胶胶体极易受热而破坏，所以明胶软糖干燥方法有两种：一种是提高糖浆的质量分数，成形后不再干燥；另一种是成形后还需再低温干燥。在干燥过程中，为了使露在空气中的糖粒表面不吸收水汽，往往在糖浆浇模后表面再覆盖上一层干燥的淀粉，使之与空气隔绝，然后再放在烘房干燥。干燥温度一般不超过30℃，相对湿度控制在50%以下，干燥时间为 12h，明胶软糖成品的含水量为15%左右。

3. 淀粉软糖

（1）砂糖和淀粉糖浆的比例　软糖的透明性和稳定性同配方中所含抗结晶物质多少有关，同时在制造过程中由于加热和干燥的作用，砂糖分子受酸的水解作用生成还原糖约 22%。淀粉软糖中一般含还原糖为 40% 左右，其中 18% 是从淀粉糖浆中获得。砂糖与淀粉糖浆的比例基本上是1:1。

（2）加水量　一般常压熬糖的加水量为淀粉的 7～8 倍，高压蒸汽熬糖的加水量为淀粉的 1.1～1.8 倍。

（3）淀粉软糖的蒸汽熬糖注意事项

①蒸汽夹层锅熬糖技术要求是搅拌速度 26r/min、搅拌功率 1kW、锅容量200kg、蒸汽压力 0.025MPa。

②淀粉软糖的蒸汽熬糖关键问题是要注意熬糖的质量分数。因为淀粉发生糊化后，水分就开始蒸发，水分的不断蒸发、质量分数的不断增加、黏度的不断升高，就是淀粉糖浆的浓缩过程。根据注模成形的特点，糖浆要保持一定的黏度和流动性。黏度太高，往往会使糖浆滴注时拖着细长的糖尾，这样不但形态不完整，而且降低收得率。因此，一般糖浆的质量分数以熬到总固形物的70%左右为好。

（4）目前常用的质量分数控制法

①测定浆体的流滴：用一把带长柄的长条形薄刀，蘸取正在熬煮的糖浆，悬提起来，观察糖浆从刀口流下的状态。如糖浆浓度低，则刀口上糖浆呈断落而细小的线滴；随着浓度的提高，糖浆会聚集在刀口上，滴落成连接不断的线条，这就说明糖浆已基本熬好，质量分数已在70%左右。

②测定总固形物：常用折光仪来测定糖浆的干物质，可由不同的折射率获知物质不同的质量分数。

4. 高压连续熬糖

用熬煮器熬煮软糖时，加水量是淀粉的 1.1 ~ 1.8 倍，这是根据熬好的糖浆所需质量分数来确定的。为了保证高压连续熬糖的质量，淀粉乳、糖浆和水的搅拌加热温度宜在 88 ~ 95℃，使淀粉颗粒有胀润，但不糊化。通过过滤由输入泵送入熬煮器，同时喷入蒸汽时，糖浆的温度要求升至 130℃ 左右。

由于熬煮器中压力很高，糖浆输入泵的输出压力需要高于它，一般为 0.035MPa。高压下淀粉的糊化温度要控制在 120 ~ 150℃ 范围，时间为 10s 到 2min 之间。蒸汽压力过大，温度过高，熬煮时间过长或过短，都不利淀粉的糊化，也会影响淀粉的凝胶力。

糖浆熬煮后从导管中排出的压力约为 0.01MPa。由于开始熬煮时，熬着器内还没形成压力，糖浆浑浊而不透明，所以开头排出的一些糖浆要重新回锅熬煮。

5. 浇模成形

浇模成形有半连续浇模和连续浇模两种方式，工艺过程可分为盘粉装饰、糖粒分离、模粉平整、模粉印刷和糖浆灌注等工序。要求模盘为粉模，吸水能力强，调换模型方便。模板中粉模要保持干燥，新粉要将含水量烘至 7% 以下方可使用，一般要求温度在 45℃。一般浇注时糖浆的质量分数为 72% ~ 78%，添加着色剂、香料、柠檬酸等物料时温度为 90 ~ 93℃，浇注温度为 82 ~ 93℃。浇注后的粉盘搬动要轻，堆放要稳，以防粉模倒塌或浇入的糖浆歪斜，产生糖坯裹粉或变形等毛病。

6. 干燥

干燥的目的就是要求水分较快地蒸发和扩散。一般保持干燥温度为 60 ~ 65℃，相对湿度在 70% 以下。在干燥后期，由于水分逐渐减少，蒸发量也逐渐减少，所以温度可以适当降低。

此外，温度高低不仅和水分蒸发速度有关，而且还和成品还原糖多少有关。特别是在水分较高的情况下，砂糖分子极易受热水解生成还原搪，温度越高生成越快。所以，干燥温度既要保证水分的蒸发，又要控制还原糖的生成。一般淀粉软糖的还原糖的质量分数要求在 35% 左右，可根据还原糖质量分数的高低来调节干燥温度。表 1 – 25 为不同质量分数还原糖的淀粉软糖对应干燥温度。

表 1 −25　不同质量分数还原糖的淀粉软糖对应干燥温度

还原糖质量分数/%	干燥温度/℃	还原糖质量分数/%	干燥温度/℃
27 ~ 28	63 ~ 64	37 ~ 38	53 ~ 54
29 ~ 30	61 ~ 62	39 ~ 40	51 ~ 52
31 ~ 32	59 ~ 60	41 ~ 42	49 ~ 50
33 ~ 34	57 ~ 58	43 ~ 44	45 ~ 46
35 ~ 36	55 ~ 56		

可采用蒸汽或煤气加热空气作为软糖烘房的干燥热源，再用风机把热量送到远离热源或边角的地方，加速热的传送和均匀分布。也可在烘房内直接加热空气，再用风机促使热量流动。烘房内一定要装有大小适当的排湿口，以保持烘房内的干燥程度。

7. 拌砂

从筛粉机中筛出的淀粉软糖的表面还粘有模粉，可用刷粉机来清除，以保证淀粉软糖的透明度和风味。当模粉清净以后，要在淀粉软糖外增加一层保护层。在拌砂时，在糖衣锅或抛光锅中先加入少量的砂糖，待倒入刷过粉的糖粒后，喷入少量水分，不断滚动和翻转糖衣锅或抛光锅，使糖粒不产生粘连和不易分开的现象。当糖粒表面有足够的粘连性时，再加入全部拌砂用的砂糖，使砂糖均匀地在糖粒表面布满。拌砂设备为转动的荸荠形糖衣锅，干燥温度不宜太高，一般为 50 ~ 55℃，干燥时间为 4 ~ 6d，这样长时间的干燥才能保证淀粉软糖的质量。

（六）设备操作过程及操作要点

一般在实验室制作样品的熬糖设备为电炉和小型熬糖锅、温度计等。在熬制样品时，按照不同胶型产品的工艺操作要求熬糖。实验室成形设备一般为模盘，熬出来的糖液浇注到模盘后冷却（或烘烤干燥等）。

企业在进行样品制作时，一般是在生产线上进行，操作要点如下。

1. 琼脂软糖

（1）加水量控制　一般为琼脂质量的 20 倍左右。在浸泡琼脂时吸收了约 10 倍质量的水，淀粉糖浆中也含有一定量的水分，熬糖时应考虑再加 5% 左右的水便能满足琼脂软糖对水分的要求。

（2）投料顺序　为减少酸对琼脂的影响，大都使琼脂、砂糖和水一起溶化，然后混合熬制。

（3）熬糖温度　熬糖温度以 106℃ 为好，切块成形的糖液质量分数为

75%，浇注成形的糖液质量分数可提高到 78% ~ 80%。熬糖结束时，可用长刀蘸取糖液观察。当糖液从刀口流下时呈细短糖条状且不易断落时，说明糖液已熬好；也可用手指蘸取少量糖液，当两手指张合能拉成糖丝时即为熬糖终点。

熬糖时的温度不能太高，否则琼脂受热分解易造成糖液发黏，从而影响糖液的凝胶力。一般在蒸汽夹层锅中熬煮，蒸汽压力为 0.04MPa。

熬煮好的糖液温度较高，要冷却到 70℃ 左右才能加入香料、着色剂和柠檬酸，否则琼脂和砂糖易分解。不添加柠檬酸的软糖，可不需预冷。

（4）成形和干燥操作　琼脂软糖的成形有分切和浇模两种方式。分切成形时将经过预冷和调色、调香的糖液，倒入擦过少量植物油的清洁冷却盘上。冷却盘一定要放正，并使糖液保持一定的厚度。将糖液静置并撇去表面的气泡层，待糖液冷却凝固成冻状，用调好刀距的滚刀分条切块。然后，将形态完整的软糖块逐一用糯米纸包好，按一定间距放在不锈钢丝盘或木盘上，再将盘置于木架上，送入烘房干燥。

浇注成形是将糖液浇入金属模中，但有脱膜较困难的缺点。由于橡胶具有弹性和变曲性，也可采用耐高温的无毒橡胶模板，只要将模板弯曲就能使糖粒从中脱出。但大批量生产琼脂软糖时，仍采用淀粉模盘。淀粉模盘的优点是糖液浇注后，可直接进入烘房干燥，不需经过冷却、凝固工序，生产操作简单；缺点是模粉常会黏附在糖粒表面，从而影响软糖的透明度。浇模时，要求模粉含水量在 4% ~ 5%，模粉温度为 32 ~ 35℃，糖浆的温度在 60 ~ 65℃，糖浆质量分数以 78% 左右为宜。

琼脂软糖的干燥要求是：干燥时间短，干燥温度低。这是因为切块成形时，糖浆的含水量约为 22%，只需干燥至 15% 就可以了。一般在 45 ~ 50℃ 的温度下，干燥 36 ~ 38h 即可。如干燥温度太高、速度太快，会使糖粒表面结皮、糖内水分不易挥发，从而影响糖的外形。如果浇模成形用模粉成形干燥，则干燥只需24h，干燥后软糖的含水量为13% ~ 18%，软糖的剖面透明不粘手。这是因为模粉有吸湿作用，既可降低干燥温度，又可缩短干燥时间。

干燥时间长短，还要根据气候情况和成品水分而定。一般第一季度、第四季度的成品含水量要求在16% ~ 18%，干燥时间可短些；第二季度、第三季度成品含水量要求在13% ~ 15%，干燥时间就要长些。

2. 明胶软糖

明胶软糖的熬糖工序是在砂糖、淀粉糖浆、转化糖浆加在一起熬煮后，再加入明胶陈胶或溶胶混合。一般糖浆的熬煮温度为 115 ~ 120℃，但刚熬好的糖浆中不宜直接加入明胶，待温度为 100℃ 左右才能加入。

糖浆和明胶等其他原料混合后，要静置一段时间。因为，糖浆黏度受明胶的黏度影响而增加，并会产生一种阻止水汽散发的力量，而把水汽包住后使其变成大小不一的气泡。如果不把气泡除去，成形后糖粒中的气泡将影响糖果外观。所以，静置一段时间后让气泡集聚到表层，然后撇除。

明胶糖干燥的方法有两种：一种是提高糖浆质量分数，成形后不再干燥；另一种是成形后还需在低温下干燥。即在干燥过程中，为了使露在空气中的糖粒表面不吸收水汽，往往在糖浆浇模后表面再覆盖上一层干燥的淀粉，使之与空气隔绝，然后再进入烘房干燥。干燥温度一般不超过40℃，明胶软糖成品含水量为15%左右。

📙 案 例

明胶软糖生产

1. 配方

白砂糖20kg、葡萄糖浆35kg、明胶4kg、柠檬酸0.35kg、水果香精0.055kg，食用色素适量（不超过万分之一）。

2. 操作要点

（1）明胶复水　将4kg明胶用12kg水浸泡，用真空低温工艺溶胶备用。

（2）化糖　白砂糖加水溶糖后，下入葡萄糖浆，加热至沸腾状。

（3）熬糖　化好的糖液经过滤后进入熬糖锅熬制，熬煮温度为115~120℃。

（4）下明胶　待熬好的糖浆温度降于100℃左右，下明胶溶液并加以搅拌，使糖胶液混合均匀。

（5）静置　下入明胶溶液的糖液静置一段时间，让糖液中的气泡集聚到表层，然后撇除。

（6）成形　按品种需要浇盘切割成形或浇注成形。

（7）干燥　明胶糖干燥的方法有两种，一种是提高糖浆质量分数，成形后不干燥；另一种成形后即在低温下干燥，在模盘上覆盖一层干燥的淀粉，送入烘房干燥，干燥温度一般不超过40℃，成品水分的质量分数约15%即可。

（8）拣选　拣出不合格糖粒。

（9）包装。

（七）风味形成要素

凝胶性糖果属于弹性糖果，其结构的稳定性取决于各成分之间的作用，如糖浆的糖度、其他原料（凝胶原料、酸等）的品质等。凝胶糖果风味的充分展现是多种香味物质合理与均衡的释放。各种凝胶质的形成机制与条件并不相同，只有正确把握平衡，才能获得应有的质构和香味效应。

1. 琼脂

琼脂是制作琼脂软糖的凝胶剂，它的凝胶力强，色泽透明，口感柔嫩，一般以清澈透明的水果风味出现。

2. 明胶

明胶的弹性和韧性突出，溶化缓慢，常用于制作耐咀嚼的软糖。

3. 变性淀粉

淀粉软糖大多以变性淀粉为胶体制作，其特点是易于成形、形态丰满、口感柔糯，但透明度一般。宜于制作各种造型的水果风味糖果，且货架期较长。

4. 果胶

果胶软糖的柔软性和稳定度与果胶性质和用量有关，一般果胶的用量在 2% ~3% 之间就能达到足够的稳实度，而丹尼斯克 CF – 130B 或 CF – 140B 的用量较少，在 1.3% ~2.0%。

5. 调香、调味物质

大部分凝胶糖果中添加了水果香精和柠檬酸，使用的香精多为水溶性香精。这一类糖果的加工温度比较低，产品的含水量较高（一般为20% ~24%），香精的添加量也较低，一般为硬糖的50%以下。

6. 水分

富含水分是凝胶糖果的品质特征。水分的存在虽然有利于香味的分散与释放，但更重要的还在于水分与其他物料的结合状态需要通过亲水性胶体来实现。糖与调味剂（如酸味剂）等分子都将分散于水中，并受到胶体网络的约束，在水中香料分子的分散与传递必然也受到胶体网络的影响。

7. 其他

凝胶糖果添加天然浓缩水果制品形成各种水果风味，而在凝胶糖果中添加乳制品、天然果汁、其他食品原料及一些特殊的香味料，以其突出的口感、特殊的风味受到消费者的喜爱。

思考题

1. 什么是凝胶糖果？
2. 凝胶糖果有哪些主要特征？
3. 凝胶糖果的加工机理是什么？
4. 琼脂为什么一般不制造水果味软糖？
5. 果酸在果胶软糖制造过程中起着怎样的作用？
6. 明胶软糖冷冻干燥后为什么不能立即包装？
7. 凝胶糖果质构特征受哪些因素制约？

8. 阿拉伯树胶作为糖果物料组成起着哪些功能作用?

实训四 充气糖果的加工

(一)充气糖果的特性

糖果制造过程中加入发泡剂,经机械擦搅使糖体充入无数细密的气泡,形成组织疏松,密度降低,体积增大,色泽改变的质构特点和风味各异的品种,这类糖果称为充气糖果。充气糖果与其他糖果相比,不同之处是糖果增加了充气工序,使糖果形成一种泡体结构。产品的密度减小或体积增大,同时也使产品的稠度和质构的物理特性产生一定程度的变化,从而赋予产品新的商品特性。

1. 充气糖果的类别

充气糖果的范围很广,品种较多,根据产品密度差别,充气糖果可分为高度充气、中度充气和低度充气三种产品。由于密度不同产品结构与口感风味也完全不同,彼此呈现各自不同的特有性质。

高度充气糖果充气程度大,质地轻、组织疏松,能漂浮在水上,密度在 $0.6g/cm^3$ 以下,色泽洁白、口感柔软、略有韧性而富有弹性。典型的具有代表性的产品为棉花糖。这样性质的糖果大多采用具有凝胶性能强的亲水性胶体,如高凝冻力明胶。因持水力大,棉花糖产品水分可高达16%以上,品质也十分稳定,气泡稳定持久。

中度充气糖果充气程度略低,松软程度不如高充气度的糖果,密度在0.8~ $1.1g/cm^3$,几乎也能漂浮在水中,糖体结构比较紧密,相对含水量较低约在10%以下,其代表性糖果为牛轧糖。通常是以卵蛋白作为发泡剂,气泡稳定性常常依靠提高温度和降低含水量使糖体坚定而提高稳定性和松脆性,并添加果仁作为支撑糖体和增进口感香脆的作用。此外增加砂糖含量或添加微结晶糖,使其产生微晶体结构,即所谓砂性的组织结构,也可以改善口感,提高松软性而不粘牙,并能增进糖体的稳定性。

低度充气糖果充气程度很低,糖体结实,疏松度差,结构坚定,口感柔韧,密度在 $1.15 \sim 1.35g/cm^3$,相对含水量在5%~8%,产品以奶糖和求斯糖为代表。奶糖具有韧性和咀嚼性,必须控制适宜的含水量,才具有柔韧带有咀嚼性的优良口感,而求斯糖却存在有一定含量的微晶糖,其结构紧实,有咀嚼性而不粘牙。有良好的口感和稳定的品质。

2. 充气糖果的基本组成

砂糖:是糖体的基础,其含量为35%~55%。砂糖比例的调整,可影响产品的最终质构特性。蛋白糖柔软、脆韧、砂性等特性与产品组成砂糖投入量有关。

淀粉糖浆：含量为30%~50%。提高淀粉糖浆比例能增加产品的柔软性和韧性。

发泡剂：有蛋白干、明胶、大豆发泡蛋白粉。它们是降低表面张力的表面活性剂。可根据产品品质的要求选择，低档蛋白糖可用大豆蛋白；韧性蛋白糖需用明胶和蛋白干两种发泡剂组合。明胶可增加产品的韧性。

果仁：含量为10%~25%。它可增加产品的风味和营养，改善糖体的形体，提高糖体的应力。

油脂：含量为2%~12%。它可增加产品风味和润滑感。

其他成分：可根据产品设计的口味特征适量添加，主要是增加产品的风味及营养价值。

3. 充气糖果的加工原理

发泡剂蛋白是一种亲水性胶体，复水后经快速搅拌混入了大量空气，形成很多气泡而成为稳定的泡沫吸附层。

将熬好的糖液冲入蛋白泡沫后，经连续搅拌，使蔗糖分子、淀粉糖浆和其他配料均匀地分布在泡沫吸附层周围，使原有稀薄而柔软的泡沫组织变得浓稠，黏度增大，机构稳定性增强，经冷却后变得坚实脆硬，这便是充气糖果糖体。

充气糖果的密度随充入空气量而不同。充入空气多的密度减轻得多，充入空气少的密度减轻得少。

过饱和的蔗糖溶液，在剧烈地机械搅拌下，很容易重新结晶，即使微小的蔗糖晶体出现，也会破坏泡沫组织的稳定性，结果使充气糖果失去细腻和疏松的特点，失去光泽。为了制止充气糖果返砂，需要增加抗结晶剂的含量，所以充气糖果中的还原糖含量较高。

为了使充气糖果细腻、润滑和易于切块成形，在配料中需加入部分油脂，但油脂是消泡剂，影响蛋白沫的形成和稳定性。因此，对于尚未起泡的蛋白液要严禁加入油脂。必须等待充气糖果糖坯已搅拌和冷却至稳定状态后，才宜加入油脂，再稍经混合后，即可移往冷却台或滚糖机成形。

（二）通用样品配方

1. 中度充气型

花生牛轧糖配方：淀粉糖浆 10kg，白砂糖 7.5kg，花生仁 6kg，奶油 0.9kg，乳粉 0.5kg，精盐 30g，蛋白干 187.5g。

2. 低度充气型

奶糖的典型配方：淀粉糖浆 10kg，白砂糖 8kg，水 0.8kg，炼乳 5.2kg，奶油 0.8kg，乳粉 1kg，明胶 0.3kg，乙基麦芽酚 2g，香兰素 10g。

3. 高度充气型

（1）白棉花糖的典型配方 砂糖 22.7kg，淀粉糖浆 20.2kg，山梨醇 3kg，明胶 1.2kg（凝冻力 225），水 6.81kg。

（2）砂质棉花糖 砂糖 90kg，淀粉糖浆 36kg，糖粉 0.9kg，明胶 2.8kg，转化糖 14kg。

（三）样品生产工艺流程

1. 中度充气型糖果

代表品种是牛轧糖，现以花生牛轧糖为例，根据充气工艺不同，分为二次冲浆工艺流程和加糖 – 气泡基工艺流程（即分步组合充气工艺流程），具体如下。

（1）花生牛轧糖二次冲浆工艺流程

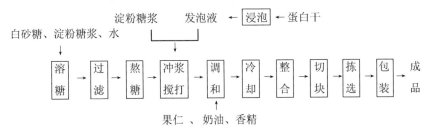

二次冲浆工艺流程又称"二步法"，其操作特点是先制气泡体，将 1 份蛋白干浸泡于 2 份水中，使蛋白干完全溶解于水中成为蛋白液，再经过搅拌机高速搅打发泡，成为一种洁白蓬松的气泡体；然后将熬煮到一定浓度的糖液分批加入制成蛋白糖。这种方法得到的蛋气泡体的含水量高，气泡稳定性差，并且操作过程繁复。

（2）花生牛轧糖加糖 – 气泡基工艺流程

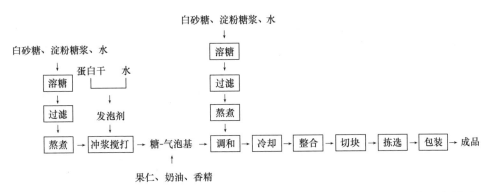

加糖 – 气泡基生产工艺的特点是：用一次冲浆方法来完成稳固的蛋白糖多孔性基体骨架。操作时先将蛋白液与一部分经熬煮的糖液进行搅打充气，形成

加糖-气泡基。当这一气泡基达到所需的密度时，再将另一部分经熬煮的糖液与其他物料一起加入该气泡基，拌匀即好。采用这一方法生产蛋白糖，因为加糖-气泡基含水量少于不加糖气泡基，所以形成的气泡体相对稳定性好，一般贮存时间可达几小时，所以可一次性制作大量气泡体备用。当所选用的发泡剂发泡能力强，且能抗高温，则可给连续熬煮充气带来极大的方便。

2. 低度充气型糖果

代表品种是奶糖，奶糖的生产工艺流程根据冲浆的方式不同，分为一次冲浆、二次冲浆和连续冲浆工艺流程具体如下。

（1）奶糖一次冲浆工艺流程

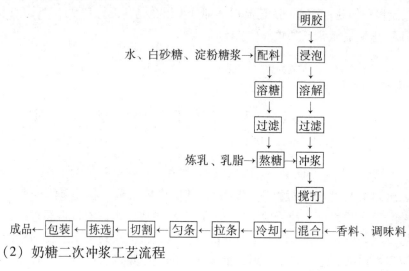

（2）奶糖二次冲浆工艺流程

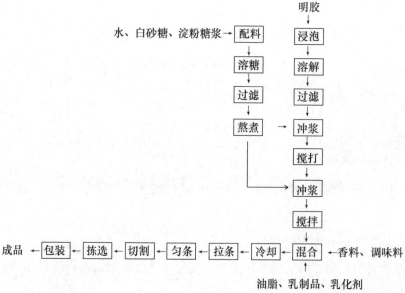

（3）奶糖连续冲浆工艺流程

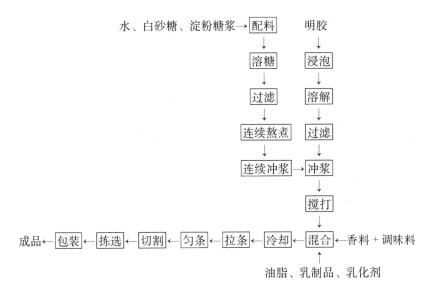

3. 高度充气型糖果

代表品种是棉花糖，现以棉花糖为例介绍其生产工艺。

棉花糖由于配方中砂糖比例可以很低而混合物料及成品却需保持较高的含水比例，因此棉花糖的生产工艺可根据产品特性及经济两方面考虑，选择合适的生产工艺，使加工过程既保证产品质量的稳定，又能简化生产过程，降低生产成本。目前，棉花糖的生产工艺有以下几种。

（1）熬煮法　当原料组成的砂糖比例较高，转化糖或淀粉糖浆较少时，可采用熬煮法。熬煮时，一般糖浆只需加热到沸点即可。采用熬煮法需特别注意的是，当糖液与明胶溶液混合时，经熬煮过的糖浆需经冷却至60℃方可与明胶混合。

（2）半熬煮法　当原料组成中砂糖比例较低时，一方面砂糖结晶体可在比较低的温度下完全溶解，另一方面随着砂糖比例的下降，势必导致物料组成中转化糖或淀粉糖浆比例的提高。从既保证砂糖的完全溶化，又控制还原糖的增加考虑，物料只需加热到80℃左右即可。同样要注意的是，采用熬煮法，在物料与明胶溶液混合时，经熬煮过的物料需经冷却到60℃方可混合。

（3）冷加工法　所谓冷加工法即不经过较高的加热升温。采用冷加工法，一般是生产含水量高的棉花糖，或是物料组成中没有砂糖，或砂糖含量极低（如用于糕点表面装饰的棉花糖）的棉花糖。采用冷加工法时，只需将除明胶以外的其他物料投入搅拌装备中混合溶解后，升温到60℃再投入明胶混溶。

在制作棉花糖（特别是采用冷加工方法）时，物料的溶解一定要彻底，以保证物料在充气时不会因高速搅拌产生返砂结晶的现象。

（四）样品生产工艺要求

1. 中度充气糖果制作要点

典型产品是花生牛轧糖（两次冲浆法）。

（1）焙烤花生仁　不宜大火焙烤，要求果仁呈芽黄色，具有花生仁的香味即可。

（2）蛋白发泡剂复水　将蛋白发泡剂与水按1:（1.5~2）的比例混合，先倒水在容器内，再边下入蛋白发泡剂边搅拌，至溶化完全备用。

（3）溶糖　将砂糖用量30%的水倒入化糖锅，再倒入白砂糖，搅拌，沸腾后下入淀粉糖浆，加热至沸腾停止加热。

（4）过滤　将已溶化好的糖浆经100目筛过滤。

（5）熬糖　将已过滤的糖浆放入熬糖锅中，加热至118℃时，倒出50%，进行第一次冲浆；剩下的糖浆继续加热至126~132℃（视含水量要求和生产季节灵活设定），将其作为第二次冲浆用。

（6）搅拌　将溶化好的蛋白发泡剂倒入搅拌桶，开动慢挡，将第一次冲浆的糖液以细流倒入搅拌桶，搅拌数分钟后，开动快挡，搅拌8~10min；再调至慢挡，将第二次冲浆的糖液以细流冲入搅拌桶，冲浆开快挡搅拌5min左右，把糖浆打泡、打白。

（7）物料调和　第二次冲浆搅拌到位后，停机放入奶油、硬脂、乳粉、香料、花生仁等物料，以慢挡搅拌均匀即可。

（8）冷却成形　糖膏搅拌均匀后停机，然后将其倒在冷却台上，翻叠冷却均匀，送入成形机切割成形。

（9）拣选　去除不合格糖粒。

（10）包装　将成形的合格糖粒送入包装机包装。

2. 低度充气糖果操作要点

低度充气糖果的典型产品——奶糖的操作要点（一次冲浆工艺）如下。

（1）明胶复水　将明胶与水按1:（1.5~1.8）的比例混合，将明胶浸泡，然后用低温真空溶胶法或水浴法使明胶溶解完全，冷却后切块备用。

（2）将奶油加热至60℃左右，下入乳粉，调制成均匀的混合奶油制品备用。

（3）溶糖　将白砂糖加30%的水后放入锅中化糖，糖液沸腾后下入淀粉糖浆，加热至沸腾。

（4）过滤　将化好的糖液经100目筛过滤并去除杂质。

（5）熬糖　过滤后的糖液在熬糖锅中继续加热，待温度达到125~130℃（视不同地区、不同季节灵活掌握），下入炼乳并搅拌，去除炼乳中的水分，不让炼乳中的蛋白质受高温而变性,待糖液浓度达到 90% 时可停止加热。

(6) 搅拌 一般情况下,先将明胶胨块放入搅拌桶,倒入糖液开始搅拌,先慢,后中挡、快挡,注意防止糖液飞溅,时间为 30min 左右。因高温下明胶凝胶性能受损,所以糖液稍有冷却后再倒入搅拌桶,或先将糖液倒入搅拌桶,搅拌数圈,待糖液温度稍下降后再投放明胶搅拌。

(7) 调料 搅拌达到充气要求后,停机下入混合奶油制品和其他香料、乳化剂,搅拌均匀。

(8) 冷却 将搅拌好的糖膏倒在冷却台上,翻叠冷却均匀,糖头可在冷却过程中添加,并在翻叠过程中让其完全与糖膏融为一体。

(9) 成形 用不同成形机械切割成形。

(10) 拣选 将不合格糖粒拣出。

(11) 包装 将合格糖粒按不同包装形式包装。

3. 高度充气糖果操作要点

高度充气糖果的典型产品——白棉花糖的操作要点如下。

(1) 按热水与明胶 1.8:1.2 的比例搅拌至没有大的结块,并用真空锅溶化。

(2) 将其他组分混合后与溶化后的明胶一起投入混缸,充分混合,加热至 57.2℃。

(3) 保温至物料全部溶解后,通过 Whizolator 装置(注:一种发泡设备),使原料起泡。

(4) 当起泡后的物料密度达到 $0.4g/cm^3$ 后,注模成形。

(五)风味形成要素

1. 中度充气型

(1) 牛轧糖是中度充气型糖果的典型品种,其质构疏松、细腻,略有弹性、耐咀嚼,添加不同的果仁作填充料,而形成不同的风味。所以,物料的组成是其风味的重要元素。

(2) 发泡剂是蛋白糖形成特殊的物态体系和质构特征的原料,其类别、质量以及充气方法直接决定了产品的风味。

(3) 冲浆工艺分一次和两次冲浆法,它也对风味的形成有一定的影响。

2. 低度充气型

(1) 奶糖风味的形成受到乳制品的种类、性状及数量,以及决定充气状态及程度的主要物料——明胶的性状及数量等要素的影响。

(2) 充气的方法、搅拌打擦的速度和时间。

(3) 熬糖工艺及各物料的添加程序。

3. 高度充气型

（1）淀粉糖浆用于改善块型弹性，过量会影响发泡质量。葡萄糖值、还原糖值越高，其成品的保湿性越好。

（2）转化糖浆有利于发泡，能改善产品弹性，同时起到保湿剂作用。

（3）发泡蛋白起表面活性剂作用，并能降低气液两相表面张力。

（4）植物胶用于棉花糖芯体，可起稳定芯体的作用。

（5）小苏打用于调整混合物的 pH。pH 过低，产品会脱水收缩；pH 过高，产品会变色发黄。

（6）水的含量会影响棉花糖的弹性与口感。在未成形前，棉花糖的含水量应控制在 26% ~ 30%；切割或浇模成形棉花糖成品含水量控制在 15% ~ 19% 的范围内。

（7）调味、调香、着色剂起到调整产品色香味的作用，可适量添加。

（六）其他

1. 奶糖配方的设计原则

奶糖的配方设计必须符合 SB/T 10104—2008《糖果　充气糖果》以及相关国家标准中关于奶糖理化指标的有关规定。食品添加剂和食品营养强化剂也必须分别符合 GB 2760—2024《食品安全国家标准　食品添加剂使用标准》和 GB 14880—2012《食品安全国家标准　食品营养强化剂使用标准》的相关规定，这些规定是糖果产品配方设计的总则。

在国家标准的约束下，设计产品配方通常还应遵循如下原则：根据企划产品的市场定位和诉求利益点来确定产品的配方成本和特殊的配料及添加剂，然后根据企业的设备工艺状况来确定产品的工艺路线。

实验室样品制备必须最大程度地反映生产实际状况，不同的工艺路线和细小差别通常会带来产品质构和风味的差异。在按照样品仿制产品或者建立新工厂时，上述原则是工艺技术人员必须考虑的重点。如企业无法提供良好的实验或中试条件时，技术人员必须提供有关样品和最终目标产品之间差别的专家意见。

在上述原则的指导下，按照设定的基本控制指标计算标准配方。在实验过程中必须保证所有投料的计量准确。

2. 减少误差的方法

考虑到实验与生产过程中各环节带来的累积误差可能对样品或者产品带来较大的风味和质构差异，因此，在实验或者生产过程中，可以按照如下原则来减轻这种累积误差带来的危害。

（1）采用精度等级合理的计量器具与计量方法，常用方法有加量法、减量法、稀释法等。

（2）由于溶化好的糖液或者熬煮好的糖膏等中间物料可能存在管路损失及其他工艺损耗，可以采用分批计量进入下段工艺的方法来达到有效控制的原则。

（3）对于糖浆、砂糖、炼乳、奶油、乳粉等大量原料，计量误差通常控制标准在 2% 以内。

（4）对风味影响较大的香精、香料等小料，要求配比准确，并必须有效控制相对误差。

（5）国家限量添加的受控食品添加剂的添加范围和添加量必须严格按照国家相关标准控制；对这类原料除了考虑批次产品添加量外，还必须重视其在产品中的均匀分布问题，不得导致产品中局部富集、含量超标。

实验配方设计时还必须要考虑在向生产配方转换时，具有良好的可操作性和可控性，这一点将在工艺设计环节配方转换的内容中作比较详细的讨论。

思考题

1. 什么是充气糖果？
2. 充气糖果有哪些主要特征？
3. 充气糖果加工机理是什么？
4. 充气糖果的基本组成是什么？
5. 气泡体的制作方法有哪几种？
6. 什么是糖－气泡基？
7. 充气糖果为什么容易变形？
8. 乳粉在奶糖中起着怎样的作用？
9. 糖－气泡基稳固程度受哪些因素制约？

实训五　胶基糖果的加工

胶基糖果即胶姆糖，胶姆糖可分为咀嚼型胶姆糖，即口香糖，糖体结构具有较强的黏着力和柔软的弹性；吹泡型胶姆糖，又称泡泡糖，糖体结构具有较强的黏着力和柔软的弹性和吹泡性。

胶姆糖的基本成分是胶姆基、乳化剂、芳香剂等，不同产品的区别在于甜味剂及添加其他有益口腔健康的成分。胶基糖果是一类咀嚼性的糖果，其耐咀嚼与其胶体基质密切相关。胶基赋予胶姆糖吹泡、增塑、耐咀嚼等作用，它只是食品的一种载体，不直接摄入人体，一般占糖体重量的 15% ~30%。胶基按其来源可分为天然树胶和橡胶、合成树胶和橡胶。天然的有糖胶树脂、节路吨树脂和达马树脂；合成的有丁苯（基）橡胶、松香脂，以及软化、填充剂、乳化剂等。

　　各发达国家几乎都采用合成的胶基，如松香甘油酯（酯胶），酯胶在咀嚼后略带苦味。因此往往通过歧化、聚合等手段进行改性，再与甘油酯化而成氢化（或部分氢化）松香甘油酯、歧化松香甘油酯、聚合松香甘油酯，可使品质得到明显改善。尤以氢化松香甘油酯的质量最好。氢化松香甘油酯具有良好的口感和抗氧化性，用做胶基可延长成品保质期，并保持柔软、细腻的口感。各种胶基极少单独使用。例如，以酯胶为主（40％），配以各种增塑剂（硬脂酸、脂肪酸甘油酯）、抗氧化剂（BHA、BHT）等组合而成。

　　胶基糖的加工原理：利用天然或合成的热塑性树脂的某些物理性质，经过增塑或软化处理，使它在人体温度下呈现出各种适宜于咀嚼性能和成膜性能的基质，通过高效率的物理混合，形成以基质为核心，吸附大量甜味料、香料以及其他辅料的糖体，再经过手工或机械的成形和包装，即可获得花色繁多的胶基糖。

（一）产品通用配方

1. 咀嚼型口香糖配方

表 1-26　咀嚼型口香糖配方

原料名称	配方/%	原料名称	配方/%
口香糖胶基	18~20	甘油	0.5~1.0
淀粉糖浆（45°Bé、42DE）	18~20	香料	0.6~1.0
糖粉	52~60		

2. 吹泡型口香糖配方

表 1-27　吹泡型口香糖（泡泡糖）配方

配方/%	标准型	含酸型
泡泡糖胶基	18~20	18~25
淀粉糖浆	18~20	18~25
糖粉	58~62	60~70
甘油	0.5~1.0	0.5~1.0
香料	0.5~1.0	0.5~1.0
酸味剂	—	0.3~0.6
着色剂（色锭）	适量	适量

（二）胶基糖的生产工艺流程

淀粉糖浆→|预热|→|搅拌|←|预热|←胶基
↓
|混合|←糖粉（1/3）
↓
|混合|←糖粉（1/3）、甘油
↓
|混合|←糖粉（1/3）、香料
↓
|冷却|
↓
|老化|←|裁切|←|辊压|←|挤压|←|成形|→|挤压|→|冷却|→|切割|→块状胶基糖
↓
块状胶基糖

（三）样品生产工艺要求

1. 搅拌工序

（1）工艺流程

搅拌机→|预热|→胶基、葡萄糖浆、2/3 糖粉→|搅拌|→|加入剩余的1/2 糖粉|→|搅拌|→
|加入剩余的1/2 糖粉|→|搅拌|→|加入香精、甘油、乳化剂、辅料|→|搅拌|→出料

胶基糖的调和机是带有夹层蒸汽加热的、采用双桨搅拌的可倾式装置搅拌机。相对运转的前后搅拌时有转速差，这样在剪切作用下可使胶基分散均匀并加快糖体的吸收。

（2）操作要求

①启动预热好的搅拌机，按咀嚼型或泡泡糖的设定配比称取胶基（经烘软后）并将其加入搅拌机内，倒入预热并经过过滤的葡萄糖浆及 2/3 糖粉，继续搅拌。初阶段的搅拌很重要，应给予一定时间，以保证基质材料的均匀一致。

②7min 之后分两次加入剩余糖粉。为防止搅拌时糖粉飞扬，最好由缸体的四角轮番加入，或在入口处加盖。香料等易挥发物应在最后分散在糖粉中后一起加入，搅拌至不见糖粉游离群胶粒，即可出料。搅拌好的糖团既要有一定的黏结力，但又不应有粘手感。出料的糖团温度宜控制在60℃以下。软硬度则依气候而定，夏季稍硬，冬季稍软。含水量必须达到国家标准的要求。

③在成形、包装过程中挑拣出来的糖头，可在下次调和时掺入，掺入量以不超过 10% 为宜。在搅拌过程还应注意软化剂、葡萄糖浆的加工时间和避免搅拌的机械负荷过重。

2. 加工成形

（1）挤出与辊压 调和好的糖坯稍冷却，直到糖坯温度低于40℃以下为止，然后投入挤出机。挤出机是一种双螺杆不等距的推进装置，螺杆的前端设有一个扁平的挤出口，当糖坯通过转动的螺杆强行从挤出口挤出时，有一定宽度和厚度的带状糖坯即形成。挤出机在工作前需预热，机体内的温度为30~35℃，机器挤出头的温度为40℃。由于挤出机的推进压力很大，使糖坯组织变得紧密，表面显得光洁，而且，挤压时还可继续使少量的糖粉游离群和胶体亲和，以弥补调和的缺陷。经过挤压出来的糖料的一般厚度为12~16mm，糖料进入下一道辊压，依次经过4~5对辊筒最后压延至成品所需的厚度。

辊压的目的是把原先较厚的糖坯压延成产品所需的规定厚度。在连续化生产程序中，通常应设置3对以上辊筒。一般来说，辊筒越多，压延比越小，成品的表面就越光滑细腻，组织也越紧密；相反，辊筒少而压延比过大，糖片势必粗糙。如果糖坯中含较多胶体，则在气候炎热或潮湿的季节，糖坯容易粘辊，压延时可撒一些润滑粉。片形口香糖辊压的最终厚度为1.66~1.68mm。

（2）冷却、老化 从最末一对辊筒轧出的糖片应达到产品规定的厚度（1.66~1.68mm），然后进行冷却、老化。这样做的目的是使糖片达到水分平衡而硬化，以保证成形工序的顺利进行。

冷却可分连续式和间歇式两种。连续式是使糖片通过一长约30m的冷风通道，内有9~12层输送带的冷却柜；间歇式冷却时，把糖片划成一定的长度（44.5mm）后，将其置于冷却铁板台上冷却或放置，翻动糖片的两面使其达到冷却均匀。胶基糖中含有较多的还原糖分，因此具有易吸潮的特性，所以不宜过度冷却，否则反会受潮变软。冷却后糖片堆置不宜超过5张，片与片之间要适当撒一些润滑粉以免相互毅连。

当使用老化室冷却老化时，要控制老化室的温度和相对湿度。温度控制在18~20℃，相对湿度在55%以下。这样从老化室取出的糖片轧片后不粘连，以保证包装机顺利包装。

（3）包装 片装胶基糖的包装是由高速包装机来完成的（当然，小型生产厂也用手工包装）。目前，片装胶基糖用的高速包装机首先连续进行单个小包装，然后进入连续第二层贴标包装，最后外包装，速度为1200片/min以上。

将经过老化后且物理性能稳定了的糖片放进高速包装机（600~1200片/min）包装。为了使糖片和包装材料能适应高速包装，厚度应为（1.65±0.051）mm，形状应平整无曲折或皱纹。为了使单片的软硬度达到要求，要控制包装车间的温度和相对湿度（室温为20℃，相对湿度为55%以下），在此环境下工作为最佳条件。

（四）风味形成要素

1. 风味类型

（1）清凉型（薄荷型）　以胡椒薄荷、留兰香薄荷（绿薄荷）或两者混合形成风味，主要用于咀嚼型口香糖。

（2）非酸水果风味　如香蕉、水果冰激凌等无酸味的水果风味。这类水果香精、香料是由非抗酸的一般泡泡糖胶基制成的，大多用于泡泡糖。

（3）酸水果风味　如草莓、橘子、柠檬等通常用于口香糖和泡泡糖，但需要采用一种抗酸的胶基组成。

（4）特殊风味　如肉桂、甘草、麝香、丁香、玫瑰、葡萄、菊花等甜味和独特性风味的口香糖和泡泡糖均可使用。抗酸性胶基或一般非抗酸胶基两者都可采用。

2. 塑胶特性

胶基糖果的塑胶特性是因为加入了无水的天然树胶和（或）合成的热塑性胶基，其他的原料包括糖、糖浆、酸、香精等。以胶基糖果的吹泡性来区分，口香糖的吹泡性差，泡泡糖的吹泡性好。

3. 山梨醇和木糖醇

应用于无糖胶基糖果中，以代替砂糖等天然糖类物质。

4. 呈香物质

适合用于胶基糖果的香精为油溶性香精，这是因为：①当香精溶解在亲脂性的胶基中，香精的强度必须很大，而且留香要久；②水溶性的溶剂如乙醇、丙二醇等会影响胶基的结构；③尽管香精是在不高的温度下加入的，但高用量也是必须的。这不是因为香味的损失，而是因为胶基的影响使香味在口中的释放变得缓慢，而且合适的香料配比和溶剂体系对这类糖果的结构会有良好的影响。除了薄荷香精外，大部分用于胶基糖果的香精为等同天然香精。因为天然香精的价格高，而且香精的添加量也高，在相同用量的情况下，等同天然香精相对便宜。

思考题

1. 什么是胶基糖果？
2. 胶基糖果的主要特性有哪些？它有哪几类？试举一例说明。
3. 胶基糖果的主要组成有哪些？
4. 胶基糖果的制造原理是什么？
5. 胶基糖果的制造程序主要有哪些？

实训六　抛光糖果的加工

（一）包衣的种类和原理

1. 包衣层形成的基本原理

（1）硬质糖衣层的形成　将蔗糖、其他水溶性糖或糖醇配制成冷或热的溶液用于包衣，待其干燥后析出结晶并形成糖衣层。这种工艺得到的是硬质糖衣层。

（2）软质糖衣层的形成　在芯体上加入过量含有糖和黏合剂或只含有黏合剂的溶液，再撒入粉料。这种工艺可以防止致密结晶结构的形成，其糖衣层不再单独由糖结晶构成，包含大量其他物质。软质糖衣层一般采用这种工艺。

（3）巧克力、脂类包衣层的形成　含有巧克力、脂类为主的熔融物或糖醇类物质混合熔融物冷却后形成较软的包衣层，这种糖衣层用于单层或多层包衣。

（4）薄膜包衣层的形成　可塑性成膜料溶解于有机溶剂中，在开动包衣锅后，用喷雾的方法将包衣料均匀喷洒于翻滚的片芯表面。当包衣锅受热后（直接加热或吹热风），有机溶剂挥发，包衣料即在片芯表面形成薄膜层，如此反复操作，即形成不透湿、不透气的薄膜包衣层。

2. 蔗糖包衣

（1）蔗糖包衣的基本原理　蔗糖是糖衣型抛光糖果的主要材料，其原料易得，食用安全，并具有优良的水溶解性及较低的吸湿性。

①蔗糖的溶解性：蔗糖在水中的溶解度随温度的升高而增加，其水溶液的黏性则随温度的升高而降低。蔗糖的热饱和溶液冷却后析出结晶。含糖量低于65%的糖浆在室温下稳定，一般不会析出结晶。含糖量60%左右的冷糖浆的黏度适宜于包衣。

蔗糖溶液一般用热溶法制得。在沸水中加入蔗糖，搅拌并进一步加热，可制得澄清溶液。因蒸发而损失的水量可预先估算，并在最后补足。

热的过饱和包衣溶液由初始质量分数70%的溶液加热煮沸，当沸点上升到一定值时，即达到所需的浓度（如表1-28所示）。

表1-28　蔗糖溶液的常压沸点-质量分数的关系

质量分数/%	50	55	60	65	70	75	80	85
沸点/℃	101.8	102.3	103	103.9	105	106.9	109.6	113.9

②蔗糖溶液的结晶性：在包糖衣过程中，糖浆在喷晒前不应有结晶析出，糖浆被置入芯料，在片芯表面均匀分布后，应该析出结晶。但隔热不良的容器中的糖浆易于析出结晶，原因是局部冷却引起的局部过饱和。

在包衣过程中一般不希望形成大结晶，因此使用热饱和糖浆。如不加入抑晶剂，极易产生大结晶，导致毛细管封闭，水分被包埋其中。如果析晶被强烈抑制，则容易产生芯料的黏连。在撒粉较多的工艺中以及生产软质糖衣时，由于加入的糖浆中含有较多抑晶剂，不会形成均一的晶体结构，而且在结晶表面可以形成过饱和的非结晶薄膜。这种薄膜是一层均一的骨架结构，其中有细小的糖结晶嵌入，这种微细的分散状态称为玻璃样状态或釉样状态。

葡萄糖、乳糖、转化糖和低聚糖等的存在均会延缓蔗糖析出结晶的速度。

③糖衣的保护作用：糖衣的保护作用是隔绝氧气和水分。气体的渗透量取决于包衣层中孔隙的直径大小。一般由着色层、填充糖衣层到粉底层，孔隙直径由 0.22nm 增大到 30nm，平均为 5nm，这说明致密结晶层空隙最小。

④黏合剂：黏合剂通过形成黏结键或均一的骨架增大衣层的黏合力和弹性，它们作为包衣液和粉料的一部分被用于所有包衣层。适用的黏合剂包括明胶、琼脂、海藻酸钠、阿拉伯树胶、淀粉、糊精等。

（2）包衣工艺

①包隔离衣：将片芯与其他水溶性糖浆层隔离开，是糖包衣非常重要的工序。包隔离衣可以防止水分、油脂、酸类物质等迁移至表面，破坏产品外观并影响货架寿命。包隔离衣层的物料主要有阿拉伯树胶等食用胶体。包隔离衣层后通常要撒粉。

②包粉衣：在包隔离衣层的基础上，继续使用糖浆和粉料包衣，使粉衣层迅速增厚，直至片芯的棱角完全包没为度。一般需要 15～18 层，如不需包隔离层的片芯，可直接包粉衣层。

③包糖衣：以浓糖浆为包衣材料，当糖浆受热后，在片芯表面缓缓干燥，形成坚实细腻的蔗糖微晶层。包衣操作与包粉衣相同，但除糖浆外不添加其他物料。控制加热或热风温度（也可使用冷风，但衣层质地较软）时，一般需要包 10～20 层。

④包有色糖衣：以食用色素（或色淀）糖浆作为包衣料，色泽由浅至深，渐次加入，一般需要 8～15 层。控制温度并使其逐渐降低至室温（也可使用冷风，但衣层质地较软）。温度过高，水分蒸发过快，蔗糖析出结晶也快，易使包衣出现花斑和粗糙等现象。

⑤抛光：所谓抛光，是在糖衣片的表面最后涂上一层极薄的蜡、脂肪层。包有色糖衣后，糖片的外表有些暗，抛光可使糖衣片发亮。抛光前，糖片的干燥非常重要，一般至少应将糖片在适宜的环境中静置 12h。常用蜡包括巴西棕

桐蜡、蜂蜡、川蜡等。

抛光通常是用冷的糖衣片在一个干净密闭的包衣锅中进行，其转速一般较包衣工艺低。

（3）硬质糖衣和软质糖衣的工艺比较　不同的工艺条件、不同的片芯材料将得到糖衣质地完全不同的抛光糖果（如表1-29所示）。

表1-29　硬质糖衣和软质糖衣的工艺比较

项目	硬质糖衣	软质糖衣
包衣料	蔗糖	蔗糖和淀粉糖浆
包衣条件	加热、通风	冷操作
衣层增厚	慢	快
衣层尺寸	薄	厚
包衣锅尺寸	大	小
结晶诱因	水分蒸发	添加糖粉
典型产品	糖衣杏仁、糖衣巧克力豆	凝胶糖豆

3. 其他糖和糖醇包衣

也可以使用其他糖和糖醇替代蔗糖制作糖衣。葡萄糖是一种价廉易得、用途广泛的糖，并且是生理需要的能量来源。除葡萄糖外，糖醇的使用也越来越广泛。在使用这些糖和糖醇时，应考虑其水中的溶解性、溶液的黏性以及吸湿性等。

（1）葡萄糖　葡萄糖溶液的黏性比蔗糖溶液低，50℃以下的葡萄糖结晶是一水化合物，与50℃以上的无水化合物相比密度要高9%左右。一般认为，使用葡萄糖溶液包衣的产品不要存放于50℃以上环境中。使用葡萄糖浆（淀粉水解糖浆）可抑制自然结晶的倾向。在软质糖衣工艺中常使用葡萄糖粉作为粉料。

（2）转化糖和淀粉糖　转化糖和淀粉糖不适合单独作为包衣材料，一般仅用作抑晶剂。在包粉衣时，糖浆中可以加入高达50%的转化糖或淀粉糖。软质糖衣生产时，在上浆的同时撒入含有大量还原糖的粉末；相反，在硬质糖衣生产中，若蔗糖溶液中还原糖的质量分数超过2%，就会影响理想的结晶过程。

（3）麦芽糖醇　麦芽糖醇溶液和蔗糖溶液的黏性非常接近，无论是喷雾法还是勺加法，它们在片芯上的分布状况几乎没有差别。麦芽糖醇的吸湿性比蔗糖低，其水中溶解度是：20℃时为蔗糖的77%，50℃时为蔗糖的92%，60℃时为蔗糖的103%。

麦芽糖醇的甜度为蔗糖的95%，不会引起龋齿和严重腹泻。此外，麦芽糖醇具有类似糖的性质，适合无糖包衣生产中替代糖：麦芽糖醇一般采用热包衣工艺，即升高糖浆温度，这样可以增加麦芽糖醇的溶解度；也可采用撒粉法，即用麦芽糖醇溶液润湿粉料，直到形成白色衣层。麦芽糖醇具有优良的遮盖力。

（4）山梨醇　山梨醇在水中溶解度大于蔗糖，具有极强的吸湿性，因此产品在储存过程中包衣层易于吸水软化，并且在潮湿环境中的货架寿命较短。

（5）木糖醇　木糖醇在30℃以上时水溶解度大于蔗糖，所以一般使用热溶液包衣。其包粉衣、糖衣、有色糖衣和抛光工序的操作与蔗糖基本一致。纯木糖醇包衣较脆，对机械撞击敏感，所以可加入一定浓度的阿拉伯树胶。

4. 巧克力包衣

（1）上浆

①用滚动涂层的工艺方法将各种不同品种的巧克力浆料均匀涂覆到抛光芯表面的操作，就称为抛光巧克力芯的上浆。巧克力浆料温度必须先冷却到一个合适的范围内，然后才能作正式的上浆操作。

②上浆操作中，关键工艺条件是风量、风速和风温度相匹配，以使涂覆在芯子表面的巧克力浆能不断地得到冷却和凝固，从而使生产连续不断地进行下去。

（2）抛圆

①上浆后的巧克力的表面会出现凹凸不平现象，所以需对其形态进行修正和弥补，这就是抛圆。

②半制品的抛圆应在干净的包衣机内进行，它不需要冷风配合，以增加抛圆的效果。

③外形已达到工艺要求后，即可将产品转入下道工序。

（3）硬化　将已完成抛圆操作的半制品置于一定的温湿度条件下，让巧克力包衣层硬化。硬化后的抛光巧克力半制品既有利于产品的起光，也可对稳定产品的表面光亮度有一定作用。

（4）起光

①起光剂：抛光巧克力表面的特有光泽是通过起光剂在巧克力包衣层表面的均匀涂布和在干燥后薄膜层在冷风下不断摩擦后所产生的。

用作抛光巧克力表面的起光剂主要是高糊精含量的糖浆和阿拉伯树胶液。

高糊精糖浆具有较高的黏度，失水后能在巧克力表面形成一膜层。这种膜层在经过不断的滚动摩擦后能产生一定的光亮，就使抛光巧克力起光。

阿拉伯树胶液与高糊精糖浆相比，具有更容易起光和光泽更亮、更为持久的特点。

②起光：硬化后的抛光巧克力，在有冷风配合的包衣机内滚动时，即可将

高糊精糖浆分数次加入；产品在冷风吹动下不断滚动和摩擦，使半制品表面逐渐产生光亮。

　　达到一定光亮度的半制品，再加入适量的阿拉伯树胶液，以使抛光巧克力表面再形成一膜层。由于阿拉伯树胶层在滚动摩擦后所产生的亮度要比高糊精糖浆光亮得多，持久性也更好，因此对产品质量的提高有很大的帮助。

　　影响抛光巧克力起光的原因有上浆时巧克力浆料的温度控制不恰当、产品在上浆操作的方法上存在问题、冷风达不到要求、起光剂配比不佳、生产环境或气候条件不理想。

　　（5）上光　如停止冷风吹动起光后的抛光巧克力半制品，其表面的光亮度会因受到外界天气的影响而逐渐消退，这种现象称为褪光。为了保持和进一步增进产品的表面光亮度，就必须做良好的护光和增辉。

　　①上光剂：抛光巧克力用的上光剂是一定浓度的虫胶酒精溶液。当它均匀地涂布在产品的表面并经过干燥后，就能形成一层均匀的薄膜，从而保护抛光巧克力表面的光亮度不受外界天气的影响和不在短时间内褪光。此外，经过不断的滚动摩擦，已经形成的虫胶保护层本身也会显现出良好的光泽，从而增强了整个抛光巧克力产品的表面光亮度。

　　②上光：在包衣机内不断滚动的半制品，在冷风的配合下，可将虫胶酒精溶液，分数次均匀地涂布在产品的表面，直至出现满意的表面光亮度。产品在经过温湿度平衡后，即可进行下道工序。

　　5. 薄膜包衣

　　（1）薄膜包衣工艺原理　薄膜包衣工艺是20世纪40年代开发的一种新型的工艺，它首先产生于制药行业，用于保护药物片子。与糖衣相比，薄膜包衣具有生产周期短、用料少、防湿能力强等特点。在包衣过程中，根据溶剂的不同，可分为水溶性包衣工艺和有机溶剂包衣工艺。

　　①工艺原理：当片芯在包衣机中运转时，将包衣溶液或混悬液的极细小的液滴喷射到片芯的外表。当这些液滴到达片芯时，通过接触、铺展及液滴间的相互结合，在片芯的表面形成一层衣膜。在这一过程中，溶剂及片芯之间会发生两种作用，即溶剂对片芯的渗透作用和溶剂的蒸发作用。当溶剂的蒸发量衡定，且与溶剂喷入量相等时，包衣的过程达到平衡。所以，在目前包衣设备的研制开发过程中，设备改进的主要目标是提高蒸发效率，以加快喷液速度、缩短操作时间。

　　②包衣料组成：主要薄膜包衣材料包括聚丙烯酸树脂、聚乙烯醇、聚乙二醇、羧丙基甲基纤维素等。

　　（2）薄膜包衣工艺

　　①在包衣过程中，影响喷液及干燥之间平衡的工艺参数包括：

　　与喷液有关的参数：喷液类型、喷液速度、喷嘴直径、喷枪高度、喷射压力等；

与干燥有关的参数：进风温度、进风量、干燥时间、批量大小等；

另一重要的工艺参数为包衣锅的转速，它和喷液、干燥都没有直接关系，而和物料运动有关。调节转速可使物料运动尽可能有规律；

良好的片芯质量对薄膜包衣有决定性影响。在所有影响片芯机械性能的因素当中，硬度和碎裂度最为重要。硬度检查的简易方法是：将片芯竖直向上抛2m，使之自由落地，两次以上不断裂者为合格。脆裂度检查的简易方法是，用手指用力刮片芯的边缘或表面，没有粉末脱落者为宜。

②应用薄膜包衣技术时，无论是采用高效包衣机、流化床包衣机，还是传统的糖衣锅，都应遵循如下原则：

片芯硬度要足够，否则，包衣初始将会出现松片、麻面现象；

片床温度要恒定；

设备中溶剂蒸发量与喷液过程中带入的溶剂量要保持平衡，即溶剂蒸发和喷液速率处于动态平衡；

片芯表面保持平整细腻的关键在于整个操作要掌握锅温、喷量、转速三者之间的关系，这是薄膜包衣操作和包衣抛光糖果操作过程的关键。

6. 蔗糖包衣的基本配方

粉衣层和包衣层的基本配方分别见表1-30和表1-31。

表1-30 粉衣层基本配方　　　　　　　　　　　单位：kg

原料	No. 1	No. 2	No. 3	No. 4	No. 5
明胶		3	2	0.3	
阿拉伯树胶	6.6	8			
蔗糖	48.5	44.5	65	64	50
水	41.6	44.5	33	35.7	20

表1-31 包衣层基本配方　　　　　　　　　　　单位：kg

原料	No. 1	No. 2	No. 3	No. 4	No. 5
色淀	适量	适量	适量	适量	适量
阿拉伯树胶	1.2	1		1	
蔗糖	61.8	66.6	75	62	69
水	33.3	33.3	24	26.5	28.1

（二）产品生产工艺流程

1. 软质涂层糖工艺流程

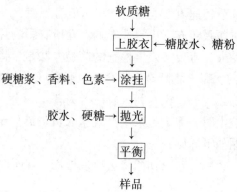

软质糖

上胶衣←糖胶水、糖粉

硬糖浆、香料、色素→涂挂

胶水、硬糖→抛光

平衡

样品

2. 硬质抛光糖工艺流程

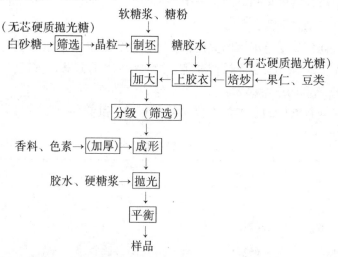

软糖浆、糖粉

（无芯硬质抛光糖）

白砂糖→筛选→晶粒→制坯　糖胶水

（有芯硬质抛光糖）

加大←上胶衣←焙炒←果仁、豆类

分级（筛选）

香料、色素→(加厚)→成形

胶水、硬糖浆→抛光

平衡

样品

3. 巧克力涂层糖工艺流程

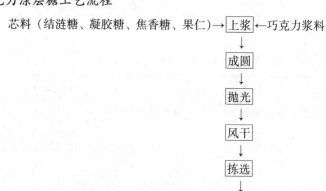

芯料（结涟糖、凝胶糖、焦香糖、果仁）→上浆←巧克力浆料

成圆

抛光

风干

拣选

样品

（三）样品生产工艺要求

1. 软质涂层糖

（1）涂挂工艺

①选择的软质糖体必须具有一定的坚实性和统一的形状，形态一般以圆润为佳。

②糖胶水（白砂糖、葡萄糖浆、阿拉伯树胶及水组成）和糖粉在上胶衣时应均匀分布，且在空调车间自然冷却定形。

③色素使用量应符合 GB 2760—2024《食品安全国家标准　食品添加剂使用标准》。

④涂挂硬糖浆（白砂糖和水组成），整修糖粒表面凹凸不平处，为抛光做好打底准备。

（2）抛光处理

①制备糖胶水（胶水和硬糖浆组成），在糖粒表面涂上一层保护层，使其初步光亮。

②按工艺要求配以蜡液，上光处理，直至十分光亮。

2. 硬质抛光糖

（1）涂挂工艺

①选择的硬质芯体必须具有统一的形状。

②软糖浆（白砂糖、葡萄糖浆和水组成）和糖粉逐渐涂挂，均匀分布。

③严格控制烘房温度，必须干燥加大的糖粒。

④色素使用量应符合 GB 2760—2024《食品安全国家标准　食品添加剂使用标准》。

⑤涂挂硬糖浆（白砂糖和水组成），整修糖粒表面凹凸不平处，为抛光做好打底准备。

（2）抛光处理　按工艺要求配以蜡液，上光处理，直至十分光亮。或参照软质抛光糖的抛光处理。

3. 巧克力涂层糖

（1）涂挂工艺

①必须控制各种芯料水分标准（结涟糖、焦香糖为 6.5% 左右，凝胶糖 ≤ 10%，果仁、豆类糖 ≤3%）。

②巧克力浆的平均细度在 25μm 左右。

③巧克力浆水分的质量分数 ≤1%。

④巧克力浆的保温温度：纯可可脂 32℃，代可可脂 38℃。

⑤巧克力浆应具有良好的乳化和混合效果。

⑥巧克力浆的黏度适中，并具有良好的流动性。

⑦各项卫生指标与纯可可脂巧克力（或代可可脂巧克力）的规定标准相同。

⑧上浆用的冷风温度在 10～13℃，风速低于 2m/s。

⑨上浆环境温度 18～22℃，相对湿度 50%。

（2）抛光处理

①阿拉伯树胶液复水比例：阿拉伯树胶:水 = 1:(2～2.5)。

②虫胶液的配制比例：虫胶:95% 的乙醇 = 1:(5～6)。

③以阿拉伯树胶液打底，再以虫胶液起光，直至十分光亮。

（四）样品主要工序操作

1. 软质涂层糖主要工序操作

（1）涂挂工艺

①制备糖粉：选用干燥的白砂糖并将其放入糖粉机粉碎，糖粉细度应控制在 100μm 以上，备用。

②制备糖胶水：白砂糖:葡萄糖浆:阿拉伯胶:水 = 6:12:1:3.6，置水浴锅中加热熔化，过滤备用。

③硬糖浆：白砂糖:水 =5:3，一起放入溶糖锅内加热溶化，用 100～120 目筛子过滤，再熬煮至 105℃，冷却至 50℃，备用。

④软质糖芯：选择统一浇模成形的圆形凝胶糖芯，其质构结实、稳定，要防止其在旋转锅内翻滚涂挂过程中产生变形。

⑤上胶衣：将 40～45kg 软质糖芯放入旋转锅内滚旋，用小瓢舀取糖胶水少许，淋于糖芯上。随将干净的手伸入锅内，前后拨动糖芯（因糖胶水很黏，糖芯不易散开）。一方面使糖芯表面全部湿润，另一方面用小筛将糖粉筛于糖芯上，动作必须迅速，务必使糖芯均匀黏结糖胶水和糖粉。待糖芯颗粒离散能自动滚旋至显示干燥时，可按上述操作，连续上 5～6 次糖胶水和糖粉。注意在操作中若发现颗粒略显湿润时，需补充糖粉，让其逐渐干燥。然后，将上好的颗粒舀出，放于浅盘中，待其在环境温度 20～22℃、相对湿度≤50% 的空调车间的架子上，自然收干和定形，放置时间为 1～2d。

⑥涂挂：此道工序操作应在空调车间进行，将经过干燥定形后的涂层糖芯放入旋转锅内，也可配上相应的着色剂。在滚旋的锅内加入适量的硬糖浆及少量的色素液，恰好使其完全湿润。打开旋转锅口上方的吹风口，调节吹风的阀门，待糖粒干燥后可重复上述操作，需反复进行 5～6 次，使涂挂的表面十分光滑。

（2）抛光处理

①方法一：

a. 配蜡。硬脂酸:液体石蜡 = 1:(0.3～0.4)，加微温熔融后，离火且稍冷，倾倒于涂有液体石蜡的纸盒中，待其凝结后撕去纸盒，即成蜡块。纸盒不宜太大，最好类似于肥皂大小。

b. 制糖胶水。胶水制备：阿拉伯树胶∶水 = 1∶1.5，在水浴中加温溶化后，用纱布过滤。

硬糖浆制备：蔗糖∶水 = 5∶1.5，加热熔化至 105℃，过滤（100 ~ 120 目筛子），冷却。

将胶水和硬糖浆混合成糖胶水，胶水∶硬糖浆 = 3∶1。

c. 将需要上光的糖粒从烘房中取出，每次 40kg，自然降温，待降至微温时，便可放入旋转锅内旋滚。用小瓢舀取糖胶水 100g，淋在糖粒上，让其自行滚旋至表面呈干燥状时，再舀取糖胶水 70g 淋于糖粒上，继续滚旋至微干。

d. 用手握住蜡块，将其伸入旋转锅内，用蜡块在糖粒中前后拨动，使蜡块在糖粒中摩擦 8 ~ 10 下（约用 15g 的蜡），然后拿出蜡块，任糖粒自行滚旋摩擦至十分光亮。这个过程约需滚旋 2h。

②方法二：

a. 涂挂糖浆。这道工序需要在空调室中进行。先将糖浆熬煮到 105.5 ~ 107.2℃，可配上相应的着色剂。然后，将已经挂上糖衣并经空调处理过的 90kg 糖果放入挂糖衣锅中，向滚动的糖块倒入少量熬好的糖浆，恰好使其完全湿润，待糖块干燥后，再重复上述操作，需要反复进行 5 次才能使涂层表面十分光滑。在涂挂糖浆时，有一点值得注意的是一定要使用低温熬制的糖浆，这样才能使糖果表面的糖粉变滑，并在涂层表面形成细腻的外壳，有利于进一步抛光处理，而很浓的糖浆会使糖果涂层表面变得粗糙。

b. 抛光。糖果最后干燥后，将其从挂糖衣锅移至抛光锅中。抛光锅装有通风管，可使涂层表面尽快干燥，让涂挂糖浆的糖果在无热的抛光锅中滚动，同时加入极细的粉状巴西棕榈蜡，以使其产生抛光效果。

有一种使用易挥发的无味溶剂的工艺较为简单、快速，典型的溶剂配方如下：将 170g 无味、易挥发的天然乙醇（闪点 37.7℃）加到熔化的 43g 蜡和 21g 巴西棕榈蜡中，然后加入 539g 天然乙醇，最后加入 411g 极细的粉状巴西棕榈蜡，继续混合即可。

在抛光过程中，要向翻滚的糖果内倒入 43 ~ 57g 上述的液体抛光剂。当抛光剂将糖果均匀覆盖后，要把蒸发的溶剂排出，然后快速抛光。在包装前，抛光后的糖果要放置 12 ~ 24h。

2. 硬质抛光糖主要工序操作

（1）涂挂工艺

①无芯硬质抛光糖：

a. 软糖浆。白砂糖∶葡萄糖浆∶水 = 5∶5∶3，一起放入溶糖锅内加热熔化，用

100～120 目筛子过滤，再熬煮至 105℃，冷却至 50℃，保温备用（间隔时间不宜超过 8h）。

b. 糖粉。同软质抛光糖。

c. 筛选晶粒。选用干燥的白砂糖，先用 100 目筛子筛去细屑的糖粉，再用 80 目筛子筛去较粗大的晶粒，只选取大小比较均匀的中等晶粒作为坯子。

d. 制坯。将筛选的 3～3.5kg 中等晶粒放入旋转锅内旋转，转速控制在 32r/min 左右。舀取制备好的糖浆 100～150g，伸入锅内淋在晶粒上。淋毕，立即用干净的手伸入锅内，将晶粒充分搅拌，使晶粒松散开和均匀吸浆。随即舀取糖粉 500g，用小筛子筛于润湿的晶粒上，仍用手伸入锅内搅拌，直至晶粒松散开并能自行滚动。任晶粒继续滚动，待滚旋至晶粒表面已呈现干燥状时，可依照上述操作方法再淋上糖浆和撒上糖粉。如此重复操作，共上糖浆和糖粉 4 次，便可用瓢舀出坯粒，停机。将坯粒摊放于浅盘中，移入烘房 2～3h，烘房温度控制在 65～70℃。坯粒经过热烘后，便可用钢丝筛筛出粘连的粗粒，把均匀的坯粒重新放入旋转锅内进行旋转。仍依照前述操作，再淋糖浆和撒糖粉 4 次，然后舀出坯粒并摊放盘中，停机。将坯粒移入 65～70℃烘房中烘 12h。

e. 加大。晶粒经过前后 8 次上浆上粉，坯粒基本成形，其大小和小米相似或比小米大一点，但仍有少量连二和粗粒，需用钢丝筛筛一遍。将经过筛选均匀的坯粒放入旋转锅内滚旋。仍依照前述操作进行，有时初看似乎呈现干燥状，但滚旋片刻后，又往往呈现湿润状，此时应再撒上少许糖粉，至确已干燥时，才能再上浆上粉。加大操作，一般需上浆、上粉 10 次以上。加大的目的是要使初具粒状的坯粒似绿豆大小，并使坯粒更加光滑圆润。加大完毕，舀出颗粒，摊放盘中，移入烘房烘 12h。

f. 分级。经过加大的颗粒，基本上都已成为圆形的颗粒。当颗粒大小不一致时，可用分级筛进行分级，分级筛一般用 3 种规格，孔目直径分别为 0.25、0.4、0.55cm。

g. 成形。经过分级后比较均匀的坯粒，放入旋转锅内，按照前述操作方法上浆、上粉。成形需要上多少次糖浆、糖粉应根据产品的规格大小而定。但是，必须规定每上糖浆糖粉半天或 4h 后，应将糖粒舀出送入烘房烘 12h。在成形后期还可以按照产品的口味和风味添加食用香料及着色剂。香料的添加量比一般糖果的用量略增加一些，因为糖粒在烘房内烘时，一部分香味会挥发。当成形颗粒达到规定大小时，最后两次上糖浆时应少撒些糖粉，让糖粒在较湿润的状况下，自行旋磨 30～40min，使颗粒互相摩擦，以增进其表面的光滑度，然后舀出送入烘房烘 24～36h。

②有心硬质抛光糖：

a. 焙烤芯子。用人工精选花生仁或杏仁，除去腐烂、瘪粒、损坏、脱衣粒等不适用作芯子的籽粒，然后用不同目的筛子分级，分级后按不同大小的籽粒分别使用。用旋锅进行焙炒（焦炭或天然气），以焙妙至微黄色并具有一定的花生香味为好。如用豆类做芯子，除精选分级外，还要将豆粒用清水洗净，再摊开晾干，然后焙炒至8～9成熟即可。

b. 制备糖胶水。白砂糖:阿拉伯胶:水 = 2:1:2，置水浴锅中加热溶化，过滤备用。

c. 制糖浆。同无芯硬质抛光糖。

d. 熟面粉。将面粉装入垫有蒸帕（白布）的蒸笼内，用手将面粉稍稍拍紧实，用刀在面粉上面划一个井字（刀锋要划深些，两头要划到笼边，以利于蒸汽通过）。然后，将蒸笼放在沸水锅中，盖上笼盖，大火蒸1h，起笼倒出面粉，趁热用擀面棒擀散，用80目筛子过筛。

e. 配糖面粉。糖粉:熟面粉 = 5:1，充分混合，用80目筛子过筛。

f. 胶衣。将20kg烤熟且还有些热的果仁（如果是冷的，应加温烤热）放入旋转锅内滚旋，用小瓢舀取糖胶水少许，淋于果仁上，用手伸入锅内前后拨动果仁（因胶水很黏，果仁不易散开），并用小筛将熟面粉筛于果仁上。动作必须迅速，务必使果仁粘胶均匀，待果仁籽粒离散能自动滚旋至稍显干燥时，可按上述操作再上一次糖胶水和面粉。

g. 加大。此操作分两个步骤，第一步上糖浆和糖面粉2～3次。如果是豆类芯子，应上糖浆和糖面粉4～6次。第二步上糖浆和糖粉（净糖粉）10次以上。上浆上粉操作和无芯硬质抛光糖一样，上完，舀出果仁坯粒，摊放盘中，送入烘房烘12h。

h. 分级、成形。同无芯硬质抛光糖。

（2）抛光处理　与软质抛光糖的抛光处理类似，可参考上文介绍的方法一或方法二。

3. 包衣工艺

（1）包隔离衣　将一定量的片芯置入包衣锅，开动包衣锅，加入适量胶浆，以能使片芯全部润湿为度。迅速搅拌，使胶浆能均匀地黏附在片芯表面，然后加入适量的粉料，继续搅拌，使粉料全部黏附在片芯上，加热或吹热风（也可使用冷风，但衣层质地较软），使衣层充分干燥。如此重复，直至片芯被全部包严。一般需要4～5层。

（2）包粉衣　与包隔离层相同，即向滚动的片芯加入适量的温热糖浆，使其均匀湿润后，再撒入适量的粉料，搅拌均匀，使其附着在片芯的表面，并加热或吹热风（也可使用冷风，但衣层质地较软），使粉层完全干燥。应控制加热温度，温度过低，则干燥太慢；若温度太高，则因干燥太快，减少了片芯翻滚和摩擦的机会，使片面不够完整。

（3）旋转式糖衣锅操作规程及操作要点　旋转式糖衣锅（糖衣抛光时根据要求在旋转锅内配以肋条）是由旋转式转锅、机座和传动部件组成的滚动涂衣成形设备。同时，配备工艺条件所必需的风量、风速和温度匹配的辅助设施（除生产软质涂层糖时不需要吹风），以使涂挂在芯子表面的物料不断地得到冷却（或收干）和凝固，从而使生产不断地进行下去。

操作时先打开电源，然后开启电动机，旋转糖衣锅，用小瓢舀取一定的液体物料（按品种需要选取糖浆、糖胶水、巧克力浆料等），往旋转的芯子表面均匀地淋洒（或用喷嘴喷淋），还可撒上一定量的糖粉（糖衣制作），而后在自然或冷风的吹干下，使涂挂在芯子表面的物料逐渐被固化，周而复始，直到达到工艺要求的仁料厚度为止。糖衣制备过程中需经过烘房干燥，巧克力的成圆及抛光同样使用旋转式糖衣锅设备（无肋条），只是在加工中按照不同工艺参数来完成。在操作过程中，还可以根据添加物料量与芯子的滚涂多少，通过无极变速或可调速度装置来调整旋转的速度。此外，还可通过冷风管的吹入风口随时调整风量的大小，以达到涂挂均匀凝固的目的。

（4）掌握安全操作技术规程　制作软质抛光糖和硬质抛光糖时，应注意糖粒放置在浅盘后叠放整齐。无论是需进入烘房干燥，还是需室温冷却收干，必须上下左右对正叠放，搬动要轻，堆放要稳，以防运输途中的倾斜产生变形、损坏等。

案例1

杏仁抛光糖生产

杏仁抛光糖的硬质糖衣是通过加热和搅拌砂糖糖浆制成的，脱水后的糖浆形成极细的结晶。若使用约旦杏仁作原料，每千克杏仁通常需 1.5~5kg 的糖衣。如果生产的是廉价产品，每千克杏仁约需要4kg糖衣。

1. 油斑问题

当杏仁加热的时候，它的油脂会透过杏仁表面和糖的涂层，使产品表面出现难看的油斑。为解决这个问题，先对杏仁进行上胶涂底处理，将杏仁放在15r/min 的挂糖衣锅中滚动，加入阿拉伯树胶溶液（2.3kg 树胶溶于9.1kg 水），然后涂上熟面粉，多次重复上述操作后，把上胶杏仁移入浅盘放 1~2d，使其干燥、硬化。

上述操作，除可防油渗出外，还有以下优点。

（1）面粉对褐色的杏仁有增白作用。

（2）涂层可以将杏仁的凸出部分完全覆盖。

（3）为挂衣准备了良好的底层　采用其他技术也可以防止油脂浸出和油斑现象的出现，这就要求涂层中要有玉米朊、甘油一酸酯、甘油二酸酯和乙醇。通过乙醇溶液的蒸发，进行干燥处理，同时可起硬化涂层的作用。

2. 涂挂糖衣技术

杏仁糖在涂挂糖衣过程中，需有可加热的挂糖衣锅和通风设备，第一遍涂挂用的砂糖糖浆要含有少量可起增白作用的氧化钛，其浓度为34°Bé。开始时锅的转速为15r/min，以保证果仁凸出部分完全涂挂上糖浆，然后再将转速增加到25r/min。为了使涂层干燥，要提高锅内温度，加大通风量，将涂挂糖浆的浓度提高到36°Bé。在反复操作4～5次后，糖浆浓度降到32°Bé，这样可以使糖衣表面非常光滑。最后涂挂糖衣时，要添加各种色素，同时应停止加热，在涂挂糖衣工作完成75%的工作量时，要添加香料。

3. 防止变色

要在仍然有些湿润的时候，就将抛光的杏仁糖从挂糖衣锅中倒出并装入浅盘，然后在密闭条件下码放起来，以免涂了着色剂的杏仁变成灰色，要抛光的杏仁糖则按软质抛光糖的方法抛光。

案例2

奶油结涟抛光糖生产

1. 制备结涟糖芯

（1）将13.3kg砂糖、9.1kg糖浆、170g氢化植物油和15.2L水混合，熬到116.6℃后停止加热。加入3.4kg微晶糖膏并充分搅拌，再放入1.4kg费拉贝以及适量的香料色素，混合并加热到79.4℃。注模成形，将糖芯移至37.3～43.3℃的条件下静置24h。

（2）微晶糖膏由63.6kg砂糖、27.2kg糖浆混合后熬制而成，熬温117.7℃。

（3）费拉贝制法　2.3kg砂糖、11.4kg糖浆、0.71L水混合后煮沸，加入由397g淀粉与1.71L水配成的淀粉浆，将其熬到110℃，并倒入搅拌器中，不断搅拌直至降温到71.1℃，缓慢地加入蛋白浆（198g鸡蛋白溶于397g水中）后搅打起泡，使其密度达到要求。

2. 涂挂糖衣

涂挂糖衣是在加热的旋转式挂糖衣锅中进行的，将25%的制好的结涟糖块放入锅中，用106.1～107.2℃熬制成的砂糖糖浆将糖块浸湿。通过锅的旋转使糖块均匀发潮，但不湿。然后，将糖块移入第二个加热挂糖衣锅，向正在翻滚的糖块放入 1.4L 糖果涂料，使糖果发潮。涂挂均匀后，停止转动并通风干燥，重新使锅转动 2~3min，同时加 1.2~1.3mL 石蜡油，然后加入 1 茶匙巴西棕榈蜡粉。至少要让糖块在锅中翻滚 15min，或直到涂层表面发亮。抛光过程中还要加入 1 茶匙糖果涂料，涂料要反复添加数次，以便覆盖糖果中的斑点，待抛光处理的糖块干燥后包装。

📝 案例3

杏仁巧克力抛光糖生产

生产这种产品的设备为标准的、表面光滑的旋转式挂糖衣锅（直径 D 为 90~100cm），其顺时针转速要控制在 24~30r/min。室温为 15.5~18.3℃，相对湿度为 45%~55%。向挂糖衣锅内吹入 18.3℃ 的干燥空气是控制环境温度和湿度的好办法。

1. 影响质量的因素

影响因素主要有 3 个方面。

（1）杏仁的质量（干燥、焙烤）。

（2）巧克力质量（选用高档巧克力）。

（3）巧克力的用量。

这种糖果对巧克力涂层的薄厚以及杏仁的大小都没有严格的限制。作为涂层的原料可以使用深色巧克力与牛奶巧克力的混合物，也可以使用牛奶巧克力与半甜巧克力的混合物。在对杏仁涂第一遍巧克力时，最好在涂料中加入少量带苦味的巧克力或熔化的可可脂，这样涂层可完全覆盖杏仁。

2. 涂挂巧克力

（1）先在挂糖衣锅内刷上薄薄一层巧克力，打开通风阀，使涂层凝固。然后，在锅中放入 22.7kg 焙烤杏仁，回火温度为 21.2~23.8℃。待挂糖衣锅开始转动后，加入 908g 温度为 35~43.3℃ 的稀巧克力浆，并让杏仁在锅中来回翻滚、旋转，但要防止相互粘在一起。当巧克力浆均匀地涂满杏仁后，要对锅内吹风。在涂层开始凝固时，停止向锅内吹风，继续使杏仁转动，直到杏仁表面形成光滑的涂层。反复进行 1~2 次，一定要让杏仁完全覆盖上巧克力。然后，继续加入巧克力，每次 0.7L 左右。一定要等前一次涂挂的巧克力凝固之后，再加入新的巧克力。为加速凝固，每次加入巧克力浆后都要进行吹风冷却。在不使用吹风冷却的情况下，挂糖衣锅的旋转时间不能过长，否则摩擦产生的热会使杏仁尖角上的涂料溶化脱落。按照上述工艺制作杏仁巧克力糖时，每一份杏仁需要 1~3 份巧克力涂层。

（2）最后一次涂挂巧克力浆后，加入113～117g经研磨的溶化可可油，使其均匀地滚涂在糖果表面。一旦可可油凝固、糖果表面光滑后，立即将杏仁巧克力移出锅。杏仁巧克力在进行抛光处理之前至少放30min。

3. 抛光操作

（1）将杏仁巧克力糖放入抛光锅进行抛光处理　这种抛光锅与前面所述挂糖衣锅不同，它装有凹凸的条槽。当锅转动时，可使涂挂巧克力的杏仁颠簸滚动，转速为30～35r/min。一旦转动，要向锅内喷洒稀释的抛光剂，要手工翻转糖果，使抛光剂既快又薄地涂挂在糖果表面，这时要通入冷风，继续使糖果翻滚，使第一遍抛光层干燥，再加入少量的抛光剂，重复上述操作3～5次。

（2）为了防止产品抛光层被擦掉，可用5cm的骆驼毛刷在糖果表面涂上稀释的糖果用虫胶，用量极少，恰好涂满表面即可，然后进行吹风处理，使转动的产品迅速干燥。

（3）将抛光后的产品放入5～7.6cm深的浅盘中，包装前放置数小时。

（4）抛光剂制法　将908g砂糖、1.8kg粉状阿拉伯树胶放入3.2kg水中，加热使树胶溶化。用30号筛过滤后，加入2.7kg糖浆（42～43°Bé）。然后，将上述原料加热约10min，撇去上面的泡沫，将制成的抛光剂放入广口瓶。用0.47L热水将等量的抛光剂稀释并进行冷却。

思考题

1. 什么是抛光糖?
2. 抛光糖种类有哪几种? 各有何特征?
3. 抛光糖的加工原理是什么?
4. 抛光糖的基本组成有哪些?
5. 抛光糖的主要质量问题有哪些?
6. 抛光糖为什么会失去光泽而变得灰暗?

模块二　巧克力加工技术

1. 了解巧克力的安全生产知识。
2. 熟悉巧克力加工原料的基础知识。
3. 熟知巧克力的生产加工原理。
4. 熟知巧克力的工艺流程及参数。
5. 熟知巧克力系列产品的检验指标。
6. 熟知巧克力产品的包装知识。
7. 熟知巧克力产品的常见质量问题。
8. 熟知典型巧克力产品加工工艺、配方及设计。

1. 具有典型巧克力产品原辅料、半成品及成品的检验能力。
2. 熟练掌握巧克力典型产品生产加工流程操作。
3. 能够调节和控制巧克力产品生产过程的工艺参数，对生产状况进行分析判断。
4. 能够进行巧克力产品的生产技术分析及进行常见故障处理。
5. 能够进行巧克力生产设备的维护及常见故障分析。
6. 能够参与巧克力新产品、新工艺的开发。

项目一 巧克力生产加工原料及其处理

一、可可豆

（一）可可种类和可可豆品质

可可是世界上重要的热带经济作物，可可既是当今世界三大嗜好性饮料的原料之一，又是巧克力的重要原料。可可最早发现于墨西哥，后传入欧洲。现在它的种植和栽培已遍及世界各地。这些可可豆有许多种类，它们在外形、色泽、香味和滋味等方面有不同的特性，一般据此可将其分为三种主要类别。

1. 克里安洛种可可

该种可可原产于委内瑞拉克里安洛，目前在中、南美洲的一些国家都有这种可可生长。果实成熟时有红色也有黄色，可可果实外皮薄，容易切割，籽粒饱满，新鲜叶子为白色或淡黄色。这一类可可豆的最大特点是含脂量高，香味纯正，但因产量不高，价格昂贵。

2. 阿马仲尼恩－福拉斯蒂罗可可

该种可可是众多可可中一个大类品种，广泛生长在非洲和南美洲，产量居各种可可的首位。果实成熟时呈黄色，可可外皮厚，并常带有一层木质素，难以切割，表面凹凸不平。新鲜叶子呈深紫色，有时也呈黑色。这种可可豆的最大特点也是含脂量高，香味浓郁而强烈，适宜于生产各类可可制品。

3. 特立尼达里安可可

这类可可最早产于墨西哥和特立尼达，目前产量很少，也是一种香味型可可豆。

可可果一般生长 170d 后成熟，成熟可可果一般长 18~19cm，每只鲜果质量为 500g 左右，果壁重量占全果实 76%，果实含水量 86.6%。

Knapp 等研究了干的未发酵可可豆的成分和外壳的组成，测试结果见表 2-1，可可豆的营养价值大于外壳。所以人类利用含有丰富营养的可可豆作为巧克力生产的重要原料。

可可豆是可可果实中的籽粒，也是制作各种巧克力的主要原料。可可豆由胚乳、胚芽和外皮三部分组成。经过干燥后的可可豆约含有脂肪 50%、蛋白质 10.73%、葡萄糖 1.0%、淀粉 5.33%、果胶 1.95%、单宁 5.97%、维生素 10.78%、灰分 3.7%、水分 6.1%、可可碱 1.66%、咖啡碱 0.05%、可可红色 2.3%、酒石酸 1.16%、醋酸 0.9%。

表 2 – 1　成熟可可果的成分　　　　　　　　　单位:%

成分	可可仁		可可外壳	
	克里安洛种	阿马仲尼恩 – 福拉斯蒂罗种	克里安洛种	阿马仲尼恩 – 福拉斯蒂罗种
水　分	37.6	66.6	82.9	84.5
蛋白质	6.7	4.8	0.8	1.0
可可碱	1.4	0.8	0.1	0.1
咖啡碱	0.1	0.2	ND	ND
其他含氮物	0.5	2.8	0.2	ND
脂　肪	29.3	30.6	0.1	0.1
砂　糖	痕量	0.2	痕量	1.0
淀　粉	3.8	6.0	0.5	0.4
涩味物质（鞣质）	5.0	4.9	2.2	0.2
果胶物	0.7	1.4	1.7	1.0
可可红着色剂	3.0	1.5	0.7	0.6
可水解纤维素	5.1	2.8	5.4	4.0
木质素	3.0	3.5	3.3	5.3
游离酸	0.1	ND	0.3	0.3
乙　酸	ND	ND	0.1	0.1
结合酸	0.5	0.5	0.8	0.6
氧化铁	0.03	0.03	0.01	0.01
氧化镁	0.32	0.45	0.10	0.10
氧化钙	0.05	0.11	0.04	0.04
氧化钾	0.84	0.64	0.45	0.36
氧化钠	0.24	0.07	0.04	0.07
氧化磷	0.75	1.05	0.08	0.10

注：ND 表示未检出。

可可豆的品质，一般分为四个等级，品质优良的可可豆，长约 22mm，厚约 8mm，颗粒饱满，每百粒豆的平均质量 104g 左右。但因可可豆的类别和品种不同，其颗粒大小也有所不同。一般可可豆中夹杂着一定量的霉豆、破损豆、虫蛀豆、发芽豆和瘪豆等疵豆和发酵不完全的蓝灰色僵豆。判定可可豆的等级水平，就是根据疵豆和蓝灰色豆的比例来划分成四个等级。

一级豆：疵豆和蓝灰色豆不得多于 5%。

二级豆：疵豆和蓝灰色豆不得多于 10%。

三级豆：疵豆不得多于10%，蓝灰色豆不得多于20%。

四级豆：疵豆不得多于10%，蓝灰色豆无规定。

以上可可豆的等级标准，在国际贸易中，一般只接受一级和二级可可豆。

（二）可可豆的发酵

可可豆成为商品之前一般都要经过发酵处理。未发酵的可可豆不但香味和风味低劣，而且组织结构发育不够完全，缺少脆性。豆肉呈蓝灰色，视为不合格的豆粒。

可可豆的发酵过程是一种复杂的生物化学变化，至今还缺乏阐明这种变化过程的资料。根据研究表明，新鲜成熟的可可肉内有多种酵母和霉菌参与微生物活动，同时可可肉内还有很多种酶，如氧化酶、过氧化酶、接触酶、还原酶、转化酶、麦芽糖化酶、淀粉酶等。说明微生物和酶都参与可可的发酵过程。

可可豆经过发酵处理后，可可果的子叶部分分离，色素细胞碎裂，可可碱和鞣质含量下降，糖转变酸导致含糖量下降；而果胶含量增加，蛋白质酶解成为可溶性含氮物，由于这一系列的生物化学变化，发酵的可可豆焙炒后才能赋予可可豆独特、优美的香味。可可豆发酵过程中，其组织结构也发生明显变化，可可豆内部原酪状组织逐渐变得坚韧，最后成为坚脆易产裂缝的组织，同时豆的色泽从灰色逐渐变成为紫红色、暗棕色。

可可的发酵方式是将可可堆集成垛，用大蕉叶遮盖。每堆可可豆约100kg，如果堆太小，温度上升量就不能满足酵母菌的生长繁殖。也可将可可放入浅盘中用麻袋布盖面进行发酵，此法适用于工厂化发酵加工。

可可的发酵时间依豆的品种而异，薄皮豆的发酵时间短，一般为2~3d，厚皮的发酵时间需5~7d。发酵过程中温度变化要控制得当。以厚皮豆发酵为例，在开始3d内，发酵温度应控制在38℃以上，后3d其发酵温度上升到50~51℃。堆垛大小也影响发酵温度。发酵温度过低和过高均对可可豆的品质变化有较大的影响，因此必须控制好发酵温度。

发酵后的可可果肉pH达到3.8~4.0。

（三）可可豆的干燥

成熟的可可果实含有大量水分，测定结果表明，可可果实外壳含水量为84.5%，可可果肉含水量为83.0%，可可豆含水量也达到36.6%。因此，采摘后的果实必须及时处理，以免变质。可可果实发酵过程中，果肉在酵母菌和酶的作用下，糖被发酵转化为乙醇和乙酸，果肉细胞破裂，最终成为污浊的黄色液体，因此应对进行发酵的可可豆及时进行干燥处理。

发酵后的可可果实剥出的籽粒就是新鲜的可可豆，它含有很高的水分，应及时进行干燥。一般多采用露天堆放，日光直晒干燥，也可装入浅盘内照射干燥，温度为 45~60℃，时间为 6d 左右，潮湿度大时需 3 周。也可采用电或蒸汽烘房干燥，干燥效率较高，比日光干燥可缩短 1~2d；采用旋转干燥设备进行干燥时则只需 1d。

可可豆的干燥是一种物理变化过程，但也伴随着部分化学变化。干燥的第一步是使水分降低到抑制霉菌生长；第二步为单宁氧化期，因干燥太快，单宁等物质不能完全氧化，影响可可豆的香味和质量，所以日光干燥的可可豆香味质量要高于烘房干燥的可可豆；第三步是快速除去更多的水分以达到贮存要求。所以可可豆的干燥温度应保持在 45~50℃，不能超过 90℃。高品位的可可豆在干燥过程中，应经洗涤后再进一步干燥。干燥的目的是将可可豆的水分从40% 降到 6%~8%，以利于长期贮存。

干燥后的可可豆中蛋白质和脂肪含量增大，碳水化合物含量也有增高，单宁和可可碱增量不变，咖啡和着色剂明显降低，同时可可豆中有机酸、糖有较大的变化。具体变化如表 2-2 所示。

表 2-2　可可豆干燥前后的组成变化　　　　　　　单位:%

化学组成	新鲜可可豆	干燥可可豆
水分	37. 64	6. 09
蛋白质	7. 23	10. 73
脂肪	29. 26	48. 41
葡萄糖	0. 99	1. 00
淀粉	3. 76	5. 33
果胶	0. 66	1. 95
纤维素	8. 14	10. 78
单宁	5. 00	5. 97
可可碱	1. 35	1. 66
咖啡碱	0. 11	0. 05
可可红色	2. 95	2. 30
酒石酸（自由态）	0. 08	0. 54
酒石酸（结合态）	0. 48	0. 62
醋酸（自由态）	NIL	0. 90
矿物质	2. 35	3. 67

注：NIL 表示无。

（四）可可豆的贮藏

从市场采购的可可豆，大部分采用麻袋包装，每袋约100kg。麻袋中的可可豆和外界空气自由接触，可可豆含水量可从6%以下增加到10%～12%。在湿度较高的地区，可可豆含水量增加得更为明显，从而造成可可豆霉变。目前也有改变包装方式的，即采用150目聚乙烯编织袋盛装可可豆，可有效地减少可可豆与外界空气的接触。

为减少可可豆的不良变化，保持可可制品和巧克力制品的品质，在可可豆贮藏中应注意以下几个方面：贮藏可可豆的仓库应保持干燥通风；贮藏场地的墙壁和天花板应完全光滑，贮藏前仓库应进行彻底清洁，地坪和墙面应予以灭菌消毒处理；可可豆的堆放，应离墙1m，离地高15cm，堆层不宜过高，以利于通风。

可可豆也可采用贮仓贮存，贮仓温度应低于16℃；并以干燥的空气循环通穿贮仓，在这种贮存条件下，可可豆可有效保存9～12个月。

二、可可制品

可可豆主要用于生产巧克力制品，也可用于制造糖果、饮料和焙烤制品。一般首先将可可豆加工成可可液块、可可脂和可可粉，然后，再生产色、香、味俱全的巧克力。

（一）可可液块

可可液块有时也称为可可料、苦料或巧克力液块等。

可可豆经过焙炒，去外壳后就变成了可可豆肉，再经过研磨而成浆体，称为可可液块。在温热状态下具有流体的特性，冷却后凝固成褐棕色、香气较浓厚并带苦涩味的块状固体，再加热又熔化为液体，这种物料是一种半制品原料。一般模注成10kg块，外包防潮纸，以免吸湿和污染。

可可液块的含脂量一般都超过50%，大多数在55%以上。如果低于45%就不符合规格要求，一般含水量不超过4%，含水量过高很容易引起质量变化。除脂肪和水分外，还含有其他复杂的成分。可可液块的化学组成如表2－3所示。

可可液块是制造巧克力的主要原料，根据巧克力种类不同，可可液块的配合比例按可可脂50%，其他可可成分50%计算。可可液块在贮藏期间，容易长霉、虫蛀、组织疏松、香气散失，产生酒味和不愉快的陈宿气味。一般贮藏温度以10℃为宜。

表2-3 可可液块的化学组成

化学组成		含量/%	化学组成	含量/（mg/100g）
水分		2.0	维生素A	0.022
脂肪		55.7	维生素D	2.5
灰分		2.7	维生素E	4.4
嘌呤	可可碱	1.4	硫胺素（维生素B_1）	0.18
	咖啡碱	0.06	核黄素（维生素B_2）	0.18
多元酚（鞣质）		6.2	烟酸胺	1.5
蛋白质		11.8	泛酸	0.77
碳水化合物	蔗糖	1.0	维生素B_6	0.08
	淀粉	6.2		
	纤维素	9.3		
	戊聚糖	1.5		
有机酸		1.5		

（二）可可脂

可可脂也称可可白脱、可可油，是从可可液块中提炼而得的一类植物硬脂。可可脂呈淡黄色或乳黄色，具有很窄的塑性范围，27℃以下几乎全都是固体，27.7℃开始熔化，35℃完全熔化。因此它是一种既有硬度又溶解快的油脂。若调温结晶得好，其剖面是非常有规律的路纹。可可脂是一种非常独特的油脂，除了具有很强烈而优美的香气外，在15℃以下具有相当坚实和脆裂的特性，放在嘴里，即可很快融化，并无油腻的感觉，也不容易酸败。在巧克力加工中，至今还没有其他油脂能与其媲美。

可可脂这种不硬不软而且脆和不腻口的特点，主要取决于成分中甘油三酯的分配，其含有较高的饱和脂肪酸。从组成上看，它是多种甘油三酯的混合物，其中2/3以上是饱和甘油三酯，1/3是不饱和甘油三酯。既有对称型的甘油三酯，又有不对称型的甘油三酯。1/3不饱和和2/3饱和的对称型甘油三酯是可可脂的主要成分，这是对可可脂的特性产生重要影响。

可可脂的理化特性指标如下。

（1）相对密度（15℃/15℃）：0.976～0.978。

（2）折射率（$D_{40℃}$）：1.4537～1.4528。

（3）水分及挥发物：小于0.20%。

（4）熔点：31.8～33.5℃开始熔化，32.8～53.0℃完全熔化。

（5）碘值（g I/100g）：35.5～37.5。

（6）皂化值（mg/g）：192～197。

可可脂的甘油酯为多类型并存，导致形成多晶型特性，这一特性是巧克力在加工过程中，调温和凝固成形的主要工艺基础，也影响巧克力在贮藏中品质的变化。因此，可可脂在巧克力制品和其他食品加工中起着极其重要的作用。

优质可可脂一般经过压榨法生产，不得采用任何化学方法精炼。酸值不超过1.75%，通常浇模制成10～25kg的大块，外包防潮纸，在5℃环境下贮存。

（三）可可粉

可可液块经压榨除去油脂后的可可饼，进一步裂碎和簸筛就变成可可粉。由于可可饼中还含有一定比例的油脂，在粉碎过程中能产生热量，而使物料黏结，所以要求在较低温度下进行。一般以5～8℃的冷风经表面予以冷却，然后放保温缸中，保持15～18℃经10～15min去除部分水分，最后用筛粉机簸筛，达到一定程度的细粒，加入或不加入香料，进行密封性包装。

为提高可可粉的溶散性，并保持色泽趋向棕红色，一般要在可可液块（浆）榨油前加入一定量的碱。常用的碱有碳酸钠、碳酸钾、碳酸镁等，其加入量约为1%。碱液浓度调为10%，加碱液时可可浆应保持在70℃，连续保温5h，然后再提高温度，除去浆中多余的水分。浆料温度最高不超过115℃。如果加碱液后物料最终呈碱性时，则在结束前加入醋酸或酒石酸中和。

可可粉是一种营养丰富的物质，不但含有高热量的脂肪，还含有丰富的蛋白质和碳水化合物，以及一定的生物碱、可可碱和咖啡碱。它们具有扩张血管，促进人体血液循环的功能，食用可可制品对人体健康有利。其化学组成如表2-4所示。

表2-4　除去脂和水的可可粉的组成　　　　　　　　单位：%

化学组成	天然可可粉	碱处理可可粉
灰分	6.3	10.3
可可碱	2.9	2.8
多元酚	14.6	14.0
咖啡碱	—	—
蛋白质	28.1	27.0
砂糖	2.4	2.3
淀粉	14.6	14.0
纤维素	22.0	21.2
戊聚糖	3.7	3.4
酸	3.7	3.4
其他物质	1.2	1.1

可可粉既可作为糖果或其他食品的原料，同时也可以直接作为商品出售。如果作为商品时，应适当调节可可粉的香气，一般添加香兰素或豆蔻等香料。

可可粉根据用途及含脂量的不同，可分为三种类型。

（1）高脂可可粉，含脂量在22%以上（可作为早餐可可粉）。

（2）中脂可可粉，含脂量在12%~22%。

（3）低脂可可粉，含脂量在12%以下。

可可粉很容易吸收外界空气中的水汽，而结块成团，丧失其应有的香味，产生不愉快的气味。因此，工业上一般多采用低脂可可粉，一是价格便宜，二是使用时有较大的灵活性。

（四）类可可脂与代可可脂

上述可可脂可从天然可可豆中制得。由于原料生产受到气候条件的严格限制，产量远远不能满足巧克力生产发展的需要。因此，天然可可脂原料缺乏，价格昂贵，导致人们寻求可可脂代用品。自1950年以来，可可脂代用品发展极其迅速。目前，世界上可可脂代用品基本上有三种类型：类可可脂（CBE）、非月桂酸型代可可脂（CBR）和月桂酸型代可可脂（CBS）。

1. 类可可脂

类可可脂是近年来出现的一类人造可可脂，是专用于巧克力的油脂。由于它在化学组成和物理特性方面均与天然可可脂相似或一致，因此，是一类高级专用脂肪。

从天然植物脂中提取的类可可脂，除脂肪酸组成和甘油三酯与天然可可脂接近外，其他的主要特性也极为接近，其特性比较如表2-5所示。

表2-5　类可可脂和天然可可脂特性比较

特性	类可可脂	天然可可脂
熔点/℃	30~34	30~34
碘值/（g I/100g）	36	36~40
皂化值/（mg/g）	192~198	192~198
游离脂肪酸	不超过0.1%	
过氧化值	不超过0.1%	

我国采用乌桕脂生产的类可可脂与天然可可脂相比，其甘油三酯的脂肪酸组成极为接近。具体如表2-6所示。

表 2-6 类可可脂和天然可可脂脂肪酸含量比较 单位:%

脂肪酸组成	天然可可脂	类可可脂
棕榈酸 C_{16}	25.0	25.2
硬脂酸 C_{18}	35.0	27.2
油酸 $C_{18:1}$	38.0	43.4
亚油酸 $C_{18:2}$	2.0	4.2

由表 2-6 可以看出两类脂的理化性能及组成相近,所以二者互溶性好。在不同温度下,都可以任意比例相混合,其溶化曲线变化很小,这对巧克力加工生产工艺极为重要。用类可可脂加工巧克力时需要进行调温,所以也称为调温型硬脂。

(1)使用条件

①类可可脂和可可脂在生产巧克力制品时,应不受工艺限制。两者工艺技术是相互一致的,可作糖衣、巧克力板等;

②类可可脂和可可脂二者互溶性极好,在不同温度下都可任意比例相混合使用,如油脂含量低的或高的,碱性的和非碱性的都可一起使用;

③类可可脂制作的巧克力在黏度、硬度、脆性、膨胀收缩性、流动性和涂布性等方面,都达到可可脂加工的产品标准;

④类可可脂和可可脂熔点为 30~34℃,两者几乎完全一致,在制成的巧克力口味、口感同样香甜鲜美,无口糊感;

⑤一般类可可脂代替可可脂的使用量为 5%~50%。

(2)优缺点

①类可可脂比较经济,比可可脂制成的巧克力成本低,价格降低一半;

②用类可可脂后巧克力增强了抗起霜能力,提高货架寿命;

③因为没有月桂酸,所以无有皂化味产生的危险;

④生产加工容易,精炼时间短。因为类可可脂在稳定的结晶状态下直接结晶出来。

2. 代可可脂

代可可脂是一类能迅速熔化的人造硬脂。其中甘油三酯组成与可可脂完全不同,而在物理性能上接近于天然可可脂。它们的溶解曲线无显著差异。在 10~20℃时都很硬,在 25~35℃时迅速熔化。由于在制作巧克力时,无需进行调温,也称为非调温型硬脂。由于脂肪酸组成不同于可可脂,所以相溶性很差。可利用不同类型的油脂原料进行加工制造成不同类型的代可可脂。

硬化棕榈仁油、或酯化棕榈仁油和椰子油脂的脂肪是以月桂酸为主，含量可达45%～52%，其甘油三酯饱和度高，不饱和脂肪酸含量低，所以采用此类天然原料加工制成的代可可脂又称为月桂酸硬脂。另一种是采用其他植物油脂经过氢化或选择氢化制成的硬脂，再用溶剂结晶，提取其物理性质近似于天然可可脂，即称为非月桂酸硬脂。目前有三种类型的原料制成的代可可脂，具体如下。

（1）月桂酸型硬脂　由较短的碳链脂肪酸的甘油酯组成，饱和程度高，碘值约为2～6，皂化值240～250。这类油脂的三甘油酯中的脂肪酸是以月桂酸为主，含量可达44%～52%。其脂肪酸组成如表2－7所示。在20℃以下具有很好的硬度、脆性和收缩性，而且有很好的涂布性和口感，加工巧克力时不需调温，加工过程中结晶快，在冷却装置中，停留时间短。但由于脂肪酶的作用能引起脂肪的分解，使产品易于产生皂味，变形温度比可可脂低，加工的巧克力在高温下易变形，与天然可可脂相溶性较差。如果可可脂渗入量过高时，则造成巧克力硬度降低，产品易发生冒霜发花，味道清淡，熔点较宽，制成的巧克力有蜡状态。

表2－7　月桂酸型硬脂脂肪酸组成　　　　　　　单位:%

组成	碳链数	含量	组成	碳链数	含量
月桂酸	C_{12}	52	辛酸	C_8	3
油酸	$C_{18:1}$	15	癸酸	C_{10}	3
豆蔻酸	C_{14}	15	其他		5
棕榈酸	C_{16}	7			

月桂酸型代可可脂主要由十二碳脂肪酸组成，是一种非调温性脂肪，与可可脂不能很好地相溶，只能用于含低脂可可粉的巧克力配方，否则产品容易发花。此外，这种油脂易受脂解酶的作用引起脂肪分解而使产品产生刺激性皂味，影响产品质量。因此在生产中要求有良好的卫生条件，避免产品受到污染。

（2）非月桂酸型硬脂　这种非月桂酸型代可可脂，是由一般植物油制成的，其物理性能近似于天然可可脂、甘油三酯，脂肪酸组成中棕榈酸30%，硬脂酸8%，油酸60%，其他2%，碘值52～67g/100g，皂化值186～200mg/g，熔点为34～40℃。这类硬脂具有可可脂相似的硬度、脆性、收缩性和涂布性能，与天然可可脂相溶性较差，口溶性较慢，这主要是因为油酸氢化所形成的异构体扩大了甘油酯的熔距范围。其化学组成和天然可可脂有较大差别，表现的物理特性也不同，因此，使用受到了一定的限制。

使用此种代可可脂加工巧克力时，不需调温，成本比用可可脂低一半，不产生肥皂味风险；与天然可可脂相溶性优于月桂酸型硬脂，耐热性好。但熔点范围宽，口内融化较慢，制成的巧克力产品有蜡状感，结晶时收缩性小，脆性较差。

（3）动物脂型硬脂　这类代可可脂是选用动物油脂（如牛脂、羊脂），经过适度氢化分离、提纯、精炼等工序制成。化学组成与可可脂相近，如表2-8所示，其熔点为40~41℃，比可可脂的熔点高，油脂含有的异味很难去除，也可用来加工各种巧克力。

表2-8　代可可脂和可可脂组成比较　　　　　　　　单位:%

脂肪酸名称	可可脂	代可可脂
油酸	39~40	44.4
硬脂酸	33~34	31.3
棕榈酸	23~24	24.3
亚纳酸	小于2	—

优缺点：
①用它能加工不调温巧克力；
②加工过程结晶快；
③加工的巧克力价格便宜；
④但有产生皂化味的危险；
⑤与可可脂的混合性能极差。

总之，无论是月桂酸型、非月桂酸型、动物脂型的代可可脂虽然与天然可可脂具有相似的熔点、硬度、脆性、膨胀收缩性、涂布性、流动性等物理特性，但其化学组成，脂肪酸组成和甘油三酯类型不相同，这也是代可可脂缺乏可可脂多结晶特性的原因。因此，采用代可可脂加工制作巧克力时，不需要经过调温加工过程，简化了巧克力生产工序。目前常用的有月桂酸型和非月桂酸型两种代可可脂，均称为不调温硬脂。

（4）新一代无反式脂肪酸代可可脂　月桂酸型或非月桂酸型代可可脂其原中的不饱和脂肪酸，如月桂酸、油酸或亚油酸都是经氢化而制成不同饱和程度的脂肪酸，由于氢化或部分氢化导致反式脂肪酸的产生，因此在月桂酸型或非月桂酸型代可可脂中都有一定含量的反式脂肪酸。现代医学认为反式脂肪酸是引起动脉阻塞和降低优良胆固醇的祸根，而影响人体健康，因此要求食用低或无反式脂肪酸的油脂，在糖果巧克力等食品包装上还要求标明反式脂肪酸含量。为了提供新的低含量或零含量反式脂肪酸的代可可脂，世界上许多食用油脂工业致力于研发新一代代可可脂，现在市场上已经出现许多新的商品，如美国 Aarhus 公司创造了一种新的非氢化的零反式脂肪酸的月桂酸型代可可脂，型号为 Cebes NH，有非常好的结晶性能和较高的熔点，其熔点从 34.5 ~ 36.7℃至 40 ~ 42℃，可供选择。其型号与反式脂肪酸含量如表 2 - 9 所示。

表 2 - 9　新月桂酸型代可可脂反式脂肪酸含量

型号	反式脂肪酸含量
Cebes29 - 01 NH	<1%
Cebes29 - 02 NH	<1%
Cebes29 - 03 NH	<1%

此外，瑞典 Karlshamn 公司新的非月桂酸型低反式脂肪酸含量的代可可脂也已经供应市场，其反式脂肪酸含量在 11% 以下，与传统非月桂酸型比较含量约降低 80% 以上。其型号与反式酸含量如表 2 - 10 所示。

表 2 - 10　非月桂酸型代可可脂反式酸含量的比较　　　　　单位:%

型号	反式脂肪酸含量	反式脂肪酸 + 饱和脂肪酸含量
Akopol LT　11	11	69
Akopol LT　08	8	69
Akopol LT　05	5	69
传统	53	69

这些新的低反式酸非月桂酸型代可可脂与传统非月桂酸型代可可脂一样，也是非调温性低黏度的代可可脂，具有优良的涂布和模制性能，结晶稳定不易花白，有良好的感官性质，而且与传统非月桂酸型代可可脂比较有较低比例的饱和脂肪酸。

三、可可制品的加工工艺

（一）可可制品的加工工艺流程

加工工艺流程图见图 2 - 1。

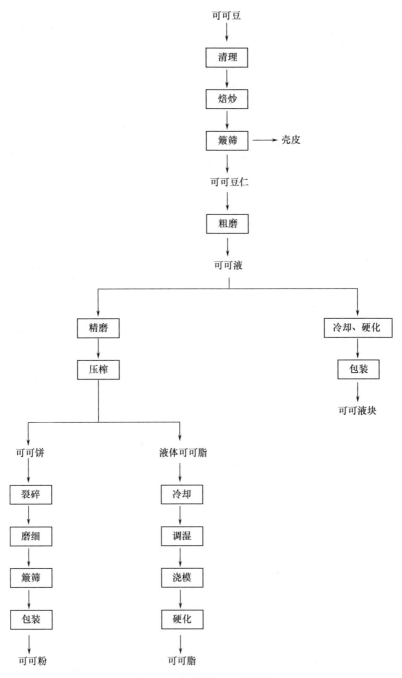

图 2-1 可可制品加工工艺流程

（二）可可豆的组合

可可豆制品优美的香味和品质受可可豆品种的影响，可可豆的香味品质则由于可可树类型和生长条件的不同而有浓烈和温和的区别。根据产地或集散地命名，不同香味的可可豆如表 2 – 11 所示。

表 2 – 11　可可豆品种

浓烈的品种	温和的品种	浓烈的品种	温和的品种
圣卢西亚	斯里兰卡	格林纳达	牙买加
帕拉	马达加斯加	多米尼加	哥伦比亚
阿克拉	阿里巴	古巴	毛里求斯
巴伊亚	加拉加斯	圣多美	—
特立尼达	爪哇	苏里南	—
德梅拉拉	卡贝约港	卡衣纳	—
圣多明各	马德拉斯		

生产实践表明，将不同香味特征的可可豆作适当的组合，可获得较好的香味效果，按不同类型的巧克力，可将不同品种可可豆作以下比例的组合具体如表 2 – 12 所示。

表 2 – 12　不同巧克力品种的可可豆品种组合

巧克力品种	分类	可可豆品种	份数
深色巧克力	A	阿克拉豆（或巴伊亚豆）	5
		格林纳达豆	3
		特立尼达豆	2
	B	阿克拉豆（或巴伊亚豆）	1
		厄瓜多尔豆	2
		斯里兰卡豆	1
	C	特立尼达豆	3
		加拉加斯豆	2
牛奶巧克力	A	阿尼巴豆	1
		加拉加斯豆	1
		特立尼达豆	1
		斯里兰卡豆	2
	B	爪哇豆	1
		加拉加斯豆	1

续表

巧克力品种	分类	可可豆品种	份数
巧克力涂层	A	阿克拉豆（或西非豆）	4
		格林纳达豆	1
	B	格林纳达豆	3
		爪哇豆	7

（三）可可豆的清理

可可豆在采集、发酵、干燥、运输过程中，难免沾染灰尘、泥沙、石子、毛发、麻绳、木块和金属物等多种杂质。据测定统计，大约有 0.35% 外来物沾染可可豆。这些杂质会影响可可制品的品质和卫生要求，同时对可可加工机械带来潜在的损害。因此，可可制品的生产对原料豆必须进行清理。

可可豆的清理过程一般在清理专用机械上进行。清理机是采用可控制和调节的气流原理以及机械振动，将夹杂在可可豆中密度不同的外来杂质分开。可可豆原料经输入料斗连续卸入，通过振荡的喂料器，首先将重的石块、金属捕集去除；随后利用气流将可可豆送入清理机扩展室，豆中的灰尘或轻的毛发等，经旋风器被吸入尘土捕集器。继而可可豆依次落入下层筛网上，振荡的筛网将完整的可可豆、碎粒可可豆、沙土等分别从不同的出口处分离并送出，从而达到可可豆的清理作用。可可豆清理设备具有极高的效率，小型机每小时可处理可可豆 1200kg。现代的大型机每小时处理可可豆高达 3000kg。

清理可可豆也可用可可豆分级机进行，其不但具有清理功能，还可将可可豆按大小、不同等级加以分离，对下步焙炒加工时温度控制更为有利。

（四）可可豆的焙炒

经过清理的可可豆，要加工成可可或巧克力制品必须进行焙炒，焙炒使可可豆发生物理和化学变化，是加工可可和巧克力制品的一个极为关键的工艺。

1. 焙炒的作用

可可豆加工的焙炒过程，是在干热状态下进行的，可可豆细胞组织的物理变化和可可成分的化学变化，同时发生在热处理过程中。可可豆焙炒可起到以下几方面的作用。

（1）除去豆的残余水分。

（2）焙炒使豆壳变脆、豆粒膨胀，使可可豆仁和壳易于分离。

（3）焙炒使可可豆仁和胚芽分离。

（4）通过热处理，松散细胞组织结构，使油脂易于渗透出来，磨成的可可液浆体，具有良好的可塑性质，便于磨浆加工。

（5）热处理使豆细胞内的淀粉颗粒成为可溶性微粒。

（6）热处理使细胞色素发生变化，增加油脂色泽。

（7）热处理使可可豆的香味和风味增加，从而形成可可制品特有的佳美香味。

（8）热处理使可可豆的有机酸、糖、蛋白质发生一系列变化和反应，产生可可制品特有的滋味。

2. 焙炒温度和时间

可可制品的色、香、味品质，在很大程度上取决于可可豆的焙炒程度，而控制焙炒程度的重要因素是加热的温度和时间。

根据 Eilers 的报道，可可豆焙炒加热分为四个阶段：第一阶段为可可豆表面水分蒸发阶段，这部分水分蒸发速度取决于可可豆受热温度、环境相对湿度和空气流速；第二阶段，可可豆内水分通过毛细孔达到豆表面蒸发，干燥速度逐渐下降；第三阶段，豆粒内部水分与外部蒸气压差的扩散干燥，取决于毛细管水分传递和蒸气压差；第四阶段，可可豆表面蒸气压低于外部蒸气压，形成可可豆"回潮"。由此可见，可可豆含水量和外界环境相对湿度维持一定平衡，可直接影响焙炒效果。

确定可可豆焙炒温度，除了可可豆含水量外，还涉及多种因素，如可可豆品种、可可豆大小、制成品的品质要求、加工方法、焙炒方式以及采用的设备等。一般制作巧克力的可可豆焙炒温度为 $95 \sim 104℃$ ；而制作可可粉的可可豆焙炒温度为 $104 \sim 121℃$ 。这里指的焙炒温度是指可可豆实际达到的温度，而不是加热气流温度。两者在实际上有一定差别，其差异程度取决于焙炒传热方式和热效率。

可可豆的焙炒时间可根据焙炒设备类型和批量大小而定。一般焙炒时间可从 15min 至 70min 不等。由于可可豆在焙炒中，干燥速率不同，而可可豆又是一种导热性差的物料，所以制定可可豆焙炒程序、焙炒使用温度和时间，还需要依靠丰富的实际经验加以选择和判定。

目前国内加工不同可可制品所采用焙炒温度和时间为：

深色巧克力 $85 \sim 104℃$ 、 $11 \sim 14min$ ，牛奶巧克力 $110 \sim 120℃$ 、 $15 \sim 20min$ ，可可粉 $125 \sim 130℃$ 、 $20 \sim 30min$ 。

可以看出，由于深色巧克力中可可豆含量高，所以可把焙炒温度适当降低；而牛奶巧克力中的可可豆含量低，就可把焙炒稳定适当提高。此外，焙炒温度还与消费者的口味有关。

另一方面，焙炒温度也与可可豆的收得率有关。如温度太低则不能促进可可豆的物理和化学变化；但温度太高，豆肉的收得率就会降低。因为温度越高，损耗越大。如焙炒温度保持在 120℃，则损耗率为 27%；如焙炒温度保持在 180℃，则损耗率可接近 7%。所以，选择正确的焙炒温度具有一定的经济价值。

焙炒一般采用转鼓形焙炒机。若以直接火加热，单位容量为 100kg，焙炒时间在 45～60min。若采用球形焙炒机，以热空气焙炒，焙炒时间在 15～30min。若采用连续焙炒机，以热空气焙炒，焙炒时间在 15～30min。

3. 焙炒方式

焙炒方式是指加热处理的方法和采用设备的综合过程。先进的焙炒方式能大限度地取得合格的豆肉，具有满意的香气和味道，壳与肉容易分离，并有较高的豆肉收得率。

可可豆的早期焙炒方式，采用直接用火加热，其缺点是：豆子过热导致产生烟熏味。以后又出现热空气和燃气对流加热可可豆的方式，这是一种热传导和对流相结合的加热方式。目前一般采用立式连续焙炒机。

改进型连续焙炒机，采用传送带自动加料和卸料方式。这类设备每小时可焙炒可可豆 500～700kg。目前，国内可可制品厂都采用连续式焙炒机处理可可豆。此外，还可采用红外加热方式和高频加热方式。

近年来，国外一些巧克力生产厂，将可可豆去壳、碎裂后的豆肉进行焙炒处理，其好处有：①去除豆壳，减少焙炒数量；②去除豆壳，减少壳皮气味对豆肉渗透；③去除可可豆壳，降低可可豆肉的农药残留水平；④去除可可豆壳，减少油脂在壳皮的渗析损耗。

4. 焙炒可可豆发生的变化

可可豆经过焙炒，最大的变化是失重。可可豆中的水分、乙酸和少量挥发酯，在高温条件下蒸发和挥发。通常失重在 6% 左右，其中 4.6% 是豆肉失去的，1.4% 是豆壳挥发的。

可可豆经过培炒后可可豆仁的色泽加深为深褐色，可可豆仁的辛辣味减少。这些变化是可可豆中的多元酚，在焙炒过程中发生氧化造成的。Jensen 等研究认为，这是不稳定的刺激性有机碱分解以及蛋白质和糖反应引起的综合效应。

（五）可可豆的簸筛

可可豆经焙炒后，先经破碎成碎仁，这个过程称为裂碎。裂碎的可可豆包括有三部分：皮壳（含量为 11%～13%）、豆肉（含量为 87%～88%）和胚芽（含量为 1% 左右）。

将皮壳、豆肉和胚芽分开，这一过程称为筛分。可可豆裂碎和筛分是在同一设备上进行的，这一过程称为可可豆的簸筛。

焙炒后的可可豆颗粒饱满，壳皮已开裂，只要轻揉或辗压豆肉和皮壳即能分离。这一过程一般在簸筛机上进行。

可可豆经过焙炒和簸筛过程，会产生物料的变化和损耗，其加工平均损耗情况如下：焙炒过程中水分损失4%~6%、焙炒过程中碎屑损失0.5%、簸筛过程中除去壳皮12%、簸筛过程中的损失0.5%~1.0%、总的损失量17%~19.7%。

从焙炒可可豆分离出来的豆肉和极少部分胚芽将用来加工可可粉、可可脂和巧克力制品，而壳皮为其他所利用。这三种物料的化学组成如表2-13所示。

表2-13 可可豆分离部分的化学组成 单位:%

化学组成	豆肉	壳皮	胚芽
水分	5.0	11.0	7.0
脂肪	53.3	3.0	3.5
蛋白质	10.5	13.5	24.4
砂糖	1.0	—	—
淀粉	6.0	—	—
粗纤维	2.6	16.5	2.9
单宁	5.8	9.0	—
可可碱	1.45	0.75	3.0
游离氮抽提物	7.5	—	—
戊聚糖	1.5	6.0	2.3~3.2
有机酸	2.5	—	—
灰分	2.6~3.0	0.5	0.5

（六）可可液块的生产

可可豆加工成可可粉、可可脂和巧克力前，一般先将可可豆进行初磨，加工成一类中间制品——可可液块。

可可豆肉是一种不易磨细的物质，其中夹杂的少量壳皮是一种多纤维物质，更难研磨。因此，可可豆肉先经初磨成液块，有利于缩短巧克力物料的精磨过程，同时，加工液块后，可取出相当量的可可脂，用于巧克力生产的添加脂肪。去脂后的可可饼经粉碎则可得到可可粉。

将可可豆肉加工成可可液块可采用各种类型的磨碎机，如盘式、齿盘式、辊式、叶片式和球磨式磨碎机。

早期加工可可液块都采用盘式磨碎机，磨盘采用大理石或花岗石。可可豆肉从磨盘中央均匀落入，通过盘向的摩擦将物料磨成细的浆体，浆体从盘面的间隙中，依靠离心作用由里向外流至四周槽内收集。一般磨盘装有夹套，可通入冷热水调温。石盘式磨机有单级、双级、三级等不同类型。三级磨盘由三对磨盘串联在一个机组上同时转动依次磨浆。它的生产能力一般为 170 ~ 200kg/h。

后来发展的一种齿盘式磨碎机生产可可液块也是很有效的，两个齿块盘作相反方向高速旋转，物料在涡流作用下磨成细的浆体。磨机靠通入冷水冷却，生产量每小时可达 400 ~ 1000kg。

采用辊筒来加工可可液块的设备，是为磨细可可豆肉而设计的。此磨机一般具有豆肉破碎和物料研磨二个系统，经焙炒与去壳的可可豆肉先由传输系统送入喂料口，然后豆肉进入锤式磨盘，物料在高速锤磨的撞击下变成浆体，温度达 50 ~ 60℃，可可浆体再进入由一组四个辊筒组成的研磨系统，辊筒直径为40cm，宽 100 ~ 150cm，辊筒内配冷却水用于调节温度，磨细的物料由最后辊筒输出，由泵将浆体送入贮缸。此磨机的生产量可达 200 ~ 600kg/h，浆体平均细度在 30 ~ 75μm。

近年来，还设计有撞击叶片磨机和球磨机。这类磨机转速高，研磨浆料的细度大部分在 70μm 下。设备往往配备真空系统，可在研磨时去除水分、酸味和异杂味，生产更高质量的可可液块浆料。磨细的浆料必须及时冷却与凝固，一般制成 25kg 的可可液块，经包装后贮存备用。

（七）可可脂的生产

经磨细的可可浆料，采用压榨机压榨取出可可脂。可可脂的提取取决于浆料表面承受的压强程度、物料的含水量、细度和温度等的影响。

早期的可可压榨机是立式的，安装有 5 个圆钢盘，钢盘底部分布细孔，盘内衬有纤维织物作为滤布。磨细的可可浆料注入盘内，通过液压装置以柱塞对物料进行加压，豆肉细胞内的油脂向表面渗析，当压强超过 5.1MPa 时，物料内油脂即能流向盘周的槽，汇集于油脂收集器中。这种榨机最高操作压力为30.4MPa，榨得饼块最终含脂量为 24%。每批浆料可榨得可可脂 35% ~ 40%，可可饼块为 60% ~ 65%。操作条件：物料含水量控制在 1% ~ 1.5%，压榨温度100℃，加热蒸汽压 0.2MPa，压榨时间 60min。

老式压榨机生产效率低，而现代压榨机已发展成水平卧底，液压自控，具有相当高的水平。压榨用的钢盘有 10、12、14 和 22 等多种系列。盘料填装压榨和饼块卸除均为自动操作。液压压力可高达 50MPa 以上，脱脂饼块含脂残留量可低至 6%。这种现代压榨机既可获得高比例的可可脂，又能生产老式压榨机无法生产的低脂可可粉，以满足食品工业的多用途需要。

可可脂榨得量可从浆料和饼块含脂率计算，计算式如下：

$$m = \frac{m_1(b-c)}{1-c}$$

式中　　m——压榨收得可可脂质量，kg

　　　　b——可可浆料含脂率，%

　　　　c——可可饼块含脂率，%

　　　　m_1——可可浆料质量，kg

可可脂的加工步骤：经研磨的可可浆料装填入可可压榨机后，逐步提升压榨机液压力，将可可脂送入贮油缸内，再泵入离心机，离心去除可能夹带的杂质，随后泵入另一贮油缸内贮存，初步冷却至40℃左右，再由泵送入可可脂压力冷却器进行冷却。压力冷却器一般为带水冷却夹套的圆筒，水温控制在10～15℃，圆筒中装有带塑料刮板的大直径旋转轴，刮板不断将筒壁预结晶的可可脂刮落混合，在末端出口形成乳酪状稠体，由螺旋传送器将可可脂送出，至包装区进行定量注入纸盒内，送入冷却室硬化。每块可可脂一般定量为25kg，也可采用大包装，直接注入桶内冷却存放备用。这套系统短小时可处理500～2000kg浆料。

除了压榨生产可可脂外，用有机溶剂浸取法也能生产可可脂，其常用于可可豆下脚料或皮渣中可可脂的提取。由于这类原料浸出的油脂的游离脂肪酸含量高，并含有较多不愉快的气味，因此，浸出的油脂还需经过精炼脱臭的工艺过程，所以，这种浸出法生产的可可脂也称为脱臭可可脂。

脱臭可可脂生产工艺流程如下：

可可豆下脚料→ 筛选整理 → 蒸炒 → 榨油 →油脂→ 溶剂浸出 →含油粗饼→ 炼油 →成品可可脂

整套工艺中，筛选、蒸炒、榨油同可可豆加工可可脂相同。溶剂浸提可可脂，一般采用汽油为溶剂，经压榨的粗饼捣碎后浸于溶剂中，油脂浸出后蒸出，溶剂回收再用。由于游离脂肪酸含量高，生产出的粗油加氢氧化钠中和，经水洗去过量的碱后，用活性炭和白土脱色。在脱色过程中，采用高温190℃和真空条件下使挥发物脱去而达到除臭目的。最后经过滤器除去活胜炭和白土，即得到精炼的浸出可可脂。

（八）可可粉的生产

1. 可可粉的生产工艺

可可浆料压榨后，留在榨盘里的是去除部分脂肪的可可饼。控制饼块的残留脂肪含量是通过维持压榨机一定压力，如压榨机压力设定0.4MPa，则压榨时间持续此压力15min，即可获得含脂量20%左右的可可饼。如压榨时间设定为 30min，则榨得饼块含脂量为 14% 左右。

可可饼相当坚实，所以，应乘可可饼温热时碎裂。裂碎的可可饼块，温度一般仍在 43 ~ 45℃，比饼内可可脂熔点 34℃ 高，若低于此温度就难以碎裂。碎裂后的可可饼块，用干燥冷风（相对湿度为 50% ~ 60%）将饼块冷却至 21 ~ 24℃，以避免高温饼块进入粉碎机后黏结。

可可粉生产的一般工艺流程如下：可可压榨机榨去脂肪后的物料，即可可饼从榨机卸出，由输送带将其送入可可饼裂碎机裂碎，再送入粗磨机进行粗磨后，进入细粉碎机制得细可可粉。经风筛器筛分，最后，导入旋风分离器收集，装入纸袋或塑料食品袋或由分装机进行小包装。

2. 碱化可可粉生产

表 2 - 14 表示了可可碎仁和脱脂后的可可液块含有的几种有机酸含量以及总酸、游离酸量和它们之间的比值。豆的产地不同，酸比值就不相同，但它们的 pH 范围在 4.5 ~ 5.3。可见，直接生产的可可粉酸度一定也高，为了改变酸值，提高香味，改进可可粉的色泽，一般将可可仁或液块进行碱化处理，生产碱化可可粉。

表 2 - 14　可可碎仁和脱脂可可液块中的几种有机酸含量　　单位:%

有机酸	巴西豆		特立尼达		阿尼巴豆		爪哇豆		阿克拉豆	
	碎仁	液块	碎仁	液块	碎仁	液块	碎仁	液块	碎仁	液块
乙酸	0.44	1.05	0.35	0.78	0.40	0.95	0.39	0.92	0.24	0.59
柠檬酸	0.45	1.07	0.55	1.23	0.57	1.36	0.75	1.77	0.54	1.32
草酸	0.34	0.81	0.32	0.72	0.45	1.07	0.50	1.18	0.36	0.88
总酸	1.23	2.93	1.22	2.73	1.42	3.38	1.64	3.87	1.14	2.79
游离酸	—	2.67	—	2.34	—	2.18	—	1.98	—	2.46
游离酸/总酸		91.2		85.8		6.45		51.1		88.1
pH	4.4	—	4.5	—	5.0	—	5.2	—	5.2	—

碱化处理可在焙炒前或在可可碎仁工序中进行，但更多的是在可可液块生产阶段进行碱化，且比较经济。温热的可可液块注入带蒸汽加热的混匀器中，先将温度升至 70℃，碱溶液分二次逐步加入，混匀碱化。维持混匀器较高温度是防止液块稠黏和控制液块的含水量，但温度不宜超过 115℃。碱化后，有时用酸部分中和，如只加入 1% 的碱时，不必再用酸加以中和，若用氨碱化，通常采用 10% 溶液。目前也有用碳酸铵和碳酸钠混合使用的碱化方法代替氨碱化。

碱化处理用碱一般有碳酸钾、碳酸钠、碳酸氢钠、碳酸铵、氧化镁和氨。使用时配成水溶液加入。

德国等国家还采用焙炒好的可可豆肉碱化处理方法，碱溶液配方如下。

溶液 A.　40kg 碳酸钠〕
　　　　　15kg 硝酸钠〕溶解在 32L 蒸馏水中

溶液 B.　20kg 硝酸钾〕
　　　　　8kg 碳酸铵〕溶解在 150L 蒸馏水中

将 A 溶液 2.5L 和全部 B 溶液加入 1500kg 焙炒好的可可豆肉中，在焙炒器翻动干燥 2h。然后磨浆成液块，转入 75kg 容量的、带蒸汽加热的混匀器中，趁热时加入 1kg 25％冰乙酸溶液予以中和。

思考题

1. 什么是巧克力？
2. 巧克力由哪些主要物料组成，其作用均是什么？
3. 世界可可豆的主要产地有哪些？主要特点各是什么？
4. 可可豆的焙炒作用是什么？
5. 可可豆为什么要发酵？发酵的主要技术参数怎样？
6. 什么是可可液块？其基本组成如何？
7. 什么是可可脂？
8. 巧克力生产时常用的表面活性剂有哪几种？使用量如何？

项目二　巧克力加工操作要点及设备

一般巧克力生产除了可可液块、可可脂和可可粉外，还需要砂糖、乳制品、卵磷脂、香料和表面活性剂等成分组成。以上原料都必须经过预处理、混合、精磨、精炼等步骤，然后经成形和包装而制成。

一、原料的处理与混合

（一）原料的预处理

为了方便原料的混合操作，使原料适应生产工艺的要求，一般在投料混合前对原料进行预处理。

1. 可可液块、可可脂、代可可脂的预处理

可可液块、可可脂、代可可脂在常温下呈固态状，在投料前先需作熔化

处理，然后才能进行混合精磨。熔化后温度一般不能超过60℃。为了加快原料的熔化速度，缩短熔化时间，可将大块分成小块，然后投入加热设备中熔化。

2. 砂糖的预处理

各种巧克力都是用砂糖为基本原料的，一般含量为50%左右。通常砂糖的结晶颗粒大小不一，糖的质粒比较大时，放在嘴里，就感到粗糙，这种巧克力应有的细腻性就会消失，如果将砂糖粉碎和研磨成粉，制成的产品组织结构就会变得细腻滑润，同时，也在一定程度上影响巧克力的味感和甜度。如果直接将砂糖和其他物料一起研磨会延长时间，因此，应先将砂糖粉碎成一定的细度，有利于物料的混合、精磨和精炼，又能使物料细度均匀。

砂糖粉碎机一般有两种类型：一种是锤式粉碎机，另一种是齿盘式粉碎机。

锤式粉碎机由料斗、螺旋送料器、锤磨、筛网、粉箱和电动机等部件组成。砂糖经锤头高速转动磨成糖粉，通过一定目数的筛网送出，筛网筛孔常用的为0.6~0.8mm，平均生产能力为150~200kg/h。

齿盘式粉碎机由旋转的齿状转动圆盘和固定的凸起齿状圆盘相对应组成的，砂糖落入高速旋转的齿状圆盘，在剧烈冲击下与固定的齿盘相摩擦而磨成糖粉，再经筛网送出。平均生产能力约为400kg/h。

3. 乳粉的预处理

乳制品含水多的，必须先除去水分，再将干燥乳粉通过筛选，将颗粒细小均匀者配入原料中。

乳粉脱水的方法：在加热时乳粉中添加一定量的糖。其量最好占总配方中的10%和40%，另加10%的水。采用浅盘和一个热风炉进行干燥，或采用带式炉灶或流化床系统的连续干燥方法。乳粉加热温度不超过140℃为宜。在加热过程中将所有的水分失去，而呈现出金黄棕色。

（二）原料的混合

预处理的各种原料，按产品的配料比计量，加入捏和机中进行充分的混合。捏和机的装置包括混合、捏和、定量和喂料等功能，按照配方经定量和喂料后进行混和而成光滑的脂质料团，可可脂成为连续相分散在其他物料之间，把各种成分均匀地结合一起，并能为精磨机提供正常运转的有利条件。

捏和机有两种类型：一为双轴式混合捏和机，另一种为双臂式Z型捏和机。

双轴混合捏和机每轴上有一系列倾斜的桨叶，两轴按相同的方向旋转，在两轴上的桨叶交替地插向邻轴的桨叶，接近和离开时都有一定间隙，这样生成一种楔形流，物料沿着捏和机的锅壁与轴平行运转，每当转至锅壁终端就会突然改变流向，可以完全保证物料高度运转，同时在桨叶中间打孔可以解除单纯的平行流动，在转轴和桨叶之间产生一种物料的螺旋运转。

双臂 Z 型捏和机有两根 Z 型臂相对的运转，这种设备特别适宜于高黏度的物料混合。

所有捏和机都有夹层保温装置，可以保证混合捏和时恒定的温度，以及定量装置，砂糖、乳粉、可可液块和可可脂等料仓或料罐都安装在捏和机附近，精确的进料秤重和定量能保证配料的准确性。混合完成后经连续下料送至下一工序，整个供料、混合、下料过程可以由人工控制柜进行操作，也可以由电脑程序控制操作。

二、产品主要操作工序

（一）物料的精磨

在配料中采用糖粉时巧克力浆经混合后可直接下料送至五辊精磨机。如果采用砂糖直接与其他巧克力原料混合时，则需要经过初磨或预磨，然后才进行精磨，即上述两步研磨法在巧克力料混合时，可以减少可可脂用量 1.5% ~ 3%。油脂的用量少，主要因为结晶砂糖较糖粉表面积小，糖粉越细其表面积越大，连续分散在它的界面油脂就越多，所以两步研磨可以节约用油。

根据研磨工艺的要求，对混合后巧克力浆总的含脂量要求在 25% 左右，所以在混合时要控制油脂的加入量，使巧克力浆料不太干或太湿，才能保证研磨时辊筒正常运转。

混合好的巧克力浆料由螺旋型输送器送到初磨机的进料斗，或通过输送带直接送入初磨机。初磨机或精磨机都有自动进料斗和一个能防止机器空运转而引起机械磨损的装置。初磨机为两辊机，精磨机为五辊机，可以串联在一起精磨，不但可以减少油脂用量，而且预磨后狭小的浆料颗粒更有利于五辊机的研磨和精炼机的干炼。巧克力生产中，配料的精磨是基本生产环节。精磨就是要把巧克力的每一部分质粒变得很小，吃起来很细。

1. 精磨的作用

精磨可以使物料达到一定的细度，而大部分物料细度达到 15 ~ 20μm，会使口感细腻润滑；可使各种原料充分混合，构成高度均一的分散体系，并具有良好的分散性；精磨中的热温、搅拌、翻动等可除去自由水，从而降低巧克力物料中的水分，使含水量在 1% 以下；香料在精磨后加入，使巧克力具备调香后的各种特色，又使香料与巧克力混合均匀，使巧克力在香味上具有均匀舒服的特点；可降低巧克力物料黏度，提高乳化性。

2. 精磨温度和时间

精磨温度和时间的要求是，筒型精磨机应恒定在 40 ~ 42℃，不超过 50℃。温度过高会影响巧克力的香味和品质。每个圆筒连续精磨一次应控制在 16 ~ 24h 完成。在巧克力的精磨过程中，添加配方总脂肪量的 1/3 ~ 1/2，有利于减少精磨时间，提高生产效率。

3. 精磨细度

巧克力精磨过程属于物理分散变化，使用机械挤压和摩擦使物料质粒变小，直至物料质粒平均细度达到 15 ~ 30μm，才能符合技术要求。除此之外，精磨原料中重金属不能超过规定指标。微生物指标不得超过卫生指标要求。

4. 精磨设备

巧克力精磨有多种方式和相应设备。目前常用的有辊磨、球磨、筒式精磨等不同形式的设备，而它们的性能也不相同。因此，要根据精磨细度、加工时间、加工效率等工艺条件来合理选择精磨设备，即能达到技术和经济的双重效果。

（二）物料的精炼

经研磨后巧克力物料，虽然细度已经达到要求，但还不够润滑，口味也不令人满意，各种物料还没有完全结合成一种独特的风味，仍然存在一些不适的口感，因此需要进一步进行精炼。

精炼（Conching）最初是在一个圆形的槽，外形像海螺壳一样的设备中进行。巧克力液料在这样槽中，经滚轮长时间转动反复翻转，推撞和摩擦结果获得细腻润滑、香气融洽、风味独特的口感，这一过程被称作"精炼"。

在精炼过程中巧克力物料产生了复杂的物理和化学变化至今尚未完全清楚，因此世界上许多巧克力生产企业至今仍把它视为高度隐藏的秘密，但精炼过程的作用和巧克力物料的变化是很明显的。

1. 精炼的作用

促进巧克力物料中呈味物质的化学变化，除去可可浆料残留的不需要的挥发性醚类物质，使巧克力味美醇厚，异味消失；促进巧克力物料的色泽变化，使巧克力外观色泽光亮柔和；促进巧克力的黏度变化，提高物料流动性；持续机械混合、摩擦，物料质粒进一步变小，形状光滑，提高巧克力制品的适口感。

2. 精炼过程中物料的变化

（1）化学变化

①水分和可挥发物质的变化：在巧克力加工制造中，一般不添加水分，但各种配料中都含有水分，同时在加工过程中不同程度吸收环境中的水汽。巧克力物料中的水分，能对物料中的胶体物质产生水合作用，使胶体吸水而膨胀，导致物料变得又稠又厚，增加巧克力加工的困难。在精炼过程中，特别在精炼初期巧克力物料仍然处于干性和浆体状态，水分的蒸发是在 50～75℃ 进行，温度的产生不是单纯的加热和保温，还有是精炼时物料的翻转摩擦和剪切所产生的热量，使物料内的水分子运动大大加快，使物料的水分从内部驱散到外部而被蒸发掉的。此外，随着物料在精炼过程中颗粒进一步变小，表面积增大，等于扩大了蒸发面积，结果使物料的含水量减少。巧克力物料经过精磨后残留在浆料中的水分为 1.6%～2.0%，精炼后要求降到 0.6%～0.8%。

可挥发性物质是在水分挥发时，同时与水分一起被挥发出去。可可原料在发酵时生成的醋酸和其他挥发性物质，部分在焙炒和研磨时已经掉失，但未精炼的巧克力物料中每 100g 仍有约 140mg。这些挥发性物质不完全都是醋酸，还有丙酸、丁酸、戊酸和己酸，以及其他可挥发性的酯、醛、酮和醇。精炼后大约 30% 的醋酸和 50% 以上低沸点的醛被蒸发掉。总之，还有一些非挥发性酸，如柠檬酸、草酸、乳酸和香草酸不发生变化。

②色、香、味的变化：巧克力物料经过精炼后，除了在颗粒和组织结构上有明显的变化，导致色味发生变化外。通过精炼巧克力物料质粒与脂肪充分乳化，颗粒大小形状改变，也会导致物体外观光学性质的变化。精炼后的巧克力色泽变淡而明亮，更为柔和。牛奶巧克力表现更为明显。

精炼过程改变巧克力的香味，主要有以下两个方面的原因：一是排除了物料中存在的不愉快的气味，如挥发性酸、醛和酮类化合物；二是物料中的游离氨基酸与其中的还原糖发生美拉德反应，形成新的芳香化合物。

在精炼过程中，随着巧克力物料中挥发性物质的减少，物料中原有的不愉快气味也会减少，物质颗粒进一步变小，新的表面不断暴露在空气中，物质分子受热，不断地和空气中氧发生变化，物料内红色单宁质和水溶性含氮物质发生质的变化，因而使巧克力的香味变得格外香醇。同时，精炼过程中温度提高时，物料内的蛋白质和还原糖能产生一种化学变化，其结果产生一种愉快的带有甜香的焦糖香味。所以，巧克力物料经精炼后，其香味有很大的改善，品质水平大大提高。

（2）物理变化

①黏度变化：黏度的降低是巧克力物料在精炼过程中明显的物理变化，各种物料精磨时受剪切和研磨压力形成凝聚的细小粒屑，在精炼时进一步被分散成更加细小的光滑微粒，油脂受热转变成液体状态，分散到糖、可可、乳固体各种微小颗粒的表面成为连续相，均匀地把各种颗粒包围起来，在每个颗粒表

面形成油脂薄膜，降低了颗粒与颗粒之间的界面张力，可以提高物料的流动性。通过精炼使水分降低在被分散开来的颗粒之间增加界面活性出现流变参数陡变，物料黏度降低，进一步提高了其流动性。

巧克力物料是一种分散体系，其黏度取决于分散介质的比值，也就是物料的干固物分散于脂肪的比值，巧克力物料脂肪含量与物料黏度值变化有直接关系。当所含脂肪含量低于一定极限时，其黏度值就会大大增加。物料黏度的提高必然对物料的传送、分配、混合、调温和成形带来困难，对机械操作和仪表的控制同样带来麻烦。为了使巧克力物料具有适宜操作的精度，需提高脂肪含量比例，也就是增加可可脂的用量，将有助于降低物料黏度，这样会影响巧克力本身的强度，也不经济。

因此，现代巧克力精炼时，在物料中加入磷脂等表面活性剂，对巧克力物料能起到两方面的作用：一是可有效地减少物料内胶体物质的水化作用的发生和水化物的形成。从而阻止胶团化合物形成胶胨；二是改变和降低物料颗粒界面张力。由于有这些作用，使巧克力物料的稠厚状态变成稀薄，从而达到降低物料黏度。在实际生产中，磷脂的添加量控制在 0.3% ~ 0.5%，用蔗糖酯可代替磷脂，可发挥相似作用，其添加量为 1%，可节约可可脂 3% ~ 4%。磷脂在精炼过程中应分阶段添加，如果加入太早物料变得稀薄就会影响物料的翻动和摩擦，不利于水分和挥发性物质的散发。现代精炼过程一般都有三相精炼，或分为三个阶段：即干相精炼、浆相精炼和液相精炼三个阶段。干相精炼时不能添加磷脂，浆相精炼时只允许添加少量磷脂或可可脂，而大部分磷脂和配方中留下的可可脂都是在最后液相精炼阶段快结束时加入。

②物料颗粒的变化：无论从技术角度或是从消费者角度来看，精炼更重要的因素是影响巧克力物料质量的颗粒细度和形态；精炼的第一个作用就是继续把精磨后巧克力微粒进一步变小，使物料的平均细度进一步下降，如果平均细度在 25μm 以下就能产生细腻的感觉。同时物料的颗粒形态也发生明显变化，巧克力物料在精磨机强大的压力下研磨出来的颗粒形态是很不规则的，边缘既不整齐，又有尖锐的棱角，很不光滑，通过长时间精炼把颗粒不整齐的边角磨成光平，这样分散在油脂之中就有润滑作用，使巧克力吃起来既细腻又润滑，产生独特的口感。

实际上精炼时巧克力物料颗粒变小的程度不多，最多的是形态上变光滑，然而当精炼过程中巧克力细度到一定程度后，质粒超微的倾向就非常缓慢了。

③乳化状态的变化：巧克力在精炼过程中，物料的界面增加，在不断的冲撞和摩擦作用下，加上表面活性剂磷脂的参与，使物料颗粒更均匀地分散在液体脂肪介质内，同时因物料界面张力的降低，脂肪延伸成膜层，膜状脂肪均匀地将糖、可可及乳固物包围起来，形成一种非常稳定的乳化组织状态，这种高

度均一的组织结构在进一步调温和冷却凝固后具有极高的稳定性。也就是巧克力吃起来特别细腻滑润的原因。

3. 精炼方式

巧克力精炼方法随着生产发展发生了很大变化，为了提高精炼效率，取得最佳的巧克力风味和口感，精炼方式不断地提高和改进，倾向于时间长短、温度高低、干炼和湿炼的方式变化。

（1）温度控制

①冷精炼法：在精炼过程中应控制较低操作温度，为 45~55℃。

②热精炼法：在精炼过程中应控制较高操作温度，为 70~80℃。

这两种精炼方式，对不同种类的巧克力如深色和牛奶巧克力都可以应用。但一般牛奶巧克力采用 45~50℃ 精炼，而深色巧克力采用 60~70℃ 精炼。

（2）相态控制　精炼方式从液态精炼发展至干、液态精炼和干、塑、液态精炼三种方式：

①液态精炼：又称液相精炼。精炼过程中巧克力物料在加热保温下始终保持液化状态，通过滚轮旋转长时间往返运动，巧克力物料不断摩擦翻动与外界空气接触，使水分减少，苦味渐渐消失，获得完美的巧克力香味，同时巧克力得到均化使可可脂围绕着每个细小颗粒周围形成油脂膜，提高了润滑性和熔融性。这是最初的传统的精炼方式，现在已经很少采用。

②干、液态精炼：精炼过程中巧克力物料先后经过两个阶段，即干态和液化阶段，也就是干炼和液炼两个阶段结合一起进行。首先是干相状态总脂肪含量在 25%~26%，呈粉状下精炼，这一阶段主要是增强摩擦，翻动和剪切，使水分和挥发性物质挥发。第二阶段在添加油脂和磷脂处于液相状态下精炼，进一步均化物料，使质粒变成更加细小光滑，增进香味和口感。

③干态、塑态、液态三个阶段精炼：干精炼阶段：水分和不需要的化合物成分的减少，如可可豆中残留的挥发性酸、醛、酮，使其达到不影响最后巧克力口味生成的理想程度。塑态精炼阶段：除了消除聚结一起的物料以外，再次产生如传统精炼提高口感质量的作用。液态精炼阶段：最后精炼阶段，进一步提高前段精炼作用，在最佳流动性下形成最适宜的风味。

（3）精炼时间　传统的精炼方法，巧克力物料在保温下处于液相状态进行长时间精炼，需要 48~72h，生产周期长，如何缩短周期而保持原有质量不变，是现代精炼机采用干液相精炼的结果，精炼时间可缩短至 24~48h。也有提出可可物料经杀菌、脱酸、碱化、增香和焙烤预处理，即所谓 PDAT 反应器处理后，精炼时间可减小一半。但精炼时间仍然是保持巧克力质量的重要因素，还必需有一定时间才能达到巧克力口感细腻润滑的要求。巧克力的种类不同，精炼时间也要求不同，如牛奶巧克力精炼时间较短约 24h，而可可含量高的深色巧克力精炼时间较长，约需48h。

4. 精炼设备

无论采用哪种精炼方法，都需要使用相应的精炼设备来完成。随着生产发展和精炼形式的变化，巧克力的精炼设备也在不断改进，已有多种类型，归纳起来有以下几种型式。

（1）往复式精炼机（也称滚轮式精炼机） 这是一种最早出现的精炼机，机内有花岗石制成的滚轮，通过连杆传动沿缸壁作往返运动，巧克力物料在加热保温下，由滚轮往返推动，从一端涌向另一端落下，又随滚轮返回另一端，经不断地翻动和摩擦下进行精炼。这种精炼机示意图如图2-2所示。

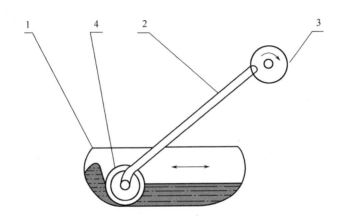

图2-2 滚轮式往复精炼机
1—精炼缸 2—连杆 3—传动轮 4—花岗石滚动轮

巧克力浆料在这种精炼机中经过长时间不断滚动摩擦产生特殊揉和作用，可以去除物料中不愉快与不适宜的气味，使物料成为光滑的流体，具有良好的精炼效果，所以，后来发展的精炼设备仍保留有这种机械揉和作用。但这种精炼机生产能力太小，对大批量生产巧克力是不适应的。

（2）犁状混合式精炼机 这是一种具有高度减湿、脱气作用和增进巧克力香气的精炼机，由半圆形对称缸和两个立式搅拌柱附有刮板和犁状拌和浆组成，在干炼时能增加与空间接触面，增强充气作用。精炼缸为套层的，能迅速进行冷却或加热。犁状混合式精炼机示意图如图2-3所示。

精炼机为双速传动：慢速用于干精炼，快速用于液相精炼。精炼机容量有1200、3000kg和6000kg，最大的容量为8000kg。

（3）精磨精炼机 这种精磨精炼机是把混合、均质、研磨、精炼于一体的通用巧克力精磨精炼机，最早由苏格兰Macintyre公司生产，称为Macintyre精磨机或精磨精炼机，实际上它是一种多功能巧克力精制设备，我国已普遍采用

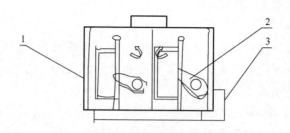

图2-3 犁状混合式精炼机

1—搅拌器 2—犁状中空搅拌桨 3—电动机

这种设备，称为巧克力精磨机，也有称作圆筒形精磨机，因其简化工艺，操作方便，一次性投资少，比较容易上马，所以许多中小型工厂都乐于采用。精磨精炼机示意图如图2-4所示。

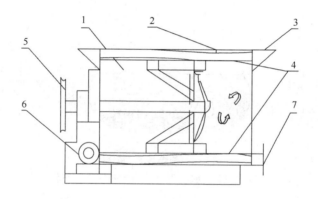

图2-4 圆筒形精磨精炼机

1—圆筒形缸体 2—缸体上钢条 3—供料斗 4—刮刀 5—压力调节器（刮刀与缸壁钢条间隙调节）
6—电动机 7—出料口

精磨精炼机为双层圆筒组成的夹套圆筒体，直径为960mm，长900mm。夹套可通冷却水或热水。围绕着圆筒的内壁排列有截面呈平锥体的合金钢条。圆筒底部有夹套冷却水的进水口，顶部有冷却水的溢水口和温度计。在缸体背面装有浆料温度计。主轴上装有圆形刀架，刀架上装有刮刀数十把。刮刀与圆筒内壁之间的间隙，可通过主轴上伞形调节器进行调节，在主轴的后端有一刻度标尺，上面的读数表示伞形调节器的前后伸缩状况，也即刮刀与筒壁间隙的松紧程度。

在精磨精炼机启动后，首先将熔化好的可可脂、可可液快加入机内，保持温度50~55℃，然后慢慢地加入配方中规定量的乳粉、糖粉等原料，混合运转。按配方中油脂用量，不宜全部加入，应留下 3% ~5% 在精磨细度达到要求后，在出料前数小时加入，因油脂加入量过多，巧克力浆料稀薄，流散性好，不容易把颗粒磨细，就会延长研磨时间。一般精磨时间为 18 ~22h。

投料后分 2 ~3 次上紧刮刀，上紧程度参照松紧调节器刻度紧格读数值和电流读数为准。精磨进入正常运转后，整机电流应控制在 22 ~25A。巧克力浆料温度应恒定在 45 ~50℃。在精磨精炼完成前 1h，分别加入剩余的油脂、香兰素和卵磷脂。

精磨精炼机生产能力，根据型号不同分别有 20、100、500、1500kg，主电机功率分别为 1.5 ~2.2、4 ~5.5、15、22kW。国外 Macintyre 最小的为 45kg，一般的为 500、1250、2000kg，而大型的有 3000、5000、7500kg，现在已发展到 10000kg，并有新的发展，在出料一端中央缸壁上安装双切变推动机，精磨时巧克力浆料油脂含量可低至 21%，推动机旋转的叶板横向推动浆料循环周转，进行磨炼，可以促进香气形成和提高细度，并缩短精磨精炼时间，同时也可以直接采用砂糖与其他原料混合后，经双辊预精磨机初磨后物料落进螺旋输送器送入精磨精炼机，能实现与五辊精磨机精磨精炼后相比较达到相同的品质效果。

（4）球磨机与精炼　球磨机最早用于油漆工业的精磨设备，约在 20 世纪 60 年代已开始应用于巧克力工业的精磨，称作球磨技术，它是利用一种耐磨蚀的特殊钢球（最早采用卵石），装在夹套的不锈钢圆筒体中，在一定温度下，通过搅拌使物料经过无数滚动的钢球，不断摩擦和碰撞从而得到磨细。

物料的黏度与球磨的进行有密切关系，为了使物料能顺利地通过钢球，巧克力浆料的油脂含量必须在 30% 以上。巧克力浆料与钢球表面接触面越大，时间越长，颗粒的细度就越细；钢球的直径为 3 ~10mm，装入量约占混合容积的 80%，搅拌器的搅拌速度是根据物料成分对温度要求而定，温度低的速度慢，温度高的速度快，一般搅拌器速度变动范围为 100 ~400r/min；巧克力浆料的不断研磨和混合过程，最终细度达到 18 ~20μm 约需 15h。

一般物料从底部输入，磨细的物料从上部经筛网卸出；也有从上部输入，从底部卸出进入另一容器中。为了连续进行巧克力浆的研磨、混合与精炼，物料经球磨后通过筛网进入混合精炼器，同时注入经过滤和灭菌的空气与浆料混合，在搅拌下翻动并产生剪切力而有一定的精炼作用，然后浆料再回到球磨机研磨，如此反复循环进行多次达到细腻融洽的口感要求，提高了球磨机的应用效果。球磨机连续研磨、混合与精炼的示意图如图 2 -5 所示。

国外生产球磨机的有德国、荷兰、意大利等国家，如荷兰 Caotech 公司生产的有多种型号，其中用于巧克力生产的有 CAO C2000、CAO B2000 等型号，随着型号不同每小时产量有 140、450 和 1200kg 等。

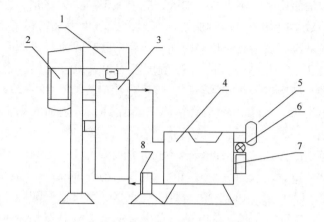

图 2 - 5　球磨机连续研磨示意图

1—球磨搅拌器　2—电动机　3—不锈钢夹层圆筒体　4—混合精炼锅
5—排气管　6—风机　7—搅拌器　8—输送泵

精炼是改进巧克力品质极为重要的手段，但花费精炼过程中的时间、劳动和费用也是惊人的。为了缩短这一过程，近年来科技工作者研发出一种称为薄膜处理工艺的技术，能将可可料中挥发性物质和水分脱除40% ~ 50%，这样可以将精炼过程缩短一半。

（三）巧克力浆料保温

经精磨精炼后的巧克力浆料，在进入下一道工序前，要保持流体状态都有一个保温过程。保温的目的是储备浆料，适应连续生产，并为下一道工序调温创造必要的工艺条件。

通常巧克力浆料要保持40~45℃，保温是在保温缸中进行的，保温缸为双重夹套缸体，可通入冷热水保温或采用电加热保温。在缸体的下端设有冷热水进水口，上端设有溢水口，缸体中心安装有条板形主搅拌器，并有两组十字状条板形辅助搅拌器与主搅拌器形成90°方向的垂直转动。

保温缸按照不同的容量分成多种型号和规格，我国主要有100L、500L和1000L，国外大型生产的有3000 ~ 10000L。它们的基本结构和动作原理大致相同，但在搅拌形式上会有所不同。搅拌器主轴转速为22.5r/min，主电机功率为100L 0.75kW，500L和1000L均为1.1kW。缸体上安装有巧克力浆料温度计。

（四）物料的调温

巧克力物料经过精炼后呈液体状态，在物料由液态变为固态之前，都须通过调温处理来控制物料中可可脂的晶型变化。而这一工艺过程称为"调温"。

1. 调温的作用

未经调温或调温处理不好的巧克力物料，最终产品会出现以下品质问题：

产品外观变得暗淡无光，表面出现白色花斑，严重时可成为一片花白，这就是巧克力发花或称为起霜。

产品组织结构不紧密，口感粗糙，缺少应有的坚实性和脆性。

产品贮存过程中耐热性差，易变形，稍微受热熔化后脂肪向表面转移。

未经调温或调温不好的巧克力物料，缺少应有的黏度和流散性，这种物料严重影响后加工的注模、脱模和涂布。给加工增加困难，特别是连续进行自动流水线生产时无法进行。

调温对巧克力品质的影响，以纯巧克力最为严重。研究表明，巧克力物料调温处理，是由于可可脂多结晶型特性影响品质的结果，调温的主要作用也是根据可可脂的特性，调节和控制温度，使物料中可可脂部分最大程度地从不稳定晶型转入稳定晶型，从而使巧克力具有稳定和能使人们接受的品质。

2. 调温过程的变化

（1）对热敏感的可可脂的变化　　在巧克力物料中，脂肪含量都在30%以上，主要为可可脂。可可脂对热比较敏感，当外界温度超过其平均熔点，可可脂熔化而巧克力物料呈现液态。当外界温度低于可可脂熔点，可可脂从液态转变为固态，并以结晶形式出现，随着外界温度的继续下降，巧克力变得越来越硬。

可可脂这种对热敏感的特性是由可可脂复杂的甘油三酯组成所决定的。可可脂是由多种甘油三酯组成的混合物，其中第一类甘油三酯超过一半，它的熔点是34.5℃，这是构成可可脂基本特性的基础。其次，第二类熔点稍高和第三类熔点稍低的甘油三酯，加上第一类甘油三酯，其比重要超过全部组成的2/3，这就是可可脂具有天然的硬度和脆性，并能控制巧克力硬度的主要原因。可可脂中还含有不到1/3熔点较低的甘油三酯，这就是可可脂不像一般动物油那么坚硬并难以熔化的原因。

由于可可脂的主要甘油三酯的性质较为接近。所以，可可脂遇冷就硬脆，遇热即熔化，在不同温度下呈现不同的膨胀、收缩性能。此外，可可脂内含有很小比例的高熔点甘油三酯，不足以影响巧克力品质。

（2）可可脂的晶型变化　　可可脂的化学组成是一种混合物，各种不同类型的甘油三酯混杂在一起。由于不同的甘油三酯的脂肪酸的特性不同，因而引起温度降低过程中，液态油脂变成固态油脂的多晶型特性。对可可脂结晶状态分析结果，可可脂晶型可分为七种形式：最初出现的是 γ 晶型，其周期极短，稳定性差，熔点范围在 16～18℃，随之而产生 α 晶型，为针状发亮晶体，熔点在 21～24℃，也是种不稳定晶型。如果继续维持20℃，则 α 晶型将还逐步变成 β''

晶型，是一种菱状的发暗晶体。熔点范围为 27～29℃，是一种比较稳定的晶型；在一定条件下 β'' 晶型将变为 β' 晶型，最终成为 β 晶型，其熔点范围在 34～35℃。β 晶型是最稳定的可可脂晶型。由此得出，可可脂的晶型变化过程为 $\gamma \rightarrow \alpha \rightarrow \beta'' \rightarrow \beta' \rightarrow \beta$。

可可脂的多结晶特性影响巧克力物料的晶体成形，调温的目的并非要巧克力物料保持所有可能产生的晶型，而是对晶型的正确选择，最大程度地除去调温过程中出现的不稳定晶型，保存稳定晶型。为此巧克力物料的调温过程变化可分为以下步骤：

①巧克力物料的完全熔化；

②可可脂发生结晶；

③除去不稳定晶型和晶核；

④保留亚稳定和稳定的晶核和晶体。

3. 调温方式

巧克力物料调温受到多种因素的影响和制约，其影响物料调温的因素和条件包括巧克力物料的组成、巧克力物料的黏度、调温使用的温度、调温过程的加工步骤和巧克力成形方式。

要得到满意的调温结果，一是要准确控制与物料调温有关的各种因素，二是应正确选择物料适用的调温技术条件和调温方式。随着巧克力工业的发展调温方式和技术规范得到了相应的发展和完善。目前采用的调温方式和设备介绍如下。

①传统调温方式：早期用于涂布的巧克力物料都采用简单的工具和手工操作来完成调温，每次都以小批量生产，工人主要靠经验来掌握物料温度和黏度变化来控制操作条件，但生产效率低，生产只能在冬天进行。

为了克服温度调控的困难，技术人员设计了巧克力温度专用缸。其外层设有夹层套，可通入冷水或热水对缸体进行温度控制，缸体中央安装有刮板翻动缸内的巧克力物料，转速为 14～15r/min。搅拌巧克力物料促其结晶加快。这种小型调温缸容量约 100kg，完成一次调温过程约需 1h。

目前的缸体式调温机直接采用冷冻机组成冷冻系统。可有效控制温度，这种机械设备小型巧克力生产厂较多采用。

②连续调温方式：传统的间歇调温方式有以下特点：传热速度慢，热量分布很不均匀，温度调节不灵敏，生产效率低，巧克力物料晶型稳定性差。为克服传统调温的不足，现开发了连续调温方法。

连续调温方式是按照巧克力物料晶型变化规律而设计的特殊加工设备，也是按照巧克力物料在不同温度下，稳定晶型的生长和形成的变化规律而确定的一种特殊模式。

经过精炼的巧克力物料温度一般都在 45℃以上，同时，物料还处于运动状态，这样的物料不可能形成任何油脂的结晶。因此，精炼后的物料应放在贮槽缸内，在均匀搅拌下放置一段时间，才能进行调温，而连续调温方法是分阶段进行调温。

调温的第一阶段，物料从较高的温度状态进入能产生和形成较稳定晶型的较低温度状态，也就是使物料从45℃冷却到29℃，此时，物料中的油脂开始大量地产生微小晶核，不稳定的晶型逐渐变为较稳定晶型。调温的第二阶段，物料继续降温，从29℃冷却至27℃左右。此时，油脂结晶从不稳定晶型转变为稳定晶型，随着物料温度的下降，脂肪结晶大量形成，物料黏度增大，变得稠厚。调温的第三阶段，即为最后阶段，物料从27℃又回复到29～30℃，回升物料温度的作用在于减少物料内出现多晶型状态，也就是通过加热使29℃以下熔点的不稳定晶型重新熔化消失，将熔点高于29℃的β'和β晶型保留在巧克力物料内，从而使固化的巧克力品质稳定。同时，温度的回升可使物料过于稠厚的黏度，变得稀薄一点，适宜于成形。

a. 连续调温操作程序。未经调温的巧克力物料进入贮存缸内，通过螺杆传送器将物料送入混合室，已调温并形成晶型的物料同时送入混合室，两种物料混合后进入冷却调温器，在冷却调温器内物料以薄膜状态进入分段控温变化的冷却段形成晶型。全控温过程是采用现代电子温控仪表完成。最后，物料送入加热回升段，由变速料泵送出，出料温度同样由电子控温仪控制。完成调温物料可置于贮缸内，通过料位控制器将物料送入巧克力成形段进行加工，多余的物料通过溢流重新返回到未调温物料贮缸内混合，进入下一次循环。这样就形成一种巧克力连续调温生产过程，可采用电脑进行自动控制。

b. 连续调温设备。根据巧克力物料分段调温程序，现代巧克力生产采用多种类型的连续调温设备。调温设备的性能和效果取决于传热介质的选择、热传递速率、温度调节和控制、物料的黏度和流动性、脂肪的结晶效应、调温物料的反复循环应用和机械结构设计的合理性等因素。

巧克力物料在调温过程中，从晶核产生到结晶的形成都需要一定的时间，即称为"时间周期"。在传统调温方式中，通过调温前较长时间的搅拌翻动来形成晶核。一般需要在60min以上。为了诱导晶核的产生，缩短晶型形成过程，可添加含有稳定晶型的巧克力物料作为晶种，其添加量一般控制在1％～3％。加入时巧克力物料温度控制为30℃左右。基于这种晶种的加入缩短晶型形成过程的原理，连续调温方式采用溢流循环方式来完成晶种的加入。

（五）成形

1. 浇模成形

调温后的巧克力物料仍然是一种不稳定的流体，成形是巧克力物料从流体很快地转变为稳定的固体，从而使巧克力制品获得生产工艺所需求的光泽，香味与组织结构的最佳品质。

由于巧克力制品的品种花样繁多，不同的产品要求不同的成形方法，就其工艺特点可分为模制成形（或称浇模成形）、涂衣成形、滚压成形、滚衣成形和注带成形等多种成形方法。

（1）成形的作用 巧克力物料经过精磨、精炼、调温等工序，物料中的固体质粒已被高度分散于脂肪中，而流体状态下的脂肪已是一种连续相的膜状组织，各种物质粒子已处于很稳定的乳化状态，脂肪中一部分已变成很稳定的细小晶体。而分散在此系统中的各种质粒处于相对稳定状态，但仍是一种相对平衡体系，不稳定趋势依然存在，原来已经分散的物质质粒还会重新并合，脂肪的结晶会随着温度的改变而消失。脂肪和脂肪会有重新聚合的机会。浇模成形的作用，就是使液态物料迅速地变为固态，中止这种不稳定趋势，消除物料因流变性而带来的各种可能的变化，成为坚实稳定兼带有脆性的固体巧克力，这个过程即称为成形。

通常浇模成形主要有三种不同类型：①片或块成形：纯巧克力成形；②壳模成形：夹心巧克力成形，包括倒模制壳和冰锥制壳；③空心成形：包括合模和书本模成形。

（2）浇模成形 浇模成形就是将经过正确调温的巧克力浆料，浇注在有一定大小形状的模型里，经过合理地冷却凝固成有良好光泽，一定形状和一定重量的固体巧克力。

浇模成形有以下特点和要求：

①必须保持巧克力浆料有良好的流动性和流散性，可随着模板形状和容积的不同，形成大小形状和规格不同的产品，因此浇注机必须保持巧克力浆料恒定的浇模温度和黏度。

调温后的物料温度提高，能破坏已形成的稳定晶型的脂肪结晶，即使采用最好的条件冷却凝固，但物质分子的排列是无次序和无规律的，形成的结构组织松散，缺乏收缩性，很难顺利脱模。物料温度低，物料就会变得稠厚，分配困难，单位块重不易准确。同时，较难排除物料中的气泡。所以，在不影响物料已经形成的稳定晶型的情况下，适当提高物料温度对生产有利。

②浇模后，经过合理地冷却，巧克力浆料从液态转变为固态，必须具有明显的收缩现象，能从模板中顺利地脱落下来，因此模板要求平面光洁，并有一定倾角、强度好、耐冲击、坚固耐用。

③在浇模时模板温度必须与浇料温度相吻合，使巧克力浆料在模板中经振动后，浆料中气泡容易释放出来。

④必须正确控制浇模后巧克力浆料的冷却温度，继续保持调温时所出现的

稳定晶型，由于大部分巧克力在进入冷却器前仍然处于液体状态，第一阶段空间的温度非常重要，不能太冷，否则会形成不稳定的晶型。时间也是冷却过程的重要因素之一，在第一阶段要缓慢冷却，以助长稳定的晶型的持续，然后进入第二阶段冷却凝固成形过程，冷却温度要相对低些。

⑤巧克力固化后进入第三阶段温度相对较高的阶段冷却，必须保证巧克力表面不会发生冷凝的水汽。

⑥巧克力脱模后进入空间的室温与巧克力的温差应尽量小，以免出现露水现象。

传统巧克力成形都采用手工浇模成形，现代都已采用连续浇模成形生产线，其过程和要求基本上是一致的，生产流程如图 2-6 所示。

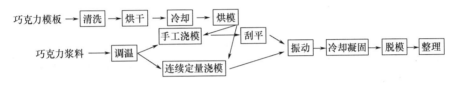

图 2-6 连续浇模成形生产工艺流程

手工浇模是将过量的巧克力浆料浇在整块模板上，因此，必须将多余的巧克力浆料刮去，而连续浇模是根据定量要求进行浇注的，没有过量的巧克力浆料，可以直接进行振动。

（3）连续浇模成形线 巧克力连续浇模成形线是根据以上生产程序组成一条完整的循环装置系统上进行的生产线。它由模板传送、烘模、定量浇模、模板振动、冷却凝固、脱模出料等部分组成。

①模板：传统的模板大多采用金属模，现代都已改用聚碳酸酯注塑模，模板大小随着生产量的大小而不同，一般的有 275m×205m×30m、320m×200m×30m、425m×275m×40m、650m×320m×40m 等。模板传送有的固定在链条上随链条平行运送，有的放在链条上由链条带动运送，但纯巧克力浇模成形一般是固定在链条上运送的。

②烘模：模板安装在链条上后或巧克力脱模后，在进入浇注机前，要经过电热烘模，电热器预行设定恒定的温度，使模板温度上升，达到与巧克力浆料相符的温度。

③浇模机：浇模机缸体设有夹套温水循环保温或电加热保温，在开机前应预行设定保温温度。缸体中心设有搅拌器，以保证巧克力浆料恒定的温度。缸体底部有物料分配板，巧克力浆料经旋塞启闭和两侧活塞作推拉运动与旋塞匹配吸取和推注巧克力浆料进行注模。

④振动器：模板经浇注巧克力浆料后都要通过振动器的振动，以排除包存在巧克力浆料中的大小气泡，避免凝固后出现气泡或空穴，并使浆料分布均匀，使底面平伏。试验证明，振动频率1000次/min，振幅5mm脱气效果最佳。物料温度低则脱气时间延长。然后进入冷却室或冷却隧道进行冷却。

⑤冷却隧道：一般模板固定在链条上运行的都采用冷却隧道，冷却部分由槽钢组成的多层机架，机架上有数层链条及模板导轨，使链条在轨道上沿着冷却隧道上下来回运行，以达到冷却成形的要求。冷却部分按照冷却温度要求分为三个阶段：第一阶段预冷温度为10~15℃，第二阶段冷却温度为4~6℃，第三阶段回升温度为12~15℃。因此，温区设置的冷冻压缩机和风机都安放在成形线的终端或终端顶部，冷风沿着模板运送链条反向吹入冷却隧道分隔成的上区道，然后进入下区道，回路循环。

⑥脱模：巧克力经冷却凝固后，因脂肪相对密度增加，而使巧克力体积缩小2%~2.5%这一收缩性能，使固化巧克力能顺利从模中脱落。当模板随链条运行出冷却区翻转过来，反面经敲打器敲打使巧克力从模板中脱落或经振动脱落，直接落在运送带上，或落在另一组链条装有框架的盛料板上输送出来。模板回到电加热器下烘模，再进行循环生产。

以上主要为纯巧克力连续浇模成形生产线，如果把浇注机机头贮料缸体分成两个部分，可分别贮放巧克力料和芯料时，两侧活塞分别浇注的时间差，可以生产一次同时浇注成形的夹心巧克力，即一次浇注成形工艺的生产线，浇注示意图如图2-7所示。

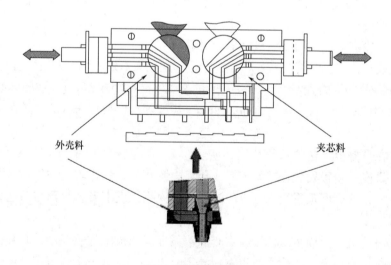

图2-7 浇注示意图

在连续浇模中，物料始终保持一定范围的黏度有利于操作，有利于保证产品的质量。影响物料黏度的因素有很多，首先是物料黏度和配方的组成。黏度取决于干固物和脂肪的比例，脂肪含量的多少直接影响着巧克力物料的黏度。当增大可可脂含量时，可以减小物料黏度。其次，物料含水量对黏度影响很大，在成形前要严格控制原料的含水量及物料处理过程中增加吸水量。使用于浇模成形的物料含水量不超过 1%。当然，物料黏度还与温度有着密切关系。一般浇模温度保持在 27 ~ 29℃，黏度不宜超过 20Pa·s。

浇模成形能否顺利进行和模盘的性能有很大的关系，对模盘的选择，必须符合食用安全、坚固耐用、传热良好、脱模爽利、制定方便、价格便宜和轻巧美观等要求。

物料注模后冷却除去其所含热量不宜采用低温急冷的方式，因为过低的温度将使模内上侧和内侧的物料迅速固化影响散热速度，不能及时除去内部热量，将影响巧克力成形的最终品质。巧克力后期的脂肪斑的出现常来自这方面的因素。急冷速固化巧克力，也无助于脂肪晶格的排列，从而会影响脱模。

（4）壳模浇注成形 壳模浇注成形实际上是传统夹心巧克力倒模制壳成形，浇上巧克力浆的模板把它倾倒掉，翻转过来制成壳模后，再浇注夹芯料，然后面上浇注上巧克力浆料，把芯料封在中间而制成的。连续壳模成形的巧克力物料和芯体必须具备以下特性：

①作为夹心巧克力壳层和壳底的物料，应具有良好的流散性，并能在短时间成形；

②作为夹心巧克力的芯体料，应具有较低黏度和流动性，适宜于输、送、浇注、分配等工艺要求；

③作为夹心巧克力的芯体物种，应具有冷凝结的特性，有较低的浇模温度，不损坏已成形的巧克力壳模；

④作为夹心巧克力的芯体物料，应具有适应巧克力壳层脱模收缩特性；

⑤夹心巧克力芯体必须具有较长的货架寿命。

夹心巧克力连续壳模成形工艺线，实质上是工艺和机械设备间完美的配合。其工艺流程图如图 2 - 8 所示。

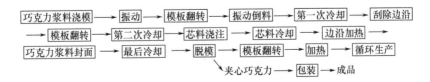

图 2 - 8 夹心巧克力连续壳模成形工艺流程

制壳成形生产夹心巧克力工艺比较复杂，生产工序繁复，设备多，流水线长。但是根据夹心巧克力产品的特征，连续壳模成形过程一般分三个阶段：巧克力壳层制作和形成；巧克力壳层内填入各种糖果芯子；巧克力底覆盖定型和脱模。其加工过程如下：将经连续调温的巧克力物料注入 25℃ 左右的模盘内，经过振动机将物料在模盘内分散均匀并脱去物料中的气泡，随后由反转装置将模盘作 180° 反转倾倒，除去模型内多余的物料，倒出的巧克力物料进入传送带下部的料槽内，模型边缘黏附物料由清理辊刮拭干净，随后经反转装置作 180° 复位，模盘送入冷却隧道，冷却凝固物料在模内形成一层薄的巧克力壳层，通过隧道两度转向后，模盘由传送带送至芯体注模机下方，定量地将芯体料注入壳层内，经振动机将芯体料分散均匀，模盘再次进入冷却隧道使芯体料凝结。再经两度转向后，模盘被送回巧克力物料浇模机下方，在进入浇模机下前，配置一电加热器将物料表面加热，使物料轻度熔化，然后定量注入巧克力物料，经振动机振动后刮去多余的物料，模盘最后被送入一多层立式冷柜，进行冷却和脱模后再进入包装系统。空模盘由横向传送带送回去，进行下一轮循环过程。

夹心巧克力的壳模成形过程是多层次的，每一层次的物料变化都是由液态转变为固态或凝固状态，在每一层次的变化过程中，都有冷却消去热量的过程，物料冷热反复多次。因此，夹心巧克力成形浇注，控制温度极为重要。物料温度尤其是芯体物料温度，如果控制不当，将会影响全过程的平衡操作和最终产品的品质。倒模制壳夹心巧克力成形生产线如图 2-9 所示。

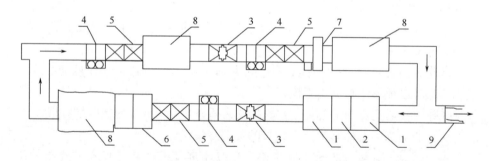

图 2-9　倒模制壳夹心巧克力成形生产线
1—模板翻转装置　2—脱模器　3—模板加热器　4—巧克力浇注机
5—振动器　6—倒模装置　7—刮板　8—冷却装置　9—产品输出

这种设备占地面积大，生产能力随着模板宽度不同而变，产量为 150～1500kg/h。但生产的花色品种较一次浇模成形的夹心巧克力多，如需要可在横向增加威化或果仁喂料装置，即可生产威化夹心巧克力和整粒果仁巧克力等。

现在一种新的壳模成形方法已经代替了传统倒模制壳成形，即以超冷柱塞直接压制壳模，称为冻锥成形技术，也有人称作冰锥技术。第一代冰锥技术最早出现于 1992 年，以后又逐渐改进为第四代和第五代冰锥技术。第四代的特点是壳模厚度均匀，边缘完美，芯料量多，巧克力料量少；第五代的特点是可以灵活变换柱头生产多种新型的产品，模周清净，没有巧克力损耗。冰锥成形示意图如图 2-10 所示。

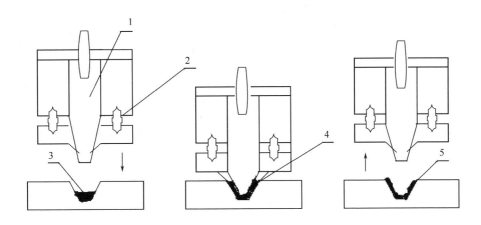

图 2-10　冰锥成形示意图

1—冷冻锥头　2—弹簧　3—巧克力料　4—边缘封口　5—巧克力壳模

冰锥壳模成形先在巧克力模板中，浇注少量巧克力料，然后以冷冻至 -25 ~ -15℃ 的柱塞锥头下压，锥头的斜边紧贴住模口，避免巧克力外溢，由于柱塞锥头温度低，被接触到的巧克力料很快凝结，当柱塞提升时，即可形成完美的巧克力模壳。

冰锥成形较倒模成形的优点，除了工艺简化外，巧克力壳模厚度均匀，可减少巧克力总耗用量的 8.7%。例如，质量为 12g 果仁浆夹心巧克力，冰锥成形与倒模成形巧克力料与芯料耗用量的比较如表 2-15 所示。

表 2-15　冰锥成形与倒模成形原料用量比较

	冰锥成形/%	倒模成形/%
巧克力壳模巧克力量	38.1	43.3
芯料（果仁浆芯）量	45.2	40.0
封面巧克力量	16.7	16.7
倒模成形巧克力总消耗量	43.3 + 16.7	60.0
冰锥成形巧克力总消耗量	38.1 + 16.7	54.8
冰锥成形减少用量		5.20
占总耗用量	5.2/60 × 100% = 8.67%	

壳模成形除了可生产夹心巧克力以外，还可以生产空心巧克力和在壳模中心放置玩具容器的儿童巧克力，利用合模或书本模覆盖起来，使巧克力壳模上下吻合而成。只需在同一条生产线上添加模板覆盖和放置玩具容器装置即可，也有直接放置小颗粒糖果，如小型弹子糖等，以增加花色品种的生产。

（5）空心巧克力浇模成形　利用离心方法最适宜生产各种大小不同的空心巧克力，如圣诞老人、兔子和空心蛋等。当巧克力浆料浇注在一个模板中时，将另一个模板合上，然后装在旋转机上使其旋转产生离心作用，巧克力浆料从一个模板向另一个模板均匀地分布到合在一起的模型周围，形成中空，然后打开脱模即成空心巧克力。因此，它是一种立体形空壳巧克力，生产这种巧克力必须由一种特殊的旋转机来完成，国外称为空壳旋转机或空心巧克力旋转机。

空心巧克力旋转机有单旋转轴，双旋转轴或多旋转轴的三种不同型号；单轴的为小型旋转机，每台同时可装 4 套模具，双轴的可装 8 套模具，多轴的为 20 套模具。模具安装在磁性支架上，小型的每个支架有两块磁铁，大型的有三块磁铁，依靠磁铁的吸引作用，在旋转时紧紧地固定在支架上，不需要夹具或其他紧固装置。每个支架转轴都安装在一个旋转鼓上，由旋转鼓主轴带动作行星式旋转，有三种不同转速，根据巧克力浆料黏度大小，黏度大的速度慢，含油脂量高的速度快。旋转时间依据空心模型大小，空间温度和模具用料不同而定，一般巧克力料预冷旋转时间在 4～8min。

旋转机的转鼓和机架都是钢制的，所有旋转部分的运转都在橡胶密封的滚珠轴承中运行，所以机器维护几乎是不需要的，而且整机坐落在两片膨胀的橡胶上，因此在运转时没有噪声，也不需要固定。在进行行星式旋转时可以通过振动装置进行振动，同时安装有通风机对模具进行冷却。

空心巧克力成形生产线除了旋转机外，还需要供模装置、连续浇注、冷却、打孔、夹芯料充填、封口和冷却脱模等装置。

当模板浇注巧克力浆后，将模板闭合装置在旋转机上，经离心旋转 4～8min 停机取下，在工作台上用人工把模架放在橡胶板上，输入冷却隧道，经冷却后取下橡胶板，当模板运送至芯料浇注机前，向模板中间的空心巧克力打一个孔，根据模具大小浇注机一次可浇注 18～24 个芯子，液体夹芯料从 50L 容器通过塑料管浇注，固体物的充填是从一个压力容器中，把它压进浇注机的活塞中进行充填。然后进入封口机下面，浇注巧克力浆，把孔口封盖住，再进入冷却隧道，经冷却凝固后，将模板打开脱模而成立体形的巧克力。如不充填芯料直接冷却，打开模板脱模后即成空心巧克力。因此空心巧克力生产线，既可生产空心巧克力，又可生产立体形夹心巧克力。

（6）直接浇注于钢带或塑料带上成形　巧克力浆直接浇注在带上成形，称为注带成形，直接浇注在带上后进行冷却凝固。运送带可以是钢带或塑料带，钢带是标准的低碳钢带。这种成形特别适宜于巧克力块、片、条、纽扣形或其他形状直接浇注在带上而不需要模板。浇注机可以适应巧克力浆不同黏度的要求，而且可以调节跟踪带的速度，传送得快点或慢点根据所希望的巧克力几何形状的要求来决定；当浇注时带的运送紧靠着注嘴，然后根据要求调节吸引功能，浇注十分精确，很少浪费。

浇注机头是往复移动的，浇注量根据产品要求而定，如薄片浇注量每粒0.045 ~ 4g，浇注后的巧克力进入冷却隧道，在钢带上顶和底面都进行冷却，从一端进入，从另一端输出，由钢带刮刀刮下到输送带上传送出去。生产线全长根据产量和带的宽度而定，一般全长为27m，短的为16m。直接浇注于钢带上成形生产示意图如图2 – 11 所示，钢带宽度与生产技术参数如表2 – 16 所示。

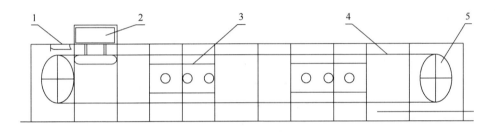

图 2 – 11　注带成形示意图

1—钢带加热器　2—浇注机　3—冷冻机蒸发器　4—钢带　5—传动滚轮

表 2 – 16　钢带宽度与生产技术参数表

钢带宽度/mm	冷却容量/（MJ/h）	块状巧克力产量/（kg/h）	薄片状巧克力产量/（kg/h）
400	73. 84	300	160
500	94. 93	400	200
600	12. 66	500	240
800	14. 77	600	320
1000	20. 04	800	400
1500	26. 37	1200	600

因此，直接钢带成形生产线由三个部分组成：巧克力浇注机、产品运送带和产品冷却凝固隧道。产品由巧克力浇注机浇注到钢带上，运送进冷却隧道进行冷却凝固，冷却隧道区分为三个温度不同的区域，每个区域可以根据产品特征以及生产频率和运送带速度而预先设定温度。

2. 夹心巧克力涂衣成形

在各种不同糖果或甜食制品表面涂布巧克力是夹心巧克力的另一种成形方

法，通称为涂衣或涂层成形，国外称为 Enrobing，即穿上外衣的意思，俗称吊排或挂皮，即在预先制成一定形态的可食芯子外面，吊挂涂布一层均匀的巧克力外衣，外观及花色品种随着芯子形态和种类而变化。因此，涂衣夹心巧克力是由芯子和巧克力外衣组合而成的巧克力制品。其花色品种更为繁多。涂衣成形的生产过程一般包括以下四个工序：巧克力物料的熔融和调温，可供涂衣成形；糖果和甜食制品芯体的预制，并保持一定温热状态；糖食芯体表面进行涂布巧克力物料，并可在涂层上装饰；巧克力涂层制品及时冷却成形，整个夹心巧克力变成一种光亮的、坚实的、美味的产品。

（1）芯子类型 芯子种类很多，但芯子性质必须能与巧克力性质相融合，一般芯子具有脆性或柔软性，能与巧克力外衣和谐结合，由于这种特性芯子种类可区分为：

①松脆和酥脆型：以砂糖、油脂和果仁为主体的酥脆性糖果；以谷物为主体经膨化或烘焙而制成的膨化松脆食品、饼干、威化、蛋糕派等；以乳粉为主体的经烘烤而膨松的奶球或奶棒等。

②塑软型：以糖、乳品和油脂制成的焦香化糖果，如焦糖和太妃糖；以糖、卵蛋白和果仁经充气制成的牛轧糖。

③柔软型：以糖为主体制成的方登糖为结连奶油软糖芯料；以杏仁、糖为主体制成的杏仁软糖浆称为马齐浜芯料；以果仁、糖为主体制成的普拉林果仁糖芯料等；以糖、凝胶剂和发泡剂经充气制成的棉花糖，或糖和凝胶剂制成的凝胶软糖。

④液态或浆态型：以糖和酒制成的酒芯。

（2）巧克力涂衣类型 巧克力外衣性质也必须根据芯子特性选择采用不同的巧克力浆料，一般芯子甜度高的使用可可成分较高的黑色巧克力浆料，甜度较低的使用可可成分低的牛奶巧克力浆料，而且外衣巧克力浆料较一般巧克力浆料黏度低，油脂含量较高，通常一般巧克力含脂量为30%～35%，而涂衣巧克力含脂量为35%～40%，国外把涂衣的巧克力称为 Couverture 或 Couverture Chocolate（这是法语，英语为 Cover，意为覆盖，即覆盖用的涂衣巧克力）。这种巧克力按其可可成分组成区分为三种类型。

①深色巧克力涂衣料：深色巧克力涂衣料基本上有半甜和甜的两种，其组成如下：

a）半甜巧克力涂衣料。可可液块60%，可可脂10%，糖粉30%。其中，非脂可可成分约30%，可可脂约40%（10%＋30%），砂糖约30%。

b）甜巧克力涂衣料。可可液块45%，可可脂15%，糖粉40%。其中，非脂可可成分约22.5%，可可脂37.5%（15%＋22.5%），砂糖约40%。

②牛奶巧克力涂衣料：可可液块15%，可可脂25%，糖粉40%，全脂乳

粉20%。其中，非脂可可成分约7.5%，可可脂约32.5%（25%＋7.5%），砂糖约40%，乳粉中非脂乳成分约15%，乳脂肪约5%。

③白巧克力涂衣料：可可脂30%～35%，糖粉40%～45%，全脂乳粉15%～25%（其中乳脂肪约1.25%～6.25%）。

（3）巧克力涂衣料的性质　巧克力涂衣料主要是由砂糖和可可成分组成的，可可脂含量在30%～40%，砂糖及非脂可可成分60%～70%，经过混合均质精制而成，砂糖和可可成分是决定巧克力涂衣料的风味和色泽等的因素，而结合在一起的可可脂成分，却成为涂衣料溶化和凝固的作用温度。

可可脂的熔点（开始融化的温度）为32～34℃，凝固点（开始凝结的温度）为27～28℃，因此巧克力涂衣料的性质，开始溶解温度在32～34℃，开始凝固温度在27～28℃。涂衣成形最适宜的巧克力浆料温度应在27～28℃至32～34℃，实际上27～28℃浆料已经开始凝结增稠，34℃以上不适宜于可可脂成分的涂层温度，最适宜的涂衣温度应该在29～32℃范围之内，所以涂衣巧克力浆料也需要调温然后进行涂衣。

（4）涂衣工艺与技术要求　夹心巧克力芯子表面涂布巧克力，除了防止内部芯子干燥和味道变化目的之外，还要表面艳美，有良好的光泽，不发花发白；达到良好涂衣制品，不仅需要严格控制浆料的调温要求，保持浆料的稳定温度和黏度，以及涂衣过程中的技术要求，芯子温度和冷却温度等。

最早涂衣巧克力都是手工操作的，生产效率低，但品种花色多变，生产灵活。现在涂衣巧克力基本上都已采用连续涂衣生产工艺，巧克力浆经连续调温后进入连续涂衣机料缸中，由循环泵输入涂衣机头进行涂布，多余的巧克力浆重新落入料缸，不断地进行循环。一种简单的涂衣系统示意图如图2－12所示。

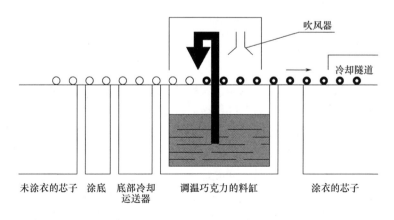

图2－12　涂衣系统示意图

涂衣过程中的技术要求如下。

①巧克力浆料需要良好的调温，获得稳定的晶型，并保持温度在30℃左右。现代大部分的涂衣机都有自动连续调温装置，并有严密和灵敏的调温系统，可以提供调温完全的巧克力浆料和恒定的温度范围。

②芯子的温度非常重要，在进行涂衣前芯子应预先进行调理，使其温度接近浆料温度，并略低于室温，在18～30℃，通常为24～27℃；如果温度太低，涂上去的巧克力浆冷却太快，导致巧克力表面涂衣破裂，表面易出现返潮现象；反之温度太高就会解除可可脂稳定的结晶，冷却后使巧克力壳层变成软而灰暗无光，导致产品组织和外观质量的降低。

③涂层厚度也是很重要的，除了巧克力浆料与油脂含量有关外，也受到其他因素的影响，诸如：涂衣浆料温度，巧克力浆料的流变性质，巧克力浆料调温程度，芯子形状，吹风器风速，传送带速度。因此需要严密地注意各方面的影响，一般浆料流变性质好黏度适宜时，经过吹风后巧克力涂层出现波浪式纹路；如果浆料过于稀薄时，吹风后芯子就会露出外面。涂层过厚不仅降低冷却效率，而且增加成本并影响包装，同样涂层过薄芯子露面，不仅影响质量，而且产品重量低于标准，也会影响包装。

④夹心巧克力的冷却如巧克力调温一样的重要，正确地控制可以继续保持调温过程获得的稳定结晶，因为进入冷却区前大部分巧克力浆仍处于液体状态，第一阶段冷却隧道温度不能太低，不然就会形成不稳定的结晶，这一区域温度在16～18℃时，巧克力温度大约会下降至20℃左右，即会形成稳定的结晶；第二阶段冷却隧道温度在10～13℃，这是巧克力开始固化阶段的区域；第三阶段冷却要求温度稍高，约在18℃，避免从隧道输出后接触空气出现露水。冷却时间也很重要，特别是第一阶段缓慢地冷却过程会助长稳定结晶生成，一般冷却时间以15～20min为宜，主要依据产品形状大小和单位产量而变，但每个区域设定温度和风速是各自不同的。

非调温型的代可可脂巧克力涂衣料，涂衣时不进行调温，涂衣温度应为40～45℃，冷却凝结速度应较快，冷却温度也应较低。

（5）涂衣机装置　以前涂衣机与冷却隧道都是连接一起的装置，调温后的巧克力浆料，倾入涂衣机料缸中进行涂衣。现代涂衣机是联结连续调温机与冷却隧道结合一起的装置；巧克力浆料贮存在保温缸中，由输送泵输入连续调温机进入涂衣机再送到机头分布帘窗槽，涂布到芯子表面，多余浆料落下至涂衣机盛料斗中，由回料泵送回保温缸进行循环，涂上巧克力浆料的芯子，进入冷却隧道进行冷却。先进的涂衣巧克力夹心还包括芯子成形和冷却一起连接到涂衣机上而成一条完整的生产线。连续调温机与涂衣机连接装置如图2-13所示。

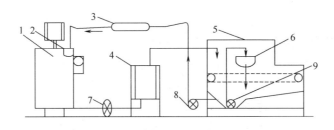

图 2 – 13　连续调温机与涂衣机连接装置示意图

1—保温缸　2—过滤器　3—巧克力浆去除晶种器　4—连续调温机　5—涂衣机
6—巧克力涂布槽　7—可调式进料泵　8—巧克力回料泵　9—巧克力浆料输送泵

涂衣机由清晰透明的聚碳酸酯制成的连锁安全防护罩，变速金属网带，可调节风机和摇动装置，一个或两个涂底设备，单一或双个巧克力浆料帘窗分布器，以及可调节和变速的底面去浆棒组成的。此外，也有采用预涂底设备，先进行涂底后，经冷却再进入涂衣机。

涂衣机生产能力随着宽度而变，中国目前涂衣机宽度为 400 ~ 1200mm，国外最宽的为 1500mm；冷却隧道长度也随着宽度增加而延长，配套的制冷机组也随着长度增加而增加。其技术参数如表 2 – 17 所示。

表 2 – 17　涂衣机技术参数

型号	网带、皮带宽度/mm	网带、皮带速度/（m/min）	制冷机组/套	隧道长度/m	隧道温度/℃	全机功率/kW
400	400	1 ~ 6	2	10	2 ~ 4	13.5
600	600	1 ~ 6	3	14	2 ~ 10	16.5
900	900	1 ~ 6	4	18	2 ~ 10	22.87
1200	1200	1 ~ 6	5	22	2 ~ 10	28.5

冷却隧道随着长度延长，制冷机组从 2 套增加至 5 套，平均分布在冷却隧道之中，冷风从横向吹入进行循环，其循环示意图如图 2 – 14 所示。

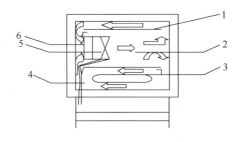

图 2 – 14　冷风隧道冷风循环示意图

1—输送带　2—冷风循环　3—制冷机组　4—冷凝水排管　5—风机　6—蒸发器

（6）涂衣夹心巧克力芯子制造　根据传统的夹心巧克力种类很多，通称为什锦巧克力或花色巧克力，品种形态多变，风味各自不同，令人十分喜爱，但大部分是由手工制造的，如甘娜车斯、马齐浜、牛轧汀、普拉林、茳都雅、方登、卡拉蜜尔、水果、果仁、酒芯等品种众多；而且从这些种类中衍生出许多花色，并在其表面进行装饰，如拉花、放置果仁、喷洒椰丝和滚涂可可粉等，制成非常高级的产品。现在有部分产品已经采用先进的现代化生产设备进行生产，如松脆果仁和谷物糖条生产线、果仁浆、乳品和油脂滚印成形生产线或挤出切割成形生产线，牛轧太妃复合糖条生产线以及棉花糖浇注在饼干或威化上的生产线等。这些生产线都与涂衣机、冷却隧道和包装机连接一起形成先进的现代化生产线。

✓ 案例1

芯子制造方法

1. 甘娜车斯系列

甘娜车斯是一种最普遍的夹心巧克力芯子，它以生奶油（鲜奶油或称稀奶油）与巧克力浆料添加优质洋酒组成的风味独特的巧克力淇淋芯子；其系列有香草巧克力甘娜车斯、牛奶巧克力甘娜车斯、白巧克力甘娜车斯，以及蛋黄、蛋黄牛乳、卡拉蜜尔、摩卡咖啡和红茶甘娜车斯等。其配方组成如表2-18所示。

表2-18　甘娜车斯系列配方

原料名称	香草	牛乳	白巧克力	蛋黄	蛋黄牛奶	卡拉蜜尔	摩卡咖啡	红茶
鲜奶油/kg	0.5	0.45	0.4	0.5	0.5	0.4	0.35	0.35
深色巧克力/kg	10	—	—	10	—	1	2	2
牛奶巧克力/kg	—	10	—	—	10	6	4	4
白巧克力/kg	—	—	7	—	—	—	—	—
砂糖/kg	—	—	—	0.9	1.25	3	—	—
蛋黄/kg	—	—	—	0.6	0.9	—	—	—
奶油/kg	—	—	1	—	—	—	—	—
葡萄糖浆/kg	—	—	—	—	—	—	0.3	—
速溶咖啡/kg	—	—	—	—	—	—	0.2	—
红茶/kg	—	—	—	—	—	—	—	0.2
香草粉	适量	适量	适量	适量	适量	适量	适量	适量
各种洋酒/mL	按配方中巧克力每0.2~0.25kg添加洋酒40mL							

生产方法：

①将鲜奶油煮沸，取下倾入搅拌器锅中。

②预先将巧克力切碎，加入搅拌器锅中，用慢速搅拌，边加入边搅拌，直至巧克力完全熔化，混合均匀，和入一定空气达到润滑松软为止。

③蛋黄先与砂糖拌和一起，然后加入煮沸的鲜奶油中，再煮沸取下，倾入搅拌器锅中，加入细碎的巧克力混合均匀，直至润滑为止。

④奶油可在鲜奶油与巧克力混合均匀后加入。

⑤制造卡拉蜜尔时，砂糖加入锅中用文火加热熔化，直至完全熔化呈淡焦黄色时，将煮沸的鲜奶油慢慢地加入上述熔化的焦糖中，然后取下加入搅拌器中，与细碎的巧克力混合均匀。

⑥速溶摩卡咖啡或红茶可与鲜奶油一起加热煮沸，然后再与两种巧克力混合均匀。

⑦香料或洋酒在最后混合，当温度下降时，方可加入，以免酒精挥发。

⑧放置冷却，使其凝固后切割成形，再进行巧克力涂衣。

2. 马齐浜类

马齐浜为德语音译，它是以杏仁为主制成的杏仁浆糖，是制造糖果广泛应用的材料，不言而喻它是巧克力少不了的一种糖果芯子。通常有两种方法制造马齐浜；一种是德国方法，磨碎杏仁和糖一起熬制，可以添加或不添加糖浆。另一种应用比较普遍的方法，是将砂糖与淀粉糖浆预先熬煮再与磨碎的杏仁浆和方登一起混合。显然前者成本更加昂贵，但制成的马齐浜是一种高级美味可口的糖果芯子。

法国生产者是将杏仁去衣使其完全干燥后进行制造的，这种方法被认为其结果可以使杏仁风味更加突出。以下介绍两种马齐浜芯子制造方法。

（1）配方一如表2-19所示（德国制造方法）。

表2-19　德国马齐浜芯子配方

原料名称	配方 A/%	配方 B/%
杏仁	58.82	25.4
砂糖	39.22	50.8
淀粉糖浆	1.96	11.85
方登	—	11.84
甘油	—	0.1
杏仁香油	—	0.01

生产方法：

①首先将杏仁去除杂质，然后浸泡在沸水中使皮衣松离，再行去衣。

②去衣干燥后通过轧碎机轧碎，然后用三辊机精磨成浆备用。

③配方 A，将杏仁浆与砂糖和淀粉糖浆混合一起移至马齐浜熬煮锅，煮到足够干燥用湿手指捏和不沾手指为止。然后放置冷却等到需要成形时进行成形，在成形操作前，冷的杏仁浆可以重复通过精磨机精磨，再行模制或切割成形。

④配方 B，将精磨的杏仁浆置于 U 型混合机中，砂糖和淀粉糖浆放于蒸汽夹层锅熬至 121℃后，倾入混合机中精磨的杏仁浆上，加入方登与甘油混合均匀，然后将其冷却，再通过精磨机精磨，滚压成一定厚度，进行切割成形，供作巧克力芯子。

（2）配方二如表 2−20 所示（法国制造方法）。

表 2−20 法国马齐浜芯子配方

原料名称	配方 A	配方 B	配方 C（德国风味）
干燥去皮杏仁/kg	10	5	10
砂糖/kg	5	5 }a	3.5
淀粉糖浆（30°Bé）/kg	4	4	1.5
砂糖/kg	10	10	—
饴糖/kg	2.5	1.5 }b	1
水/kg	4	4	糖粉3
淀粉糖浆（30°Bé）/kg	2~3	—	

生产方法：

①配方 A 与配方 B 制造方法相同，首先将 a 中干燥去衣的杏仁轧碎，再与砂糖和糖浆混合一起用三辊机精磨数次成浆状为止。

②将 b 中砂糖、饴糖和水放在一起加热溶解过滤，再熬煮到 131℃。

③将精磨的杏仁浆放入搅拌器锅中，把熬好的糖浆慢慢地注入，拌和均匀，倾于清洁的冷却台板（或大理石台板）上。

④如发现过硬，可用淀粉糖浆 30°Bé 的适量进行调节，用手捏和均匀，再通过精磨机压磨，然后滚压成形制成芯子。

⑤配方 C 中，将干燥去衣轧碎的杏仁与砂糖、淀粉糖浆和饴糖混合一起，通过滚筒精磨成浆。细磨后如发现杏仁油分渗出，可加入糖粉，调节黏度，然后滚切成形。

3. 牛轧类

所谓牛轧一般是将杏仁坚果类与砂糖混合熬制而成的，坚碎呈褐色的称作茶色牛轧，添加卵蛋白的法国蒙特利马牛轧称作白色牛轧。实际上随着操作和配方不同还有砂性和柔性牛轧，此外坚果与砂糖熬制成的坚脆性茶色牛轧又称作牛轧汀。其典型配方举例如下：

（1）茶色牛轧（牛轧汀） 坚脆型茶色牛轧配方如表 2−21 所示。

表 2 - 21　坚脆型茶色牛轧配方

原料名称	杏仁牛轧	榛子牛轧	咖啡牛轧	香草牛轧
精制砂糖/kg	5	5	7	7
切碎去皮杏仁/kg	3.5	—	3	4
轧碎焙炒榛仁/kg	—	3	—	—
柠檬油/mL	1	—	—	—
香兰素/g	—	7	—	8
磨细咖啡/kg	—	7	0.17	—
咖啡香油/mL	—	—	5	—

生产方法：

①将砂糖放在干净的锅中，不加水，用文火加热，不断搅拌，直至砂糖依靠它本身的结晶水并受热完全溶解为止，注意每粒砂糖都要溶解，呈浅褐色，不得烧焦。

②杏仁、榛仁或咖啡应预先放在烘炉中预热，然后加入至溶化的糖浆中去，混合均匀。

③混合均匀后倾倒于涂油的冷却台板上，加入香油或香兰素，再捏和均匀。

④当冷却至软硬适中，有一定塑性时通过辊模滚压成形，冷却后即涂布巧克力。

（2）柔软型茶色牛轧配方如表 2 - 22 所示。

表 2 - 22　柔软型茶色牛轧配方

原料名称	配方	原料名称	配方
精制砂糖/kg	3.5	切碎蜜饯/kg	1
鲜奶油/kg	2	香兰素/g	5
轧碎去皮杏仁/kg	4		

生产方法：

①将砂糖直接溶解至浅褐色。

②把煮沸的鲜奶油慢慢地加入溶化的砂糖浆中。

③最后加入杏仁和蜜饯（包括糖渍干燥樱桃、橘子皮、柠檬皮等），混合均匀。

④倾于涂油的冷却台板上，加入香兰素捏和均匀，压成方块，用平车压成一定厚度，冷却至软硬适中。

⑤通过刀车切割成形，然后冷却再行涂布巧克力。

（3）仿制牛轧汀配方如表2-23所示。

表2-23 仿制牛轧汀配方

原料名称	杏仁牛轧汀	榛子牛轧汀
砂糖/kg	4.5	7
葡萄糖浆/kg	2.5	4.5
轧碎焙炒杏仁/kg	3	—
轧碎焙炒榛仁/kg	—	5
柠檬香油/mL	2	—
香兰素/g	—	14
水/kg	1	1.5

生产方法：

①砂糖和葡萄糖浆加水一起加热溶化，过泸后熬至144℃，加入预热的轧碎果仁，混合均匀。

②将其倾倒于涂油的冷却台板上，加入香料捏和均匀，继续冷却至有一定塑性时，通过辊模滚压成形。

③成形后牛轧汀冷却至适宜温度，立即进行涂布巧克力。

（4）白色牛轧（法国蒙特利玛牛轧）配方如表2-24所示。

表2-24 白色牛轧配方

原料名称	配方A	配方B
砂糖/kg	3.5	3
葡萄糖浆/kg	3	0.8
蜂蜜/kg	1	3
去皮杏仁/kg	1.7	1.3
阿月浑子果仁/kg	0.4	0.6
焙炒去皮榛仁/kg	—	1.3
水果蜜饯/kg	0.7	0.6
蛋白干/kg	0.23	0.2
香兰素/g	14	12

生产方法：

①蛋白干添加两倍水浸泡，使其完全溶解，然后放在搅拌机蛋白锅中，搅

打成泡沫。

②所有蜜饯与果仁放于烘房内干燥备用。

③砂糖和葡萄糖浆加水约1kg左右，加热溶解过滤，然后熬至130℃，加入蜂蜜保持沸腾状态，倾入另一搅拌锅中，在搅拌下将蛋白泡沫加入，不断搅打直至轻松而坚实为止。

④将果仁、糖汁蜜饯和香兰素加入混合均匀，然后倾于涂油的冷却台板上冷却，滚压成一定厚度和大小的方块，切割成形，冷却至适宜温度进行涂布巧克力。

注：如不涂布巧克力，可将蛋白糖直接倾于铺有威化纸片的冷却台板上，压成一定厚度，乘热面上再盖上威化纸片，然后切割成形。

3. 包衣成形

包衣成形是指芯子在旋转锅中翻转时包上巧克力或糖衣，通常称作包衣或滚衣成形技术。巧克力包衣也就是在糖心或果仁等表面上包上巧克力外衣，然后抛光，形成令人十分喜爱而鲜艳、耀眼的夺目光泽。因此，巧克力包衣制品又称作抛光巧克力。

（1）巧克力包衣

①包衣成形芯子形状和种类：巧克力包衣的外形，随芯子形状而变，如圆球形、扁球形、蛋形、豆形、枕形、棒形、腰子形和香榧形等。芯子性质要求松脆或坚脆、松软或柔软，并要求芯子与芯子之间的接触面越小越好，这样在翻转时才不易黏连一起。巧克力包衣芯子种类很多，可用于包衣的芯子，包括各种整粒果仁、干果、太妃球、方圆饼干、膨化谷物、咖啡豆和凝胶软糖等。

②通常芯子有以下几种种类：

果仁类：如榛子、杏仁、花生、腰果、山核桃、香榧子和夏威夷果仁等经适宜焙炒后供作巧克力包衣。

干果类：如葡萄干等。

膨化谷物类：如膨化果、脆米等。

烘焙膨松制品类：如奶球、麦丽素球、麦奶蛋和小圆饼等。

辊模滚印制品类：如花生脆仁糖、杏仁牛轧汀、榛仁牛轧汀、普拉林和茌都雅类芯料等制成适宜于包衣的形状。

凝胶软糖类：如明胶吉利豆、卡拉胶球和草莓形软糖。

纯巧克力类：如辊印成形的巧克力蛋、足球、扁圆形或纽扣形巧克力豆和添加脆碎果仁的巧克力球等。

（2）巧克力包衣成形的技术要求　巧克力包衣是芯子在旋转锅中翻动时喷洒入热的巧克力浆料，在不断滚动下使其分布在芯子表面，当浆料温度开始下降时，表面凝固形成薄层，依次操作使薄层增厚，当达到厚度或产品重量要求时，再进行抛光。因此，要顺利地进行巧克力包衣，必须具备下列条件：

①包衣的环境温度应在 15~18℃，相对湿度 45%~55%，使芯子保持坚实，含有果仁的芯子油脂才不会渗析到表面。

②巧克力浆料应进行保温，并保持温度 35~38℃，但不需要调温。

③包衣时吹入冷风温度应不超过 18℃，抛光时冷风温度则要求 8~13℃，不得超过 13℃。

④包衣锅转速应在 24~30r/min，不宜太快。速度过快，芯料滚动翻转时容易产生摩擦热，导致巧克力凝结缓慢，分布不均，不易黏结在芯子表面。

⑤抛光锅内壁有一系列的圆筋条，从锅的前沿延伸至后面，这样才有助于产品翻动，不至于滑动，以减少抛光时间。

⑥包衣锅必须安装有可调节的风管装置，需要吹风时打开，不需要时关闭。

（3）巧克力包衣成形的设备装置 巧克力包衣锅大多为圆球形、圆柱形或荸荠形，有一定倾斜度。传统的巧克力包衣操作是将巧克力浆料用人工倾注到滚动的芯子上面，加入巧克力浆的量较多，很难控制。由于量多集中于部分芯子表面，凝聚一起，不易分散开来，因此需要通过人工用手搅拌开来，操作不当，常常出现两粒或数粒并联一起。现代先进的包衣成形装置都采用自动喷浆滴注的方法，由于喷入的巧克力浆料滴淋于芯子表面，滚动的芯子很快把巧克力浆料滚散开来，当吹入冷风，巧克力浆料很快凝结，芯子就不会粘连一起而出现并粒现象。

巧克力包衣成形装置包括巧克力浆料保温贮存锅、自动喷浆滴注装置、包衣锅、管道喷枪保温装置、冷却水槽、空气温湿度调节以及冷风管道循环装置等。巧克力喷浆包衣系统有自动连续包衣系统和自动数控包衣系统。现代最新发展的带式包衣技术，它突破了糖果生产传统的旋转锅包衣，而代之最新的带式旋转包衣技术。它的特点是可采用任何形式芯子进行包衣，不需要熟练的操作者，噪声小，进出料方便。

①连续自动包衣系统装备：其示意图如图 2-15 所示。

连续自动巧克力包衣装置还要包括包衣间的空调、温湿度调节、冷风管通到包衣锅以及回风循环装置。此外，包衣后巧克力抛光同样要求温湿度空调和冷风管道装置。

②电子自动控制包衣锅：意大利 CM 公司一种有电子控制的自动包衣锅，可作巧克力包衣，也可作包糖衣。能适应多种形状的芯子的包衣，即使有尖锐的边角，也不影响，在不断滚动下芯子的包衣面，彼此之间能很快分离，使其均匀分布有良好的形态。

包衣锅在封闭状态下进风，使包衣芯子冷却和干燥更加有效，这是因为在包衣过程中包衣室中间始终保持着周围条件的所需要求。进风和排风系统是通过合适

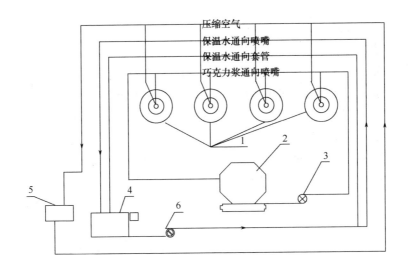

压缩空气
保温水通向喷嘴
保温水通向套管
巧克力浆通向喷嘴

图 2-15　连续自动巧克力包衣示意图

1—巧克力包衣锅　2—巧克力浆料贮存锅　3—巧克力浆泵

4—冷却水槽　5—空气压缩机　6—水泵

的仪器进行调节和控制，以保证产品最佳的通风要求，获得正确的干燥和冷却。

压缩空气系统是提供巧克力包衣调节巧克力喷浆的需要，使浆料得到正确的分布。包衣锅中有一种清净器装置，可以保持包衣锅内壁的清净。包衣完成后，可在同一个锅中进行抛光。包衣整个过程包括温度、喷浆时间、匀浆时间、喷浆周次、冷风进排风时间等都在电子控制柜上进行程序控制，操作简便。

自动包衣锅示意图如图 2-16 所示。

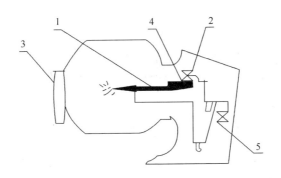

图 2-16　巧克力自动包衣锅示意图

1—巧克力喷枪　2—巧克力浆进入　3—锅盖　4—巧克力浆保温水　5—压缩空气进入

巧克力浆、保温水和压缩空气所有管道装置都从锅的背面进入，喷枪是在打开锅口的锅盖后进行装拆，十分方便。在完成抛光操作后，包衣锅反向转动时产品出料就从锅口通过出料器自动出料。锅的容量随着不同型号或规格而定，一般容量有 150～300kg。

③带式包衣机：带式包衣机是现代巧克力包衣技术的最新发展，通过旋转链带进行包衣，被称作带式包衣技术。英国 DT&G 机械工程有限公司，经过多年研究与发展制成了带式包衣机，商品名称为 Finn Coater，首先在欧洲普遍应用于巧克力包衣。

带式包衣改变了巧克力包衣的面貌，过去巧克力包衣，都是在传统的旋转包衣锅中进行，需要熟练的操作工；而且包衣锅运转不但噪声大，进出料也很困难。带式包衣机解决了这些难题，进出料既方便又快速，大大地降低了包衣室的噪声，一般不需要多长时间就可成为熟练的操作者。

带式包衣机同样可以用于各种任何形式的芯子包衣，包括整粒果仁、干果、方圆小饼、太妃球、谷物、膨化米、糖壳酒心、咖啡豆和软性吉利豆等。与传统的包衣锅相比不仅效率高，而且降低成本，甚受欢迎。许多生产厂家采用这样带式包衣机后，把传统的包衣锅留作抛光用。但 DT&G 公司同时也可以提供带式抛光机，取名 Finn Polisher。因此，大部分厂家采用这种包衣和抛光系统后，放弃了原来的包衣锅成为历史过程。

带式包衣机最小的每批产品容量为 78L，是一种小型的包衣机，适宜于实验室研发工作或小生产者用。而大型的包衣机，最大的容量高达 710L。完成整个产品生产还应根据包衣机多少、容量多大，匹配适宜大小的抛光机，这样才能确保连续生产不会有半成品遗留下来。

带式包衣机包衣原理极其示意图如图 2－17 所示。

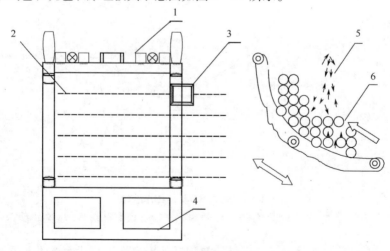

图 2－17 带式包衣机示意图

1—巧克力浆料及冷风温度控制区 2—倒顺转的网状链带 3—电子控制板

4—回收料斗 5—巧克力浆喷淋 6—包衣芯子滚动方向

所有包衣机型号都是不锈钢构成的，符合生产卫生要求。链带是由聚丙烯组成的，表面十分光滑，为产品带来了十分优良的品质。链带周围支架能保证产品最少流失，并有热回收系统大大地改进了清洁性，喷注在链带上的巧克力可以被重新返回到产品上面，即使超量的巧克力也可以回用。链带可倒顺运转；进料时向内运转，出料时向外运转。

包衣时芯子从正面放进链带上，开动链带向内运转，当巧克力浆喷注到芯子表面时，芯子跟着向上滚动到一定高度，依靠自身重力向下翻动，巧克力浆料很快就分布到芯子面上，呈现黏连状态，吹入冷风，通过不断滚动就均匀地向周围分离开来。依此进行多次喷浆上衣，达到包衣厚度时，移到带式抛光机进行抛光。在包衣快完成时，如需要的话在其表面可撒入碎果仁、椰蓉或可可粉等作为装饰，操作简便。

包衣全过程可由人工或全自动进行控制，人工的可通过电脑进行半自动程序控制，而全自动的可从图解中看到包衣全过程的程序控制情况。

📝 案例2

果仁巧克力包衣的制造方法

果仁可采用各种不同的焙炒果仁，如榛仁、杏仁、夏威夷果仁或花生等；巧克力浆可采用牛奶巧克力、香草巧克力或白巧克力。果仁与巧克力浆的比例为果仁 30% ~35%、巧克力浆 65% ~70%。

果仁巧克力包衣的生产流程（如图 2-18 所示）。

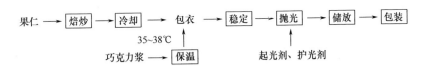

图 2-18　果仁巧克力包衣生产流程

操作要点：

（1）巧克力包衣的果仁，一般都采用整粒的、不去衣的果仁。焙炒后要拣去不完整或分瓣的果仁。若焙炒后容易产生分瓣，如花生可采用烘焙的方法，以保持果仁在形态上的完整。焙炒后果仁含水量应在 3% 以下，不生不焦，呈本身应有的香、松、脆的性质。

（2）焙炒后冷却至室温应及时进行包衣，不得受潮。

（3）将果仁芯子放进包衣锅中，启动包衣锅，在滚动下加入保温的巧克力浆,保持包衣间环境温度为15~18℃,在不断翻动下巧克力浆料均匀地分布并凝结到果仁芯子表面,吹入冷风,当巧克力浆料凝固表面呈干燥状态时,再进行依次加浆、凝结增加厚度直至果仁与巧克力浆料达到所需的重量比例为止。加浆冷却凝固速度不宜太快,或由于冷风温度低凝固过快时,表面会出现一些凹凸不平现象,此时应关闭冷风,以减缓凝固速度。一般到最后一次加浆,都不用冷风,保持一定温热状态,以延长滚动和浆料的凝固时间,通过不断滚动摩擦,弥补填平,使其表面达到光润的要求。

(4)包衣完成后,出料时将其放于浅盘上,在15~18℃静置数小时,让包衣层硬化使其质构趋向稳定,提高硬度,增加抛光时的光泽度。但也可以在包衣完成后,直接吹入冷风进行抛光,这样产生光泽较慢,需要延长抛光时间和增加抛光剂的用量。

(5)产品抛光要在干净的抛光锅中进行,产品在不断地滚动和翻转下,喷入抛光剂,并吹入10~12℃的冷风,不得超过13℃。抛光剂分为起光剂和上光剂或称护光剂,抛光分起光和护光两个过程,先进行起光,然后再行护光。起光剂为水溶性,而护光剂则为醇溶性。

(6)起光剂和护光剂的配备方法如下。

①起光剂配备:起光剂由阿拉伯树胶溶液和阿拉伯树胶糖浆混合液组成,可按以下配方配制:

阿拉伯树胶溶液:阿拉伯树胶1份,水2~2.5份,将阿拉伯树胶加入沸水中溶化成树胶溶液。

阿拉伯树胶糖浆混合液:阿拉伯树胶25%,砂糖15%,淀粉糖浆20%,水40%。先将树胶溶化成溶液,再将砂糖和淀粉糖浆加水化成溶液后,与树胶溶液混合一起使用。

以上两种溶液,均可作为起光剂。一般起光剂用量为每千克巧克力1mL左右。

②护光剂(上光剂)配备:一级虫胶片1份,95%以上食用酒精6份。将虫胶片加入食用酒精,静置过夜,使其完全溶解成虫胶溶液。一般护光剂用量为每1kg巧克力1~1.5mL。

(7)起光和护光 产品在抛光锅中不断滚动下,分数次加入起光剂,吹入10~12℃的冷风,在不断滚动和摩擦下,巧克力表面便逐渐起光,继续滚动直至光亮度达到要求,并使湿气散发,表面呈现干燥状态时,加入上光剂进行护光。同样护光剂也要分数次添加,加入时吹进冷风,使酒精挥发出去,等到表面干燥时再添加护光剂,依次进行直到光亮度达到辉艳耀眼时为止,便可取出放于浅盘中，在 20～22℃下静置过夜，然后进行包装。

　　除了上述自制抛光剂外，市场上也有现成的水溶性和醇溶性的抛光剂，如 Capol 254N 或 254W（用于白色或浅色产品）水溶性起光剂，每千克产品用量 2～3mL；Capol 425 醇溶性上光剂，每 1kg 产品用量 1～2mL。此外还有"快壳好"巧克力上光液和漆液，也可作为抛光剂。

思考题

　　1. 巧克力生产如何进行原料预处理？
　　2. 巧克力及巧克力涂层的浆料主要区别是什么？
　　3. 巧克力制造必须有哪些工艺流程？
　　4. 巧克力精磨主要方式有哪几种？典型设备有哪些？
　　5. 精磨在巧克力制造过程中起着怎样的作用？
　　6. 精炼在巧克力制造中起何作用？
　　7. 精炼过程中巧克力物料发生了怎样的变化？
　　8. 巧克力浆料保温的目的和工艺条件是什么？
　　9. 什么是巧克力的调温？调温有何作用？
　　10. 巧克力调温工艺程序有哪些？
　　11. 巧克力成形有哪几种方式？
　　12. 巧克力冰锥成形技术原理及特点是什么？

项目三　巧克力及其制品的加工工艺与配方设计

一、巧克力及其制品的加工工艺设计

（一）常用工艺流程

1. 巧克力加工常用工艺流程

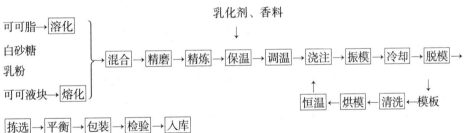

2. 常见巧克力制品加工工艺流程

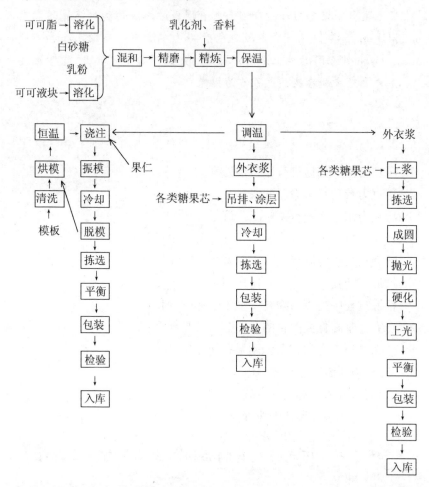

3. 工艺流程图绘制

工艺流程图绘制的方法可以参见模块一项目三，除此以外还要掌握以下几点。

（1）工艺流程图是指从原料加工到成品入库的全过程，按工序注明主要工序的示意图。

（2）工序是工艺过程最基本的组成单位，是指一个或一组工人，在一个工作地点，对同一个或同时对几个工件所连续完成的那一部分工艺过程。

（3）了解和熟悉巧克力生产工艺的主要工序点，按照各工序点主干线从源头开始往后排序，工序点之间以带箭头画线相连接（一般排序方向既可以从左到右，也可以从上到下的绘制）。

（4）按照不同品类的加工特点，补充工序点。

（5）对于加工过程中需要添加物料或预处理的工序不要遗漏，可以通过工艺流程的支干线加以排序。

（二）生产线平面示意图绘制

1. 生产线设备布控知识

（1）根据巧克力生产的工艺特点需要配备相应的设备，主要分以下三个方面。

①巧克力制造设备：原料预处理设备、精磨机、精炼机、储存罐、保温缸、调温机。

②巧克力成形设备：浇注成形线、吊排涂层冷却线、抛光机。

③包装设备：形式繁多，根据不同的包装形式配备相应的包装机。

（2）可以根据企业的产品投入来选择生产巧克力的基本设备，然后按照不同性质的设备分别在制造、成形、包装的生产空间内布控，以便于满足产品得质量需求。

（3）设备在布控中要考虑工艺流程图先行，然后进行设备选型，按照车间的空间大小及设备的尺寸范围，包括辅助设施、操作台布局，同时要考虑物料的适当堆放场地，人员及物料的搬运通道，以及按照工艺流程顺序的顺便性、合理性及可操作性。

2. 巧克力加工车间生产平面示意图　（图 2-19）

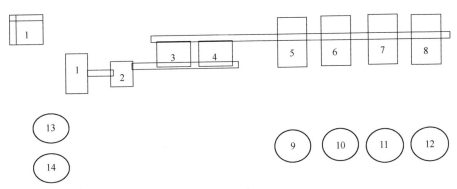

图 2-19　巧克力加工车间生产平面示意图
1—混合机　2—对辊机　3、4—五辊机　5~8—精炼机
9~12—储存罐　13、14—化油罐

3. 车间生产环境要求

（1）要根据 GB 14881—2013《食品安全国家标准　食品企业通用卫生规范》标准建立厂房和满足内外环境的要求。

（2）巧克力车间的生产环境是巧克力生产中一个重要的关键点，它对于温度和相对湿度的控制范围要比其他糖果更具敏感性。达到工艺要求的环境条件，生产出来的巧克力产品将具备光亮的外观、硬脆的质构；否则，巧克力产品将呈现表面暗淡、缺乏光泽、发白发花、水分偏高、质构绵软等缺陷。所以，在巧克力的各个生产环节规定了相应的环境要求，具体如下：

①巧克力制造车间：温度为 28 ~ 35℃，相对湿度为 40% ~ 50%。

②巧克力成形车间：温度为 18 ~ 20℃，相对湿度为 45% ~ 50%。

③巧克力包装车间：温度为 18 ~ 22℃，相对湿度为 50% ~ 55%。

（3）巧克力是一种非常容易吸收外来气味的"娇贵"产品，因此，除了符合上述标准要求和环境要求外，还要注意巧克力车间的相对密闭性。

（三）生产工艺规程编制

1. 生产工艺技术规程

生产工艺技术规程应按巧克力生产工序及工艺流程图详细描述生产工艺过程，要求参数准确、术语科学规范、语言精练，详细说明有关操作的方法或标准操作规程编号。

⩗ 案例1

精磨技术规程

（1）投料

①先投油。先将油投入熔油锅里，加入一缸料需用 70% ~ 80% 的油脂。

②接着投乳粉和可可粉，顺序无所谓。

③最后投入糖粉，每投入 100kg 糖粉就加入相应油脂 5 ~ 10kg，投料中应注意加入糖粉的速度。（糖粉粗，比例大，易沉淀，沉在间隙里，不易精磨；糖粉不能一起加，相对密度大的会堆在料口，加得过多，有些糖粉会喷出来。）

④麦芽糊精与糖粉一起投入，方法与投糖相同。

⑤投入回料，最大投入量不能超过 5%。

（2）精磨

①精磨开始 1h 后第一次紧格，电流大小控制在 22A。第一次紧格时，必须关闭加热器，此时温度很高。

②第二次紧格。优质可可粉生产的紧格时间通常为 1 ~ 2h。因可可粉质量较差而难磨时，为保护设备，应延长紧格时间，一般需 2 ~ 3h 紧格，电流大小控制在 25A。

③精磨旧机器（使用 8 个月至 1 年的）紧一次格就可以了。

④精磨过程中每小时检查电流大小、温度、机器运转声音是否正常。如果电压、水压稳定，可2h查看一次。

⑤精磨开始6h后，打开两边的盖子，其作用是排异味，否则异味排不出，香气出不来。同时，加1/3卵磷脂量，此时料会由薄变厚，并在精磨机里发生物理和化学的变化。

⑥精磨细度达到要求时，即涂层用浆料细度为22～25μm，浇注用浆料细度为18～20μm，加小料，把剩下的油脂和卵磷脂混合好后加入到精磨缸，加完磷脂和油后，马上加入香料。

⑦15～20min后，停机，松格，关掉冷却水，准备出料。

2. 岗位操作规程要素

巧克力生产岗位规程要素是操作方法和要点，重点操作的复核、复查，中间产品质量标准及控制，安全和劳动保护，设备维修、清洗、异常情况处理和报告，工艺卫生和环境卫生等。

案例2

精磨操作规程

（1）投料准备

①手盘动联轴器，转3圈，看是否正常。

②检查冷却水是否正常。

③精磨机预热到40～45℃才能投料，冷缸不能投料。

④检查是不是松格，启动避免重负荷，完全松格后才能投料。

（2）投料的顺序

①投油。

②投乳粉和可可粉。

③投入糖粉。

④投入回料。

⑤大料投入后，用铲刀将投料口残余原料铲入精磨缸中。

⑥清洁投料口，将盖子盖上。

（3）混和　投料后，混合1h并使其混合均匀。

（4）精磨

①精磨开始1h后，关闭加热器，第一次紧格，电流大小控制在22A。

②第二次紧格需2～3h，电流大小控制在25A。

③每小时检查电流大小、温度、机器运转声音是否正常。

④精磨开始6h后，打开两边的盖子，同时加1/3卵磷脂量。

⑤测量细度，细度达到18～20μm，加小料，把剩下的油脂和卵磷脂混合好后加入到精磨缸，加入香料。

⑥15～20min后，停机，松格，关掉冷却水。

⑦出料。

3. 编制安全技术规程

安全操作规程中应包含以下内容。

（1）操作、维修、养护等人员职责

①操作员工：负责依据其岗位职责进行生产。

②维护人员：负责机器异常情况的维修及日常维护。

（2）重点工序安全控制点

①保温：开动前检查隔套内水量是否合乎要求。

②出料：出料时不能用竹签等物体去捅出料口，出料时必须戴上头帽、口罩等，防止头发等杂物掉入浆料中。

③包装：操作人员必须注意安全，不得将手放在切刀处等危险位置。

二、巧克力及其制品的配方设计

（一）巧克力的组成

巧克力的基本组成是以纯巧克力为基础的，根据不同的分类标准可以将巧克力进行分类，不同类型巧克力的基本组成分别如下（如表 2 – 25、表 2 – 26、表 2 – 27 所示）。

1. 纯巧克力的基本组成

表 2 – 25　香草巧克力或深色巧克力的基本组成　　　单位:%

原料名称	苦巧克力	甜巧克力	深色巧克力
可可液块	70	35	40
可可脂	—	15	12
砂糖	30	50	40
其中：			
可可成分（非脂可可固形物）	35	17.5	20
可可脂	35	32.5	32
蔗糖	70	50	40

表 2 - 26　牛奶巧克力的基本组成　　　　单位:%

原料名称	配方1	配方2	配方3
可可液块	12	10	10
可可脂	23	23	22
全脂乳粉	12	18	24
砂糖	53	49	44
其中:			
可可成分（非脂可可固形物）	6	5	5
可可脂	29	28	27
乳脂肪	3	4.5	6
非脂乳固体	9	13.5	18
蔗糖	53	49	44

表 2 - 27　白巧克力的基本组成　　　　单位:%

原料名称	配方1	配方2
可可脂	28	26
全脂乳粉	20	28
砂糖	52	46
其中:		
可可脂	28	26
乳脂肪	5	7
非脂乳固体	15	21
蔗糖	52	46

2. 代脂巧克力的基本组成

代脂巧克力的组成基本上是按照所采用的油脂类型而定，如类可可脂（CBE）、非月桂酸型代可可脂（CBR）、月桂酸型代可可脂（CBS）三种不同油脂类型，其基本组成也要求不同（如表 2 - 28、表 2 - 29、表 2 - 30 所示）。

表 2 - 28　非月桂酸型代可可脂巧克力的组成　　　　单位:%

原料名称	深色巧克力		牛奶巧克力	
可可粉（10/12 或 20/22）	20	14	6	—
可可液块	—	12	—	12

续表

原料名称	深色巧克力		牛奶巧克力	
全脂乳粉	—	—	16	16
砂糖	48	48	48	48
非月桂酸型代可可脂（CBR）	32	26	30	24
其中：				
可可脂	4	8.8	1.2	6
乳脂肪	—	—	4	4
CBR	32	26	30	24
总脂肪	36	34.8	35.2	34
可可脂占总脂肪量	11	25.9	3.4	17.6

表 2 – 29　月桂酸型代可可脂巧克力的组成　　　　单位：%

原料名称	深色巧克力	牛奶巧克力
可可粉（10/12）	15	5
全脂乳粉	—	10
脱脂乳粉	6	7
砂糖	46	48
月桂酸型代可可脂（CBS）	33	30
其中：		
可可脂	4.3	1.5
乳脂肪	—	7.5
CBS	95.7	91.0

表 2 – 30　类可可脂巧克力的组成　　　　单位：%

原料名称	深色巧克力	牛奶巧克力
可可液块	34	10
可可脂	—	10
类可可脂（CBE）	16	12
全脂乳粉	—	24
砂糖	50	44
其中：		
可可脂	17	15
乳脂肪	—	6
CBE	16	12

非月桂酸型代可可脂可以与一定量的可可脂相容，在配方中可可脂含量可达到8%，占总油脂量最高达25%。

月桂酸型代可可脂与天然可可脂不相容，在配方中可可脂含量不超过5%。

类可可脂与天然可可脂的性能几乎相等，可以任何比例相容，代用量不受限制。

（二）巧克力的配方设计

在巧克力组成的基础上可以进行配方设计，巧克力配方中部分配料添加量多是一个范围，并不是一个确定的值。如纯巧克力大块配方：可可脂32%～35%，全脂乳粉11%，脱脂乳粉8%，糖40%左右，可可粉8%～12%，磷脂0.2%～0.5%。这是因为配方设计不仅与原料本身的性质有关，还受产品工艺流程和设备等的影响。

思考题

1. 巧克力生产车间环境要求有哪些？
2. 巧克力组成和配方的关系是什么？
3. 纯巧克力和代可可脂巧克力在设计加工工艺时需要注意哪些区别？
4. 巧克力配方设计中需要考虑的主体骨架是什么？

项目四 巧克力产品的包装

巧克力包装与糖果包装相比，既有相似之处（参见模块一中项目四糖果的包装），也有其特殊之处。保证巧克力品质，需要有严密的包装和适宜的产品储藏环境，这是由巧克力本身固有的特性及其对热的敏感性决定的，因此其包装和贮藏条件也更加具有特殊性。

一、巧克力包装的作用

刚生产出来的巧克力制品，一般都保持着光亮的外表，细腻的品质，脆裂的特性和优美的香味，这是巧克力新鲜的特征。但放置不久，以上这些特征相继消失。在一般气候条件下，巧克力制品变质速度往往取决于包装和贮藏条件，其包装对巧克力制品的作用如下。

（1）能抵御热的作用　因为巧克力制品最怕热，当外界温度超过巧克力脂肪熔点时，它就软化或变形。新生产的巧克力耐热性很差。如果裸露在一般气温下，就会产生不同程度的质变现象。所以包装材料和包装形式的选择首先要有利于提高巧克力对热的抵抗作用。

（2）避免空气中水汽的侵袭作用　空气的相对湿度时高时低，如果巧克力吸收了水汽，表面的光泽很快消失，表面细小的糖吸湿溶化，并重结晶形成花白，原来结晶稳定的脂肪也会受到影响，最后会使产品的组织结构松软。当巧克力从过冷的条件转入一般较热的气温下，特别易受到水汽凝聚在表面的危险。所以，水汽对巧克力制品的影响可严重到失去商品价值。因此，包装材料和包装形式的选择应提高制品的抗水汽性能。

（3）包装能持久地保护巧克力的香味　这有两个途径：一是保护巧克力本身的香气逸散到空间中；二是阻止外界环境中一切不愉快气味污染巧克力。新鲜而香味浓郁的巧克力制品，放置一段时间后，香味就会削弱，同时也会染上周围的一些气味。所以，品质优良的巧克力大多采用密封性包装保持它的香味。

除这些重要作用外，包装能起到防油性、防霉和防虫蛀、防止污染等作用。包装材料和形式还能使巧克力制品避免断裂，表面开裂，芯子穿孔等质量问题，而且能适应多种形体要求。

二、巧克力的包装条件和形式

（一）巧克力的包装条件

巧克力是由可可液、可可粉、可可脂、白糖、乳品和食品添加剂等原料，经混合、精磨、精炼、调温、浇模、冷冻成形等工序加工而成，巧克力的分散体系是以油脂作为分散介质的，所有固体成分分散在油脂之间，油脂的连续相成为体质的骨架，巧克力的主要成分可可脂的熔点在33℃左右，因此，巧克力在温度达到28℃以上渐渐软化，超过35℃以上渐渐熔化成浆体。巧克力表面质量受环境温度和湿度的影响也很大，当温度由25℃逐步上升到30℃以上时，巧克力表面的光泽开始暗淡并消失，或相对湿度相当高时，巧克力表面的光泽也会暗淡并消失。同时，如果巧克力包装或者储藏不当的时候，还会出现发花、发白、渗油和出虫等现象，另外，巧克力还具有易于吸收其他物品气味的特性，部分巧克力制品还会出现哈喇味，保质期不同步等现象。

综合巧克力的特殊性质和较高要求的售卖条件，对巧克力的包装提出比较高的要求，特别是要求包装不但具备良好的阻水阻气、耐温耐融、避光、防酸败、防渗析、防霉防虫和防污染等基本性能，而且能长时间保持巧克力糖果的色、香、味和形。另外，随着市场竞争的需要，包装要求具备独特的表现形式（包括材料、造型和设计等）、丰富多彩的表现内容（展示产品形态、特点和内涵等）和为产品增值的功能，促进产品销售，提升产品附加值。

（二）巧克力及其制品包装形式

各类产品包装形式如下。

（1）巧克力常见的包装形式　条块式包装，袋包装，纸盒包装，杯、瓶、听包装，克头包装等，也有采用枕式包装、单扭包装等较少见形式。巧克力常加中包装，多用塑料制品或铁盒、玻璃瓶（罐）等形式，设计较为精致，以显示产品档次。

（2）巧克力制品常见的包装形式　条块式包装，袋包装，纸盒包装，杯、瓶、听包装，枕式包装等，也有采用克头包装。巧克力制品常加中包装，中包装多为纸制品或塑料制品。

（3）代可可脂巧克力常见的包装形式　条块式包装，袋包装，纸盒包装，杯、瓶、听包装，克头包装等，也有采用枕式包装、单扭包装的形式。

（4）代可可脂巧克力制品常见包装形式往往介于糖果和糕点之间，以突出产品的美味和形式多样为主。常见的包装形式为条块式包装，袋包装，纸盒包装，杯、瓶、听包装，克头包装等，也有采用枕式包装、单扭包装。

三、巧克力的包装材料

巧克力物料是一种热敏性物料，低于15℃时坚实脆裂，超过30℃时软化变形，坚脆性消失。因此，包装巧克力的材料要选择隔热效果好、热传导性差的包装材料，以便在较高的温度环境下保持巧克力的品质特性。

巧克力制品的花色品种多而广，形式多样，因而应用的材料性质也不一样。有的材料起着制品的保护作用，有的起着装饰美化作用。有的是由于现代化生产的要求。不论怎样，包装材料也经历了一个从简单到复杂从低级到高级和复合材料包装的发展过程。并根据巧克力及其制品不同质构和形态等方面的要求，可选用不同类型的包装机进行包装。

1. 纸制品

纸制品包装是世界公认的无污染环保材料，但受本身特性的限制，一般用来做外包装、陈列包装、展示包装和运输包装，除了对表面处理要求较高和对污染有特殊要求外，其他要求不是太高，行业利润不高。

巧克力纸包装涉及铜版纸、白卡纸、灰板纸、箱板纸和瓦楞纸等，一些耐水、耐油、耐酸、除臭、威化纸等高附加值的功能性纸使用比例正逐渐上升，这将成为纸品包装企业额外关注的一个亮点。

2. 锡箔包装

这是一类传统的高级包装材料，因为其良好的阻隔性和延展性，在目前的巧克力包装中一直占有一席之地，但受生产工艺、生产效率、应用局限性和价格等因素影响，受到塑料等包装的极大冲击。一般情况下，铝箔纸都作为巧克力的内包装，那么铝箔纸到底对巧克力起到怎样的保护作用？一是巧克力是一种易化掉，损失重量，因此巧克力需要能保证它的重量不损失的包装，而铝箔就能很有效地保证它的表面不熔化；二是防潮、避光的特性；三是保温的作用。

3. 塑料软包装

塑料包装以丰富的功能、形式多样的展示力等特点，逐渐成为巧克力最主要的包装物之一。随着技术的成熟，冷封软包因其较高的包装速度、低异味、无污染、易撕开性等优点，并能满足巧克力包装过程中避免高温的影响，逐渐成为巧克力最主要的内包装材料。后期塑料包装的发展方向重点就是改善已有的塑料性能、开发新品种、提高强度和阻隔性、减少用量（厚壁）、重复使用、分类回收保护环境。

4. 复合材料

复合材料因具有多种材料复合特性和明显的防护展示能力，取材容易，加工简便，复合层牢固，耗用量低，逐渐成为巧克力和糖果中常用的一种包装材料。大部分的复合材料是以软包装为基材的，目前常用的材料有纸塑复合、铝塑复合和纸铝复合等。

5. 容器包装

容器包装也是巧克力包装中最常见的包装方式之一，其主要有防护性能优良、制作精良、陈列效果独特和二次利用的优点，目前市场上常见的容器包装不外乎塑料（注塑、吹塑、吸塑成形）、金属（马口铁罐、铝罐）、玻璃与纸（裱盒）四大类，为追求产品陈列的差异化，皮盒、木盒和复合材料等不常装食品的容器也出现在市面上。另外，陶瓷材料能把文化和艺术表现得淋漓尽致，市面上也曾出现过用陶瓷做高档巧克力的包装容器。

四、巧克力的包装设备

巧克力品种较多，如巧克力排、粒状巧克力、蛋形巧克力等制品，其包装设备也相应配套，所以，包装机有巧克力排包装机、粒状巧克力包装机、袋装机、蛋形巧克力包装机的产生，其中大部分性能稳定，效果显著。

五、巧克力包装后的产品贮藏

刚从生产线下来的巧克力制品，其组织结构并没有完全稳定，从外观看来已经硬固，但其组织中的油脂上只有部分的油脂晶型是稳定的，并没有全部变成稳定的晶型。而要使全部油脂结晶变成稳定的晶型，在较短的生产周期内很难完成，这就要给巧克力制品创造一个后期继续过渡到稳定晶型的贮藏条件。

其贮藏条件如下。

（1）实践证明巧克力贮藏应保持在 10～15℃，巧克力组织内油脂结晶日趋稳定，产品坚实有脆性，耐热性增加，外表保持光亮色泽，一般贮藏时间可达到 4 周以上。

（2）巧克力制品贮藏环境要保持干燥。一般相对湿度不能超过 50%。因为湿度增高水汽增大易引起巧克力质变、长霉、虫蛀。对于纯巧克力来说，越干燥越好。

（3）巧克力制品贮藏环境要清洁，要定期灭菌、消毒，并清除环境中任何不良气味。因为巧克力很容易被污染气味感染。长期贮藏的巧克力制品很容易产生陈宿不愉快气味。为此，贮藏环境应保持良好的通风条件，应定期排除贮藏环境中可能产生的任何不良气味。

思考题

1. 简述巧克力与糖果在包装上的区别？
2. 根据巧克力的特性简述巧克力包装的条件和要求。
3. 巧克力包装材料的选择有什么要求？
4. 巧克力在贮藏时的注意事项有哪些？

项目五　巧克力产品的质量控制

一、巧克力的特性

巧克力既是糖果，又不同于糖果。它的基本组成为糖或乳固体物。既有糖果甜的基本特征，又有一般糖果相似的化学组成，但它又不同于一般糖果，它是以可可和可可脂为基本组成的一类特殊产品，具有特殊的色、香、味和特殊的组织结构，并具有高热值和高营养的特点。

（一）巧克力主要感官性质

1. 巧克力的外表光滑光亮

任何一种品质优良的巧克力，它的外表最鲜明的特征是光亮棕色。如果灰暗无光的巧克力可能是制作技术差或原料品质不佳而造成的。巧克力的色泽有深棕色和浅棕色。不同色泽的巧克力带有不同的香气和风味。

巧克力的色泽是从可可豆原料带来，因为可可中存在着一些天然色素——棕色和红色。而可可为巧克力的基本组成物质，所以不同类型的巧克力含有的可可成分比例不同时，呈现的色泽也不同。如最深的棕色可以接近深褐色，表明可可成分很高，最高的可达30%～40%。这类巧克力称为深色巧克力。浅棕色的巧克力，色泽柔和明快，可可成分为8%～11%。所以可可成分的多少是决定巧克力颜色深浅的主要因素。物料的细度、物料质粒的形态，物料混合与乳化状态，物料内油脂的结构形式等因素，决定着巧克力的光滑和光亮度。

　　2. 巧克力的特殊芳香气

　　巧克力的优美香气来源于可可的独特香气。也就是说巧克力的香气是由可可的天然香构成。

　　经过发酵和干燥的可可豆，一般不产生香气，只有经过焙炒后，浓郁而独特的香气才会出现。这种香气通过检测证明，是由数以百计的化合物组成，同时证明，不同地区种植的可可以及不同加工条件，其香气的类型和强弱也不相同。

　　为了补充和丰富巧克力的香气，通常添加产生其他香气的原料，如乳粉、乳脂、麦芽、杏仁、增香乳粉等制成不同特征的巧克力。也可在不同的巧克力内添加微量的香料物质，如香兰素、乙基香兰素、麦芽醇等。其目的是衬托、完善和加强巧克力总的芳香效果。

　　3. 巧克力的风味构成

　　风味是巧克力的各种物料组成产生的综合滋味。不同组分的巧克力有着不同的风味。

　　深色巧克力，品尝时往往产生浓重的苦味和收敛性涩味。而这些滋味构成了深色巧克力的风味。色泽浅明的牛奶巧克力就具有完全不同的风味，它不产生强烈的苦涩味，仍保留着可可特有的那种优美滋味，以及乳品所有的香味，两者混为一体产生极为和谐的味觉效果。

　　巧克力的风味取决于可可自身带来的滋味。而可可的滋味又来自两个方面，即可可质和可可脂。

　　可可质中的单宁带来略有收敛性的滋味，还有少量的有机酸，如醋酸和酒石酸影响着风味。可可脂除了提供香气外，有时也带点臭味，此外可可脂可产生肥腻的味感。在不同的巧克力中糖类是甜味的基础，同时也起着调节口味的作用，能使可可的苦、涩、酸等味变得协调美味。

　　（二）巧克力主要物理性质

　　巧克力除了特有的色、香、味外，其中的组织结构状态、细度、硬度、脆度和甜度是构成其品质的重要因素和特征。

　　1. 组织状态

　　纯巧克力在常温下是固体，它的任何一个剖面都是均匀细密的，放在口中除具有特有香味外，还能感到非常细腻、滑润、快速融化。这种特性是一般糖果很少有的。其构成因素讨论如下。

一般熬制糖果的外观透明，以分子状态存在。而巧克力的组织状态比较复杂，其物质质点以多种形式存在。巧克力含有不同性质的糖，有的以结晶状态存在，也有非结晶状态存在的，如乳粉中的乳糖，可可质中的蔗糖、葡萄糖都以无定形状态存在；巧克力中还有质粒比较小的胶体物质如乳粉中的蛋白质，可可质中的蛋白质、果胶质、糊精和淀粉等。此外，巧克力中还含有大量的油脂，能将所有的干物质都分散在油脂中。最后油脂变成非常规律的晶相结构，好像一层一层非常整齐的晶相结构中存放了不同的固体物质。所以，巧克力是一种复杂的分散体系，其中有颗粒比较大的物质，也有颗粒比较小的物质；其中有干的物质，也有液体（如水分）、气体（如空气）构成一个多相的分散体系。

巧克力不但要经过高度分散，而且还要经过高度乳化。因此巧克力内虽然含有多种不同性质的物料，但各种不同性质的物料在其中变成浑然一体，难分彼此。即使在一般常温下巧克力也可被看成是一种高度均一的固态混合物。

2. 细腻和油润性

细腻油润是巧克力的重要特征之一。这种特征通常依靠我们灵敏的舌颚来鉴别，必要时可通过物理方法加以识别和判断。

巧克力的细腻油润性能是由多种因素产生的，其中巧克力的细度起着决定性的作用。细度是巧克力内作为分散相的各种物质被分散的程度。由于各种物质的性质不同，它们被分散的程度不同，因而它们的细度也不同。不同的细度物质给予我们舌颚的压力不同，因此产生粗细的感觉。巧克力的平均细度在 $25\mu m$ 左右时，吃起来就感到细腻油润，平均细度超过 $40\mu m$ 时，粗糙感就很明显。反之，当被粉碎的巧克力物质的颗粒质占最大比例的那一部分质点变得非常细小，平均粒度小于 $10\mu m$ 时，这种巧克力固然很细，但吃起来腻口不爽快。所以巧克力的细腻油润是一种综合性的感觉，没有一种明显特殊具体的衡量标准，当然，除了物料的细度外，物质质点粒的形态，乳化状态，油脂的晶相结构都在不同程度上影响着巧克力细腻油润的特性。

3. 忽硬忽软的特性

在所有的糖果中，巧克力对热最敏感。在夏天室温较高时，巧克力就很容易变软，甚至会变形，在一般糖果保存中没有这种变化。一到天冷时，巧克力就硬起来了，特别是在寒冬变得非常坚硬，所以人们称它为冬天的糖果。这种特性决定了巧克力加工的工艺技术要求，产品使用性能和产品的运输和贮藏条件。

巧克力的分散体系是以油脂作为分散介质的，所有固体成分分散在油脂之间，油脂的连续相成为体质的骨架，巧克力的油脂主要为可可脂，含量在30%

以上，可可脂的熔点在35℃左右，因此，巧克力在温度达到30℃以上渐渐软化，超过35℃以上渐渐熔化成浆体，温度低时变硬。这就是巧克力制品松软和坚硬变化的原因。

4. 巧克力的脆性

巧克力遇冷而产生脆裂的原因，主要是与其含有大量的可可脂有关。

脆性是可可脂的特有性质。因为可可脂含有较多的饱和甘油脂。凡含有较多饱和甘油脂的油脂既硬且脆，如牛脂含有大豆饱和甘油脂比可可脂更多，所以它坚硬并带有脆性；一般植物性油脂不像可可脂带有脆性。当然含较多可可脂制成的巧克力并不一定都脆，除了温度因素外，同时也关系到巧克力加工工艺技术条件，以及制品的保藏条件。

5. 巧克力的甜味性

各种不同类型的巧克力，它们的甜度口味也不相同。

巧克力中都含有可可质，而可可质就是以可可粉为主要成分，而可可粉味苦，必须加入一定比例的糖，否则就会苦得无法入口。糖在配料中比例偏低时，这种巧克力偏苦，而可可质比例低，糖的比例相对提高时，这种巧克力就比较甜。

巧克力的甜度决定于可可质和糖的比例，也与添加的辅料有关，如油脂、乳制品和其他物料，还要看添加物取代的是可可质还是糖。取代的结果也反映在巧克力的甜度上。一般要求巧克力不要太甜。

巧克力的甜度除了与配料组织成分有关外，也与物料质粒的粗细大小有关，并与所有物料混合均匀状态程度有关系，这都影响着巧克力的甜度。

6. 黏度

巧克力的黏度是巧克力生产中的一项重要物理指标。在熔融状态的巧克力应具有良好的流动性，才能使物料体输送和加工顺利。物料的黏度对巧克力的精磨、精炼、调温、结晶和凝固成形，都有极其重要的影响。因此，在巧克力加工中，测定和控制巧克力黏度很重要。在不同温度下，巧克力有不同的黏度，提高温度可有效降低物料黏度，但是由于巧克力生产工艺在不同阶段温度是严格控制的，因此必须控制物料的黏度。

巧克力黏度在一定温度下，还取决于物料中可可脂的含量。可可脂增加能有效地降低物料黏度，由于可可脂价格昂贵，生产成本较高。而研究证明，物料中添加磷脂可降低物料黏度，因此，大豆磷脂成为巧克力工业生产中的一种稀释剂。

（三）化学指标

影响巧克力品质的最主要的化学指标有以下三个方面：水分、油脂和重金属。

1. 水分

在大多数糖果中水是作为糖的一种溶剂出现的，没有水，也就无法生产出糖果。但巧克力加工中，配料中不需要水，而且也怕水。因此巧克力是用油脂制成的，配料中含有很多油脂，而物料分散和悬浮在油脂中。如果巧克力物料内碰到水，水和油是很难亲和的，这就破坏了巧克力应有的稳定分散体系，巧克力浆会变得异常稠厚，很难操作。

另外，水分往往是引起产品质量波动的重要因素。含水量高，会随之发生物理、化学和生物的变化，最后导致产品的劣变。因此，巧克力本身含水量要求低，一般不宜超过1%，应控制在0.5%以下。

2. 油脂

巧克力可以说是油脂的糖果，任何糖果中含油脂量不如巧克力高。所以，油脂在巧克力配料中的地位、油脂的特性以及油脂在巧克力加工工艺技术上的一系列特性等，对巧克力产品质量有着十分密切的关系，并有重要的作用和意义。

3. 重金属

重金属是巧克力卫生控制的指标。因为巧克力的加工过程不同于一般糖果，它是通过机械的强力反复粉碎、研磨和长时间挤压和摩擦，使机械设备上的金属渗入到产品中去。由于重金属对人体有害，所以，在巧克力生产工艺中必须严格控制重金属的含量。

（四）巧克力常见的质量变化

1. 霉变性

巧克力是一种营养丰富的食品，特别是在梅雨季节，含水量较高的夹心巧克力经常出现霉变的现象。纯巧克力本身含水量少，但空气中湿度很高，当温度发生变化，巧克力表面会凝聚水汽而长霉，并因此失去食用价值。另外，巧克力含糖量较低和组织结构不够紧密，空气中的霉菌容易侵入，使巧克力就变成了霉菌发育繁殖的基地，结果长霉。另一原因是巧克力的生产过程中其后阶段在低温下进行，被污染的物料缺乏杀菌，因而长霉。

2. 虫蛀性

巧克力的虫蛀是最常见的质量问题之一。

产生虫蛀的原因有两个方面：一是从物料本身带来。可可豆、各种果料和淀粉都是虫卵的主要来源，在加工运输和长期贮存中被污染；二是空气的传播，是将空气中的虫卵带给巧克力制品，在外界条件适于虫卵发育生长时，虫蛀的现象就出现，并变得越来越严重。特别是在夏季，巧克力的营养和温度是适宜虫卵发育和繁殖的最好条件,于是巧克力就变成了虫蛀的对象。

3. 发花发白

在生产制造上不适宜的操作或不相容的油脂混合,以及不良的保存条件,巧克力表面有时会出现不同程度的发花发白现象。这种现象除了工艺操作以外,主要受到温湿度的影响;当巧克力长时间处在25℃以上,熔点低的油脂熔化并渗出到巧克力表面,当温度下降时,油脂重新结晶形成花白。同样相对湿度相当高时,巧克力表面湿气增加使白砂糖晶体溶化,当相对湿度降低时,溶化的白砂糖又开始重新结晶形成糖的花斑。这两种现象实际上以油脂结晶形成的花白为多。

4. 渗油

巧克力是一种分散非常均匀的组织结构,一般保存良好的不会渗油,但过高的贮存温度,或不适宜的储藏环境,都会引起巧克力油脂熔化渗到表面的现象,时间长了甚至会渗透到包装纸外面,往往影响巧克力质构,在味觉上还有不同程度的陈宿味,甚至哈喇味。

此外,巧克力还具有易于吸收其他物品气味的特性,因此巧克力不宜与有气味的物品混放在一起储藏。

根据巧克力特性,巧克力要求最佳贮存条件温度在 15~18℃(不超过20℃),相对湿度60%~65%以下,才能保证巧克力品质稳定。

(五)巧克力的营养价值

1. 高热值食品

巧克力最大的特点是发热量高。几种常见食品与巧克力发热量对照表如表2-31 所示。

表2-31 不同食品的发热量对照表

名称	发热量/(kJ/100g)	名称	发热量/(kJ/100g)
肉	636.25	牛乳	293.01
鱼	422.77	蛋	627.88
面包	946.00	巧克力	2260.36

巧克力之所以能比其他食品提供更多的热量,是因为其含有较多量的油脂,即可可脂。巧克力作为高热值食品,是飞航、登山、海底潜行、剧烈运动和体力劳动者很理想的食品。

2. 高营养食品

巧克力除了能供给人体很高的热量外,同时还是一种高营养的食品。

人体在生长和生育过程中都需要碳水化合物、油脂、蛋白质、各种维生素和矿物质等营养物质。这些营养物质在各种巧克力中含量很丰富。

碳水化合物和油脂是巧克力的主要组成，它在人体生命活动的新陈代谢过程中不可缺少。蛋白质属于生命特征物质。其在巧克力中含量很丰富，不但数量多而且质量高。

此外，巧克力中还含有多种维生素，如维生素 A、维生素 D、维生素 B_1、维生素 B_2、维生素 E 等以及矿物质，这些物质对于生长期的儿童、孕妇和体力较衰的病人，都是很好的营养食品，其营养成分如表 2-32 所示。

表 2-32　巧克力的营养成分表

名称	水分/%	总脂肪/%	蛋白质/%	碳水化合物/%	热量/(MJ/100g)	矿物质含量/（mg/100g）				
						钠	钾	铁	磷	钙
香草巧克力	0.6	35	5.6	58	9.95	143	257	38	138	63
奶油巧克力	0.8	37	8.7	53	10.15	275	349	32	218	264

除此之外，巧克力具有高度分散和高度乳化的组织结构状态，这种特性表现在令人容易接受的色香味和细腻滑润的舌感，并在人体内容易被消化吸收。

二、油脂在巧克力加工中的应用

油脂对巧克力的结构和风味都有很大的影响，因此，在加工巧克力的过程中，必须控制油脂的添加和使用量，以保证产品的质量。

在制浆时，各工序油脂总量的控制十分关键。在最初的混料过程中，油脂总量应控制在 20%~30%，不能把总配方中的油脂全部加入。应使混料以后的物料保持较好的干湿度，太干太湿对后续的加工都会造成较大影响。如果混料配方中总脂含量较低，对精磨物料的细度将有影响，导致物料口感粗糙。反之，则操作困难，甚至会磨损机器。

巧克力专用油脂产品规格繁多，厂家可按需要选用：比如可可脂等同物和延伸物（CBE）有更好的抗霜性和耐热性；非月桂酸型可可脂替代物（CBR）和月桂型可可脂替代物（CBS）均为非调温型脂肪用作复合涂层，产品冷却时直接结晶为稳定的晶型，而不需要额外的调温；非月桂酸型可可脂替代物用于挂涂的各种产品表面不出现裂纹、口感舒适；月桂酸型可可脂替代物价格低廉，深受中、低档消费者欢迎，但由于月桂酸易水解而有产生皂味的风险。

三、巧克力起霜的控制

在巧克力贮存过程中，巧克力表面常常会出现一层白色混浊霜状物质，这就是巧克力起霜现象。起霜巧克力表面呈现白色斑点或整体泛白，失去其特有光泽，外观、组织变劣，风味产生变化，造成巧克力外观和质构严重缺陷，失去原有的本质特征，入口不易溶，"味同嚼蜡"。据统计，在巧克力质量的诸多问题中起霜问题占65%～80%，是巧克力常见的问题。

（一）巧克力起霜的原因

巧克力在贮存和销售过程中不可避免地会出现起霜，起霜分为两种，即糖霜和脂霜。糖霜是由于原材料或加工过程中带入水分超标，或贮存环境湿度过大，及巧克力保存期密封不严，使巧克力表面结露形成露珠，巧克力中糖分被溶出，当水分蒸发后，糖再析于表面呈现霜花。而实际上，糖霜发生率较低，对巧克力质量影响很小。但脂霜发生率很高，通常所指起霜现象均指脂霜，它对巧克力质量影响很大，形成脂霜的原因很多。

（1）温度过高会促使巧克力发生"起霜"现象，所以巧克力要贮藏于低温环境下，温度循环变化也会加速起霜。起霜首先发生在巧克力表面或内部气泡表面，在加热时产生一部分液态脂。在温度慢慢冷却时残存有未熔化的稳定晶体包围住液态脂使晶体生成，若反复重复这个过程就会使晶体粗大，所以贮藏巧克力的环境要尽量使温度稳定，不要循环变化。

（2）在巧克力生产过程中，如果调温不当，在固化工序中巧克力会迅速起霜，同时内部组织产生粒状易碎粗糙质构。调温时冷却速度过快，巧克力固化可能产生裂缝和微孔，引起巧克力内部应力增大，从而促使霜花形成。

（3）巧克力含高糖、高脂，极易起霜。夹心巧克力比模制巧克力更易起霜，夹心巧克力糖芯部分软脂占多数，水分湿度高，因此糖芯部分的物质特性是影响夹心巧克力起霜的主要因素。

（4）巧克力对水分要求非常严格，必须控制在1%以下，这只是防止巧克力糖霜花的有效措施之一。

（5）巧克力中加入的某些成分，如添加剂等的种类或量没能把握好，也有可能促进起霜。若可可脂替代品和可可脂相容程度不够，容易起霜斑，特别是使用胡桃油这种低固脂含量的脂肪，起霜问题更为严重。但乳脂在一定程度上能抑制起霜发生。代可可脂由于含反式异构体，因此与天然可可脂相容性差，在巧克力生产中导致低共熔现象发生，低共熔现象使混合油脂始终处于液体状态，逐渐迁移到巧克力表面而起霜。

此外，目前国内外比较公认的还有以下因素：甘油三酯相容性差；甘油三酯固体脂含量低；冷冻固化条件不当。表面破损或有指印，这种情况在温差变化大时更易起霜。脂霜形成的主要原因是脂的迁移和聚集。

（二）延缓起霜的方法

通过研究，目前可以采用以下方法延缓起霜。

（1）添加乳化剂　乳化剂是亲油亲水两性物质，可使巧克力形成稳定乳化状态，有效降低巧克力料的黏度，提高流散性，有些还可延缓巧克力晶型衍变和阻抑油脂迁移。增加油脂体系液体馏分，有利于稳定晶型的形成，抑制巧克力起霜。

常用的乳化剂包括大豆磷脂、分子蒸馏单硬脂酸甘油酯、山梨醇酐脂肪酸酯、蔗糖脂肪酸酯、聚甘油酯，还有三聚甘油硬脂酸酯等。

（2）蛋白质、多糖和纤维素抗霜　蛋白质具有亲水和亲油两性基团，是一种乳化剂；多糖也具有乳化效果，与蛋白质配合使用，能增强蛋白质的乳化作用；纤维素具有空间网状结构，三者交互作用在巧克力料中形成更复杂的空间网络结构，具良好的抗霜效果。

（3）乳脂　目前世界上多采用乳脂替代部分可可脂成分，如奶油巧克力中很少见到起霜现象就是因为其高含量乳脂能抑制霜花形成，且脱脂乳粉效果比全脂乳粉效果更好。

四、巧克力质量的鉴定

现在市场上的巧克力产品丰富多彩，价格差异很大，品质优劣不一。鉴别巧克力通常的方法是"一看二闻三品尝"。

1. 一看

巧克力外观无气孔和白霜，表面光泽。折断时硬脆，断面应是均匀的鳞片或针状排列。

形——表面应完整无残缺、无气孔、无机器中的润滑油、冷凝水等其他杂物。

色——巧克力的表面要光滑细腻，无发花发白；用手掰开时，感觉到又硬又脆，其任何一个剖面颜色都是均一的、细密的。

顶级巧克力必须与可可豆的颜色相同，呈红褐色，而非黑色。因为巧克力的主要成分是可可豆与糖，而牛奶巧克力则应该是金褐色，可可的成分越多，颜色越深。

2. 二闻

香——打开包装，就可闻到可可特有的香气，这种香味是可可特有的香气，而不是怪味、异味，含在嘴里，更是满口香气。

3. 三品尝

高质量巧克力口感细腻，入口后极易融化。劣质产品口感粗糙，无香味，吃在嘴里有蜡感（此与原料，设备，工艺，标准等有关），如此便违背了巧克力的功能。巧克力给人的最大愉快是：它在人的口腔中融化时，热能被口腔上皮细胞吸收，给人们舒适感，那种滋味妙不可言，就像有的巧克力广告诉求："只溶在口，不溶在手。"

五、可可豆、可可制品和巧克力制品的质量标准

（一）可可豆

1. 中华人民共和国行业标准

（1）一级豆　水分≤7.5%，100g 粒数≤100 粒，霉豆≤3%，僵豆≤3%，虫蛀豆、发芽豆、扁瘪豆≤3%。

（2）二级豆　水分≤7.5%，100g 粒数≤101～110 粒，霉豆≤4%，僵豆≤8%，虫蛀豆、发芽豆、扁瘪豆≤6%。

（3）三级豆　水分≤7.5%，100g 粒数≤111～120 粒，霉豆≤4%，僵豆≤8%，虫蛀豆、发芽豆、扁瘪豆≤6%。

（4）等外级豆　超过二级豆规定限一项以上的任何一批可可豆为等外级。

2. 联合国粮农组织（FAO）可可豆分级标准

（1）一级豆　霉豆≤3%，僵豆≤3%，虫蛀豆、发芽豆、扁瘪豆或其他次豆≤6%，发芽豆、扁瘪豆或其他次豆。

（2）二级豆　霉豆≤4%，僵豆≤8%，虫蛀豆、发芽豆、扁瘪豆或其他次豆≤6%。

（二）可可制品

1. 可可粉

（1）中华人民共和国行业标准

①感官标准：

a. 天然可可粉。粉色：棕黄色至浅棕色；汤色：淡棕红色；香滋味：天然叮可香、无烟焦味或其他异味。

b. 碱化可可粉。粉色：棕红至深棕红色；汤色：棕红至深棕红色；香滋味：正常可可香无烟焦霉味或其他异味。

②理化指标：

a. 天然可可粉。水分及挥发物含量≤5%；可可脂含量 >22% 为高脂、14%～22% 为中脂、<14% 为低脂；灰分含量≤8%；细度 A.99.0%（0.075mm 200 目通过率）、B.98.0%（0.094mm 160 目通过率）；pH 5.2～5.8。

b. 碱化可可粉。水分及挥发物含量≤5%；可可脂含量 >22% 为高脂、14%～22% 为中脂、<14% 为低脂；灰分含量≤10%（轻碱化粉）、≤12%

（重碱化粉）；细度 A. 99.0%（0.075mm 200 目通过率）、B. 98.0%（0.094mm 160 目通过率）；pH 6.5±0.3（轻碱化粉）、7.2±0.3（重碱化粉）。

③微生物指标：菌数总数≤10000 个/g、酵母菌≤50 个/g、霉菌≤100 个/g、大肠菌群（M. P. M）≤30 个/100g、病原比埃希菌（0.1g）不得检出、沙门菌（250g）不得检出、金黄色葡萄球菌（0.1g）不得检出。

（2）某品牌可可粉标准

①感官指标：

a. 天然可可粉。粉色：棕黄至浅棕红；汤色：淡棕红；香滋味：天然可可香无烟焦霉味或其他异味。

b. 碱化可可粉。粉色：棕红至深棕红；汤色：棕红至深棕红；香滋味：正常可可香、无烟焦、霉味或其他异味。

②理化指标：

a. 天然可可粉。水分及挥发物含量≤5%；可可脂含量 10%～12%、12%～14%、14%～16%、18%～20%、20%～22%、22%～24%；灰分（干态脱脂）≤8%；细度 A>98.0%（160 目/in）、B>99.0%（200 目/in）；pH 5.2～5.8；沉降速度 7.5min 内沉淀不超过 1mL（100mL 沸水冲泡 1g 样品）。

b. 碱化可可粉。水分及挥发物含量≤5%；可可脂含量 10%～12%、12%～14%、14%～16%、18%～20%、20%～22%、22%～24%；灰分（干态脱脂）≤10%；细度 A>98.0%（160 目/in），B>99.0%（200 目/in）；pH 6.5±0.3（轻碱化粉）、7.2±0.3（重碱化粉）；沉降速度 10min 内沉淀不超过 1mL（100mL 沸水冲泡 1g 样品）。

③杂质指标：

昆虫碎片：六次平均<50（片/50g），其中每次最高不超过 100 片。

动物毛发：六次平均<2（根/50g），其中每次最高不超过 5 根。

化学纤维：不得检出。

④微生物指标：菌数总数≤5000 个/g、酵母菌≤50 个/g、霉菌≤50 个/g、大肠菌群≤10 个/g、沙门菌（250g）不得检出、金黄色葡萄球菌（0.1g）不得检出、黄曲霉素含量<5×10^{-9}。

2. 可可脂

（1）中华人民共和国行业标准

①感官指标：色泽：熔化后呈明亮的柠檬黄至淡金黄色；透明度：澄清透明至微浊、无浑浊；气味：具有正常香气，无霉焦，哈喇味或其他异味。

②理化指标：色价：不超过 0.15g $K_2Cr_2O_7$－100mL 浓 H_2SO_4 色泽；折射率（40℃）1.4560～1.4580；水分及挥发物含量 ≤0.20%；游离脂肪酸（以油酸计）≤1.75%；碘值 33～42g I/100g；皂化值 188～198mg/g；熔点 30～35℃。

（2）某品牌 DB403 压榨可可脂标准

①感官指标：色泽：熔化后呈明亮的柠檬黄色至淡金黄色；透明度：澄清透明至微浊，无浑浊；气味：正常可可香（纯净、新鲜），无霉，焦、哈喇味或其他异味；成形结构：表面无可可粉斑，整洁、坚实、质脆断裂面少油花。

②理化指标：水分及挥发物含量 ≤0.15%；熔点（开口毛细管法）30 ~ 35℃；折射率（40℃）1.4560 ~ 1.4580；色价：不超过 0.15g $K_2Cr_2O_7$ – 100mL 浓 H_2SO_4 色泽；游离脂肪酸（以油酸计）≤1.75%；碘值（Hanus 法）33 ~ 42g I/100g；皂化值 190 ~ 198mg/g。

（三）巧克力制品

1. 巧克力制品

（1）感官指标

色香味：色泽鲜明，均匀一致，符合该品种应有的色泽：香味纯净，符合该品种应有的香气；口味和顺适中。

形态：块形端正，边缘整齐无缺角、裂缝，表面光滑，花纹清晰，大小均匀，厚薄一致，无明显变形。

组织：纯巧克力表面有光泽，不发花白或有明显手迹，剖面紧密，无 1mm 以上明显孔，口感细腻润滑，不糊口，无粗糙感，细度在 25 ~ 35μm；夹心巧克力，除上述要求外，巧克力涂层均匀，不宜过厚或过薄，各种夹心巧克力能体现其产品特征。

包装：大小包装紧密不松、不破，标志与内容物相符。小包装不歪斜，无反包、重包，大包装净重准确。标签端正，齐全正确。

（2）重量指标

40g 巧克力排 38 ~ 42g；

46g 巧克力排 44 ~ 48g；

85g 巧克力排 82 ~ 88g；

四味巧克力 4g/块，10 块重 38 ~ 42g；

蛋形巧克力 5g/块，10 块重 48 ~ 52g；

宫灯巧克力 5.7g/块，10 块重 55 ~ 59g；

大金花巧克力（16 ± 0.5）g/块；

中金花巧克力 3.4g/块，10 块重 32 ~ 36g；

小金花巧克力 1.2g/块，10 块重 11.5 ~ 12.5g；

红线巧克力 4.0g/块，10 块重 40 ~ 44g；

什锦：鸡心形 4.3g/块，10 块重 41 ~ 45g；

长圆形 4.5g/块，10 块重 43 ~ 47g；

圆形 4.8g/块，10 块重 46～50g；

5kg 块巧克力（5000±55）g；

0.5kg 块巧克力（500±3）g。

（3）理化指标　水分＜1%（夹心巧克力未规定）；细度 25～35μm。

（4）卫生指标　铜含量＜10mg/kg；铅含量＜1.0mg/kg；砷含量＜0.5mg/kg；细菌总数＜50000 个/g（夹心巧克力）、＜5000 个/g（纯巧克力）；致病菌（肠道致病菌及致病性球菌）不得检出；苹果酸钠＜600mg/kg；单硬脂酸甘油酯＜6000mg/kg；虫胶＜200mg/kg。

2. 麦丽素巧克力

（1）感官指标

形态：呈颗粒状，外形基本圆整，表面光滑有光泽。

组织：朱古力涂层厚薄均匀，口感松脆。

色香味：色泽鲜明，均匀一致，呈棕色，具有天然可可香味及浓郁的奶味和麦精特有的风味，口味和顺适中。

包装：包装紧密不松、不破，标志与内容物相符，计量准确，标签端正，齐全正确。

（2）理化指标　水分＜2.0%、细度 25～35μm、颗粒数（粒/500g）260～280 粒、朱古力涂层＞1mm。

（3）卫生指标　铜含量＜10mg/kg；铅含量＜1.0mg/kg；砷含量＜0.5mg/kg；细菌总数＜50000 个/g；大肠菌群＜30 个/100g；致病菌（肠道致病菌及致病性球菌）不得检出；苹果酸钠＜600mg/kg；单硬脂酸甘油酯＜6000mg/kg；虫胶＜200mg/kg。

3. 巧克力健康饮料

（1）感官指标　呈棕色，有光泽的疏松均匀小颗粒，具有巧克力与牛乳所固有的香味和滋味，无其他异味，溶于热开水，冲调后呈均匀一致的悬液，甜度适中有少量可可粉沉淀。

（2）理化指标　水分≤2.5%；脂肪≥6%；溶解度≥94%；总糖 65%～70%；蛋白质≥7%；比体积≤225。

（3）卫生指标　铅含量≤0.5mg/kg；砷含量≤0.5mg/kg；汞含量≤0.04mg/kg；细菌总量≤30000 个/g；大肠菌群落≤90 个/100g；致病菌（肠道致病菌及致病球菌）不得检出。

思考题

1. 简述巧克力的热熔特点。

2. 巧克力常会发生哪些质量问题?

3. 为什么说巧克力是一种高营养食品?

4. 巧克力起霜的原因是什么?

5. 如何控制巧克力起霜?

实操训练

实训一　巧克力的加工

巧克力的种类繁多，按照巧克力的原料组成、加工工艺特点和组织结构特征可分为纯巧克力和巧克力制品。这两个大类又可分为若干个种类和品种。根据国家标准，纯巧克力又分为黑巧克力、牛奶巧克力和白巧克力。根据可可脂的类别，分为可可脂巧克力和代可可脂巧克力。

（一）黑巧克力

1. 产品配方

黑巧克力基本成分组成见表 2-33。

表 2-33　黑巧克力基本成分组成　　　　　　　　　　单位:%

原料组成	苦巧克力	香草巧克力
砂糖（以干物质计）	44~54	40~48
总可可脂（以干物质计）	31~34	29~32
非脂可可固形物（以干物质计）	13~19	12~17
总可可固形物（以干物质计）	44~53	41~49
乳脂肪（以干物质计）	—	0~1.5
总乳固体（以干物质计）	—	0~3
食品添加剂	符合 GB 2760—2014 的规定	符合 GB 2760—2014 的规定
食品营养强化剂	符合 GB 14880—2012 的规定	符合 GB 14880—2012 的规定

具体配方：白砂糖 40kg，可可液块 50kg，可可脂 10kg，卵磷脂 0.3kg，香兰素 50g，食盐 300g。

2. 工艺流程

白砂糖 → 粉碎 → 糖粉   清洗模板 → 烘模 → 恒温

可可液块
        → 融化 → 混合 → 预磨 → 精磨 → 精炼 → 过筛 → 保温 → 调温 → 浇注成形 →
可可脂

香料、卵磷脂、可可脂

振动 → 冷却硬化 → 脱模 → 挑选 → 包装

3. 生产加工原理

巧克力糖果具有润滑、细腻的特点和诱人的香气，是由于它的原料和生产工艺决定的。在生产工艺中将巧克力制品成分中所有固体物分散为极小的微粒，使所有的可溶性物质和不溶性物质都变为十分细小的质点，把巧克力变得非常细腻和润滑。

其次，将巧克力制品的各种原料作最高程度的混合，在混合高度均态后，致使糖不能很快析出结晶、油脂不能分离等现象，以免影响巧克力制品的外观和组织结构。为此，必须通过研磨、混合、均质和精制把各种成分分散成极小的微粒（粒径不超过80μm），同时又使各种不同物质混合得非常均匀，在舌的感觉上辨别不出不同物质质点的各自特点，而只觉得巧克力成为浑然一体的润滑、细腻制品。为了达到高度均质化，有时要加入乳化剂，起到乳化和稀释作用。

在常温下，巧克力制品具有坚硬和脆裂的特性，当温度超过30℃以上时，它就要由固态突然转变为液态，失去光泽和完整外形，这是由于可可脂的物理性所决定的。在其熔点以下巧克力具有一定的硬度和脆性，在熔点以上则具有良好的流动性。当接近熔点时，可可脂这种二重性表现得非常明显。因此，巧克力糖果在温度接近其熔点时物理性质十分敏感。这就要求在其生产工艺的灌模、涂层、包装和贮运等都要注意利用这一特性。

4. 主要工序操作

（1）化油（化浆）

分别将可可脂、可可液块在夹层锅或保温槽等加热设备中进行熔化，熔化温度≤60℃；熔化后的可可脂和可可浆要尽快使用，使用前，可可脂用120目筛网过滤，可可浆用60目筛网过滤。

（2）巧克力料精磨

混合：打开卧式混合机的夹套保温40～50℃，待保温温度达到时打开机盖，放好筛板，按混合配方投料。加入白砂糖、可可脂（总配方量的1/3左右），充分混合。根据实际情况掌握混合时间，物料黏度适宜方可出料。

预磨：打开二辊机（或三辊机）的电源形状及油泵开关。将混合物料经过螺旋推进器或钢带输送系统进入二辊机（或三辊机）的进料斗，辊筒的压力和间隙按照设备操作规程执行，控制物料的进料量，以达到均匀分布，并且使出料符合工艺要求 75~85μm。达到细度要求后方可由螺旋推进器或钢带输送系统将预磨料送入五辊机的进料槽。

精磨：打开五辊机的电源和空气开关，严格按照五辊机设备的操作规程执行。做到上辊分布物料均匀，精磨温度控制在 40~50℃，不得超过 50℃。调整好辊筒之间的压力和间隙，使出料细度平均在 15~18μm，达到细度的物料由输送带或钢带输送系统及时送入精炼缸。

（3）巧克力料精炼　打开立式精炼机的电源开关和慢速搅拌开关，打开夹套保温进出水阀。在操作控制面板上设定精炼机夹套的保温温度，使精炼机进入工作状态。

精炼工序：精磨后达到细度要求的粉体物料由输送系统进入精炼缸，进入量可根据物料的干粒状态，按配方设计要求（2/3 剩余可可脂中的 20%），在空缸时适当补充底油和少量乳化剂，一边连续输送，一边慢速搅拌，待进料完毕后（一般进料时间需要 1.5~2.5h，进料时间不宜太长），开启排风装置，继续干式精炼 1~1.5h。关闭慢速搅拌开关和排风，打开快速搅拌开关，使物料进入液化精炼阶段，20~30min 后可以加入一次可可脂（加入量是2/3 剩余可可脂中 80% 的一半）。此时方可开启精炼机中的提升机，使浆体进入缸底的入口提升与旋转的滚柱接触，产生拍击作用，如此循环以至迅速液化。在液化精炼的中后阶段，可将剩余的可可脂平均分 1~2 次加入，并开启排风。精炼结束前 1h 可加入剩余乳化剂和香料。精炼完毕后，巧克力浆经 80 目筛过滤，方可送入中转保温罐内储存，并开启搅拌运转。保温罐的温度保持在 42~43℃。

（4）巧克力料调温　自动调温机工序：设定巧克力保温罐的进料温度38~40℃，在调温机的控制面板上按工艺要求设定生产巧克力浆料的调温参数。

黑巧克力浆料调温参数：38~40℃→29℃，29℃→27℃，27℃→29.5~30.5℃。

牛奶（奶油）巧克力、白巧克力浆料调温参数：37~39℃→29℃，29℃→27℃，27℃→28.5~29.5℃。

（5）巧克力成形　选好相应的模板和分配板，打开总电源开关，并开启水泵看是否有水压（0.2~0.4MPa）。装入分配板，烘模加热，保证浇注时模板温度为 27~28℃。打开模板振动器开关和制冷开关，并设置好隧道冷风温度。

生产时，保证料斗的实际温度为 29~31℃。料斗的巧克力浆料液位超过搅拌器轴的中心线时，即可开始浇模。先按产品净含量要求调整好浇注量，打开模板开关，可根据振动脱气情况及时调整好振动器的频率，以使巧克力浆料的浇模振动能达到最好效果。经浇注、振动后的巧克力模板自动进入冷却隧道，约 25～30min 巧克力固化后自动脱模，于输送带上送出。冷却隧道温度应控制在 5～10℃。巧克力整理后，再送入平衡或包装工序。

巧克力成形车间的温度应控制在 18～22℃，相对湿度≤50%，确保脱模后巧克力表面光泽度良好。

5. 设备操作规程及操作要点

（1）化油（化浆）设备　选用保温槽进行化油（化浆）。开机前打开进出水阀，再打开保温槽的电源开关，设定保温温度≤60℃。调节进出水量的大小，使温度逐渐上升到保温温度，然后分别将可可脂、可可液块放入各自保温槽内熔化，将熔化后的可可脂、可可浆分别过滤后输送至保温的贮存罐中，及时使用。

清洁工作：随时保持保温槽部位的干净，定期打扫卫生。清洁时可用热水洗刷，及时烘干后盖好，关闭进水阀，放尽夹套水，关闭电源。

（2）精磨设备

①选用二辊机（或三辊机）进行预磨：开机前检查冷水机组，保证压力大于 0.2MPa，温度为 12～18℃。紧急开关全部放松。

开机操作：打开电柜开关、油泵开关，调整 1、2 辊压力（或 1、2 辊和 2、3 辊压力）。合并 1、2 辊（或 1、2 辊和 2、3 辊），下适当量的混合料后，打开主机开关，运转约半分钟后，开始预磨，待物料均匀出料后，再行调整 1、2辊（或 1、2 辊和 2、3 辊）压力。在保证物料分布均匀的前提下，尽可能降低1、2 辊（或 1、2 辊和 2、3 辊）压力。待物料运转几分钟后检测细度，若细度为 75～85μm，即可正常工作。工作中，应随时检查对辊机（或三辊机）的辊筒温度及其回流水温度，并通过冷却水量来加以控制。随时观察分布物料的均匀度，如果出现分布物料不均匀的现象，应及时调整压力或停机检查辊筒温度。

②选用五辊研磨机进行细磨：开机前检查配套的冷机、风机运行情况。检查齿轮箱润滑油位，应在油窗口的 1/3～1/2 处，不足时补足。检查压缩空气，保证压力大于 0.6MPa。检查冷却水，保证压力大于 0.3MPa，温度 12～18℃。紧急开关全部放松。

开机操作：打开压缩空气开关、电源开关。操作控制面板，基础菜单、搅拌机送料达到料斗容量的工作状态。

③五辊机辊筒之间的间隙控制（用塞尺测量）：1 间距为 44～45μm；2 间距为 26～27μm；3 间距为 19～20μm；4 间距为 13～14μm。

空机运行调试 4 个压力表的参数（左右一致为佳），设置速度，为待料运转几分钟后检测细度达到 15μm 时锁定参数，即可正常工作。

　　五辊机的各辊的温度控制是依靠辊筒内部通入 13~15℃ 冷却水完成的。各辊筒间距和辊筒与刮刀的间距都采用液压系统自动调节。当出现特殊情况时要先停机并且检修。每磨完一料，须开启前部挡板，用清洁的软布清理物料运转感应器。在无料状态下，磨辊的使用不得超过 30s。工作状态下，除非紧急情况，不得使用紧急按钮。

　　④清洁工作：注意随时保持机体关键部位的干净，必要时停机打扫卫生。肩状物、料斗、闸门、底部保护挡板应定期清洁。无料运转感应器每料清洁一次。配方改变时，1、2 号辊子和进卸料漏斗必须清洁。清洁时，严禁用水。每次清洁完成后打上卵磷脂，关闭所有的开关。非专业培训人员不得操作该设备。

　　(3) 精炼设备　以立式精炼机为例，其操作程序如下。

　　①开机前的准备工作：检验油仓口，油位应在 18 mm 处，齿轮润滑油位置在窗口的 1/2~2/3 处，不足时补足。检查压缩空气压力是否为 0.45~0.6MPa，冷水压力是否为 0.3MPa，水蒸气压力是否为 0.25~0.4MPa。把气动离合器置于零位，放松所有紧急开关。

　　②工作状态：按功能键开关使气动离合器工作，特别应检查搅拌机的电动机是否低速运转、方向是否正确。设定保温水温度为 40~45℃，浆料温度为 40~45℃。除非紧急情况，机器在工作期间不得使用紧急按钮。

　　③停机：关闭电柜开关、空气开关。若不是连续生产，巧克力浆料放完后应做好清洁工作。

　　(4) 保温贮存设备

　　①打开保温缸总开关，开启保温缸夹套进出水阀，将恒温器调整到工艺要求设定温度，温度恒定时方可投入巧克力浆料。巧克力浆料的投入量不得超过距离缸口 150mm 的位置，以防巧克力浆料在搅拌时溢缸。

　　②待巧克力浆料进完后，开启搅拌器，并盖好缸盖。若保温时间超过 24h，应关闭搅拌器，每隔 1h，开动慢速搅拌 20min。为巧克力浆料的调温或换缸做好准备。

　　③生产结束时，若保温缸内还剩有巧克力浆料，继续保温，必要时可关闭搅拌器。若缸内浆料用完，需关闭保温及搅拌器，关闭夹套进出水阀及总开关。缸盖及缸体表面擦干净。

　　(5) 调温设备　以自动调温机为例，其操作程序如下。

　　①供给系统：打开三相全自动交流稳压器，保证电源不中断供给，电压不低于 380V 的 95%，不超过 380V 的 115%。冷却水和热循环水应不中断地稳定供给。冷却水压在 0.25~0.4MPa，水温在 10~15℃；热循环水压力不低于 0.2MPa，水温在 40~45℃。

②保温系统：保温罐夹层热水温度一般设定为≤45℃，罐内巧克力浆料保温≥35℃。在启动调温机前，应启动振动筛分机开关，只要罐内有巧克力，搅拌机通常要运转。

③调温机操作程序：打开电源开关，让冷却水将巧克力浆料冷却，重新加热水。三种温度（通常巧克力精磨后的第一温区为 30～40℃，第二温区 27℃，第三温区 31℃）都升至设定温度后，开启程序刮板和巧克力泵，让巧克力循环 20min 左右（注意：启动调温机前一定要打开振动筛）。根据生产的巧克力浆料选好预先设定的调温程序。开启调温后 40～60min 方可进行浇注。开启气压开关即可放浆，气压为 0.52MPa。

④工作结束：调温机的保温状态按操作面板上的升温键，然后按清洗键，调温机刮板内及循环管内的巧克力自动升温到设置温度（42℃），约 20min 后升温停止，同时结束循环。夜间及其他非工作时间内，保温罐及调温机的电源是常开的。

（6）成形设备

①浇注前的准备：选好相应的模板和分配板，把分配板安装在浇注机下方的位置上，打开总电源开关，并开启水泵检查是否有水压（0.2～0.4MPa）。

提前 30min 对浇注斗和分配板进行加热，保证料斗的实际温度符合工艺要求。打开模板加热开关→制冷开关→设定隧道冷风温度→模板开关→振动开关。振动频率 450～1600r/min，可无级调节，振幅为 4mm 左右。

②工作结束：浇注结束关闭烘模装置，防止停机后烘坏模板。浇注机内如有剩余的巧克力浆料时，可调换并安上浇注机的出料分配板，使剩余巧克力浆料流入预先准备好的干净容器内。关闭浇注机和振动开关，清洗分配板。关闭启动开关、风机开关、制冷开关、水泵。

（7）冷却设备

①一般冷却设备采用链输送，先打开电控箱总电源，打开输送启动按钮，将输送链空载运转片刻。待一切正常后，打开冷凝压缩机，按工艺要求设定冷却温度，打开循环风机。

②生产过程中模板的安置必须严格把关，防止模板的脱落或错位，以致损坏输送链。

③工作结束：关闭循环风机→冷凝机→输送链→总电源。铲除输送链及振动板上面的积剩巧克力，清扫环境和场地，定期将各传动部件啮合处加上润滑油。

6. 安全操作技术规程

（1）化油（化浆）时，应按工艺要求控制熔化温度，避免油脂等溅入生产场地，造成人员跌滑。

（2）在物料混合时，严禁用手测试物料的薪度，停机后方可测试。

（3）二辊（或三辊）、五辊机在运转时，严禁除正常物料之外的其他物品进入，并绝对禁止用手直接靠近加料辊，防止意外事故发生。不得手扶出料口，防止刮刀翘起，引发意外。清理及更换刮刀时，注意不得用手直接接触刮刀。未经培训人员不得操作该设备。

（4）浇注机中途停机时，应立即关闭热风的电加热器，严防模板受热变形。当继续开动时，先打开热风的电加热器，并在热风温度上升到规定温度时，才能继续开动浇注机。中途停机超过15min以上，则应将浇注机内的巧克力浆料放出，待继续浇模时再重新注入浆料。浇注机活塞及分配板要定期清洗。

7. 风味形成要素

（1）可可制品　可可制品的香味类型和强度取决于可可豆品种和加工条件，香味物质的形成与可可物料中游离氨基酸的类型和含量变化有关。其次，可可中的可可碱、咖啡碱、多元酚和有机酸是形成巧克力主要风味的重要成分。

（2）乳固体　乳固体是牛奶巧克力的另一香味源，乳固体的存在赋予了牛奶巧克力以乳和可可混合的优美香味。

（3）糖　糖由砂糖和乳糖组成。乳糖主要来源于非脂乳固体中，也可以根据风味的要求另外添加乳糖。在巧克力加工过程中，会不同程度地发生糖与乳蛋白的美拉德反应而产生焦香风味。

（4）增香剂　为丰富巧克力的香气效果，在配方中适当添加常用的香料有香兰素、乙基麦芽酚等。通过比较黑巧克力和牛奶巧克力的原料组成可分析香精在巧克力中的作用（如表2-34所示）。可以发现，香精的用量可以很大，也可以很小。这是因为香精在巧克力制品中主要是起补充香气和降低成本的作用，补充香气时用量低，降低成本时用量高。另外，如果要制作特殊风味的巧克力，一般加入的是油溶性香精。例如，虽然橙味巧克力加入香精和后续工艺的温度一般不会超过80℃，但因为巧克力中天然成分含量高、脂肪含量高，所以香精的添加量也很高。

表2-34　香精在巧克力中的比例　　　　　　　　单位:%

原料组成	黑巧克力	牛奶巧克力
可可液块	35 ~ 50	10 ~ 40
白砂糖	32 ~ 48	20 ~ 40

续表

原料组成	黑巧克力	牛奶巧克力
可可脂	5~15	5~20
盐	0.2~0.5	0.2~0.5
香精	0.01~0.3	0.01~0.3
卵磷脂	0.3~0.6	0.3~0.6
乳粉	—	10~25

（5）改善口味成分　不同巧克力在生产过程中还添加不同的香味辅料，如杏仁、榛子、腰果、花生仁、葡萄干、椰丝、麦芽、咖啡等。

案例1

香草巧克力

1. 配方

白砂糖42kg，可可液块32kg，可可脂19kg，香兰素80g，食盐300g，卵磷脂300g。

2. 工艺流程

参照黑巧克力实训知识介绍。

3. 操作要点

参照黑巧克力实训知识介绍。

案例2

牛奶巧克力

1. 配方

白砂糖47kg，可可液块10kg，可可脂25kg，全脂乳粉18kg，香兰素60g，食盐300g，卵磷脂300g。

2. 工艺流程

参照黑巧克力实训知识介绍。

3. 操作要点

参照黑巧克力实训知识介绍。

 案例3

奶油巧克力

1. 配方

白砂糖44kg，可可脂24kg，可可液块8kg，脱脂乳粉18kg，奶油6kg，香兰素60g，食盐300g，卵磷脂300g。

2. 工艺流程

参照黑巧克力实训知识介绍。

3. 操作要点

参照黑巧克力实训知识介绍。

 案例4

白巧克力

1. 配方

白砂糖44kg，全脂乳粉28kg，可可脂26kg，奶油2kg，香兰素60g，食盐300g，卵磷脂300g。

2. 工艺流程

参照黑巧克力实训知识介绍。

3. 操作要点

参照黑巧克力实训知识介绍。

（二）代可可脂黑巧克力

1. 配方

代可可脂黑巧克力基本成分见表2-35。

表2-35 代可可脂黑巧克力基本成分 单位:%

原料组成	代可可脂黑巧克力 I	代可可脂黑巧克力 II
砂糖（以干物质计）	46~50	39~45
代可可脂（以干物质计）	32~35	28~33
非脂可可固形物（以干物质计）	13~15	16~18
总乳固体（以干物质计）	—	0~3
食品添加剂	符合 GB 2760—2014 的规定	符合 GB 2760—2014 的规定
食品营养强化剂	符合 GB 14880—2012 的规定	符合 GB 14880—2012 的规定

具体配方：白砂糖 35kg，代可可脂 30kg，可可粉 35kg，卵磷脂 0.3kg，香兰素 50g，食盐 0.3kg。

2. 工艺流程

白砂糖、代可可脂、可可粉

↓

原料处理→精磨→保温（调温）→浇注→振模→冷却→脱模→挑选→平衡→

↑

卵磷脂、食盐、香料

包装→检验→出厂

3. 产品工艺要求

（1）精磨　按配方准确称取各种原料，白砂糖预先粉碎，粉碎颗粒大小可通过 100～120 目筛。代可可脂预先熔化，熔化温度≤55℃。预留约 5% 的油脂在精磨结束前 1h 与磷脂、香料一起加入。精磨过程中巧克力浆料温度≤50℃，并保持缸内气体在精磨过程中不断流动，精磨时间为 18～22h，浆料细度控制在 25μm 以下，精磨机电机的电流不宜超过 25A。

（2）调质保温　精磨后的巧克力浆料置于保温缸内调质保温，控制浆料温度 35～40℃，出缸时用 80 目筛子过滤。

（3）成形　成形前先应分清代可可脂油脂种类和性质。代可可脂巧克力目前可选用三种油脂：月桂酸型代可可脂（CBS）、非月桂酸型代可可脂（CBR）、类可可脂（CBE）。这三种油脂绝对不可在配方中混合使用。其中 CBS、CBR 是非调温型代可可脂，而 CBE 是调温型代可可脂，生产代可可脂巧克力一般选用前两种。如使用 CBE 代可可脂时，浆料应按照调温的三个温区进行（35～40℃→27℃→28～31℃）。

机器成形：选好模板和分配板，并且装好分配板，设定浇注斗及分配板的浇注温度（调温型 28～30℃，非调温型 35～38℃）。开启烘模及振动装置，按产品要求调节好浇注量及振动频率。

手工成形：掌握模板与浆料（调温型 28～30℃，非调温型 35～38℃）的浇注温度匹配性，模板温度略低于浇注温度 1～2℃。跳台振动为无级调节，视巧克力浆料在振动过程中的脱气良好为宜，确保产品表面无直径为 1mm 气孔存在。

巧克力成形车间的温度应控制在 18～22℃，相对湿度≤50% 为宜，确保脱模后巧克力表面光泽度良好。

（4）冷却　手工冷却，冷却室温度在 2～5℃，冷却时间 25～30min。隧道冷却有以下两种形式：①一个冷却温区：冷却温度一般设定在 5～6℃，冷却时间 25～30min；②三个冷却温区：预冷风区，冷却风区，回温风区，冷却周期

25 ~ 30min。

4. 主要工序操作

（1）精磨　打开圆筒精磨机夹套进出水阀，夹层的热水维持在 40 ~ 45℃。启动精磨机，逆时针方向转动手轮柄，减小刮板压力到最小，让其空运转。依次往精磨缸内投入熔化好的代可可脂、糖粉、可可粉（或可可液块）、乳粉、食用盐及单甘油酯。投料完毕，整机夹套应用循环冷却水冷却。分 2 ~ 3 次上紧刮刀，上紧的程度以电流表的读数为准。进入正常精磨后的整机电流表读数在 22 ~ 25A。从投料至精磨 3 ~ 4h，需翻缸两次，每次将 25kg 的量从出料口放出，再从投料口倒回，同时将进出口浆料刮干净。在精磨过程中，浆料温度控制在 45 ~ 50℃；始终打开精磨机的前后盖，并加盖防护罩。精磨时间为 16 ~ 22h，精磨结束前 1h，加入乳化剂和香料。用千分尺或刮板细度计测量浆料的细度，达到 20 ~ 25μm 后，关闭循环水，放松刮刀，即可出料。

（2）调质保温　打开保温缸总开关，开启保温缸夹套进出水阀，将恒温器调整到工艺要求的 40 ~ 45℃ 设定温度，到达温度恒定时方可投入巧克力浆料。巧克力浆料的投入量不得超过离缸口 150mm 的高度，以防巧克力浆料在搅拌时溢缸。待巧克力浆料进完后，开启搅拌器。若保温时间超过 24h，应关闭搅拌器并盖好缸盖，每隔 1h 开动慢速搅拌 20min。此外，还应为巧克力浆料的调温或换缸做好准备。

（3）成形

①机器成形：选好相应的模板和分配板，把分配板安装在浇注机的下方，打开总电源开关、水泵。根据调温型和非调温型的工艺要求提前 30min 对浇注斗和分配板进行加热。打开模板加热开关，保证浇注时模板的适宜温度。浇模前，把保温缸的浆料过 80 目筛子移入浇注斗内（若调温型的浆料预先调温后再移入）。浇模时，先按产品净含量要求调整好浇注量，打开模板开关，启动振动器按钮，并在浇模振动的部分观察模板内巧克力浆料的脱气情况及振动后的成形情况。可根据振动和脱气情况及时调整好振动器的频率，以使巧克力浆料的浇模振动能达到最好效果。此时，方可连续不断地浇注。25 ~ 30min，巧克力固化后自动脱模于输送带上并被送出。

②手工成形：将保温缸的浆料移入小调温缸内，根据调温型和非调温型的要求浇模。模板预先清洗干净，置于烘箱内干燥，使用时控制模板预冷或风冷的适宜温度，然后在模板内注入巧克力浆，用刮刀刮平，在跳台上充分振动后送入冷却室。

（4）冷却

①隧道冷却：先打开电控箱总电源，打开输送启动按钮，将输送链空载运转片刻，待一切正常后，打开冷凝压缩机，按工艺要求设定冷却温度，打开循

环风机。巧克力经一个周期循环冷却，固化后自动脱模于输送带上并被送出，由人工或自动整理装置进行整理，再送入平衡或包装工序。

②手工冷却：按工艺要求设定冷却室的冷却温度，将经过浇注、振模后的巧克力模板及时送入传递窗口，由人工放入冷却架上水平摆放。待巧克力完全固化，方可由人工从传递窗口送出、脱模、拣选、送入平衡或包装工序。

5. 设备操作规程及操作要点

（1）粉碎机操作要点　开机前先将盛糖粉用的容器放置在粉碎机的出料口，扎紧绒布接头，扎好回风（集粉）布袋的袋口。检查料斗内有无异常，然后先开启主电动机，再打开送料电动机，将砂糖倒入料斗里，粉碎机正常运转。容器里的糖粉到达一定质量后，需调换容器，此时应先停止送料电动机，再停止主电动机。以后当粉碎机再次启动时，可按第一次启动方法，使粉碎机再次运转。工作结束后应先停止送料电动机，2～3min后再关闭主电动机，最后将机器和周围场地清扫干净。

（2）圆筒精磨机的操作要点　将精磨机夹层的热水维持在适当的温度范围内；精磨机内若有未熔化的巧克力则不能启动，待剩余巧克力熔化后方可启动。启动精磨机，让整机空运转；投料顺序按工艺操作要求，投料结束后整机夹套应保持循环冷却水冷却；精磨时电流读数为22～25A，机内浆料温度应保持在40～50℃。在精磨过程中，要经常检查设备运转情况，特别是判断水温、浆温、电流读数等各项基本数据是否正常。水温与浆温的调整可以通过调节夹套冷却水的流量来控制，电流的大小以松格与上紧刮刀程度来调整，以控制浆料在规定精磨时间内达到细度标准，且不会使重金属超标。出料时，先关闭冷却水、放松刮刀，再打开放料口出料。待巧克力浆料放尽后，可关闭电动机。

（3）保温缸操作要点　开启闸阀，做好加热保温准备工作，进料后开启搅拌器，防止浆料溢出或倒灌入搅拌机的轴套内，注意加热保温方式，严防浆料受高温而产生质量问题。

（4）连续浇模成形机的操作要点

①开机操作：打开总电源，并分别打开各种温度计控制开关；启动主机，并将转速调整到适当范围内；打开热风机，开启电加热器，保持热风稳定；装妥分配板并加热；对浇模机头用夹套热水保温，使机头内的巧克力熔化；开启制冷机及冷风机，使冷却温度保持在工艺规定的要求范围内；检测模板温度是否达到预定要求，排除机头内的巧克力余料，并做好进料准备；打开送料阀门，使巧克力浆料进入浇模机内，调整浇模机的浇注量；开动振动器，调整振动频率；开动脱模器，使经过浇注的巧克力浆料通过隧道冷却固化后自动脱模在输送带上并被送出。

②停机操作：排净浇模机内的巧克力浆料；关闭电加热器及热风机；停止

浇模机头运转；关闭浇模振动器及脱模器；关闭各种温度计开关，关上总电源。清洗各种工具用器，做好整机及生产场地的清扫工作。

6. 安全操作技术规程

（1）粉碎机（糖粉机）运转时，应防止金属异物进入，可在料斗上设置筛网和磁铁。为防止意外事故，当粉碎机送料螺杆或其他部件因砂糖翻结而出现运转及送料等不正常情况时，应在停机后排除。当粉碎机的筛网和其他零部件做了调换以后，一切紧固件都应牢牢紧固，并在第一次开动机器时先按点动，然后才能正式启动。粉碎机严禁用水清洗。

（2）化油（化浆）时，按工艺要求控制熔化温度，避免油脂等溅入生产场地，造成人员跌滑。

（3）精磨机运转时，严禁除正常物料之外的其他物品进入，并绝对禁止用工具或手直接伸入加料口内，工具和手也不得伸入出料口，防止意外事故发生。精磨机绝对不可以作逆时针方向运转，否则将导致该机损坏。应定期检查蜗轮减速器润滑油的油面线，当油位降低时应及时添加润滑油以避免蜗轮烧坏。还应定期检查并调换精磨机的防漏填料，以防止机内的巧克力浆料渗出机外。精磨过程中停电时，立即关闭冷却水；当停水时，应立即停机，停机时应先放松刮刀，再关闭电动机。非经培训人员不得操作该设备。

（4）浇注机中途停机时，应立即关闭热风的电加热器。当继续开动时，先打开热风的电加热器，并在热风温度上升到规定温度时，才能继续开动浇注机。中途停机超过15min以上，则应将浇模机内的巧克力浆料放出，待继续浇模时再重新注入浆料。浇模机活塞及分配板要定期清洗。调换品种时，应对浇注机做全面清洗。平时可用油脂清洗，清洗放出的无污染油脂放置于干净的容器内，可以将其返回到生产同类产品的投料中。若生产结束，可用热水清洗，但清洗后必须烘干。整机各传动部件应由专人定时加润滑油润滑。

7. 风味形成要素

因用可可脂生产纯脂巧克力的成本较高，在标准允许范围内，常加入代可可脂来取代可可脂进行生产。因此，代脂巧克力风味形成要素与巧克力类似，也包括乳固体、糖、增香剂、口味改善成分等。但是，由于所选用的原料为不同的代可可脂，风味形成要素与纯可可脂巧克力略有不同。

（1）可可粉、可可液块　可可粉和可可液块基本香味的类型和强度取决于可可豆品种和加工条件。香味物质的形成与可可物料中游离氨基酸的类型和质量分数变化有关，可可中的可可碱、咖啡碱、多元酚和有机酸是形成巧克力风味的主要成分。

（2）代可可脂

①月桂酸型代可可脂：在20℃以下，月桂酸型代可可脂具有很好的硬度、

脆性和收缩性以及良好的涂布性和口感，在制作巧克力时无需调温，在加工过程中结晶快，在冷却装置中停留时间短，但易因脂解酶作用引起脂肪分解，而使产品易产生刺激性皂味，生产中应注意控制。

②非月桂酸型代可可脂：非月桂酸型代可可脂具有与天然可可脂相似的硬度、脆性、收缩性和涂布性能，也无需调温，且没有产生肥皂味的危险但制成的巧克力易有蜡状感。

③类可可脂：类可可脂在各方面和天然可可脂十分接近，所以采用类可可脂制作的巧克力，在黏度、硬度、脆性、膨胀收缩性、流动性和涂布性方面达到了可以乱真的地步。尤其当温度为30~35℃时，两者几乎完全一致。类可可脂巧克力的口味类似天然可可脂巧克力，口感同样香甜鲜美，无糊口感。

案例1

代可可脂香草巧克力

1. 配方

白砂糖46kg，代可可脂30kg，可可粉20kg，脱脂乳粉6kg，卵磷脂0.3kg，香兰素80g，食盐0.3kg。

2. 工艺流程

参照代可可脂黑巧克力。

3. 操作要点

参照代可可脂黑巧克力。

案例2

代可可脂牛奶巧克力

1. 配方

白砂糖48kg，代可可脂30kg，可可粉6kg，全脂乳粉16kg，卵磷脂0.3kg，香兰素60g，食盐0.3kg。

2. 工艺流程

参照代可可脂黑巧克力。

3. 操作要点

参照代可可脂黑巧克力。

✔️ 案例3

代可可脂奶油巧克力

1. 配方

白砂糖48kg，代可可脂28kg，可可粉6kg，全脂乳粉12kg，奶油6kg，卵磷脂0.3kg，香兰素60g，食盐0.3kg。

2. 工艺流程

参照代可可脂黑巧克力。

3. 操作要点

参照代可可脂黑巧克力。

✔️ 案例4

代可可脂白巧克力

1. 配方

白砂糖40kg，代可可脂32kg，脱脂乳粉28kg，卵磷脂0.3kg，香兰素60g，食盐0.3kg。

2. 工艺流程

参照代可可脂黑巧克力。

3. 操作要点

参照代可可脂黑巧克力。

思考题

1. 天然巧克力和代可可脂巧克力产品的特点有何不同？
2. 天然巧克力和代可可脂巧克力的加工工艺有何不同？
3. 天然巧克力的加工原理是什么？
4. 天然巧克力的保温作用和工序参数分别是什么？
5. 代可可脂巧克力的风味形成因素是什么？

实训二　巧克力制品的加工

纯巧克力的任何一个剖面，其基本组成都是均匀一致的，它是加工巧克力制品的基本原料。根据国家标准，巧克力制品分为混合型巧克力制品（即巧克力与其他食品混合制成的制品，如麦丽素、果仁巧克力）、涂层巧克力制品（即巧克力作涂层的制品，如威化巧克力）、糖衣型巧克力制品（即在巧克力外层涂、抹糖衣的制品，如巧克力豆）及其他。

（一）混合型巧克力制品

1. 麦丽素巧克力

麦丽素巧克力，是以砂糖、全脂奶粉、麦精或麦芽糊精和疏松剂等为基本原料，经烘制而成淡黄至棕黄色的球形或蛋形的多孔性制品，组织松碎易溶化，并有独特的牛乳风味，作为芯子包上牛奶巧克力外衣，进一步抛光而成艳亮、光泽夺目的麦奶球巧克力。因此麦奶球巧克力生产过程，分为芯子制造和巧克力包衣抛光两个部分。

（1）麦丽素生产基本配方

①麦丽素巧克力芯料配方：具体配方见表2-36。

表2-36　麦丽素巧克力芯料配方　　　　　　　　　单位：%

原料	纯可可脂巧克力	代可可脂巧克力
白砂糖粉	33~36	32~33
全脂乳粉	36~39	36~38
麦芽糊精	21~25	25~27
小苏打	0.6~0.9	0.8~1
碳酸氢铵	0.6~1	0.8~1.1
乙基麦芽酚	适量	适量

②麦丽素巧克力涂层配方：具体配方见表2-37。

表2-37　麦丽素巧克力涂层配方　　　　　　　　　单位：%

原料	纯可可脂牛奶巧克力	代可可脂牛奶巧克力
砂糖（以干物质计）	35~39	38~41
可可脂（以干物质计）	27~29	—
非脂可可固形物（以干物质计）	3~11	5~11
总可可固形物（以干物质计）	30~40	—
乳脂肪（以干物质计）	5~9	—
总乳固体（以干物质计）	15~25	12~16

续表

原　料	纯可可脂牛奶巧克力	代可可脂牛奶巧克力
食品添加剂	符合 GB 2760—2014 的规定	符合 GB 2760—2014 的规定
食品营养强化剂	符合 GB 14880—2012 的规定	符合 GB 14880—2012 的规定

注：麦丽素巧克力涂层配方设计的各项指标，应符合 GB/T 19343—2003《巧克力及巧克力制品》和 SB/T 10402—2006《代可可脂巧克力及代可可脂巧克力制品》的相关要求。

麦奶球巧克力组成：麦奶球芯子20%～30%，牛奶巧克力70%～80%。巧克力一般都采用牛奶巧克力，按巧克力生产工艺预先制备。

配方实例：糖粉11.25kg，全脂乳粉10.00kg，麦芽糊精3.75kg，碳酸氢钠0.36kg，碳酸氢铵0.06kg，香兰素0.06kg，乙基麦芽酚0.012kg，水8.25kg。

（2）麦丽素生产工艺流程

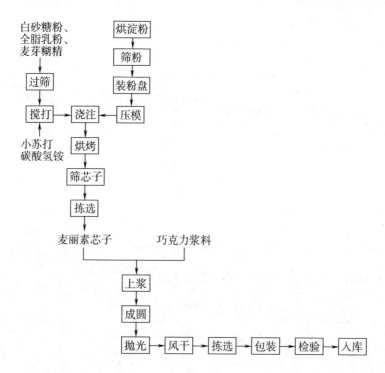

（3）样品生产工艺要求

①打浆：

a. 糖粉预先制备，使用前过60目筛子，其他粉体原料过40目筛子，加水量及水温要适中。

b. 配方中的化学疏松剂，应先在冷水中溶解，然后在打浆时徐徐混合。

c. 每一料打浆时间不宜太久，应控制在3～5min。

d. 打浆时搅拌器转速开始时不能太快。

e. 打好的混合面浆应无结块、粘连等现象。

f. 混合面浆应现用现打，在气温高的环境中生产，更要缩短面浆在打浆后的停留时间。

②制芯：

a. 淀粉模干燥温度≥50℃，控制含水量在7%以下。

b. 印模间距、深浅、大小一致。

c. 烘房的温度为85~90℃，相对湿度≤45%。

d. 经烘烤的芯子在一定的环境中降温，使芯子温度降到50℃左右，含水量在1.5%以下。

③上浆：

a. 巧克力浆的平均细度在25μm左右。

b. 巧克力浆的含水量≤1%。

c. 巧克力浆的保温温度：纯可可脂为32℃，代可可脂为38℃。

d. 巧克力浆应具有良好的乳化和混合效果。

e. 巧克力浆的黏度适中，具有良好的流动性。

f. 各项卫生指标与纯可可脂巧克力（或代可可脂巧克力）的规定标准相同。

g. 上浆用的冷风温度为10~13℃，风速低于2m/s。

h. 上浆环境温度为18~22℃，相对湿度≤50%。

i. 上浆料比例一般为：芯子:巧克力 = 1:(3~4)。

④抛光：

a. 阿拉伯树胶液复水比例：阿拉伯树胶:水 = 1:2~2.5。

b. 虫胶液的配制比例：虫胶:95%的乙醇 = 1:(5~6)。

（4）工序操作

①打浆：预先将粉体原料按工艺要求分别过筛，置于立式搅打锅里，放入一定量的冷水慢速混合，将疏松剂用少量的冷水调匀后加入搅打锅里，调至中速或快速搅打。注意应严格控制搅打过程中速度的快慢调节，尽量减少气泡产生，这对于芯子的成品率有密切的关系。搅打至面浆无结块并具有一定的稠度即可。

②制芯：用小麦淀粉或其他植物淀粉制作的粉盘预先烘干，过筛（60目，筛子）至木盘内，刮模、压印。然后，将搅打好的面浆浇入于印模中，浇注量为面浆抛物面与粉模平面一致。要求木盘边框与底部平直，木盘每层叠放整齐，堆放一定高度后，送入烘房。

预先按工艺要求设定好烘房温度，使模穴里的面浆发泡疏松和水分蒸发，烘房具有对流热风和自动排湿，烘干发泡时间为 2 ~ 3h。为了受热均匀，烘干过程中上下粉盘在中途应作调换，烘干后期，在停止热风加热后，让其保温 30 ~ 40min。然后，将粉盘推出烘房，待其在烘房周围的环境中自然冷却 30min 左右，以防芯子突然冷却而收缩变形。

经冷却后的芯子温度到达 50℃ 时，可进行筛分、拣选。筛分时，用 3 ~ 4mm 的粗网筛将发泡芯子与粉盘分开，并拣去气孔较大、形状奇异的部分，把颗粒大小正常的芯子及时放在密闭的容器内存放，以防吸潮。同时，将筛下的淀粉经过筛、刮模、压印，投入下一次生产。

③上浆：将上浆温度按纯可可脂或代可可脂巧克力的保温温度调整好，但不必作调温处理。上浆时把巧克力浆料逐步覆盖在芯子表面，为防止芯子的相互粘连，应注意浆料覆盖的均匀性，避免顶端冒尖的情况。

上浆涂层的巧克力用量，应按照产品设定的成本和要求正确控制。

④抛光：由于上浆涂层完的巧克力芯表面不够光滑，可在 15 ~ 18℃ 的风温下作进一步的磨平，即成圆处理，其目的是让巧克力芯的表面无明显高低不平、凹凸等现象。成圆后的巧克力芯应放在 12℃ 左右的室温下放置 24 ~ 48h，以便使巧克力中的油脂结晶趋于稳定，并提高巧克力的硬度，增加抛光后的亮度。

经过平衡的巧克力芯，先用阿拉伯树胶液起光，其用量约是巧克力芯:阿拉伯树胶液 = 1000:(1 ~ 1.2)，并分 4 ~ 5 次加入，在 10℃ 左右的冷风下逐步起光；达到一定的光亮度后即可加入虫胶液，虫胶液的用量为巧克力:虫胶液 = (1000:1)，也是分 4 ~ 5 次加入，使巧克力达到十分光亮。此时，从抛光锅里取出巧克力少量地放在干燥洁净的盘里，置于 12℃ 的室温下放置 30min，以使酒精余迹挥发，然后装在密闭的容器里，以备包装。

（5）设备操作规程及操作要点

①打浆设备操作　可参照威化片制备的打浆要求。

②制芯设备操作　制芯设备操作与威化片制作基本相同，不再重复叙述。

③上浆及抛光设备操作　选用荸荠式糖衣锅，该设备是由荸荠式转锅、机座和传动部件组成的滚动涂衣成形设备。一般按每锅 30 ~ 60kg 的容量操作，同时配备能达到工艺条件所必需的风量、风速和温度匹配要求的辅助设施。这样才能使涂覆在芯子表面的巧克力浆能不断地得到冷却和凝固，从而使生产不断地进行下去。

上浆时先打开电源，然后开启电动机使其开始旋转，用勺子舀取一定的巧克力浆料，往旋转的芯子表面均匀地淋洒（或用保温喷嘴喷淋）。在冷风的吹干作用下，使涂布在芯子表面的巧克力浆料逐渐被固化，周而复始达到工艺要求的上浆厚度为止。巧克力的成圆及抛光同样使用该设备，只是在加工中按照不同工艺参数来完成。在操作过程中，还可以通过无极变速或可调速度装置，根据上浆量与芯子的滚涂多少来调整旋转的速度，此外冷风管的吹入风口可随时调整风量的大小，以达到涂布的均匀凝固。

（6）安全操作技术规程　麦丽素芯子浇注时应注意粉盘放置位置的正确性，以防卡住损坏粉盘；印模及浇注时严防手伸入粉盘，避免压伤；经浇注后的粉盘搬动要轻，堆放要稳，必须上下左右对正、叠放整齐，以防运输途中倾斜和浇入的面浆歪斜，从而使面浆裹粉或变形等。

2. 果仁巧克力

果仁巧克力种类繁多，按果仁种类分为坚果类（榛仁、杏仁、核桃仁、椰子等）、果仁类（花生仁、瓜子仁、芝麻等）、蜜饯类（葡萄干）等。巧克力浆一般采用牛奶巧克力作为基本浆料，极少数品种采用香草巧克力或白巧克力作为基本浆料。浆料的基本要求除个别品种外，都通常与巧克力要求基本相同。果仁与巧克力浆的比例为：果仁30%～35%，巧克力浆65%～70%。在实际生产中，果仁加入量应根据浆料的基本情况和果仁的种类、性状或大小做出相应调整。本节以坚果果仁包衣巧克力为例。

（1）原料配比　榛子7.0kg，杏仁3.0kg，砂糖23.0kg，乳粉2.5kg，代可可脂11.0kg。

（2）果仁巧克力的生产工艺流程

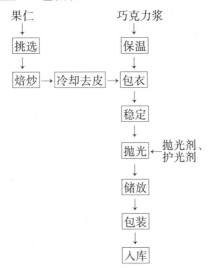

（3）操作要点

①巧克力包衣的果仁，一般都采用整粒的、不去衣的果仁。焙炒后要拣去不完整或分瓣的果仁。若焙炒后容易产生分瓣，如花生可采用烘焙的方法，以保持果仁在形态上的完整。焙炒后果仁含水量应在3%以下，不生不焦，呈本身应有的香、松、脆的性质。

②焙炒后冷却至室温应及时进行包衣，不得受潮。

③将果仁芯子放进包衣锅中，启动包衣锅，在滚动下加入保温的巧克力浆，保持包衣间环境温度为15～18℃，在不断翻动下巧克力浆料均匀地分布并凝结到果仁芯子表面，吹入冷风，当巧克力浆料凝固表面呈干燥状态时，再进行依次加浆、凝结增加厚度直至果仁与巧克力浆料达到所需的重量比例为止。加浆冷却凝固速度不宜太快，或由于冷风温度低凝固过快时，表面会出现一些凹凸不平现象，此时应关闭冷风，以减缓凝固速度。一般到最后一次加浆，都不用冷风，保持一定温热状态，以延长滚动和浆料的凝固时间，通过不断滚动摩擦，弥补填平，使其表面达到光润的要求。

④包衣完成后，出料时将其放于浅盘上，在15～18℃静置数小时，让包衣层硬化使其质构趋向稳定，提高硬度，增加抛光时的光泽度。但也可以在包衣完成后，直接吹入冷风进行抛光，这样产生光泽较慢，需要延长抛光时间和增加抛光剂的用量。

⑤产品抛光要在干净的抛光锅中进行，产品在不断地滚动和翻转下，喷入抛光剂，并吹入10～12℃的冷风，不得超过13℃。抛光剂分为起光剂和上光剂或称护光剂，抛光分起光和护光两个过程，先进行起光，然后再行护光。起光剂为水溶性，而护光剂则为醇溶性。

⑥起光剂和护光剂的配备方法如下。

a. 起光剂配备。起光剂由阿拉伯树胶溶液和阿拉伯树胶糖浆混合液组成，可按以下配方配制：

阿拉伯树胶溶液：阿拉伯树胶1份，水2～2.5份，将阿拉伯树胶加入沸水中熔化成树胶溶液。

阿拉伯树胶糖浆混合液：阿拉伯树胶25%，砂糖15%，淀粉糖浆20%，水40%。先将树胶溶化成溶液，再将砂糖和淀粉糖浆加水化成溶液后，与树胶溶液混合一起使用。

以上两种溶液，均可作为起光剂。一般起光剂用量为每千克巧克力1mL左右。

b. 护光剂（上光剂）配备。一级虫胶片1份，95%以上食用酒精6份。将虫胶片加入食用酒精，静置过夜，使其完全溶解成虫胶溶液。一般护光剂用量为每千克巧克力1～1.5mL。

⑦起光和护光：产品在抛光锅中不断滚动下，分数次加入起光剂，吹入10～12℃的冷风，在不断滚动和摩擦下，巧克力表面便逐渐起光，继续滚动直至光亮度达到要求，并使湿气散发，表面呈现干燥状态时，加入上光剂进行护光。同样护光剂也要分数次添加，加入时吹进冷风，使酒精挥发出去，等到表面干燥时再添加护光剂，依次进行直到光亮度达到辉艳耀眼时为止，便可取出

放于浅盘中，在20~22℃静置过夜，然后进行包装。

除了上述自制抛光剂外，市场上也有现成的水溶性和醇溶性的抛光剂，如Capol 254N 或254W（用于白色或浅色产品）水溶性起光剂，每千克产品用量2~3mL；Capol 425 醇溶性上光剂，每公斤产品用量1~2mL。此外还有"快壳好"巧克力上光液和漆液，也可作为抛光剂。

（二）涂层巧克力制品

1. 巧克力威化

巧克力威化是以威化作为夹芯在其表面涂覆巧克力后，便可成为巧克力涂层夹芯的一个大类品种。威化英语为 Wafer，是一种很普遍的焙烤制品，由面粉、淀粉、其他辅料和化学疏松剂，调制成浆料后，经焙烤而制成组织松脆、口味香淡、色泽淡黄、表面有浅花纹的一种薄片叫做威化片。将2~3片或更多片威化片，用不同口味的夹芯浆料，夹在中间，经冷却切块成形后，即成威化饼，表面再涂覆上一层巧克力外衣，即称为巧克力威化（Chocolate Wafer）。因此，巧克力威化是由威化片、夹芯浆和巧克力外衣三个部分组成的。

（1）巧克力威化生产基本配方

①巧克力威化外衣浆料配方：具体见表2-38。

表2-38 巧克力威化外衣浆料配方 单位:%

原料	配方1	配方2	配方3
可可液块	10~12	30~35	—
可可粉	—	—	6~8
可可脂	22~30	16~18	—
代可可脂	—	—	26~35
砂糖粉	44~48	45~55	47~50
全脂乳粉	13~15	—	—
脱脂乳粉	—	—	10~15
香兰素	适量	适量	适量
卵磷脂	适量	适量	适量

②威化片料配方：具体见表2-39。

表2-39 威化片料配方 单位:%

富强粉	淀粉	砂糖粉	精炼油	精盐	小苏打	碳酸氢铵
74	21.5	2	1.5	0.2	适量	适量

③巧克力威化夹芯浆料配方：具体见表2-40。

表2-40　巧克力威化夹芯浆料配方　　　　　单位:%

原料	配方1	配方2
硬化油	42~48	35~40
白砂糖	32~38	45~50
全脂乳粉	6~9	6~8
可可粉	4~6	—
奶油	—	7~15
柠檬酸	适量	适量
香兰素	适量	适量
磷脂	适量	适量
没食子酸丙酯	适量	适量
苯甲酸钠	适量	适量

④巧克力威化配方组成举例见表2-41。

表2-41　巧克力威化配方组成举例

威化片配方		夹芯浆配方		牛奶巧克力外衣配方	
原料名称	单位/kg	原料名称	单位/kg	原料名称	单位/kg
软性小麦粉	14.5	糖粉	40	可可液块	11
淀粉	4.5	全脂乳粉	10	可可脂	30
糖粉	0.5	可可粉	4	全脂乳粉	20
精炼油	0.3	棕榈油（33℃）	41	糖粉	35.5
精盐	0.04	奶油	2	麦芽糊精	3
碳酸氢钠	0.1	麦芽糊精	2.5	磷脂	0.35
碳酸氢铵	0.16	磷脂	0.5	香兰素	0.14
水	20~26	香兰素	适量	乙基麦芽酚	0.01

（2）巧克力威化生产工艺流程　巧克力外衣按巧克力加工工艺要求，预先精磨成细腻的巧克力外衣浆，保温备用。夹芯浆料制备基本上与巧克力加工工艺相同，预先精磨、冷却、保温备用。

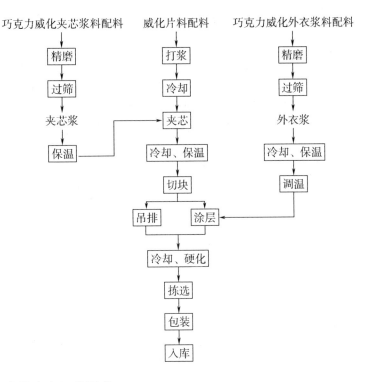

（3）产品生产工艺要求

①巧克力外衣浆料制备：外衣浆的平均细度在 20μm 左右；外衣浆的水分≤1%；精磨时，巧克力浆料温度≤50℃；各种原料在经过精磨后，应具有良好的乳化和混合效果；外衣浆的黏度比较低，具有良好的流动性；各项指标与巧克力的规定标准相同。

②巧克力威化夹芯浆料制备：夹芯浆的平均细度在 30μm 左右；夹芯浆的水分≤1%；夹芯浆的保温温度≤50℃；夹芯浆料应具有良好的乳化和混合效果；夹芯浆料的黏度比较低，具有良好的流动性；各项卫生指标与巧克力的规定标准相同。

③威化片料制备

a. 打浆要求。加水量要适当，水温要适中。配方中的化学疏松剂、精盐等辅料，应先在冷水中溶解，然后再与面粉、淀粉等原料徐徐混合；每一料打浆时间不宜太久，应控制在 5 ~ 8min；打浆时，搅拌器开始时的转速不能太快；打好的混合面浆应无结块、粘连等现象；混合面浆应现用现打，在气温高的环境中生产，更要缩短面浆在打浆后的停留时间。

b. 制片要求。工艺参数设定烤炉温度≥180℃，使面浆注入炉内时达到160 ~ 170℃，经过 2.5 ~ 3min 的烘烤，片内的水分降低到 10% 以下。此时，威化片的中心温度为 130 ~ 140℃，在一定的环境中降温冷却，使威化片降到 40℃

左右，水分便很快下降到2%以下。

④夹芯、冷却和切块：

a. 夹芯要求。夹心浆的夹芯温度为38～40℃；夹芯浆料不能沾染水和其他污染物，并保持良好的流动性和一定的黏度；每一张威化片在夹芯时，做到刮浆均匀，夹芯的一面不露威化片，处在表面威化片应不沾染有夹芯浆的明显痕迹；经夹芯后的威化片在叠合时，应做到片与片之间叠合紧密、整齐。

b. 冷却要求。夹芯威化表面应有重物压紧或夹紧；冷却时在10℃左右的冷风中冷却10～15min。

c. 切块要求。经过冷却后的夹芯威化，按照产品的重量大小规格切成小块，方能送入巧克力吊排涂层。

⑤吊排涂层：

a. 纯可可脂巧克力浆料的调温温度为29～30℃，代可可脂巧克力浆料温度为35～38℃。巧克力浆料涂层吹散温度应保持在25℃左右。

b. 冷却温度为10～15℃，时间为3～5min。

（4）巧克力威化主要工序操作

①巧克力外衣浆的制备：按照巧克力外衣浆的配方，将各种内原料放在精磨机中精磨，然后再将外衣浆作进一步的冷却、保温，并在生产上备用。巧克力外衣浆的制造工艺，可参照巧克力生产中的精磨的相关内容。

②巧克力威化夹芯浆的制备：按照夹芯浆的配方，将各种原料放在精磨机中精磨，然后再将外衣浆作进一步的冷却、保温，并在生产上备用。具体制造工艺也可参照巧克力生产中的精磨的相关内容。

③威化片的制备：

a. 打浆。将威化片中各种原料计量，加水混合，先用慢速搅打，然后用中速搅打及快速搅打，直至搅拌均匀制成有一定黏度和流动性的浆体。

b. 制片。将调好的面浆送入密闭制片烘烤炉，浆体中的化学舒松剂受热迅速分解，产生大量的CO_2和NH_3。与此同时，面浆迅速分解、糊化、膨起，形成了具有均匀多孔的威化片。再继续受热使威化片中的水分蒸发，并且表面发生美拉德反应，使威化片表面色泽淡黄并有特殊香味。

④夹芯、冷却和切块：

a. 夹芯。按一定的涂刮形式和重量要求，将已制备好的夹芯浆料均匀地涂刮到威化片表面，依次将他们叠合，夹芯层数根据产品规格要求而定。

b. 冷却。夹芯威化冷却应在合适的工艺条件下进行，既能通过冷却达到凝固硬化，又能使片与片之间黏结叠合牢固。

c. 切块。经过夹芯以后的威化片的外形尺寸长和宽是恒定的，但是厚度因受夹芯层次和叠合威化片张数不同而有较大的改变。为此，在确定夹芯威化经切块后的重量大小规格上进行全面的考虑，必须按一定的规格切成小块，方能送入巧克力吊排涂层机涂层。

⑤吊排涂层：按工艺要求设定浆料的加热温度；打开巧克力浆料循环泵和吹散热风机；分别开启钢丝网输送带、隧道输送带，再打开风机及制冷机。待所有加热和制冷达到正常后开始吊排，并调整好吊排与输送带的速度匹配性。吊排时，必须注意浆料循环是否畅通，涂层厚薄是否符合工艺标准，具体可调整浆料的温度和风量来控制。

⑥包装、贮存：经吊排涂层的产品由隧道冷却从隧道出口送出后，进行拣选，剔除次品。按照不同产品的规格，选择和装妥包装纸。操作人员要随时检查产品是否具有良好的包装效果，包装图案是否完整，要求不歪斜、不褶皱，不得有断片、偏纸等，烫封牢固，对于不符合要求的及时剔除。

巧克力威化贮存条件：温度为 18～22℃，相对湿度≤55%。

（5）巧克力威化设备操作规程及操作要点

巧克力外衣浆、巧克力威化夹芯浆的设备操作可参见巧克力精磨机设备的操作要求。

①打浆机采用立式搅打机：操作时先装妥搅拌桶和搅打器，点动按钮，正常后开启慢速，按工艺要求逐步调中速至快速，搅拌均匀即可。

②制片设备采用转盘电炉：转盘电炉由电动机通过减速器和伞齿轮带动旋转。启动和停止时，除有电钮控制外，还可以通过脚踏离合器来控制操作。操作时打开电动机，转盘电炉在运转过程中自动打开上半部分电炉，送浆泵同步将面浆定量注入电炉下半部分，然后自动合拢并扣紧，烘烤 2～3min 后自动打开，威化片进入冷却过程，旋转一周取出威化片，叠放平整，转入夹芯工序。

③夹芯冷却采用自动夹芯机及冷却机：将预先冷却并叠放整齐的威化片一张张地送到自动夹芯机滚轮上夹芯，按工艺要求可通过机器上的调节装置来控制夹芯料的厚度和质量，也可以预先设定夹芯量。经夹芯后的威化片由装在链条上的夹子将夹芯威化夹紧，再通过链条在冷风柜内的运转使循环风对夹芯威化作连续冷却。

④切块机由两台电动机分别带动两组刀片旋转，每组刀架上的刀片数或刀距可按生产需要进行调节。开机前先将两组刀距按工艺标准尺寸调整到位，分别开启切块机的电动机。把经过冷却后的夹芯威化送入机架平面上，机架平面上的两块推板经变速机构、偏心轮（杆）和连杆的作用，分别在每一组刀片的前端于刀架做垂直的平行往复运动，便将夹芯威化作 90°垂直的两次切块。

⑤常用巧克力吊排涂层机：打开涂层机的加热器、巧克力循环泵、吹风机、送料带、金属网送料带、冷风机组等。待所有加热和制冷达到正常后开始吊排，涂层厚薄符合工艺标准，进入冷却隧道冷却。

（6）安全操作技术规程　制作威化片时要注意人体不要与烤模直接接触，以免烫伤；在威化片切割过程中，严禁工具及其他杂物混入，防止机器损坏；同时操作人员不能戴手套，从而避免被带入切割区域而造成手割伤。

2. 其他形状巧克力威化的加工

传统的巧克力威化都是平面的长方形或正方形的片子，而异形威化改变了原来形状，有半球形、锥形、半圆柱形等，以这种不同的异形威化夹上软性夹芯浆可以制成圆球形、半球形或一定长度的半圆柱形等，夹芯中间还可以添加整粒果仁等，表面再涂覆巧克力制成高档优质的巧克力威化。

（1）球形夹芯巧克力威化　半球形异形威化杯，又称作可食杯，采用手动电热烤炉机生产，可食杯圆径 $\phi18 \sim 20mm$，不同机型含有 $10 \sim 30$ 个的不同杯数。这种手工生产效率很低，采用异形威化自动生产线生产能力大，其中连续烘烤炉装配有 12 至数十对烤盘，以及夹芯机、冷却机、切割机等衔接成连续生产线。

巧克力威化球是由两个可食杯，中间夹上软性夹芯浆和一粒榛仁吻合后，涂覆牛奶巧克力再粘上碎杏仁，最后再涂布牛奶巧克力而成。可见巧克力威化球是由可食杯、夹芯浆、整粒榛仁、碎杏仁和牛奶巧克力组成的，其中可食杯约占 3.5%、夹芯浆 40.5%、整粒榛仁 2%、碎杏仁 25% 和牛奶巧克力 29%。

可食杯是一种异形威化，其配方基本上与威化片相同，牛奶巧克力也与巧克力威化中的配方相同，但软性夹芯浆由于其熔点较低需采用适量的低熔点油脂，其参考配方如下。

配方 1（以果仁浆组成的巧克力夹芯浆）：榛仁浆 40%，可可液块 10%，全脂乳粉 10%，糖粉 32%，可可脂 8%，香兰素适量。

配方 2（以低熔点油脂组成的巧克力夹芯浆）：可可粉 8%，可可脂 11%，棕榈油（24℃）20%，奶油 3%，全脂乳粉 23%，糖粉 31.5%，麦芽糊精 3%，磷脂 0.3%，精盐 0.04%，香兰素 0.16%。

除了上述巧克力型夹芯浆配方外，也可以采用牛奶型夹芯浆等。夹芯浆加工与巧克力加工工艺相同，预先精磨成细腻的夹芯浆，保温备用。果仁应预先烘炒，碎果仁烘炒后进行轧碎去衣。

操作要点如下。

①面浆调制后用定量加浆器倾入紧合成圆杯形的烘模中，盖上上模进行烘烤，$1 \sim 2min$ 烘烤完成后，打开上模和下模板的合模，使烘制成的可食杯自行落下。可食杯制成后应保持干燥，避免吸潮。

②将夹芯浆刮上可食杯中，放进一粒榛仁，置于 10℃ 冷风下冷却，使表面油脂略有凝固后，覆盖在另一刮上夹芯浆的可食杯上面，使其吻合一起，再放在冷风下冷却。

③预先将少量烘炒去衣的碎杏仁放在圆形的糖衣锅中，冷却好的夹芯威化球表面涂上巧克力后，放入转动的糖衣锅中，使其表面粘上碎杏仁，吹入冷风冷却。

④将粘上碎杏仁的夹芯威化球，再通过涂衣机涂覆巧克力，冷却凝固后用金色铝箔纸包装。

（2）半球形夹芯巧克力威化　除了圆球形巧克力夹芯威化外，也有制成半球形巧克力夹芯威化，采用自动异形威化连续烘烤炉，制成半球形的威化片，刮上夹芯浆后，覆盖上一片威化片，压切成半球形夹芯威化，然后涂覆巧克力。随着夹芯浆风味不同，可以制成许多品种不同的巧克力夹芯威化，如榛仁、杏仁、腰果、花生等奶油夹芯巧克力威化。

（三）糖衣型巧克力制品

该类产品学习以糖衣巧克力为例。糖衣巧克力即为在巧克力芯子表面包上糖衣的巧克力，国外称为 Sugar Coating Chocolate。

巧克力芯子可以制成多种不同形状，如扁豆形、球形、蛋形或咖啡豆形等。巧克力芯子包上彩色糖衣后，不仅提高了商品价值，也延长了巧克力货架寿命，并深受儿童喜爱。

糖衣巧克力分为巧克力芯子制造和包衣两个部分，现将其制作情况阐述如下：

1. 巧克力芯子制造

巧克力芯子一般采用纯牛奶巧克力，巧克力浆经过调温后通过冷却成形滚筒制成。滚筒通常为一对，预先刻上印模，两个滚筒相应对准模口平行装置。滚筒为空心中间通入冷却盐水，水温 22～25℃。调温的巧克力浆输到相对转动的冷却滚筒之间，使滚模充满巧克力浆，随着转动，巧克力浆通过滚筒后即凝固形成连续的成形芯子片带，由于滚筒之间与模口周围都有一定间隙，因此巧克力成形芯子周围有连接在一起的面片，需要继续进一步冷却使其稳定，芯子周围的面片才容易断裂，然后通过旋转滚动机，使芯子分离开来。旋转滚动机是一个圆筒体，筒体有许多网孔，碎断的巧克力芯子边屑，通过网孔收集到圆筒体外壳盛盘中，可以回用。成形的巧克力芯子随着圆筒转动推进到出料口卸出。

巧克力芯子连续生产示意图（如图 2-20）所示。

一般最常见的巧克力芯子成形线为巧克力扁豆滚筒成形设备，其他的也有球形、蛋形、纽扣形等。滚筒为不锈钢或铜和铜涂铬制成的，滚筒直径通常为 310～600mm，滚筒长度为 400～1500mm，中空通冷却盐水，技术参数按扁豆形直径 12mm 计，相关数据如表 2-42 所示。

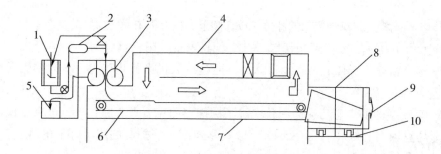

图2-20　巧克力芯子连续生产示意图

1—巧克力浆料保温锅　2—连续调温机　3—冷却滚模　4—冷风装置　5—盐水槽
6—输送带　7—冷却隧道　8—芯子分离滚动机　9—芯子出料口　10—边料收集器

表2-42　滚筒成形设备技术参数

滚筒直径/mm	滚筒长度/mm	巧克力芯子产量/（kg/h）
310	400	140
310	600	200
600	600	320
600	800	480
600	1000	620
600	1200	850
600	1500	1000

　　调温的巧克力浆通过两个相对转动的冷却滚筒后，迅速凝固并形成吻合一起的巧克力扁豆片带，但扁豆芯子中心尚未完全冷透，因此尚需进一步通过冷却隧道进行冷却和稳定。一般冷却隧道长度为17m左右，如受场地限制可以采用多层冷却带，冷却隧道即可缩短。冷却后产品进入旋转翻滚机，使连接一起的芯子分离开来即送出成扁豆形巧克力，然后供作糖衣巧克力芯子。

　　2. 包糖衣技术要求和装备

　　巧克力芯子包糖衣是指在巧克力芯子表面涂挂以砂糖制成的糖浆，脱水后由于砂糖的微细结晶在芯子表面形成硬质的糖衣层，经过多次反复涂挂糖浆使包上的糖衣层达到一定厚度即成。糖衣的重量一般是芯子的40%～60%，即芯子质量1g，糖衣为0.4～0.6g。包衣设备除了采用上述连续自动包衣机外，也可以采用全自动硬质糖衣包衣设备，这种包衣机主机是一种密闭的旋转滚筒，芯子在滚筒内不停地翻转滚动，受导流板作用按一定轨迹运动，包衣糖浆从恒温搅拌桶经蠕动泵通过喷枪喷洒到芯子表面，热风经过滤净化由滚筒中心的气道分配器导入，在排风和负压作用下，穿过芯子经扇形风浆从气道分配器风门抽走，并除尘后排出，使包衣糖浆分散在芯子表面快速干燥，形成坚固、致密、光滑的表面薄层，整个过程可在可编程逻辑控制器（PLC）控制下完成。

巧克力是一种热敏感的物质，巧克力芯子在包衣吹入热风时，最高的干燥温度必须保持产品不致变形，因此热风除了净化处理外，还必须降温处理，通常热风温度为 15～18℃。在此介绍一种现代硬质糖衣自动包衣装备，包括空气净化与降温处理系统（如图 2－21 所示）。

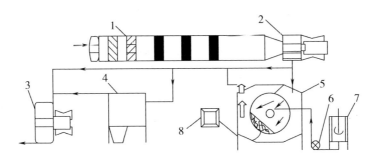

图 2－21 硬质糖衣包衣机装置与空气处理系统
1—空气处理系统 2—进风机 3—排风机 4—粉尘处理器 5—包衣机
6—糖浆输入泵 7—糖浆恒温搅拌锅 8—可编程逻辑控制器自动程序控制屏

包衣机是由不锈钢制成的多孔滚筒，锅口有密闭盖，锅壁有导流板可使芯子翻转流畅，处于混合干燥的最佳状态，包衣糖浆可以定时定量通过喷枪喷淋到芯子上，包衣机转速必须保证喷淋的糖浆充分地混合和均匀地分布，速度太快特别在干燥状态容易磨蚀，包衣机转速为 1～16r/min，可以根据实际状况设定。进风空气先通过调理达到所需的湿度和温度后经进风机吹入，回风经粉尘处理器通过排风机排出，整个过程用新型微电脑触摸屏控制系统编制糖浆流量、负压、进风、排风、温度、转速等工艺参数进行自动控制。

包衣机的技术参数如表 2－43 所示。

表 2－43 包衣机的技术参数

型号	包衣机直径/mm	包衣机体积/L	产量/kg	功率/kW	转速/（r/min）	不同压力（mmH$_2$O）下的风量/（m³/min） 排风量/压力	进风量/压力
SFC－100	1000	105	50～70	1.5	1～16	30/350	25/60
SFC－130	1300	225	120～150	2.2	1～16	35/350	30/60
SFC－150	1500	350	200～230	3.7	1～14	40/400	35/60
SFC－170	1700	550	320～380	5.5	1～12	45/400	45/60
SFC－200	2000	900	500～650	7.5	1～12	60/450	60/60

3. 糖衣巧克力配方组成

（1）糖衣巧克力组成　巧克力芯子 62.5%，糖衣 37.5%。

（2）配方（按产品 100kg 计）

①巧克力芯子：采用牛奶巧克力预先制成芯子质量 62.5kg。

②糖衣：糖衣糖浆：砂糖 30kg，阿拉伯树胶 1.5kg，水 15kg。

阿拉伯树胶预先加两倍水溶化成溶液，剩下的水与砂糖一起加热煮沸溶化成糖浆，然后与树胶溶液混合一起，过滤制成浓度 68% 的糖浆。

预涂胶糖浆：砂糖 4kg，阿拉伯树胶 1kg，水 2.5kg。

阿拉伯树胶加 1.5 倍水预先溶化成溶液，砂糖加水煮沸溶化，然后与树胶溶液混合一起过滤制成浓度 67% 预涂糖浆。每 100kg 芯子需预涂糖浆 0.3 ~ 0.5kg。

预涂粉：阿拉伯胶粉 2kg，糖粉 3kg。

混合均匀备用，每 100kg 芯子约需预涂粉 5kg。

4. 糖衣巧克力包衣工艺流程

工艺流程如图 2 - 22 所示。

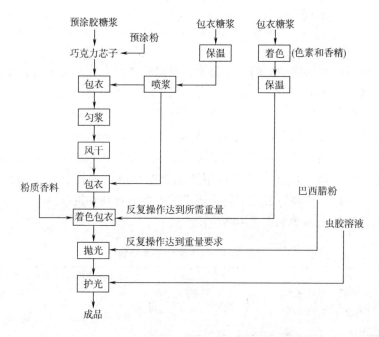

图 2 - 22　糖衣巧克力包衣工艺流程

5. 糖衣巧克力包衣操作程序

（1）启动气调机组，供风温度在 20℃ 以下，相对湿度 20% 左右。

（2）将巧克力芯子输入包衣机，启动包衣机。包衣第一阶段是预涂一层糖胶粉，其作用为防止巧克力油脂渗析到表层。设定包衣机转速，一般为 6r/min。首先喷淋预涂胶糖浆，在包衣过程中喷浆、匀浆、风干（热风和排风）都是以时间进行控制的。喷浆时间使芯子表面完全达到均匀润湿最多不会超过 15s，一般在 6～12s，可根据实际情况设定。预涂糖胶浆喷淋后，经匀浆 70～90s，再喷洒预涂粉，然后风干，风温 18℃，进风排风 300s。按相同操作过程反复进行 3～4 次，作为一套程序，即完成预涂程序。

（3）预涂完成后进入包衣阶段，包衣根据实际情况也可以分成几套程序，每套程序循环 4～10 次，比如开始增加糖衣层，同时添加粉质香料可设定为 3～4 套，每套循环 4 次，喷浆时间 10～14s，匀浆时间 90s，此时糖衣重量增加 25%，再进行加大糖衣层程序 2 套，每套循环 10 次，并开始增白或着色，进风温度可提高至 20℃，进风排风均为 300s；最后进入使表面润滑阶段，此时喷浆时间减至 6s，增加匀浆时间至 120s，进风排风时间减到 150s，进行 1 套循环 10 次，最后 1 套喷浆时间减为 3s，匀浆时间减为 120s，进风排风时间也减至 120s，糖衣重量增至 50%，即完成包衣过程。以上包衣过程所设定的程序参数仅供参考，如实际操作中有不相符之处，可及时变更或修改程序参数。

（4）从第一套程序开始至结束，每执行完一套程序都要抽样称量一次，但最后两套可增加抽样称量次数，以免超过包衣重量。达到包衣重量要求时，即可开始进行抛光。

（5）抛光采用巴西腊粉（每千克产品用量 0.6～0.8g），和护光剂（或称增亮剂，为 14% 虫胶醇溶液，每千克产品用量为 0.8～1.25mL）。

（6）在产品重量达到要求时，关闭进风和排风，将巴西腊粉总用量的 1/2 撒入包衣锅内，滚动约 10min，当出现光亮时，把余下的 1/2 腊粉撒入，再滚动 10min，最后加入虫胶溶液滚动至溶剂挥发干净，糖粒表面呈干燥光亮为止。此时抛光已告完成打开进风和排风，吹风 60s 后出料，即可进行包装。

6. 风味形成要素

（1）巧克力威化的风味由经焙烤后威化饼干产生美拉德反应的焦香风味与巧克力夹芯及巧克力外衣的可可牛奶香味完美结合产生。

（2）巧克力浆的风味与纯可可脂巧克力或代可可脂巧克力相同。

（3）芯子通过一定的烘烤产生的轻微美拉德反应形成的焦香和麦香的风味，然后与巧克力完美结合产生松脆的口感及特殊的香味，即麦丽素风味。

思考题

1. 三种巧克力制品的主要特点是什么？

2. 麦丽素巧克力抛光的目的是什么？

3. 果仁用于巧克力加工的注意事项是什么？
4. 威化巧克力吊排涂层的要求是什么？
5. 糖衣巧克力包衣操作程序是什么？
6. 巧克力豆加工中巧克力芯子的制造过程是什么？

参 考 文 献

[1] 中国标准出版社第一编辑室. 糖果及巧克力制品标准汇编. 北京：中国标准出版社，2009.

[2] 中华人民共和国劳动和社会保障部. 糖果工艺师（试行）. 北京：中国劳动社会保障出版社，2007.

[3] 中国就业培训技术指导中心. 糖果工艺师：国家职业资格三级. 北京：中国劳动社会保障出版社，2008.

[4] 中国就业培训技术指导中心. 糖果工艺师：基础知识. 北京：中国劳动社会保障出版社，2007.

[5] 刘玉德. 糖果巧克力配方与工艺. 北京：化学工业出版社，2008.

[6] 蔡云升，张文治. 新版糖果巧克力配方. 北京：中国轻工业出版社，2002.

[7] 薛效贤，薛芹. 巧克力糖果加工技术及工艺配方. 北京：科学技术文献出版社，2005.

[8] 周家华，崔英德，黎碧娜，等. 食品添加剂. 北京；化学工业出版社，2001.

[9] 姚焕章. 食品添加剂. 北京：中国物资出版社，2001.

[10] 李书国. 新型糖果加工工艺与配方. 北京：科学技术文献出版社，2002.

[11] 曹雁平. 食品调味技术. 北京：化学工业出版社，2002.

[12] 曹雁平，刘玉德. 食品调色技术. 北京：化学工业出版社，2003.

[13] 杨桂馥. 软饮料工业手册. 北京：中国轻工业出版社，2002.

[14] 朱蓓薇. 实用食品加工技术. 北京：化学工业出版社，2005.

[15] 何丽梅. 休闲食品配方与制作. 北京：中国轻工业出版社，2000.

[16] 高福成. 现代食品工程高新技术，北京：中国轻工业出版社，1997.

[17] 胡国华. 食品添加剂应用基础. 北京. 化学工业出版社，2005.

[18] 赵晋府. 食品工艺学. 2 版. 北京：中国轻工业出版社，1999.

[19] 凌关庭. 食品添加剂手册. 2 版. 北京：化学工业出版社，1997.

[20] 凌关庭. 天然食品添加剂手册. 北京：化学工业出版社，2000.

[21] 刘树兴，李宏梁，黄峻榕. 食品添加剂. 北京：中国石化出版社，2001.

[22] 周奇文，丁纯孝，于静云. 实用食品加工新技术精选. 北京：中国轻工业出版社，1999.

[23] 郑友军. 休闲小食品生产工艺与配方. 北京：中国轻工业出版社，1999.

[24] 刘保家，李素梅，柳东. 食品加工技术、工艺和配方大全续集 2（下）. 北京：科学技术文献出版社，1995.

[25] 刘保家，李素梅，柳东. 食品加工技术、工艺和配方大全续集 3（下）. 北京：科学技术文献出版社，1997.

[26] 刘保家，李素梅，柳东. 食品加工技术、工艺和配方大全续集 5（下）. 北京：科学技术文献出版社，1999.

[27] 刘程，周汝忠. 食品添加剂实用大全. 北京：北京工业大学出版社，1994.

[28] 郭本恒，凌关庭. 乳制品. 北京：化学工业出版社，2001.

[29] 张燕萍. 变性淀粉制造与应用. 北京：化学工业出版社，2001.

[30] 刘大川，苏望懿. 食用植物油与植物蛋白. 北京：化学工业出版社，2001.

[31] 凌关庭. 食品添加剂手册. 北京：化学工业出版社，1999.

[32] 天津轻工业学院. 食品添加剂. 北京：中国轻工业出版社，1985.

[33] 安家驹. 实用精细化工辞典. 2 版. 北京：中国轻工业出版社，2000.

[34] 天津轻工业学院，无锡轻工业学院. 食品工艺学（下册）. 北京：中国轻工业出版社，1984.

[35] 陈家华. 可可豆、可可制品的加工与检验. 北京：中国轻工业出版社，1994.

[36] 上海市食品工业公司. 巧克力生产基本知识. 北京：中国轻工业出版社，1985.

[37] 尤新. 淀粉糖品生产与应用手册. 北京：中国轻工业出版社，1997.

[38] 郑建仙. 功能性食品甜味剂. 北京：中国轻工业出版社，1997.